Vahlens Kurzlehrbücher

Huber/Laverentz
Logistik

# Logistik

von

Prof. Dr. Andreas Huber

und

Dipl.-Math. Klaus Laverentz

Verlag Franz Vahlen München

ISBN 978 3 8006 3642 6


© 2012 Verlag Franz Vahlen GmbH
Wilhelmstr. 9, 80801 München

Satz: Fotosatz H. Buck
Zweikirchener Str. 7, 84036 Kumhausen

Druck und Bindung: Druckhaus Nomos,
In den Lissen 12, 76547 Sinzheim


Gedruckt auf säurefreiem, alterungsbeständigem Papier
(hergestellt aus chlorfrei gebleichtem Zellstoff)

# Vorwort

Der vorliegende Band eines neu konzipierten Kurzlehrbuchs für Logistik richtet sich an Studierende der Wirtschaftswissenschaften und Auszubildende in Bachelor- und Masterstudiengängen, die sich vorlesungsbegleitend oder im Rahmen ihrer Prüfungsvorbereitung einen elementarisierten Überblick über traditionelle und aktuelle Entwicklungen auf dem Gebiet der Logistik verschaffen wollen. Das Lehrbuch basiert auf zahlreichen Vorlesungen und Tutorien, die an Hochschulen über einen längeren Zeitraum gehalten worden sind und ist deshalb ausgerichtet auf die expliziten Bedürfnisse von Studierenden. Es ist konzeptionell so aufgebaut, dass Studierende sowohl einen umfassenden, als auch einen praxisorientierten Zugang zur Materie erhalten und damit effektives und effizientes Lernen ermöglicht wird. Dies wird erreicht durch:

- Konzeptorientierung mit Entwicklungsperspektiven
- Kompetenzorientierung mit Praxisperspektiven
- Innovationsorientierung mit Trendperspektiven

Die Darstellungen dieses Bandes nehmen den klassischen Lehrstoff der Logistik auf und berücksichtigen gleichzeitig auch aktuelle Entwicklungen, die sich in etablierten Lehrbüchern der Logistik oder des Logistikmanagements abzeichnen. Inhaltlich nimmt das Kurzlehrbuch neben einer Einführung in die Logistik Themen, wie bereichsübergreifende Prozesse der Unternehmenslogistik, Beschaffungslogistik, Produktionslogistik, Distributionslogistik, Entsorgungslogistik und Supply Chain Management auf sowie logistische Supportsysteme, wie IT-Management, Marketingmanagement und Controlling, außerdem nationales und internationales Verkehrsträgermanagement.

Ziel dieses Kurzlehrbuchs ist es, den theoriebezogenen und praxisrelevanten Stoff der Logistik zu verzahnen und in einfacher und verständlicher Weise darzustellen. Mithilfe lernpsychologischer Strukturierungshilfen, wie Lernstichwörtern, Lösungshinweisen zur Bearbeitung von Aufgaben, Verweisen auf Trendentwicklungen und Logistik im Internet wird in den einzelnen Kapiteln der Einstieg in die Materie erheblich erleichtert. Dadurch soll jene Entfaltung der Lernmotivation bei Studierenden gefördert werden, die für ein effizientes und effektives Studieren mit Zeitmanagementcharakter bedeutsam ist.

Für die umfassende, kritisch-editorische Unterstützung und die begleitenden Anregungen danken wir Herrn Lazar Radan, für die besondere Gestaltung der Abbildungen Mikael GB Horstmann. Ein spezieller Dank für Geduld und Nachsicht gilt Frau Gabriele Kaschner.

Frankfurt am Main/Schmitten im Juli 2011     *Andreas Huber & Klaus Laverentz*

# Inhaltsverzeichnis

# Einleitung

Das vorliegende Kurzlehrbuch soll den Studierenden der Wirtschaftswissenschaften eine grundlegende Einführung in den Bereich der Logistik geben. Gleichzeitig soll es den Studierenden die Prüfungsvorbereitung für einzelne Module ihrer Studien- und Ausbildungsgänge erleichtern. Elementare Grundlagen der Logistik werden durch detaillierte didaktische Aufbereitung mit Lernstichwörtern, Strukturierungshilfen, Übungsaufgaben, Entwicklungstrends und Internetverweisen dargestellt.

Im **1. Abschnitt** werden *Grundbegriffe* und eine *Gliederung* der Logistik eingeführt, logistische *Aufgaben* und *Ziele* erläutert und *konzeptionelle Ansätze* als systemtheoretische, funktionsorientierte und prozessorientierte Sichtweisen in der Logistik dargestellt.

Im **2. Abschnitt** werden *bereichsübergreifende Prozesse* wie logistische Planung und Planungsmodelle dargestellt sowie die Systematisierung und *Standardisierung* logistischer Objekte, weiterhin Prozesse und Verfahren der *Bestandsdisposition* und innerbetriebliche *Transport-, Lager- und Umschlagprozesse.*

Im **3. Abschnitt** werden *Ziele* und *Aufgaben* des Subsystems Beschaffungslogistik behandelt, darunter *strategische* und *operative Beschaffungslogistik,* Lieferanten- und *Einkaufsmanagement* sowie Komponenten einer *elektronischen Beschaffungslogistik.*

Im **4. Abschnitt** werden *Aufgaben und Formen der Produktionslogistik* verdeutlicht sowie strategische und operative Bereiche der Produktionslogistik behandelt, darunter *Produktionsprogramm* und Produktentwicklung, *Standortplanung* sowie *Produktionsplanung und -steuerung.*

Im **5. Abschnitt** werden *Aufgaben und Formen der Distributionslogistik* sowie strategische und operative Aspekte der Distributionslogistik aufgezeigt, u. a. die *Planung des Distributionssystems,* die *Einbindung externer Dienstleister* sowie *Konzepte der Planung und Steuerung von Distributionsprozessen.*

Im **6. Abschnitt** wird das *Subsystem der Entsorgungslogistik* über Begriffe und Aufgaben skizziert, Rechtsgrundlagen und Formen der Entsorgung beschrieben. Mit *strategischer Entsorgungslogistik* werden Aspekte der Nachhaltigkeit, ökologische Prinzipien und grüne Logistik erläutert, mit *operativer Entsorgungslogistik* die logistische Kette der Entsorgung aufgezeigt.

Im **7. Abschnitt** werden *Grundlagen* des Supply Chain Managements in Form von Zielen, Potenzialen, Problemfeldern und *Erfolgsfaktoren* einer Supply Chain aufgezeigt. Unter dem Aspekt der *Kooperationskonzepte* wird die Systematisierung von *Kooperationen* und *Standardisierungsinitiativen* sowie Beispiele einzelner Kooperationskonzepte berücksichtigt.

Im **8. Abschnitt** werden *Aspekte des IT-Managements* in der Logistik als Aufgaben und Systematisierungen der Logistik-IT vorgenommen sowie *Identifikations-, Kommunikations-, Abwicklungs- und Planungsebene* dargestellt. Weiterhin werden die *Marketingkonzeption* im Bereich logistischer Dienstleistungen sowie strategisches und operatives Marketing, ergänzend die *Aufgaben und Systematisierung des Logistikcontrollings* einschließlich seiner strategischen und operativen Ausprägungen behandelt.

Im **9. Abschnitt** werden Aspekte von *Transport, Verkehr* und *Verkehrsträgerlogistik* skizziert sowie Systeme des *Land-, Wasser- und Luftverkehrs* aufgezeigt. Dabei werden deren *Subsysteme als infrastruktur- und transportmittelbezogene Elemente*, Organisationen der Verkehrspolitik sowie Märkte, Betriebsformen, Leistungs- und Kostenstrukturen sowie weitere Managementfunktionen berücksichtigt.

# 1 Einführung in die Logistik

## 1.1 Grundverständnis und Begriffe der Logistik

### 1.1.1 Herkunft des Logistikbegriffs

Der Ursprung des Begriffs **Logistik** ist nicht eindeutig geklärt. In der Mathematik verstand man bis zum Ende des Mittelalters unter Logistik die *praktische Rechenkunst*, im Gegensatz zur Arithmetik, welche die Theorie beinhaltete. In der Folge bezeichnete man die formale, symbolische oder mathematische Logik als Logistik. Diese Sprachentwicklung in einen nachvollziehbaren Zusammenhang zu unserem heutigen Begriffsverständnis von Logistik zu setzten ist allerdings schwer. Ein anderer Ansatz scheint plausibler: Im 19. Jahrhundert taucht der Begriff Logistik zum ersten Mal im Bereich der *militärischen Führung* auf, und zwar als Aufgabe, die materielle Versorgung der Truppe, inklusive ihrer Unterkunft und ihres Transportes zu gewährleisten.

Die Übernahme des Begriffs in den Bereich der Wirtschaft erfolgte in den 1950er Jahren zuerst in den USA, danach in den 1970er Jahren auch in Deutschland. Seitdem hat der Begriff eine regelrechte **Erfolgsgeschichte** geschrieben, teilweise zu Lasten anderer Begrifflichkeiten, aber auch auf Kosten der eigenen Aussagekraft, bedingt durch die zum Teil inflationäre Nutzung dieses Wortes. Deshalb wird in den folgenden Kapiteln Wert darauf gelegt, die Inhalte des Begriffs eindeutig zu benennen und gegen andere Begriffe abzugrenzen.

### 1.1.2 Logistische Objekte, Prozesse und Systeme

Gegenstände, die von der Logistik bearbeitet werden, heißen **logistische Objekte**. Dazu zählen Sachgüter und Personen.

Im Folgenden wird der Hauptfokus im Bereich der **Sachgüter** liegen. In der Literatur werden auch andere Entitäten, wie Informationen, Finanzen, Software, Lizenzen, etc. als logistische Objekte angeführt. Deshalb wird dann von Informationslogistik, Finanzlogistik, Softwarelogistik, etc. gesprochen. An die-

**Lernziele**

- **Überblick** über wesentliche *Grundbegriffe, logistische Prozesse und Systeme* sowie institutionelle und funktionale Abgrenzungen in der Logistik soll gegeben werden.
- **Verständnis** einer *Spezifizierung des Systembegriffs* für die Logistik sowie logistische Aufgaben und logistische Ziele soll erreicht werden.
- **Einsicht** in konzeptionelle Ansätze der Logistik. Dazu gehören unter anderem der systemtheoretische Ansatz und die Entwicklung der *funktionsorientierten zur prozessorientierten Logistik*.

Lernziele Kapitel 1

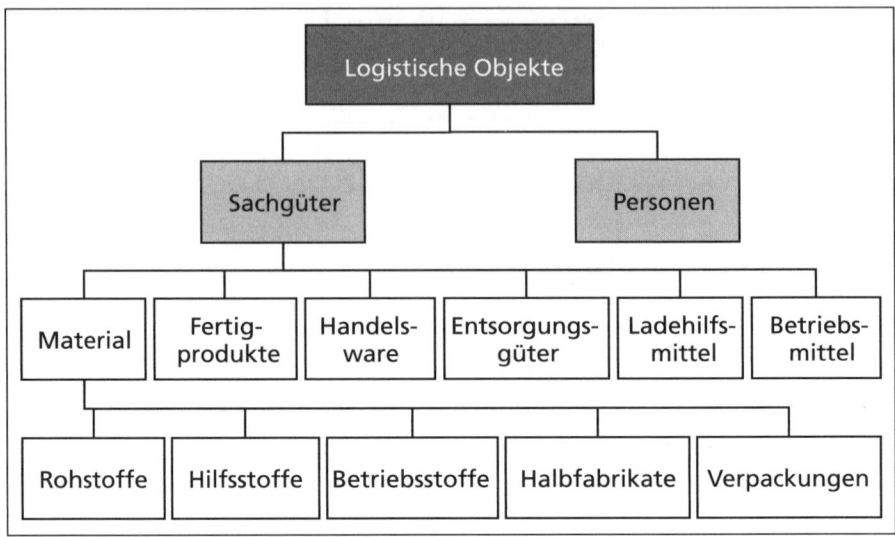

Abbildung 1.1: Logistische Objekte

ser Stelle wird die Überdehnung des Begriffs Logistik deutlich, der hier nicht gefolgt werden soll. *Material* ist ein Oberbegriff für die angeführten Objekte:

- *Rohstoffe* bilden in der Produktion die Haupteingangsstoffe eines Produktes.
- *Hilfsstoffe* gehen auch in das Endprodukt ein, sind aber von untergeordneter Bedeutung. Bei der Produktion eines Tisches wäre das Holz z. B. ein Rohstoff, der Leim ein Hilfsstoff.
- *Betriebsstoffe* werden für den Betrieb von Anlagen, Maschinen, etc. gebraucht. Dazu gehören z. B. Schmier- und Kühlmittel, Energieträger, Putzmittel.
- *Halbfabrikate* sind Arbeitsergebnisse von Zwischenstufen der eigenen Produktion oder vorgefertigte Zulieferteile.
- *Verpackungen* werden zur Umhüllung von Sachgütern verwendet und dienen dem Schutz, der Lagerung und dem Transport des Guts.

*Fertigprodukte* sind die Arbeitsergebnisse der letzten Produktionsstufe. *Handelswaren* sind verkaufsfähige Produkte, die nicht eigen produziert sind, sondern von außen zugekauft und ohne weitere Bearbeitung dem Absatzmarkt angeboten werden. Das Sortiment eines Handelsunternehmens besteht ausschließlich aus Handelswaren. In Industriebetrieben werden Handelswaren im Allgemeinen zur Komplettierung des eigen gefertigten Produktspektrums eingesetzt. *Entsorgungsgüter* fallen entlang der gesamten Wertschöpfungskette an. Das können beispielsweise nicht mehr verwendbare Verpackungsmaterialien, Schnittabfälle, Fehlproduktionen oder Abwässer sein. Zu den Entsorgungsgütern gehören auch die aus der Konsumption zurückkehrenden Verpackungen oder Altgeräte. *Ladehilfsmittel* dienen der Bildung von Lade- und Lagereinheiten. Dazu gehören z. B. Paletten, Container, Gitterboxen, etc. *Betriebsmittel* sind beispielsweise alle Anlagen, Maschinen und Gerätschaften, die zur Leistungserstellung eines Unternehmens notwendig sind. Sie sind zwar in den meisten

Fällen Voraussetzung für die Funktionsfähigkeit einer Logistik, spielen aber nur in Ausnahmefällen, z. B. in der Baustellenfertigung, als logistische Objekte eine Rolle.

**Aufgabe der Logistik** ist es, logistische Objekte zu bearbeiten. Nach der Bearbeitung wird sich das Objekt geändert haben, es wird andere Eigenschaften besitzen. Das *Eingangsobjekt* (Objekt vor der Bearbeitung) ist also durch die Bearbeitung in ein *Ausgangsobjekt* (Objekt nach der Bearbeitung) transformiert worden. Abhängig von den Eigenschaften, die geändert wurden, werden **logistische Transformationen** in drei Kategorien eingeteilt:

(1) *Örtliche Transformationen* verändern die Eigenschaft des Objekts bezüglich seiner Position im Raum, d. h. das Objekt wird von einem Punkt im Raum zu einem anderen bewegt.

(2) *Zeitliche Transformationen* verändern die Eigenschaft des Objekts bezüglich seiner Position auf der Zeitachse. Das Objekt wird also im Allgemeinen unter Beibehaltung aller anderen Eigenschaften gelagert, bis der Zeitpunkt der weiteren Verwendung erreicht ist.

(3) *Physische Transformationen* verändern die physischen Eigenschaften des Objekts, z. B. die Form, das Gewicht, die Farbe, etc. In erster Linie finden physische Transformationen in der Produktion statt. Trotzdem zählen sie auch zu den logistischen Transformationen, da z. B. das Verpacken von Ware, das Etikettieren von Paletten oder die Sicherung eines Transportguts ebenso physische Transformationen sind.

Mathematisch kann man eine logistische Transformation LT als Abbildung eines logistischen Eingangsobjekts X, definiert über die Eigenschaften $(x_1, x_2, \ldots, x_n)$, in ein logistisches Ausgangsobjekt Y, definiert über die Eigenschaften $(y_1, y_2, \ldots, y_n)$, beschreiben:

$$LT(x_1, x_2, \ldots, x_n) = (y_1, y_2, \ldots, y_n)$$

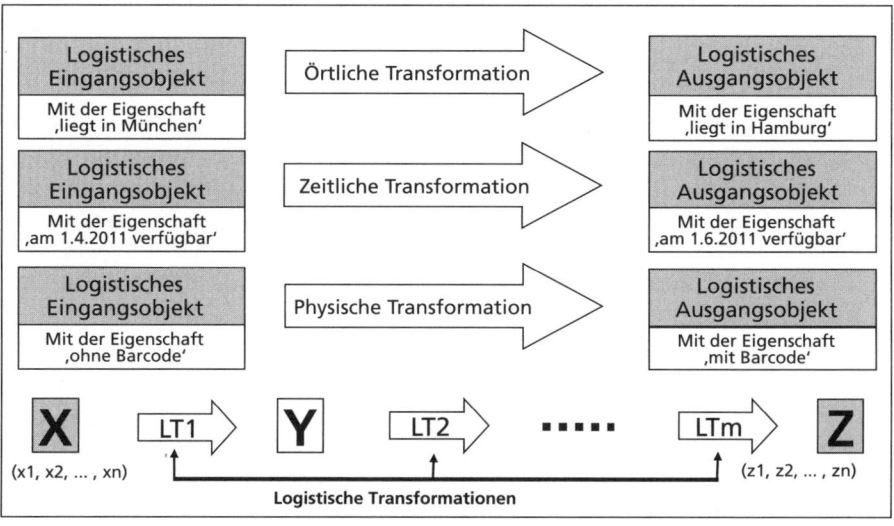

Abbildung 1.2: Logistische Transformationen und Transformationsketten

Mehrere Transformationen $LT_1$, $LT_2$, ... , $LT_m$ können nacheinander auf das Eingangsobjekt angewendet werden. Es entstehen **Transformationsketten** der Form:

$$LT_m(...(LT_2(LT_1(x_1, x_2, ... , x_n)))...) = (z_1, z_2, ... , z_n)$$

Logistische Transformationen finden im Rahmen von **logistischen Aktivitäten** statt, also Tätigkeiten, die dem Transport, der Lagerung oder der physischen Veränderung von Objekten dienen. Bei bestimmten Abfolgen von Aktivitäten ist die Wiederholungsrate relativ hoch. Beispielsweise ist die Abfolge folgender Aktivitäten ein fixer Ablauf im Lager: (a) *Entladung* des LKWs im Wareneingang, (b) *Prüfung* und *Verbuchung* der Ware im Warenwirtschaftssystem, schließlich (c) *Einlagerung* auf einem Lagerplatz.

Es ist sinnvoll, einen solchen festen Ablauf, bei dem Eingangsobjekte und Ausgangsobjekte eindeutig identifiziert werden können, als eine Einheit zu betrachten. Diese Einheit wird **Prozess** genannt. Die oben erwähnten Aktivitäten können beispielsweise zu dem Prozess *Wareneingangsprozess* zusammengefasst werden. Die eindeutig identifizierbaren Eingangsobjekte sind in diesem Fall die auf dem LKW liegenden Waren, die Ausgangsobjekte sind die auf einem Lagerplatz befindlichen, geprüften und verbuchten Waren. Um speziell logistische Prozesse zu definieren, sollen zuerst **logistische Grundprozesse** vorgestellt werden. Fünf logistische Grundprozesse können unterschieden werden:

(1) *Transportprozesse* führen eine örtliche Transformation am Objekt aus.

(2) *Umschlagprozesse* setzen sich aus dem Be- und Entladen von Fahrzeugen, dem Ein- und Auslagern und dem Sortieren der Güter zusammen. Umschlagprozesse stehen immer dann an, wenn Güter das Fahrzeug oder das Ladehilfsmittel wechseln sollen. Solche Wechsel bieten sich an, wenn man z.B ankommende Güterströme zusammenfassen, umsortieren und auf abgehende Güterströme neu verteilen möchte.

(3) *Lagerprozesse* dienen der zeitlichen Transformation. Man kann auch alle Prozesse innerhalb eines Lagers zu den Lagerprozessen zählen, also z. B. auch das Ein- und Auslagern. Im Sinne eines Grundprozesses ist im Folgenden die reine Lagerung gemeint.

(4) *Bearbeitungsprozesse* bestehen in erster Linie aus allen Handhabungen, die das Gut selbst verändern, und sind damit physische Transformationen, wie z. B. Verpacken, Etikettieren, Sichern, etc. Neben den Bearbeitungsprozessen, die das Gut physisch verändern, existieren auch Bearbeitungen, die physisch neutral wirken. Dazu gehören die Prüfabwicklungen, die in logistischen Prozessen anfallen, wie z. B. die Konturenkontrolle von beladenen Paletten bei der Einlagerung, etc.

(5) *Informationsprozesse* unterscheiden sich von den bisher behandelten Prozessen, weil sie nicht direkt auf die logistischen Objekte wirken, sondern nur mittelbar Einfluss nehmen. Alle Planungs-, Steuerungs- und Kontrollaktivitäten gehören zu dieser Kategorie. Diese Prozesse transformieren nicht die Sachgüter, wie oben beschrieben, sondern behandeln Informationsobjekte, wie z. B. Materialdaten, Ladehilfsmitteldaten, etc., die in der Realität ihre Entsprechung in Sachgütern haben, wie z. B. Materialien, Ladehilfsmittel,

etc. Soll beispielsweise ein Kundenauftrag aus dem Lager bedient (kommissioniert) werden, muss im Vorfeld das Informationssystem die entsprechenden Güter im Lagerverwaltungssystem identifizieren, die Lagerplätze und die zu entnehmenden Mengen bestimmen, den dazugehörigen Kundenauftrag markieren und den Ziel-Versandbereich definieren, an dem der Auftrag zusammengeführt werden soll. All das passiert in der virtuellen Welt des Informationssystems, die Objekte heißen hier Lagerplatzdaten, Bestandsdaten und Lagerbereichsdaten. Erst wenn die Informationen in reale Prozesse umgesetzt werden, nehmen sie Einfluss auf die logistischen Entsprechungsobjekte Lagerplatz, Güterbestand und Lagerbereich. Deshalb wird hier auch die Kommissionierung nicht als eigenständiger Grundprozess definiert, sondern als eine Kombination von Informations- und Transportprozess (manchmal auch Bearbeitungsprozess) aufgefasst. Gleiches gilt für das Sortieren.

Die drei erstgenannten Prozesse werden als **TUL-Prozesse** zusammengefasst. **Logistische Prozesse** sind logistische Grundprozesse oder Kombinationen von ihnen. So kann die Belieferung eines Kunden beispielsweise aus den logistischen Grundprozessen Lagern, Transport und Umschlag bestehen. Diese Kette selbst, die Distribution, ist wiederum ein logistischer Prozess. Prozesse werden unter zu Hilfenahme von **Ressourcen** abgewickelt. Unter Ressourcen werden alle materiellen, personellen, finanziellen und rechtlichen Mittel und Voraussetzungen verstanden, die zur Durchführung der Prozesse notwendig sind. Dazu gehören z. B. Fabrikhallen, Lager, Maschinen, LKWs, Mitarbeiter, Patente, Kooperationsvereinbarungen, etc. Informationssysteme und die in ihnen verwendeten Informationen sind ebenfalls Ressourcen. Die Kopplung der Aktivitäten zu Prozessen und der koordinierte Einsatz der Ressourcen bedürfen einer **Organisation**, die die Planung, Steuerung und Kontrolle der Abläufe ermöglicht. Unterschieden werden hier:

- *Aufbauorganisation*, die für eine Aufteilung der Ressourcen in organisatorische Einheiten sorgt, z. B. in Produktion, Distribution, Beschaffung, Personalwesen, etc. Diese Aufteilung erfolgt im Allgemeinen mehrstufig. Bildliches Ergebnis einer solchen Aufteilung ist beispielsweise das Organigramm eines Unternehmens. Jeder organisatorischen Einheit werden Aufgaben (Aktivitäten/Prozesse), Verantwortlichkeiten und Weisungsbefugnisse zugeteilt.

- *Ablauforganisation*, die für die zeitliche sowie örtliche Kopplung der Prozesse sorgt und ihren Weg durch die organisatorischen Einheiten bestimmt.

Die Gesamtheit, bestehend aus *Ressourcen, Organisation*, und den damit möglichen logistischen *Prozessen*, bildet ein **logistisches System**, das Eingansobjekte in Ausgangsobjekte transformiert.

Aufgabe eines logistischen Systems ist es, die darin ablaufenden Prozesse so gut wie möglich abzuwickeln, d. h., dass man die Prozesse passgenau mit entsprechenden Ressourcen ausstattet und eine Ablauf- und Aufbauorganisationsform wählt, die den Zweck der Prozesse besonders begünstigt. Diese drei Grundelemente eines Systems beeinflussen sich gegenseitig und stehen daher in einer starken Abhängigkeit zueinander. Die Änderung eines Elements bewirkt im Allgemeinen eine Änderung bei den jeweils anderen zwei Elementen. Nachdem

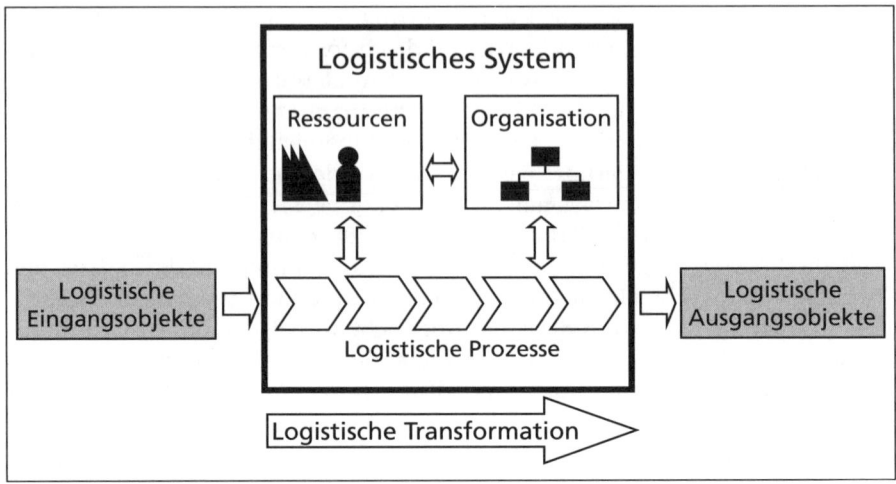

Abbildung 1.3: Komponenten eines logistischen Systems

die **Kernbegriffe** Logistikprozess und Logistiksystem eingeführt worden sind, können auch die Begriffe Logistik und Logistikmanagement definiert werden. Die **Logistik** umfasst:

- *Logistikmanagement* bezeichnet die Planung, Steuerung und Kontrolle logistischer Systeme mit ihren Prozessen, den eingesetzten Ressourcen und der Organisation auf der Basis von Transformationsanforderungen.

- *Logistikdurchführung* betrifft das Ausführen der logistischen Prozesse, also des eigentlichen Transports, der Lagerung, des Umschlags und der Bearbeitung der logistischen Objekte.

Im Weiteren wird auf die Darstellung der Logistikdurchführung verzichtet. Das unterstreicht die Auffassung, dass die Logistik ihrem Wesen nach managementorientiert ist. Für die Planung, Steuerung und Kontrolle müssen logistische Prozesse bewertet werden können. Dazu sollen im Folgenden die logistischen Kennzahlen *Leistung, Qualität, Kosten* und – abgeleitet – *Effizienz eines Prozesses* definiert werden. Hierfür ist eine Formalisierung des Prozessbegriffes hilfreich.

Ein Prozess P transformiert n Eingangsobjekte $X_i$ mit m Eigenschaften ($x_{ij}$) in n Ausgangsobjekte $Y_i$ mit m Eigenschaften ($y_{ij}$):

$$P(x_{ij}) = y_{ij} \quad \text{mit} \quad i = 1, \dots, n \text{ und } j = 1, \dots, m$$

Die Stärke der Änderung der p-ten Eigenschaft des q-ten Eingangsobjekts $x_{qp}$ in die p-te Eigenschaft des q-ten Ausgangsobjekts $y_{qp}$ lässt sich als Abstand oder Differenz $\Delta$ der beiden Eigenschaften darstellen:

$$\text{Änderung} = \Delta(x_{qp}, y_{qp})$$

Diese Differenz hat nichts mit der arithmetischen Subtraktion zu tun, weil keine entsprechende Metrik definiert ist. Sie soll aber das Ausmaß der Änderung dokumentieren.

**Beispiel 1.1**

Ein Paket wird von Hamburg nach Berlin transportiert. Es findet eine örtliche Transformation des Eingangsobjektes ‚Paket' mit der Eigenschaft ‚in Hamburg verfügbar' in das Ausgangsobjekt ‚Paket' mit der Eigenschaft ‚in Berlin verfügbar' statt. Alle anderen Eigenschaften bleiben unberührt. Dann lässt sich die Änderung in folgender Form darstellen:

Änderung = Δ (‚in Hamburg verfügbar', ‚in Berlin verfügbar')

Wäre das Paket auf dem Transport noch bearbeitet worden, träte als zweite Änderung hinzu:

Änderung = Δ (‚unbearbeitet', ‚bearbeitet')

In der Praxis werden die Änderungen eines Prozesses summarisch angegeben, beispielsweise in Form von gefahrenen Tonnen-Kilometer oder der Anzahl bearbeiteter Pakete, und sagen etwas über den Umfang des Prozesses aus. Daher bezeichnet die **Leistung eines Prozesses** die Gesamtheit aller durch den Prozess erzeugten Änderungen innerhalb einer Zeiteinheit. Bei Prozessen mit nichtlinearer Struktur, etwa wenn mehrere Eingangsobjekte zu einem Ausgangsobjekt verbunden werden, wie z. B. Palette, Ware, Sicherungsfolie zu einer Ladeeinheit, etc., kann die Leistung analog definiert werden.

Das Ergebnis eines Prozesses, d. h. die Eigenschaften der Ausgangsobjekte, ist kein Zufallsereignis sondern im Allgemeinen geplant. Das bedeutet, dass eine Erwartungshaltung gegenüber dem Ergebnis besteht. Weicht das tatsächliche Ergebnis vom erwarteten Ergebnis ab, spricht man von fehlender Qualität. Die **Qualität eines Prozesses** ist ein Maß für die Abweichungen oder die Differenz $\Delta^*$ der tatsächlichen Eigenschaften $y_{ij}$ der Ausgangsobjekte von den erwarteten Eigenschaften $y'_{ij}$. Je größer die Abweichung ist, desto schlechter/geringer ist die Qualität:

$$\text{Qualität} = \Delta^* (y_{ij}, y'_{ij})$$

Anstatt *Qualität* wird auch der Begriff *Effektivität* gebraucht. Bei dem obigen Beispiel kann eine Eigenschaft sein ‚Beginn der Verfügbarkeit in Berlin am Montag um 20 Uhr'. In diesem Fall bedeutet jede Abweichung, ob zu früh oder zu spät abgeliefert, eine Qualitätseinbuße. In der Praxis wird die Qualität im Allgemeinen angegeben als das Verhältnis der Anzahl qualitativ nicht beanstandeter Ausgangsobjekte ($AO_{NB}$) zu der Gesamtanzahl der Ausgangsobjekte ($AO_G$) in Prozent:

$$\text{Qualität} = (AO_{NB} \cdot 100)/AO_G \ \%$$

Wenn beispielsweise von 2000 Paketen nur 1900 rechtzeitig angekommen sind, so wäre die gemessene Qualität bezüglich der Termintreue:

$$\text{Qualität} = (1900 \cdot 100)/2000 \ \% = 95 \ \%$$

Eine Leistung L, die in einer bestimmten Qualität Q erbracht wird, soll mit Leistung (Q) bezeichnet werden. Während der Leistungserstellung greift der Prozess auf die benötigten Ressourcen zurück und gebraucht bzw. verbraucht sie. Die **Kosten eines Prozesses** sind der wertmäßige Ge- und Verbrauch der für den Prozess nötigen Ressourcen. Unter der **Effizienz eines Prozesses** versteht man den Quotienten der Leistung des Prozesses, die in einer bestimmten Qualität erbracht wurde, und den Kosten des Prozesses:

$$\text{Effizienz} = \text{Leistung (Q)/Kosten}$$

Der allgemeine Begriff ‚logistisches System' lässt sich spezifizieren. Dazu müssen die Komponenten logistische Eingangs-/Ausgangsobjekte, Prozesse, Ressourcen und Organisation eine entsprechende **Interpretation** erfahren. So entsteht z. B. das spezifische logistische System *Distributionslager* dadurch, dass die Systemkomponenten folgendermaßen interpretiert werden:

- *Eingangsobjekte*: angelieferte Ware
- *Ausgangsobjekte*: versandfähige Kundenauftragsware
- *Prozesse*: z. B. Wareneingangsprüfung, Einlagerung, Inventur, Kommissionierung, Verpackung, Versandbereitstellung, etc.
- *Ressourcen*: z. B. Gebäude, Regale, Fördertechnik, Lagermitarbeiter, etc.
- *Organisation*: z. B. Organigramm des Lagers mit Stellenbeschreibungen, standardisierte Ablaufbeschreibungen, etc.

Ebenso sind auch Spezifizierungen der Systemkomponenten unter anderem z. B. in Richtung eines Beschaffungssystems, Produktionssystems, etc. möglich.

### 1.1.3 Institutionelle und funktionale Gliederung der Logistiksysteme

Logistiksysteme lassen sich nach der *Aggregationsstufe* der Betrachtung durch eine **institutionelle Gliederung** darstellen:

- **Mikrologistik** behandelt *einzelwirtschaftliche Logistiksysteme*, d.h. Systeme von privaten oder öffentlichen Einzelorganisationen. Im Folgenden wird

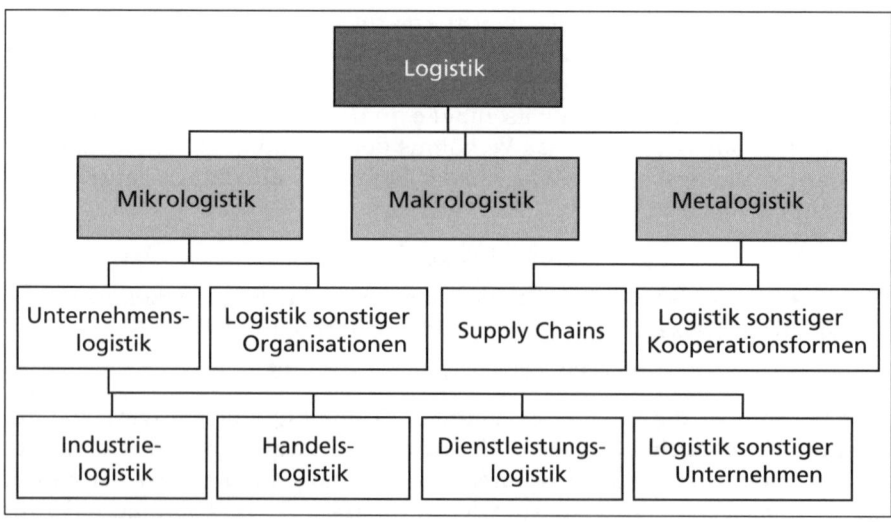

Abbildung 1.4: Institutionelle Gliederung der Logistiksysteme

die Betrachtung der Mikrologistik auf *Unternehmen* beschränkt. Andere mikrologistische Systeme, wie z. B. militärische Systeme, etc., werden nicht behandelt. Bei den Dienstleistungen interessieren in diesem Zusammenhang nur die Unternehmen, die Logistik als primäre Leistung anbieten, wie z. B. Spediteure, Carrier, Lagergesellschaften, etc. Nicht untersucht werden Unternehmen, die zwar logistische Leistungen anbieten, sie aber nicht als Unternehmenszweck haben, wie z. B. Banken, Versicherungen, etc.

- **Metalogistik** hat höher aggregierte Systeme zum Betrachtungsgegenstand, die entstehen, wenn mikrologistische Systeme miteinander kooperieren. Solche *Kooperationen* gewinnen in der Praxis immer mehr an Bedeutung und finden in Formen der Zusammenarbeit zwischen Konsumgüterindustrie und Handel (z. B. ECR, etc.), zwischen Industrie bzw. Handel und Logistikdienstleistern (z. B. Kontraktlogistik, etc.) oder zwischen Logistikdienstleistern (z. B. Güterverkehrszentren, etc.) ihren Niederschlag. Metalogistische Systeme werden im Kapitel Supply Chain Management eingehend behandelt.

- **Makrologistik** stellt die höchste Aggregationsstufe mit den gesamtwirtschaftlichen Logistiksystemen, wie z. B. das *Verkehrssystem* in einer Volkswirtschaft, etc., dar.

Um eine **funktionale Gliederung** der Logistik zu erzeugen, genügt es, dem Güterfluss, also dem Fluss der logistischen Objekte, eines Unternehmens zu folgen. Sie durchlaufen *gütertransformierende Kernbereiche*, nämlich Beschaffung, Produktion, Distribution und Entsorgung.

Diese Kernbereiche bieten sich als funktionale Gliederung der Unternehmenslogistik an, da in jedem der Kernbereiche – und ausschließlich hier – logistische Abwicklungen von Interesse stattfinden. Beispiele für logistische Abwicklungen sind im Folgenden aufgeführt:

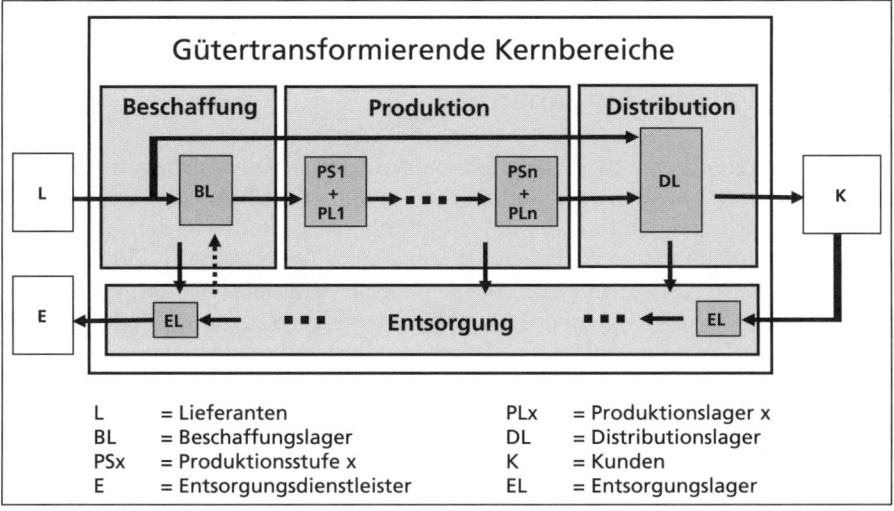

Abbildung 1.5: Materialfluss durch die gütertransformierenden Kernbereiche

- **Beschaffungslogistik:** Nach dem Einkauf am Beschaffungsmarkt müssen die Materialien und Handelsgüter von den Lieferantenlagern in das eigene Beschaffungslager (Material) bzw. Distributionslager (Handelsware) transportiert und dort gelagert werden. Dies kann direkt oder mehrstufig abgewickelt werden.

- **Produktionslogistik:** Das Material wird aus dem Beschaffungslager durch Transport der ersten Produktionsstufe zugeführt, danach als Halbfabrikat in einem Produktionslager zwischengelagert oder direkt zu den weiteren Stufen der Produktion transportiert. Nach der letzten Produktionsstufe werden die verkaufsfähigen Produkte (Fertigprodukte oder verkaufsfähige Halbfabrikate, wie Ersatzteile) in das Distributionslager gebracht.

- **Distributionslogistik:** Aus dem Distributionslager heraus wird der Absatzmarkt mit verkaufsfähigen Produkten ein- oder mehrstufig versorgt. Dies umfasst Lagerungen, Transporte und Umschlagtätigkeiten.

- **Entsorgungslogistik:** Beim Durchlaufen der ersten drei Kernbereiche entstehen Entsorgungsgüter, die weiterbehandelt werden müssen. Darüber hinaus müssen die in der Konsumption verbrauchten Güter entsorgt werden. Auch in diesem Kernbereich fallen Transporte (z. B. Rückführung der Altgeräte), Lagerungen (z. B. das Deponieren) oder Umschlagprozesse (Sortierung von Müll an einer Sammelstelle und Weiterleitung) an.

In der Literatur und in Unternehmen wird die **Materialwirtschaft** häufig als die Unternehmensfunktion beschrieben, die für die Versorgung des Unternehmens mit Materialien verantwortlich ist. Im Folgenden wird auf diesen Begriff verzichtet, weil alle materialwirtschaftlichen Funktionen, wie z. B. die Disposition, der innerbetriebliche Transport oder die Lagerwirtschaft, von der Logistik abgedeckt sind.

## 1.2 Aufgabenspektrum und Ziele der Logistik

### 1.2.1 Logistische Aufgaben

Ohne die Logistikdurchführung bestehen **logistische Aufgaben** in der *Planung*, *Steuerung* und *Kontrolle* logistischer Systeme auf Basis der Transformationsanforderungen, die an das jeweilige System gestellt werden, d. h., dass zuallererst die geforderten *Transformationen* nach Art, Leistung, Qualität und zulässigen Kosten bestimmt sein müssen. Diese Parameter hängen kausal von den Eingangs- und Ausgangsobjekten ab, genauer gesagt vom ‚Δ' zwischen den Eingangs- und Ausgangsobjekten. Damit lassen sich die logistischen Aufgaben konkretisieren:

- *Bestimmung der logistischen Ausgangsobjekte* nach Art, Menge, Zeitpunkt und Ort der Verfügbarkeit, Qualität und Preis
- *Definition der Leistungstiefe des Systems,* also die Festlegung, auf welcher Stufe der Wertschöpfung das System aufsetzen soll, d. h. welche Eingangsobjekte

vorausgesetzt werden und welche Transformationen das System selbst vornehmen wird

- *Planung, Steuerung und Kontrolle des logistischen Systems*, so dass die festgelegten Ausgangsobjekte mit all ihren Merkmalen effizient erzeugt werden können

---

**Beispiel 1.2**

Ein Unternehmen stellt an nur einem Produktionsort Gartengeräte her und vertreibt sie deutschlandweit. Die Distribution erfolgt über eigene Ressourcen und soll auf Basis von Absatzprognosen für das nächste Jahr geplant werden. Ausgangsobjekte sind die beim Kunden abgelieferten Geräte. Zur Bestimmung der Ausgangsobjekte muss also festgelegt werden, welche Ware wann, wo und in welcher Menge distribuiert werden soll. Dazu kann beispielsweise das Ausliefergebiet (Deutschland) in Zonen (z. B. Postleitzahlbezirke) aufgeteilt und pro Zone und Periode (z. B. Wochen) die Mengen und Güterarten angegeben werden, die abgeliefert werden sollen. Dabei müssen Qualitätsmerkmale (z. B. Lieferzeit, Lieferbereitschaft, etc.) und Kostenrestriktionen berücksichtigt werden. Die Leistungstiefe ist in diesem Fall bekannt, da die Fertigprodukte am Produktionsort abgeholt werden müssen. Das System wird geplant, indem die Anzahl LKWs, die Größe der Lager, die Nachschub- und Bestandsstrategien etc. bestimmt werden, so dass eine effiziente Abwicklung sichergestellt ist. Damit können die Eingangsobjekte, die von der Produktion bereitgestellten Waren, nach Art, Zeit, Menge etc. festgelegt werden. Die Steuerung des Systems erfolgt entlang der Planung, erkennt Abweichungen und leitet gegebenenfalls Gegenmaßnahmen ein. Die Kontrolle misst die Differenzen zwischen den geplanten Ausgangsobjekteigenschaften und den tatsächlichen Eigenschaften.

---

Logistische Aufgaben lassen sich **funktional** nach Beschaffungs-, Produktions-, Distributions- und Entsorgungsaufgaben gliedern, also danach, in welchem Kernbereich sie anfallen. Darüber hinaus bietet sich eine Aufteilung nach **strategischen** und **operativen** Aufgaben an.

- *Strategische Aufgaben* der Logistik liefern in ihrem Ergebnis einen Beitrag zur langfristigen Sicherung von Erfolgspotentialen des Unternehmens. Dazu gehören die Planung und der Aufbau des logistischen Systems und die Unterstützung der Kernbereiche bei logistikrelevanten Entscheidungen. Strategische Aufgaben sind in ihrer Wirkung langfristig ausgerichtet.
- *Operative Aufgaben* liegen im kurzfristigen Bereich und betreffen die regelmäßig wiederkehrenden Prozesse.

Ein dritter Gliederungsaspekt ergibt sich aus der Tatsache, dass einige der angeführten Aufgabenfelder der Logistik **vollständig** zugeordnet werden, an anderen ist die Logistik zumindest **unterstützend** beteiligt Damit lassen sich die wesentlichen logistischen Aufgaben in einer Matrix strukturieren.

Die dargestellte Aufgabenzuordnung zur Logistik ist sehr umfassend und tritt in dieser Totalität in der Praxis selten auf. In den meisten Unternehmen ist die Logistik nur mit einer Untermenge der angegebenen Aufgaben betraut. Die Größe des Aufgabenumfangs hängt unter anderem vom Entwicklungsstand der Unternehmenslogistik ab, d. h., inwiefern die auf die gütertransformierenden Kernbereiche verteilten, logistischen Aufgaben in einem einzigen Verantwortungsbereich zusammengefasst sind.

| Zeit-horizont \ Bereich | Beschaffung | Produktion | Distribution | Entsorgung |
|---|---|---|---|---|
| | Einsatz IT-Systeme und anderer allgemeiner Ressourcen | | | |
| | Systematisierung und Standardisierung der Materialien, strategisches Logistik Controlling | | | |
| **strategische Aufgaben** | Beschaffungsmarktforschung, Bestimmen der strategischen Beschaffungsmengen, Lieferantenauswahl und -bewertung, Aufbau Zuliefernetz, Kontraktabschlüsse, | Strategisches Produktionsprogramm, Produktentwicklung, Festlegen der Fertigungstiefe, Entwicklung der Produktionsanlagen: Standortbestimmung, Fabriklayout etc. | Strategische Distributionsmengen, Aufbau Distributionsnetze + sonstiger Ressourcen, Kooperationen mit Dienstleistern | Strategische Entsorgungsmengen, Entsorgungs- und Recyclingsysteme, Ermittlung von Substitutionsgütern |
| | Transport, Umschlag, Lagerung, operatives Logistik Controlling | | | |
| **operative Aufgaben** | Planung und Einlastung konkreter Bestellungen/Abrufe, Ressourcenplanung der Verkehrsmittel, Personal, WE etc., Steuerung der Bestellungen | Planung und Einlastung konkreter Produktionsaufträge: Materialmengen, Termine, Kapazitäten, etc., Steuerung der Produktionsaufträge | Planung und Einlastung konkreter Kunden- bzw. Nachschubaufträge, Ressourcenplanung: Kommissionierung, Versand, Verpackung, etc., Steuerung der Kunden- bzw. Nachschubaufträge | Planung u.a. aufgrund von konkreten abfallerzeugenden Aufträgen anderer Kernbereiche, Ressourcenplanung, Steuerung der Entsorgungsaufträge |

  ▨ Aufgaben der Logistik     ▨ Aufgaben mit Beteiligung der Logistik

Abbildung 1.6: Logistische Aufgaben

## 1.2.2 Logistische Ziele

Drei wesentliche **logistische Ziele** eines Unternehmens ergeben sich aus einer Markt-, einer Finanz- und einer Struktursicht wie folgt:

(1) Sicherstellung der logistischen **Qualität**: Marktsicht

(2) Maximierung der logistischen **Effizienz** bei vorgegebener Qualität: Finanzsicht

(3) Sicherstellung der **Anpassungsfähigkeit** der logistischen Prozesse und Systeme: Struktursicht

**Ziel 1** deckt die *Marktsicht* ab. Unternehmensziele definieren unter anderem, mit welchem Leistungsumfang das Unternehmen am Markt **Kundennutzen** stiften will. In Industrieunternehmen geschieht dies durch die Festlegung eines marktgerechten Produktionsprogramms, Unternehmen des Handels stecken das Sortiment ab, mit dem sie den Markt bedienen wollen, und Logistikdienstleister formulieren ein den Wünschen der Kunden entsprechendes Leistungsprogramm. Die Ziele der Logistik müssen sich in die Unternehmensziele einpassen. In diesem Sinne müssen Logistikziele auch festlegen, in welcher Art und Weise die Logistik eines Unternehmens einen Kundennutzen erzeugen kann. In zunehmend gesättigten Märkten, in denen nahezu gleichwertige Waren angeboten werden, wird die reine Sicht auf den Produktnutzen durch eine Perspektive ersetzt, die andere Nutzenaspekte des Käufers mit einbezieht. Die Schnelligkeit und Qualität der Lieferung, die Berücksichtigung von Kundenwünschen bei der Anlieferung und letztendlich die Verlässlichkeit der logistischen Dienstleistung liefern dem Kunden Zusatznutzen und werden ihn in seinen Kaufentscheidungen beeinflussen. Der *physische Nutzen* des eigentlichen Produkts wird ergänzt durch den *örtlichen* und *zeitlichen Verfügbarkeitsnutzen*. Die **Wertschöpfung** des Produktes, verstanden als das Erzeugen von Kundennutzen dieses Gutes, beschränkt sich also nicht mehr nur auf dessen Herstellung, sondern schließt auch das passgenaue Zur-Verfügung-Stellen am Markt ein. Dieser Teil der Wertschöpfung ist eine Kernaufgabe der Logistik. Das bedeutet, dass die Logistik einen wesentlichen Beitrag zum Ausbau der Marktmacht des Unternehmens liefert und damit die langfristige Stellung im Wettbewerb zu sichert. Da in Käufermärkten die Wünsche der Kunden eine hohe Priorität haben, müssen diese Erwartungen von den Anbietern erfüllt werden, um am Markt bestehen zu können, woraus sich das erste, vorbezeichnete Ziel für die Logistik ergibt. Das bedeutet, dass zum einen die **Kundenerwartungen** ermittelt werden und zum anderen die Prozesse so gestaltet sein müssen, dass die Erwartungen von den Leistungen abgedeckt werden. Nicht die Größe der Leistung ist ausschlaggebend, sondern die Passgenauigkeit an die Erwartungshaltung des Marktes. Erwartungen an die logistische Leistung drücken sich aus als Erwartungen an die Lieferzeit, Lieferbereitschaft, Lieferzuverlässigkeit, Liefergüte und Lieferflexibilität, wobei das Ziel 1 das gleichzeitige Erreichen all dieser Unterziele beinhaltet.

- **Lieferzeit** umfasst dabei die Zeitspanne von der Erteilung des Auftrags bis zum Zeitpunkt, an dem die Ware dem Kunden an dem Ort, den der Kunde bestimmt hat, zur Verfügung gestellt wird. Kurze Lieferzeiten können für einen Kunden wichtig sein, weil er dadurch kurzfristiger disponieren kann. Entsprechend verringern sich die Unsicherheit bei seiner Disposition und damit die benötigten Sicherheitsbestände.

- **Lieferbereitschaft** (Servicegrad) gibt die Wahrscheinlichkeit an, mit der die nachgefragte Ware im Lager frei verfügbar zur Auslieferung vorhanden ist. Gemessen wird die Lieferbereitschaft im Allgemeinen über das Verhältnis von nachgefragter Menge $M_N$ und ausgelieferter (nachgefragte *und* verfügbare) Menge $M_A$:

$$\text{Lieferbereitschaft} = (M_A \cdot 100)/M_N \ \%$$

Das Ergebnis der Messung hängt davon ab, welche Größen für die Menge zugrunde gelegt werden, z. B. Anzahl der Aufträge, Anzahl der Auftragspositionen, Anzahl der Stücke, etc.

- **Lieferzuverlässigkeit** definiert die Wahrscheinlichkeit, mit welcher der Kunde die bestellte Ware zum vereinbarten Zeitpunkt in der vereinbarten Menge erhält. Auch diese Wahrscheinlichkeit wird über das Verhältnis der Mengen $M_{VZ}$ = ,Menge der vollständig und termingerecht gelieferten Ware' und $M_B$ = ,Menge der bestellten Ware' angegeben.

$$\text{Lieferzuverlässigkeit} = (M_{VZ} \cdot 100)/M_B \ \%$$

Für die Mengendefinition der Lieferzuverlässigkeit gilt das oben Gesagte. Beeinflusst wird die Lieferzuverlässigkeit zum einen von der Lieferbereitschaft, zum anderen von der Zuverlässigkeit des Auslieferungsprozesses, wie z. B. Auftragsverarbeitung, Kommissionierung, Versandbereitstellung,

Transport, etc. Auch die Lieferzuverlässigkeit beeinflusst die Höhe des Sicherheitsbestandes beim Kunden, da eine niedrige Zuverlässigkeit eine erhöhte Vorsorge erfordert.

- **Liefergüte** betrifft den Zustand, in dem die Ware beim Kunden ankommt. Defekte Ware wirkt sich mindestens so negativ aus wie nicht gelieferte Ware. Sie ist nicht verwendbar und gleicht damit einer nicht gelieferten Position, zusätzlich können Kosten für Prüf-, Entsorgungs- oder Rücktransportprozesse entstehen. Eine formale Definition kann wie bei der Lieferbereitschaft und der Lieferzuverlässigkeit erfolgen.

- **Lieferflexibilität** ist ein Maß für die Fähigkeit des Lieferanten, Sonderwünsche des Kunden berücksichtigen zu können. Das betrifft in der Regel Abweichungen von vereinbarten Auftrags- oder Lieferbedingungen.

Das logistische Ziel 1 umfasst das gleichzeitige Erreichen all dieser Unterziele. Es hat im Allgemeinen die höchste Priorität und definiert den Rahmen für die anderen Ziele.

**Ziel 2** deckt die *Finanzsicht* ab. Die Logistik hat, je nach Branche, einen mehr oder minder großen Einfluss auf die **finanzielle Struktur** des Unternehmens. Durch die Verbesserung der logistischen Prozesse können kürzere Durchlaufzeiten, eine Absenkung der Bestände, eine bessere Auslastung der Ressourcen und eine Reduzierung der Fehler erreicht werden. Das hat direkte Auswirkungen auf den finanziellen Bereich:

- *Verringerung des materialverursachten Kapitaleinsatzes* und dadurch *Erhöhung der Liquidität* und *Senkung der Kapitalkosten*

- *Senkung der Kosten des Ressourceneinsatz* (z. B. Lagerflächen, Ladehilfsmittel, Personal, Energie, etc.)

- *Senkung der Fehlerkosten*

Unter Zugrundelegung des ersten Ziels, eine ‚kundengerechte Leistung' konstant zu erbringen, kann das zweite Ziel auch als ‚Minimierung der Logistikkosten' formuliert werden.

**Ziel 3** bezieht sich auf die *Struktur des logistischen Systems* und leitet sich aus der Marktsituation ab, die von Dynamik und Wandel geprägt ist. Ziel 1 und 2 erfordern logistische Prozesse und Systeme, die in eine gegebene Umwelt so eingepasst werden, dass ein Maximum an Qualität und Effizienz erzielt werden kann. Ändert sich die Umwelt, müssen die Prozesse und Systeme ebenso geändert werden, um auch weiterhin das geforderte Maß an Qualität und Effizienz bieten zu können. Daher muss, um die ersten beiden Ziele dauerhaft abzusichern, ein drittes Ziel die **Flexibilität** der Prozesse betreffen.

Unter Beachtung anderer Gesichtspunkte, etwa der ökologischen und sozialen Implikationen der Logistik, können weitere Ziele für die Logistik eines Unternehmens formuliert werden. So werden zunehmend die Umweltverträglichkeit und die Nachhaltigkeit der logistischen Prozesse in die Zielsetzungen einbezogen, wie etwa das Streben nach weniger Abfall, mehr Wiederverwendung und umweltschonenden Transporten. Angemerkt sei, dass die angeführten Ziele genau genommen **Meta-Ziele** sind. Erst wenn sie mit konkreten Zahlen und Terminen belegt sind, werden sie in der Praxis verwendbar.

## 1.3 Konzeptionelle Ansätze der Logistik

### 1.3.1 Systemtheoretischer Ansatz zur Darstellung der Logistik

Bisher wurde ein eher *intuitiver Zugang* zu dem Begriff des logistischen Systems und benachbarten Begriffen angeboten. In der Logistik bietet ein **systemtheoretischer Ansatz** oder ein Systemdenken die Möglichkeit ganzheitliche Betrachtungen für komplexe, vernetzte Zusammenhänge fruchtbar zu machen. Es herrscht weitgehende Einigkeit darüber, dass dieser Ansatz für die Logistik nicht nur *deskriptiv* sondern auch *explikativ* einsetzbar ist und sich darüber hinaus für eine grundlegende Betrachtungsweise der Logistikkonzeption eignet. Über **Systeme** lassen sich folgende *grundsätzliche Aussagen* machen.

Unter einem **System** wird eine *Menge von Elementen* und den zwischen ihnen definierten *Relationen* verstanden. Elemente können ihrerseits Systeme sein, die relativ zum ursprünglichen System als **Subsysteme** bezeichnet werden. Die Untergliederung in Subsysteme kann über mehrere Stufen erfolgen. Die Methode, ein Element eines Systems erneut als System zu betrachten, nennt man *Deduktion*. In umgekehrter Richtung heißt die Methode *Abstraktion*. Das System wird durch eine *Systemgrenze* vom *Systemumfeld* abgetrennt.

Ein System, bei dem kein Element in einer Relation zu einem Element aus dem Systemumfeld steht, bezeichnet man als *geschlossenes System*. Nicht geschlossene Systeme heißen *offene Systeme*. In einem System können verschiedene Arten von Subsystemen eingeführt werden. Als **Beispiel** sei ein *System* gegeben, dessen

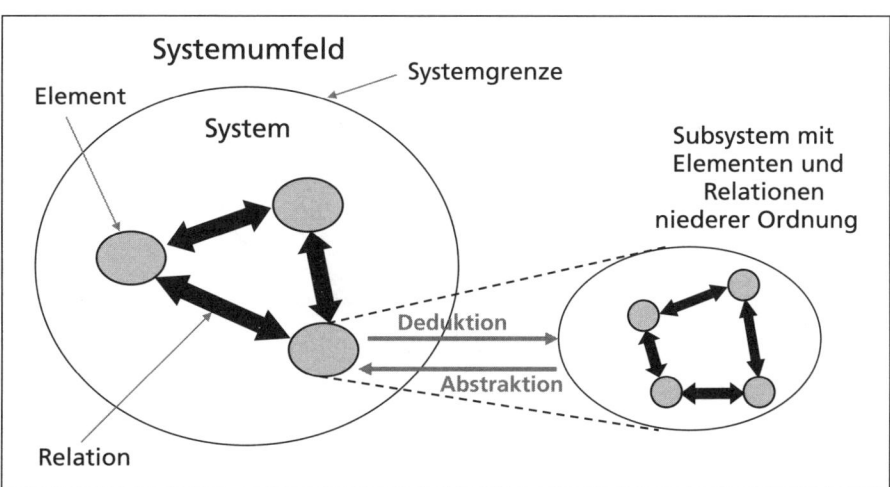

Abbildung 1.7: System, Element, Relation, Subsystem

Elemente *Subsysteme* und miteinander über die Relation 1 verbunden sind. Die Elemente innerhalb der Subsysteme stehen zueinander in der Relation 2. Führt man eine weitere Relation 3 ein, dann können damit die Elemente der Subsysteme zu einer anderen Art von System zusammengefasst werden, das dann relativ zu den Subsystemen **Teilsystem** genannt wird.

Ein **offenes System** kann über einen *Input,* einen *Output* und über die *Funktion* des Systems beschrieben werden. Zur Untersuchung realer Systeme werden strukturerhaltende Abbildungen der Wirklichkeit (homomorphe Modelle) gebildet, die ihrerseits wieder Systeme darstellen können. Die **Struktur eines Modells** wird einerseits geprägt durch den *Ausschnitt der Wirklichkeit,* der mit dem Modell beschrieben und untersucht werden soll, und andererseits durch die *Zielsetzung der Untersuchung.* Bei einer Modellbildung werden nur die Elemente, Relationen und Subsysteme abgebildet, die zur Problemlösung beitragen. Damit können verschiedene Ansätze der Systembeschreibung für ein und denselben Gegenstand existieren.

Wendet man diese Systemprinzipien für eine logistische Betrachtung auf ein Unternehmen an, so können folgende Definitionen vorgenommen werden: Ein **Unternehmen** ist ein *offenes System* mit den *Elementen* Beschaffung, Produktion, Distribution, Entsorgung und der *Relation* ,tauscht Güter und/oder Informationen aus mit'. Die gleiche Art von Relation verbindet das Unternehmen auch mit dem Beschaffungsmarkt und dem Absatzmarkt. Neben dieser steht das Unternehmen auch über andere Relationen, wie etwa ,tauscht Geld aus mit' oder ,ist Verbandspartner von', mit dem Beschaffungs- und Absatzmarkt in Verbindung, die aber nicht in das Modell aufgenommen werden, weil sie für logistische Betrachtungen nicht relevant sind. Deshalb werden

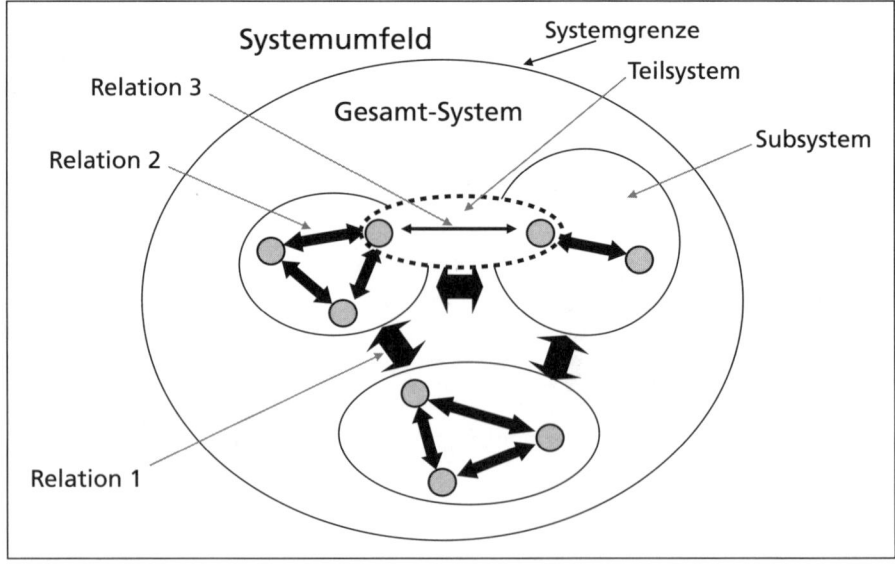

Abbildung 1.8: Sub- und Teilsysteme

auch keine Elemente wie ‚Personalabteilung‘, ‚Finanzen‘, etc. verwendet (siehe Abbildung 1.9).

Aus den Elementen bzw. **Kernbereichen eines Unternehmens** lassen sich Subsysteme in der Weise deduzieren, dass deren Elemente wiederum über die oben genannte Relation verbunden werden. Diese Deduktion lässt sich bis in kleinste *Aufgabenbereiche* fortführen. Eine funktionale Aufteilung in Subsysteme bietet die Möglichkeit, eine hierarchische *Organisation* zu definieren. Die einem Kernbereich zugeordneten *Ressourcen* lassen sich als Eigenschaften dieses Subsystems formulieren. Die Kernbereiche sind über die genannte Relation miteinander verkettet und liefern damit in diesem Sinn eine statische Darstellung der **Aktivitätenkette**, *statisch* deswegen, weil mit der Darstellung ein ‚eingefrorener‘ Systemzustand zu einem festen Zeitpunkt geliefert wird. Aktivitäten hingegen sind *dynamisch*, sie verändern Eingangsobjekte in Ausgangsobjekte. Zu ihrer Darstellung bedarf es der Dimension der *Zeit*. Fügt man sie den bisher beschriebenen Systemkomponenten hinzu, so können Aktivitäten und Prozesse in ihrem Ablauf dargestellt werden. Bricht man im *System Unternehmen* die Elemente auf das Niveau von Einzelaufgabenbereiche herunter, dann erhält man das *Teilsystem Logistik*, indem man über Relationen alle Einzelaufgabenbereiche zusammenfasst, die logistische Grundprozesse oder Zusammensetzungen davon bedienen.

Über die Bildung von Sub- und Teilsystemen lässt sich die institutionelle und funktionale **Abgrenzung von Logistiksystemen**, bisher getrennt beschrieben, auch zusammenfassend darstellen:

- Ein **makrologistisches System** einer Volkswirtschaft wird für die vorliegenden Fragestellungen als Menge der Elemente ‚logistisches System der Unternehmen‘, ‚logistisches System der öffentlichen Hand‘, etc. mit der Relation ‚tauscht Güter und Informationen aus‘ definiert. Mittels Deduktion wird das

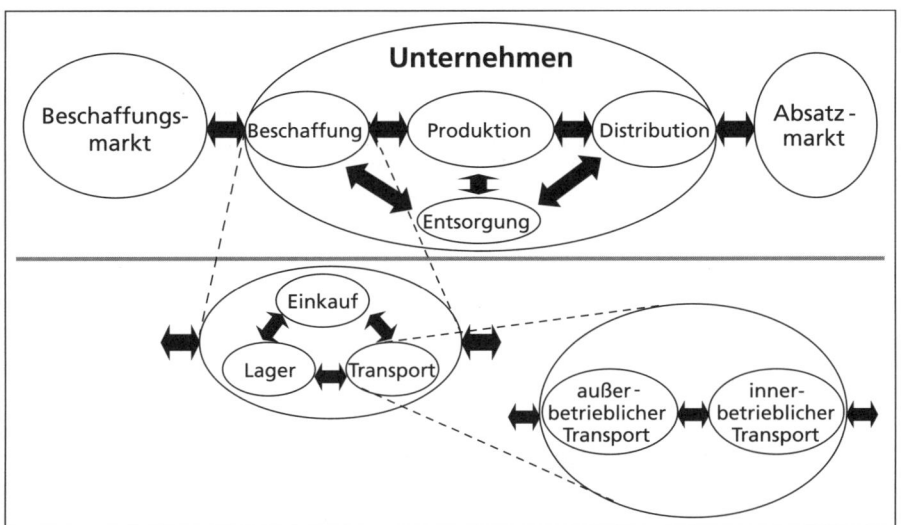

Abbildung 1.9: Das Unternehmen als System

Element ‚logistisches System der Unternehmen' als ein Subsystem aufgefasst, das die Elemente ‚logistisches System der Industrieunternehmen', ‚logistisches System der Handelsunternehmen', etc. mit gleicher Relation enthält. Dabei umfasst das Element ‚logistisches System der Industrieunternehmen' alle Industrieunternehmen der Volkswirtschaft mit den entsprechenden Relationen, das Element ‚logistisches System der Handelsunternehmen' beinhaltet alle Handelsunternehmen, etc.

- Ein **metalogistisches System,** also ein System von Unternehmen, die in einer bestimmten Kooperation X Partner sind, entsteht in diesem Subsystem ‚logistisches System der Unternehmen' dadurch, dass ein Teilsystem gebildet wird mit der Relation ‚ist in der Kooperation X Partner von'. Damit verbindet man alle Industrie-, Handels- und Dienstleistungsunternehmen, die in der Kooperation X zusammenarbeiten.

- Ein **mikrologistisches System** entspricht einem einzelnen Element dieses Teilsystems. Es sind Unternehmen, die wiederum über Deduktion als funktionale Subsysteme mit den Elementen ‚logistisches System Beschaffung', ‚logistisches System Produktion', etc. darstellbar sind.

Ergebnis dieser Überlegungen ist eine sowohl funktionale als auch institutionelle Abgrenzung von Logistiksystemen.

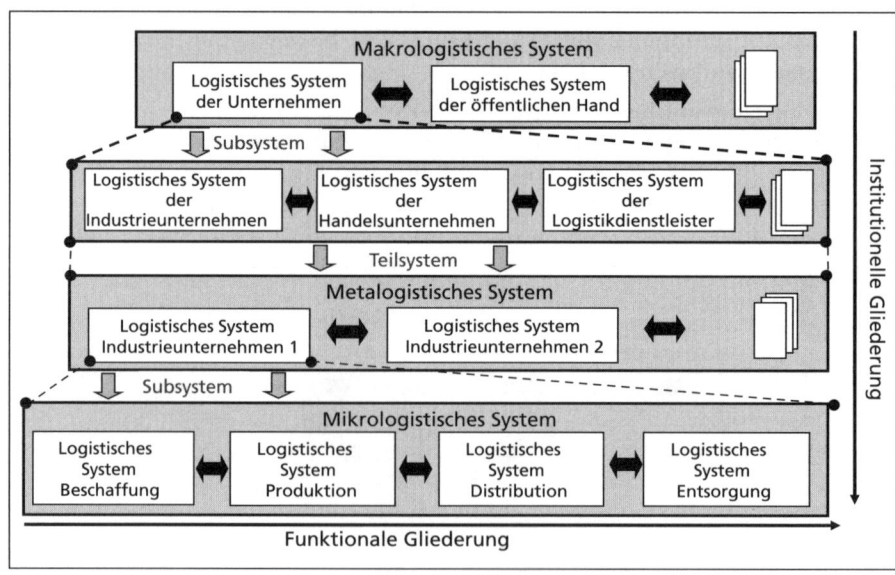

Abbildung 1.10: Systemsicht der institutionellen und funktionalen Logistikgliederung

## 1.3.2 Funktionsorientierte Logistik

In den **gütertransformierenden Kernbereichen** Beschaffung, Produktion, Distribution und Entsorgung werden verschiedene Funktionen wahrgenommen.

Zum einen sind es *bereichsspezifische Funktionen*, wie z. B. die Lieferantenbewertung in der Beschaffung oder die Produktentwicklung in der Produktion, etc., zum anderen handelt es sich um *Servicefunktionen*, die unterstützend wirken, wie z. B. die Reinigung der Betriebsflächen, die Bereitstellung von informationstechnischen Programmen, etc., oder auch logistische Abwicklungen, wie z. B. der Transport und die Lagerung von Sachgütern, etc. Die gütertransformierenden Aufgabenbereiche eines Unternehmens lassen sich als Matrix darstellen aus den Kernbereichen Beschaffung, Produktion, Distribution und Entsorgung und den orthogonal eingezogenen Servicefunktionen, zu denen auch die Logistik gehört.

Im Sinne der Systemtheorie wird das **Gesamtsystem ‚Gütertransformation'** in die Elemente ‚Beschaffung', ‚Produktion', ‚Distribution' und ‚Entsorgung' aufgeteilt, die über verschiedene Relationen miteinander in Verbindung stehen. Diese Elemente bilden wiederum *Subsysteme* mit den Elementen ‚bereichsspezifische Funktionen', ‚Servicefunktion 1 im Bereich', ‚Servicefunktion 2 im Bereich', etc. Die Servicefunktionen als Ganzes stellen in diesem Schema Teilsysteme dar. Das **Teilsystem ‚Logistik'** hat seinerseits wiederum die *Subsysteme* ‚Beschaffungslogistik', ‚Produktionslogistik', ‚Distributionslogistik' und ‚Entsorgungslogistik'.

Ein **funktionsorientierter Ansatz** der Logistik beruht darauf, dass diese logistischen Subsysteme zwar über die Relation ‚tauscht Güter und/oder Informationen aus mit' untereinander verbunden sind, diese Kopplung jedoch nur schwach ausgeprägt ist. Dafür sind sie aber in den jeweiligen Kernbereichen stark eingebunden. Sie haben mit den anderen Subsystemen des jeweiligen Bereichs eine gemeinsame Organisation, gemeinsame Ressourcen und gemeinsame Ziele. Das Teilsystem Logistik bildet bei einem funktionalen Ansatz weitgehend nur namentlich eine Einheit, von der Abwicklung her verbleibt sie eine lose Zusammenfügung von auf das Unternehmen verteilten Aufgabenstellen.

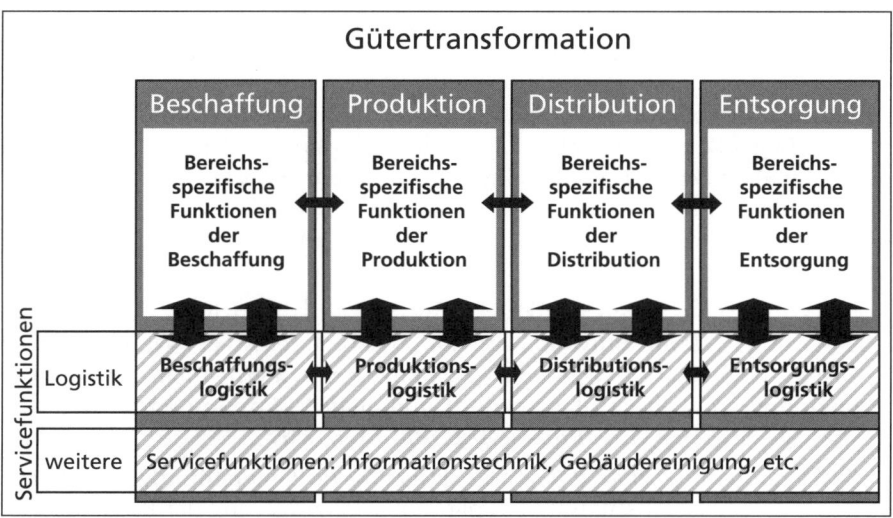

Abbildung 1.11: Bereichs- und Servicefunktionen

Das Fehlen gemeinsamer Ziele, einer gemeinsamen Organisation und gemeinsamer Ressourcen bedingt **Gefahren** für das funktionsorientiert organisierte Teilsystem Logistik:

- *Konkurrierende Zielsetzungen der Kernbereiche,* wie z. B. Beschaffung, Produktion, etc., führen ebenfalls zu konkurrierenden, abgeleiteten Zielen für die Subsysteme der Logistik, wie z. B. Beschaffungslogistik, Produktionslogistik, etc.

- *Realisierung ausschließlich lokaler Optima* durch Interessenegoismus, die überproportionale Verluste in anderen Bereichen erzeugen können.

- *Fehlen gemeinsamer Planungen* mit der Folge schlecht-synchronisierter Abläufe, die zu erhöhten Beständen und einer schlechten Auslastung der Ressourcen führen können.

- *Mangelnde Zuordnung von Verantwortlichkeiten* bei bereichsübergreifenden Abstimmungs- und Koordinationsproblemen.

- *Unzureichende Kommunikation* führt zu defizitärem Reporting von Planabweichungen zwischen den Subsystemen mit der Folge von Koordinationsproblemen.

Je größer der Wertschöpfungsbeitrag der Logistik im Unternehmen ist, desto stärker wirken sich diese Gefahren auf die Prozesse aus.

### 1.3.3 Prozessorientierte Logistik

Die **prozessorientierte Logistik** sieht die Subsysteme des Teilsystems Logistik, wie z. B. Beschaffungslogistik, Produktionslogistik, etc., in *engerem Verbund.* Die Relationen zwischen den Subsystemen koppeln deutlich stärker als bei einer funktionsorientierten Logistik. Die Ziele der einzelnen Subsysteme werden auf die gemeinsamen Ziele der Logistik ausgerichtet. Das bedeutet beispielsweise, dass das Ziel der Auslastungsoptimierung der Ressourcen im Subsystem Produktionslogistik nicht mehr vorbehaltlos verfolgt wird, sondern im Kontext der Auslastungsoptimierung im gesamten System der Logistik gesehen wird. In diesem Sinne dominieren in der Prozessorientierung übergreifende Interessen der Logistik die Einzelinteressen der Subsysteme. Eine prozessorientierte Logistik versteht sich als *ein System,* bei dem die auf die Kernbereiche verteilten *Aktivitäten* zu einem abgestimmten und auf die logistischen Ziele ausgerichteten Prozess zusammengefasst werden, die Ressourcenzuordnung korrespondierend gestaltet und eine zu den Abläufen passende Organisation geschaffen wird.

Diese grundlegend andere Strukturierung der Logistik im Sinne einer Prozessorientierung ist dann sinnvoll, wenn der Logistikanteil an der Wertschöpfung genügend hoch ist. Genau dies ist in den meisten Unternehmen der Fall. Die Vermeidung möglicher Gefahren der funktionalen Ordnung wird durch folgende **Eigenschaften einer Prozessstruktur** ermöglicht:

- *Synchronisierungsverbesserung der Abläufe* sowie Unterstützung des Flusscharakters der Logistik mit der Folge einer Verringerung der Bestände und Verkürzung der Durchlaufzeiten

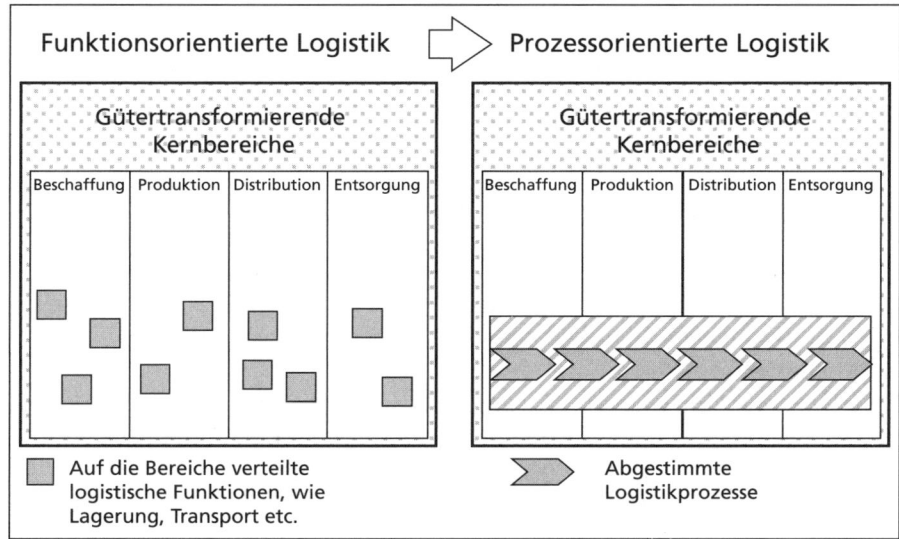

Abbildung 1.12: Übergang von der funktions- zur prozessorientierten Logistik

- *Erhöhung der Kundennutzenorientierung* über die Durchgängigkeit der Abläufe *aller* Kernbereiche
- *Höhere Ressourcenauslastung* durch gemeinsame Planung im Gesamtsystem, insbesondere in Situationen, in denen Ressourcen bei Belastungsschwankungen bereichsübergreifend ausgetauscht werden können
- *Versorgungsverbesserung mit Sachgütern* durch eine gemeinsame Planung und Steuerung mit der Folge auf drohende Nullbestand-Situationen kurzfristiger reagiert zu können
- *Realisierung von Kostenvorteilen* über Synergie-Effekte

Wenn im Folgenden von ‚Produktionslogistik', ‚Beschaffungslogistik', etc. gesprochen wird, ist damit der Systemteil der Logistik gemeint, der die Aufgaben in dem jeweiligen Bereich übernimmt, der aber auch immer eingebunden ist in das Gesamtsystem der Logistik. Bisher wurde der prozessorientierte Ansatz auf das System Unternehmen angewendet und dadurch unternehmensbezogene Vorteile erzeugt. Der Gedanke liegt nahe, diesen vorteilhaften Ansatz auf größere logistische Systeme zu übertragen, z. B. unter Einbezug von Lieferanten und Kunden. Solche metalogistischen Systeme, in denen ganze Ketten von Unternehmen prozessorientiert miteinander kooperieren, nennt man *Supply Chains*.

## 1.3.4 Logistische Konzepte

Ein prozessbasiertes **logistisches Konzept** ist eine Vorgabe zur Gestaltung von logistischen Prozessen. Es wirkt wie eine *Interpretation* oder *Konkretisierung* der allgemeinen Regeln der Prozessidee. In diesem Umfeld wurden in der jüngeren Vergangenheit Konzepte entwickelt, die auf Basis der Prozessorientierung bestimmte Abschnitte der Logistik neu geordnet haben. Dazu gehören beispielsweise das *Efficient Consumer Response (ECR)* und das *Collaborative Planning, Forecasting and Replenishment (CPFR)*. Hierbei handelt es sich um Kooperationen zwischen dem Einzelhandel und der Konsumgüterindustrie, die ihre Zusammenarbeit prozessbezogen neu organisiert haben.

Das **ECR-Konzept** konkretisiert sich beispielsweise folgendermaßen. Das betrachtete System ist ein *metalogistisches System*, bestehend aus den *Elementen* ‚Einzelhandel X‘, ‚Konsumgüterhersteller Y‘, möglicherweise ‚Zulieferunternehmen Z‘. Die *Relationen* sind ‚betreibt gemeinsame Planung mit‘, ‚betreibt gemeinsame Steuerung mit‘, ‚übermittelt Verkaufsinformationen (Point of Sale Informationen) an‘, etc.

Einige Autoren sprechen von *der* **Logistikkonzeption** und meinen damit eine Sammlung von Leitideen, die eine bestimmte paradigmatische Ausprägung des Systems *Logistik* ausmachen sollen. Dazu gehört die *Prozessorientierung*, die Leitidee der *Kundenorientierung*, Formen des *Netzwerkmanagements* oder globales *Wertschöpfungsmanagement*. Dies bedeutet dann im Anwendungsfall, dass etwa die Erfüllung der Kundenerwartungen als Maßstab für die Gestaltung der Prozesse genommen wird, wobei der Logistikprozess als eine Abfolge von einzelnen Prozessschritten aufgefasst wird, die interne oder externe Kunden mit internen oder externen Lieferanten verbindet. Jeder Kunde in dieser Kette hat Erwartungen an die von seinem Lieferanten erbrachten Leistungen. Abweichungen der erbrachten Leistungen von den erwarteten Leistungen drücken sich dann in entsprechenden Qualitätsbewertungen aus. Dieser Ansatz bietet nicht nur ein gutes Instrument zur Steuerung von Prozessen, sondern schärft auch den Blick für das Wesentliche von Abläufen.

Zur **Idee einer Logistikkonzeption** kann z. B. die Feststellung gehören, dass Logistik einen *Kundennutzen* stiftet und damit einen Teil der *Wertschöpfungskette*

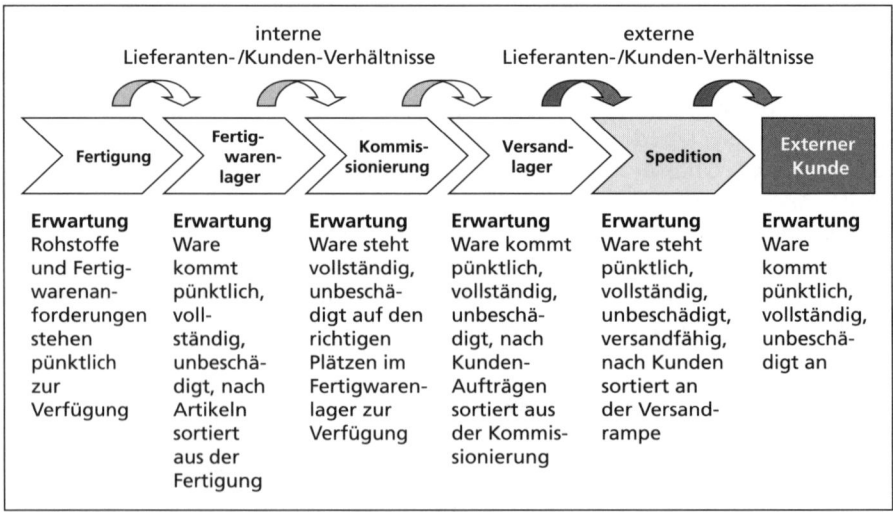

Abbildung 1.13: Prozesse zwischen internen/externen Lieferanten und Kunden

bildet. Ferner wird für die Logistik das *Modell eines Netzes* vorgeschlagen, durch das die logistischen Objekte fließen, weil dieser Modellansatz die logistische Wirklichkeit besser repräsentiert als das Modell einer logistischen Prozesskette.

## 1.4 Trends, Aufgaben und Literatur

### 1.4.1 Trends

Die gestiegene Bedeutung der Logistik für die Unternehmen hat die Diskussion zu diesem Bereich nicht nur in der Wirtschaft, sondern auch in der Forschung belebt. Einige Hauptergebnisse des Diskurses sind im Folgenden zusammengefasst.

**Trends**

→ Die **Logistik** wird in den Unternehmen nicht mehr als reine Dienstleistungsfunktion für wertschöpfende Bereiche wahrgenommen, sondern sie wird selbst **als Teil der Wertschöpfungskette** akzeptiert. Grund dafür ist eine gewandelte Sicht der Kunden, die neben den physischen Merkmalen eines Produktes auch die logistischen Leistungen als Wert empfinden, der die Kaufentscheidungen beeinflusst.

→ Die Ablösung der funktionalen Sicht der Logistik durch die Prozessorientierung führt zu einem Modell der Logistik als **netzartigem Fließsystem**. Viele logistische Entwicklungen sind vor diesem Hintergrund erklärbar.

→ Die gestiegene Bereitschaft zum **Outsourcing**, die damit verbundene Abnahme der Leistungstiefe der Unternehmen und die **globalen Markterweiterungsmöglichkeiten** verstärken die Notwendigkeit von Kooperationen. Hinter einer logistischen Leistung, so wie sie beim Kunden ankommt, steht eine ganze Kette von kooperierenden Unternehmen. Deshalb wird verstärkt in den Firmen das mikrologistische System der Unternehmenslogistik durch **das metalogistische System der Supply Chains** ersetzt. Man operiert nicht als Einzelner nach Gesichtspunkten lokaler Optima, sondern im Sinne eines Gesamtoptimums der Supply Chain.

Die beschriebenen Entwicklungen sind nicht abgeschlossen und ermöglichen ein weites Feld der Optimierung.

### 1.4.2 Aufgaben

Für die Bearbeitung der Aufgaben sollten zunächst grundlegende Begriffe und Dimensionen der Logistik aufgezeigt werden. Im Anschluss daran, können allgemeine und spezielle Aspekte für die konkrete Umsetzung in strategische und operative Bereiche des Logistikmanagements skizziert werden.

**Aufgaben**

▸ **[1]** Eine Bäckerei-Filiale wird jeden Morgen vor Verkaufsbeginn mit backfertigem und portioniertem Teig für Brötchen beliefert. Zusätzlich werden gebackene Brotlaibe und Kuchen gebracht. Die nicht verkaufte Ware des Vortages wird vom Anlieferfahrer wieder mitgenommen. Beschreiben Sie die Bäckerei als logistisches System: definieren Sie die Eingangs- und Ausgangsobjekte, die Ressourcen, Organisation und Prozesse, bestimmen Sie die stattfindenden Transformationen.

▸ **[2]** Definieren Sie Kennzahlen, mit denen die logistischen Prozesse im Beispiel bewertet werden können. Hier können verschiedene Lösungsansätze gewählt werden.

▸ **[3]** Formulieren Sie die drei Ziele der Logistik und begründen Sie, warum die Erreichung dieser Ziele für heutige Unternehmen wichtig ist.

▸ **[4]** Unter bestimmten Voraussetzungen hat eine prozessorientierte Logistik Vorteile gegenüber einer funktionsorientierten Logistik. Benennen Sie die Voraussetzungen dafür und die sich daraus ergebenden Vorteile.

Stichworte zu konkreten Lösungshinweisen für die Aufgaben von Kapitel 1 finden Sie auf Seite 231.

## 1.4.3 Literatur

Zur Vor- und Nachbereitung der Inhalte von Kapitel 1 können ergänzend folgende Lehrwerke und Internetadressen als Quellen herangezogen werden:

🐱 Schulte, Christof (2009): Logistik. Wege zur Optimierung der Supply Chain, Kapitel 1 Grundlagen, Seiten 1–23

🐱 Arnold, Dieter u. a. (2008): Handbuch Logistik, Kapitel 1 Begriffliche Grundlagen, Seiten 3–34

🐱 Pfohl, Hans-Christian (2010): Logistiksysteme. Betriebswirtschaftliche Grundlagen, Kapitel A Grundlagen der betriebswirtschaftlichen Logistik, Seiten 1–66

Folgende Internetadressen stellen ergänzende Informationsquellen dar:

@ www.logistik-lexikon.de

@ www.logistik-heute.de

@ www.frankfurt-holm.de

Weitere Hinweise zur Literatur und zur vertiefenden Lektüre finden Sie im Literaturverzeichnis.

# 2 Bereichsübergreifende Prozesse der Unternehmenslogistik

## 2.1 Planungsprozesse in der Logistik

### 2.1.1 Planung logistischer Systeme

**Planung** beinhaltet zweierlei: Die *Definition eines Ziels*, das in der Zukunft erreicht werden soll, und die *Erstellung eines Plans* der Aktivitäten, die zur Zielerreichung notwendig sind. Da logistische Planung die **Planung logistischer Systeme** oder Teile davon ist, muss zum einen erklärt werden, *was* das logistische System in der Zukunft leisten soll (Zieldefinition), zum anderen, *wie* man das System gestalten muss, damit es in der Lage ist, diese Leistung zu erbringen (Aktivitätenplan). Die **Zieldefinition** eines logistischen Systems erfolgt über die **Festlegung der Ausgangsobjekte**, die das logistische System zu erzeugen fähig sein soll. Dazu müssen sie nach Art, Menge, Zeitpunkt und Ort der Verfügbarkeit, Qualität und Preis bestimmt werden. Im **Aktivitätenplan** werden alle Arbeiten zur **Systemgestaltung** projektiert. Dazu gehört zum einen die Definition der **Leistungstiefe**, also an welcher Stelle der Wertschöpfungskette das System mit der Leistungserbringung aufsetzt. Damit ist auch festgelegt, welche Eingangsobjekte zur Verfügung stehen müssen. Zum anderen gehören zur Systemgestaltung alle *Änderungen* und *Neuentwürfe*, welche die *Ressourcen*, die *Organisation* und die *Prozesse* des Systems betreffen.

Da die **Logistik eines Unternehmens** aus bekannten Gründen als *ein* System aufgefasst werden soll, muss sich die Planung auch auf das Gesamtsystem beziehen. Das bedeutet, dass im ersten Schritt die für den Markt bestimmten Produkte als *Ausgangsobjekte* nach den oben genannten Kriterien festgelegt werden. Der zweite Schritt umfasst die Planung der Aktivitäten zur Systemgestaltung. An dieser Planung sind alle *vier Kernbereiche* beteiligt und sie leisten jeweils ihren spezifischen Beitrag. Obwohl diese Einzelplanungen abgestimmt werden und häufig parallel erfolgen, gibt es eine kausale Abhängigkeit zwischen den Planungen der Distribution, der Produktion, der Beschaffung und der Entsor-

**Lernziele**

- **Überblick** über bereichsübergreifende *Prozesse der Unternehmenslogistik*, wie Planung, Systematisierung logistischer Objekte, Bestandsdisposition, innerbetriebliche Transportprozesse sowie Lager und Umschlag.
- **Verständnis** der *Bereichsunabhängigkeit* von Planung, Systematisierungsverfahren, Materialdisposition und innerbetrieblichen Lager- und Transportprozessen mit ihren Praxisausprägungen.
- **Einsicht** in die *Verfahren*, die in den bereichsübergreifenden Prozessen angewendet werden, von der ABC-Analyse über die stochastische Betrachtung von Bedarfsentwicklungen bis hin zur Lager- und Transportkonzeption.

Lernziele Kapitel 2

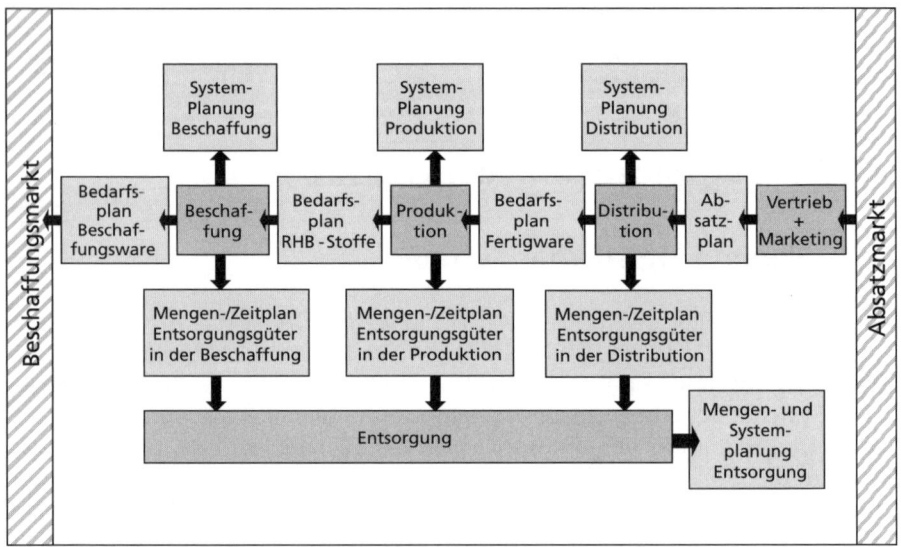

Abbildung 2.1: Idealtypische Logistikplanung als unternehmensweiter Prozess

gung. Da die Planungen in Käufermärkten mit den Absatzerwartungen des Marketings/Vertriebs beginnen, ist die Distribution das erste System, das zur Planung ansteht, weil die bei den Kunden eintreffenden Waren die Ausgangsobjekte dieses Kernbereiches darstellen. Die Distribution muss nun einerseits eine Systemplanung aufsetzen mit dem Ziel, die erwarteten Leistungen zu erbringen, andererseits ist es ihre Aufgabe, der Produktion vorzugeben, wann sie die verkaufsfähigen Produkte in welchen Mengen als *Eingangsobjekte* erwartet. Diese Angaben werden im Allgemeinen nicht mit den Absatzzahlen übereinstimmen, weil Zeitvorläufe, Bestandsstrategien, etc. berücksichtigt werden müssen. Abschließend wird die Distribution auch einen Mengen- und Zeitplan zu den anfallenden Entsorgungsgütern bereitstellen. Die Produktion und die Beschaffung verfahren analog. Die Kausalkette endet mit dem Mengen- und Systemplan der Entsorgung.

In Abhängigkeit davon, wie weit das zu erreichende Ziel in der Zukunft liegt, unterscheidet man nach langfristigen und kurzfristigen Planungen. Der **Planungshorizont** bezeichnet die Zeitdifferenz zwischen dem Anfang der Planung und dem Zeitpunkt, an dem das Ziel der Planung erreicht sein soll, d.h. das logistische System funktionsfähig ist. Langfristige Planungen werden auch verkürzt **strategische Planungen** genannt und können einen Planungshorizont von mehreren Jahren haben. Kurzfristige Planungen, auch als **operative Planungen** bezeichnet, beziehen sich auf Ziele, die im Bereich von Tagen oder Wochen liegen. Neben der Länge des Planungshorizonts unterscheiden sich strategische und operative Planungen noch in einigen anderen Merkmalen:

- *Planungsperiode*: Die Mengenangabe bei den Ausgangsobjekten muss sich immer auf eine Periode beziehen, in der diese Mengen vom System erzeugt werden sollen. Da langfristige Planungen der Ausgangsobjekte naturgemäß ungenauer sind, beziehen sich die Mengen auf längere Planungsperioden, um die Ungenauigkeiten im Mittel besser auszugleichen. Beispielsweise wird die Anzahl abzusetzender PKW einer neuen Generation, die in fünf Jahren auf den Markt kommen soll, im Allgemeinen auf Jahresebene geplant. Die Ausbringungsmengen der nächsten Woche sind sehr viel genauer zu planen und beziehen sich daher auf Tage oder sogar Stunden als Planungsperiode.

- *Planungsobjekt*: Wegen der Ungenauigkeit langfristiger Planung werden auch die Planungsobjekte, d.h. die Ausgangsobjekte, nicht exakt in allen ihren Eigenschaften angegeben, sondern es werden Gruppen ähnlicher Ausgangsobjekte geplant. In dem PKW-Beispiel werden langfristig nicht Automobile in allen ihren Ausstattungsvarianten geplant, sondern es werden z. B. Gruppen mit gleicher Motorisierung als Planungsobjekte eingeführt. In der operativen Planung wiederum sind die Planungsobjekte die konkreten PKW mit allen ihren Ausprägungen.

- *Freiheitsgrade der Planung*: Die erwähnten Unterschiede bezüglich der Planungsperioden und Planungsobjekte beziehen sich auf die Planung der Ausgangsobjekte. Aber auch bei der Planung des Systems unterscheiden sich strategische von operativen Planungen. Je weiter der Planungshorizont gesteckt ist, desto größer sind die Freiheitsgrade, das System zu gestalten. Beispielsweise umfasst die strategische Systemplanung eines Automobilbauers die Möglichkeiten, neue Produktionsstätten zu konzipieren, eine Veränderung der Fertigungstiefe vorzunehmen oder die Suche nach anderen strategischen Partnerschaften einzubeziehen. Diese Freiheitsgrade liegen nicht mehr vor, wenn die Produktion der nächsten Woche geplant wird. Dort kann im Allgemeinen nur noch limitierter Einfluss genommen werden auf die Menge und den Fertigstellungszeitpunkt der Produkte, die Reihenfolgeplanung der Produktionsaufträge (Organisation) und die Auswahl funktionsähnlicher Ressourcen.

Zwischen den strategischen, langfristigen und den operativen, kurzfristigen Planungen finden in Unternehmen einmal pro Jahr, meistens kurz vor Ende des Geschäftsjahres, **mittelfristige Planungen** für das nächste Jahr statt. Dort wird auf *Monatsbasis* (Planungsperiode) und auf der Ebene von *Produktsorten* (Planungsobjekte) die strategische Planung spezifiziert und aktualisiert. Im Allgemeinen wird die *taktische Planung* im laufenden Jahr monatlich rollierend fortgeschrieben.

## 2.1.2 Logistische Planungsmodelle

Die beschriebenen **Planungen** beziehen sich auf reale, logistische Systeme mit allen ihren Elementen und Relationen. Da sowohl die Anzahl der Elemente als auch die Komplexität der Relationen sehr hoch ist, wäre auch die Planung eines realen, logistischen Systems entsprechend aufwendig. Um eine sinnvolle und beherrschbare Planung zu ermöglichen, verwendet man als Grundlage der Planung nicht das tatsächliche Realsystem, sondern eine *vereinfachte Abbildung* des Systems, ein Modell. Bei einem **Modell** werden nur die für die Planung relevanten *Elemente* und *Relationen* abgebildet, alle anderen bleiben außer Betracht oder werden durch *Abstraktion* zusammengefasst. So sind beispielsweise für die Durchsatz-Planung eines realen Hochregallagers die Elemente ‚Feuerlöscher' und ‚Sozialräume' irrelevant. Wichtig dagegen ist, dass das Modell Elemente wie ‚Hochmaststapler' und ‚Lagerplatz für Gefahrgut' und eine Relation berücksichtigt, die festlegt, dass ein bestimmter Gabelstapler in einen definierten Lagergang einfahren kann. Ein Beispiel für die Vereinfachung des Modells durch **Abstraktion** liefert die Kommissionierung des Hochregallagers, wenn sie von vier steuerbaren Regalförderzeugen und einem abgeschlossenen Kleinteilelager mit eigener Steuerung bedient wird. Das Kleinteilelager kann im Modell, obwohl es real auch eigene Regalförderzeuge und Lagerplätze besitzt, als ein Subsystem, d. h. Element, des Lagers aufgefasst werden, das nicht weiter beschrieben werden muss als über die Förderleistung, die es für die Kommissionierung erbringt. Bei aller *Vereinfachung* sollte der abgebildete Ausschnitt der realen Struktur der Modellstruktur entsprechen, die Abbildung wäre dann strukturähnlich.

In Abhängigkeit vom Planungsgegenstand und der Planungsabsicht können verschiedene Modelltypen in Betracht kommen. Folgende drei Modelle, die in der logistischen Planung häufig Verwendung finden, sollen vorgestellt werden: Zeitreihenmodelle, Simulationsmodelle sowie Optimierungsmodelle:

**Zeitreihenmodelle** erstellen Prognosen auf Basis einer Zeitreihe, also einer zeitlich angeordneten Folge von statistischen Beobachtungswerten. Sie machen Voraussagen über zukünftige Variablenwerte der entsprechenden Zeitreihe und gehören damit zu den *Prognosemodellen*.

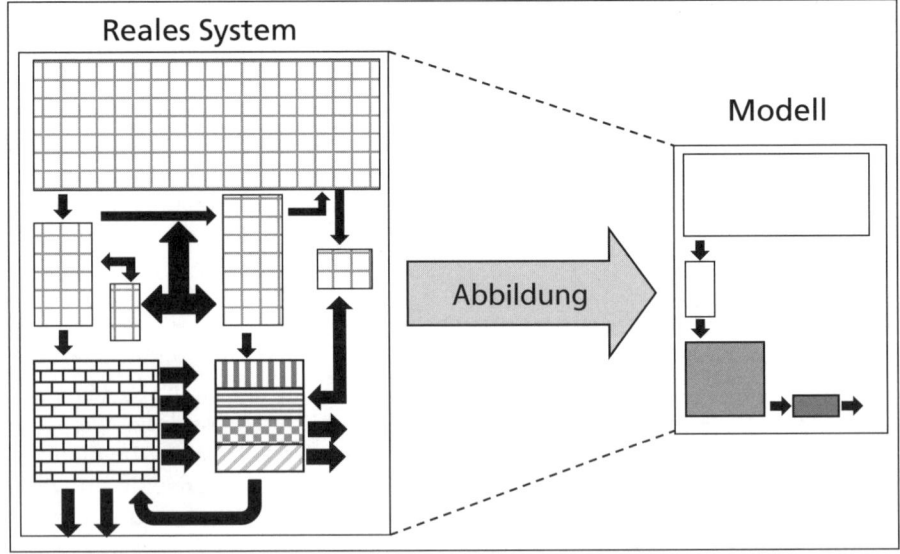

Abbildung 2.2: Modell als vereinfachtes Abbild der Realität

Beispiel 2.1

Der zukünftige Verbrauch des Materials 4711 soll prognostiziert werden. Die Variable im Modell ist der Verbrauch des Materials, die Variablenwerte sind die tatsächlich eingetretenen Verbrauchshöhen. Eine Zeitreihe kann beispielsweise aus den zeitlich angeordneten monatlichen Verbrauchshöhen des Materials der letzten zwei Jahre gebildet werden.

Bei der Erstellung einer Zeitreihe ist die Validität der Daten sicherzustellen, d. h., dass die erhobenen Werte auch tatsächlich das repräsentieren, worüber eine Aussage getroffen werden soll. Bei den Verbrauchswerten des Beispiels 2.1 ist etwa zu klären, ob in den Verbrauch auch Inventurdifferenzen, Entnahmen für Qualitätsprüfungen, Überalterungen, etc. eingehen sollen. Grundlage der Prognose mittels Zeitreihen ist die Annahme, dass in der zeitlichen Entwicklung der Werte in der Vergangenheit eine gewisse Systematik wirkt und diese auch für die nähere Zukunft maßgeblich ist. Die Aufgabe der Modellbildung besteht mithin in erster Linie darin, auf Basis von validen Daten diese Systematik zu ergründen und sie dann mit den geeigneten Verfahren für die Zukunft fortzuschreiben.

Eine gängige Art, die Systematik zu beschreiben, besteht darin, die *Charakteristik einer Zeitreihe* durch mathematische Funktionen darzustellen. Schwanken die Variablenwerte $V_i$ beispielsweise langfristig um einen konstanten Wert k, dann kann die Charakteristik der Zeitreihe mit der Funktion V = k beschrieben werden. Ist ein linearer Trend feststellbar, würde eine Funktion der Form V = a + bt mit der unabhängigen Variablen t (Zeit) zum Einsatz kommen. Saisonale Entwicklungen werden mit Sinusfunktionen dargestellt. Auch andere Funktionstypen oder Kombinationen von ihnen sind anwendbar. Abhängig von der Charakteristik der Zeitreihe stehen verschiedene Prognoseverfahren zur Verfügung, von denen im Folgenden einige vorgestellt werden.

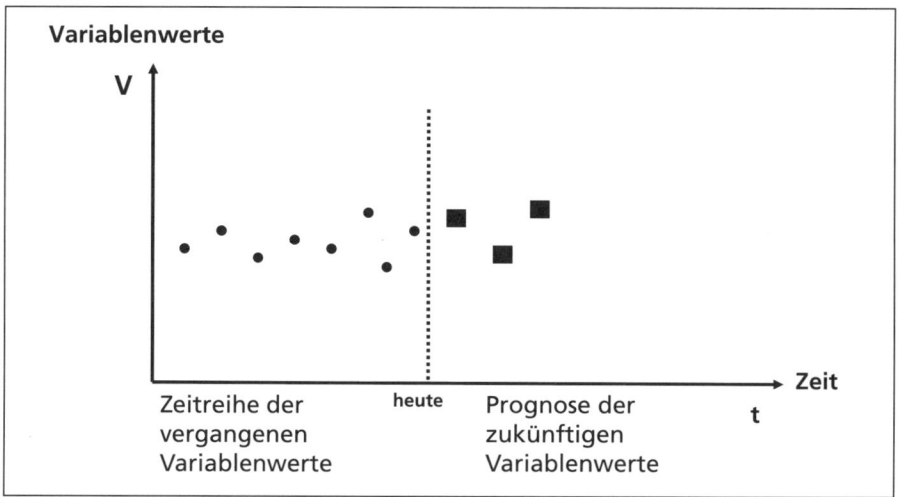

Abbildung 2.3: Prognose mittels eines Zeitreihenmodells

| Charakteristik der Zeitreihe | | Verfahren |
|---|---|---|
| **Konstanter Zeitreihenverlauf**<br>Variablenwerte schwanken langfristig um eine annähernd konstante Höhe | 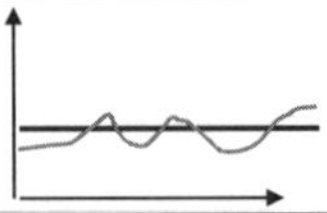 | • arithmetisches oder gewichtetes Mittel<br>• exponentielle Glättung 1. Ordnung |
| **Trendförmiger Zeitreihenverlauf**<br>Variablenwerte schwanken langfristig um einen Trend (steigend/fallend, linear/nicht-linear) | 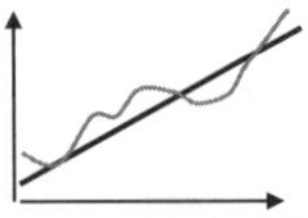 | • exponentielle Glättung 2. Ordnung<br>• Lineare Regressionsanalyse |
| **Saisonaler Zeitreihenverlauf**<br>Absatzwerte schwanken periodisch | 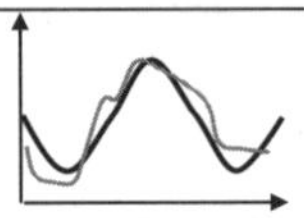 | • Exponentielle Glättung 3. Ordnung<br>• Multiple Regressionsanalyse |
| **Unregelmäßiger Zeitreihenverlauf**<br>Keine Charakteristik bei den Absatzwerten erkennbar | 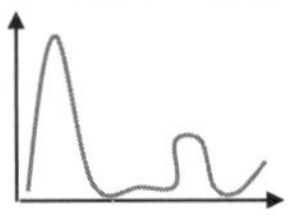 | • kein Verfahren sinnvoll anwendbar |

Abbildung 2.4: Prognoseverfahren

Es liegt eine Zeitreihe mit den n Variablenwerten $V_i$ vor. Ermittelt werden soll der Prognosewert $V_{n+1}^P$ für die Periode n+1.

Für **konstante Verläufe** können die Verfahren *arithmetisches Mittel, gewichtetes Mittel* und die *exponentielle Glättung 1. Ordnung* angewendet werden.

*Arithmetisches Mittel:* $\quad V_{n+1}^P = \dfrac{1}{n}\sum\limits_{i=1}^{n} V_i$

Hierbei werden alle n Vergangenheitsdaten mit $\dfrac{1}{n}$ gleich gewichtet, was bedeutet, dass sie alle als gleich bedeutend angesehen werden. In vielen Fällen wird aber jüngeren Daten mehr Einfluss auf die Prognose zugesprochen, weil sie neuere Entwicklungen repräsentieren. In diesen Fällen sollte ein gewichtetes Mittel als Prognose gewählt werden.

*Gewichtetes Mittel:* $\quad V_{n+1}^P = \sum\limits_{i=1}^{n} g_i V_i$ mit $g_i < g_j$ für $i < j$ und $\sum\limits_{i=1}^{n} g_i = 1$

Bei der exponentiellen Glättung 1. Ordnung wird am Ende der Periode n der prognostizierte Wert $V_n^P$ und der tatsächlich eingetretene Wert $V_n$ verglichen. Der Prognosefehler beträgt $(V_n - V_n^P)$. Der Prognosewert $V_{n+1}^P$ für die Periode (n+1) wird gebildet indem der Prognosewert der Vorperiode $V_n^P$, um einen bestimmten Anteil $\alpha$ des Prognosefehlers $(V_n - V_n^P)$ der Vorperiode n korrigiert wird: $V_{n+1}^P = V_n^P + \alpha(V_n - V_n^P)$. Durch leichte Umformung erhält man die folgende Gleichung.

*Exponentielle Glättung 1. Ordnung:* $\quad V_{n+1}^P = \alpha V_n + (1 - \alpha)V_n^P$ mit $0 < \alpha < 1$

Löst man den Term $V_n^P$ auf, so lautet die Gleichung:

$$V_{n+1}^P = \alpha V_n + (1 - \alpha)(\alpha V_{n-1} + (1 - \alpha)V_{n-1}^P)$$

oder

$$V_{n+1}^P = \alpha V_n + \alpha (1 - \alpha)V_{n-1} + (1 - \alpha)^2 V_{n-1}^P$$

Durch mehrfache Anwendung dieses Verfahrens bildet sich eine Reihe, bei der die Vergangenheitswerte $V_{n-i}$ mit den Faktoren $g_i = \alpha (1 - \alpha)^i$ gewichtet sind, was einer exponentiell abnehmenden Folge entspricht. Dieser Umstand gibt dem Verfahren seinen Namen.

Die exponentielle Glättung 1. Ordnung braucht zur Berechnung einer Prognose $V_{n+1}^P$ lediglich die drei Werte $\alpha$, $V_n$, $V_n^P$ und entlastet dadurch den Rechenvorgang. Zudem kann das Verfahren über einen einzigen Parameter gesteuert werden. Als Nachteil wird im Allgemeinen die Subjektivität der Wahl von $\alpha$ angesehen, zumal dieser Wert das Prognoseergebnis wesentlich beeinflusst. Je größer $\alpha$ gewählt wird, desto weniger beeinflussen alte Werte die Prognose und umgekehrt. In der Praxis hat sich ein $\alpha$-Wert zwischen 0,1 und 0,3 bewährt.

Für **lineare Trendverläufe** der Zeitreihe können die Verfahren *exponentielle Glättung 2. Ordnung* oder eine *lineare Regressionsanalyse* angewendet werden.

Die *exponentiellen Glättung 2. Ordnung* erfordert folgendes Vorgehen: (1) die Vergangenheitsdaten werden wie bei der exponentiellen Glättung 1. Ordnung gemittelt, (2) über diese geglätteten Mittelwerte wird das Verfahren nochmals ausgeführt, wodurch man zweifach geglättete Werte erhält, (3) aus dem Vergleich der beiden Prognosewerte (einfach und zweifach geglättet) lässt sich unter Berücksichtigung von $\alpha$ die Steigung des Trends ermitteln, die als Korrektur hinzugezählt wird.

Die *lineare Regressionsanalyse* unterstellt eine lineare Abhängigkeit zwischen der Zeit als unabhängiger Variable und den beobachteten Werten (abhängige Variable). Um zu einem Prognosewert zu kommen, wird durch die beobachteten Werte der Zeitreihe eine Gerade so gelegt, dass sie am ‚besten passt'. Das kann beispielsweise dadurch erreicht werden, dass man die Koeffizienten a und b

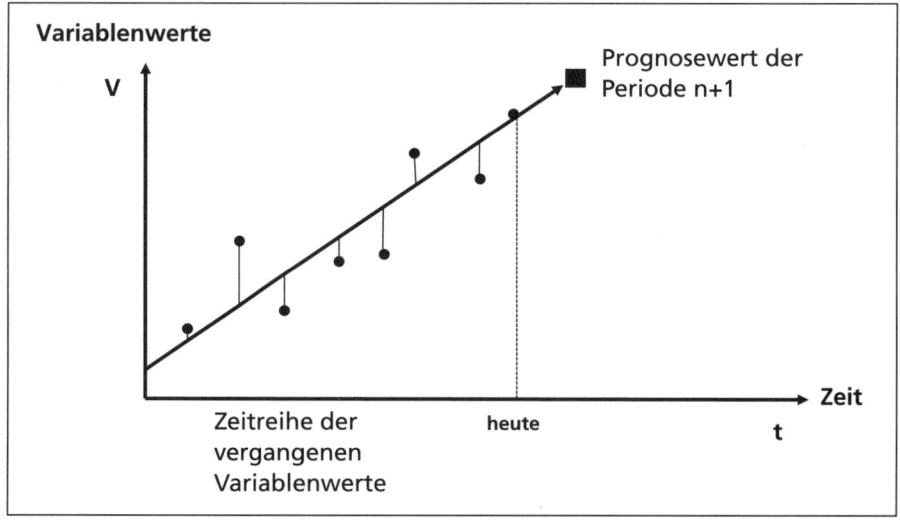

Abbildung 2.5: Lineare Regression

der linearen Gleichung V = a + bt so wählt, dass die Summe der quadrierten Abweichungen von den beobachteten Werten minimal ist. Zur Bestimmung von a und b kann die Methode der kleinsten Quadratsumme verwendet werden.

Prognosen beinhalten immer einen *Unsicherheitsfaktor*. Das kann daran liegen, dass man bei der Interpretation der Zeitreihe Fehler begeht und ein falsches bzw. unvollständiges Modell auswählt, dass das Modell zwar die Vergangenheit, nicht aber die Zukunft richtig beschreibt, oder dass zufällige Ereignisse Einfluss auf die Variable nehmen. Diese Unsicherheit manifestiert sich in den Abweichungen $(V_i - V_i^P)$ der prognostizierten Werte $V_i^P$ von den tatsächlichen Werten $V_i$ der Zeitreihe. Je größer diese Abweichungen sind, desto unsicherer, desto ‚schlechter‘ ist die Prognose. Als ein *Maß für die Prognosegüte* bietet sich die *Standardabweichung* σ an.

$$\sigma = \sqrt[2]{\frac{1}{n} \sum_{i=1}^{n} (V_i^P - V_i)^2} \quad \text{mit n = Anzahl der Zeitreihenbeobachtungen}$$

Ausgangspunkt dieses Maßes ist das arithmetische Mittel aller Abweichungen. Da sowohl positive als auch negative Abweichungen möglich sind, diese sich aber nicht aufheben sollen, werden die Abweichungen quadriert und die Summe radiziert. Je kleiner die Standardabweichung ist, desto besser ist die Prognose.

Modelle sind wie erwähnt vereinfachte Abbildungen der realen Systeme. Bei Zeitreihenmodellen besteht die Abbildung darin, erstens die für die Untersuchung relevanten quantifizierbaren logistischen Sachverhalte als Zeitreihenwerte bereitzustellen, zweitens die Wirkzusammenhänge im Realsystem als spezielle Charakteristik der Zeitreihe in das Modell zu übertragen.

Zeitreihenanalysen werden in der Logistik sehr häufig eingesetzt, weil sie einfach zu handhaben sind und für viele Problemstellungen ein adäquates Modell liefern. So werden sie beispielsweise bei der Bedarfsermittlung und der Bestimmung der Sicherheitsbestände verwendet. Sie haben aber auch einige Nachteile. Zum einen sind sie in der beschriebenen Form rein vergangenheitsbezogen. Vorhandene Vorinformationen über die Zukunft müssen separat in das Ergebnis eingepflegt werden. Zum anderen erklären Zeitreihen nicht die Ursachen für ihren Verlauf, sondern sie dokumentieren ihn lediglich. Kausale Abhängigkeiten von anderen Variablen bleiben unberücksichtigt. Für kurzfristige Prognosen sind sie aber gut verwendbar.

**Simulationsmodelle** dienen dem ‚Nachbilden eines Systems mit seinen dynamischen Prozessen in einem experimentierbaren Modell, um zu Erkenntnissen zu gelangen, die auf die Wirklichkeit übertragbar sind. Insbesondere werden die Prozesse über die Zeit entwickelt‘ (Richtlinie VDI 3633).

Beispiel 2.2

Ein Logistikdienstleister wickelt in seinem Auslieferungslager die Distribution dreier Kunden aus der Lebensmittelbranche ab. Ein weiterer Interessent fragt nach, ob seine Kundenbelieferung über dieses Lager möglich ist. Dazu kann das Lager mit allen relevanten Elementen (z. B. Lagerplätze, Stapler, Mitarbeiter,

Lagergänge, Staustrecken, Andockstellen, etc.), ihren Eigenschaften (z.B. Maße und Tragfähigkeit der Lagerplätze, Geschwindigkeit und Hubkraft der Stapler, Aufnahmekapazität der Staustrecken, etc.) und ihren Beziehungen (z.B. Einlagerungsstrecken zwischen dem Wareneingang und den einzelnen Lagerbereichen) in ein Simulationsmodell übertragen werden. Die schon vorhandene Arbeitslast, die vom System bewältigt wird, muss um die zusätzlichen Anforderungen des Interessenten erhöht werden. Dazu sind eine Reihe von Informationen nötig, wie z.B. Anzahl Kunden, Anzahl Aufträge, Anzahl Auftragspositionen, geografische und zeitliche Verteilung der Aufträge, etc. Mit den neuen Daten wird ein Simulationslauf gestartet, das heißt, die über die Zeit verteilten Aufträge werden in dem rechnergestützten Simulationsmodell eingelastet und das Systemverhalten geprüft. Kommt es im System beispielsweise zu Engpässen, müssen die entsprechenden Ressourcen erweitert werden und ein neuer Simulationslauf wird gestartet. Das kann so häufig wiederholt werden, bis das System – auf Basis der eingegebenen Daten – stimmig funktioniert. Ergebnis des Simulationsexperimentes ist eine Aufstellung aller nötigen Änderungen und damit auch einer Kostenschätzung für die Integration des Interessenten in das System.

Aktuell werden die erzeugten Simulationsmodelle auf Rechnern installiert, wo sie zu *Simulationsexperimenten* verwendet werden können. Eingesetzt werden Simulationsmodelle in der Logistik, wenn das zu betrachtende, reale System zu vielschichtig ist, als dass es über analytische Methoden darstellbar wäre. Das kann z.B. bei vollautomatischen Hochregallagern oder komplexen Fabrikationsanlagen der Fall sein. Insbesondere noch nicht existierende, kostenintensive, reale Systeme werden vor ihrer Erstellung simuliert, um die richtige Dimensionierung bei vorgegebener Systemlast abzusichern. Aber auch bei vorhandenen Lagern, Fabriken, Distributionsnetzen werden Simulationen verwendet, wenn sich wesentliche Parameter des Systems oder des Systemumfeldes ändern (siehe Beispiel 2.2).

Im Folgenden sollen einige wichtige *Merkmale der Simulation* zusammengefasst werden: (a) *Simulationsexperimente* liefern nur auf Basis der angegebenen Daten Erkenntnisse über das Systemverhalten. Ändert sich in Beispiel 2.2 etwa die zeitliche Verteilung der Auftragseingänge, so kann das System möglicherweise funktionsunfähig werden. Um die Lieferung wesentlicher Testdatenkonstellationen zu gewährleisten, ist die Beteiligung eines Experten des realen Systems an der Simulation erforderlich. (b) Simulationen liefern *keine Optimierung* des Systems. Dies ist eine spezielle Folgerung aus Punkt (a). (c) Simulationsmodelle sind *Prognosemodelle*, weil sie Aussagen über das zukünftige Systemverhalten machen. (d) *Werkzeuge* zur Simulation sind u.a. *Simulatoren*. Dabei handelt es sich um komplette Programmpakete, in die man das Simulationsmodell einspeisen kann. Weiterhin können auch *Simulationssprachen* und *Entwicklungsumgebungen* verwendet werden, die zwar flexibler einsetzbar sind, aber im Allgemeinen mehr Entwicklungszeit erfordern. Eine genaue Kenntnis der Simulationswerkzeuge ist für die Modellierung unabdingbar, so dass bei Simulationen in der Regel ein Simulationsfachmann und der oben erwähnte Experte des zu simulierenden realen Systems zusammenarbeiten.

**Optimierungsmodelle** liefern bei anliegenden Entscheidungen die *bestmögliche Lösung*. Dazu müssen folgende Elemente in das Modell eingebracht werden:

(a) *Lösungsmenge*: Festlegung des Variablenvektors $(x_1, x_2, \ldots, x_n)$ einschließlich Wertebereich, der alle möglichen Lösungs-Kombinationen enthält

(b) *Restriktionen*: $r_i(x_1, x_2, \ldots, x_n)$ der Lösungsmenge mit $i = 1, \ldots, m$

(c) *Zielfunktion*: $Z(x_1, x_2, \ldots, x_n)$, die optimiert, also minimiert oder maximiert werden soll

Abhängig von der mathematischen Ausprägung der Lösungsmenge, der Restriktionen und der Zielfunktion können die Optimierungsmodelle beispielsweise in linear/nicht linear, stochastisch/deterministisch, einkriteriell/multikriteriell, etc. gegliedert werden. In der Logistik werden Optimierungsmodelle beispielsweise bei *Kürzeste-Wege-Problemen, Transport- und Umlade-Aufgaben* und bei Fragen der *knotenorientierten Tourenplanung* verwendet.

Das Ziel jeder logistischen Planung (und Steuerung) sollte die Erfüllung der **7 R** sein, nämlich die internen und externen Kunden mit den richtigen *Objekten*, in der richtigen *Menge*, zum richtigen *Zeitpunkt*, in der richtigen *Qualität*, am richtigen *Ort*, mit den richtigen *Informationen* versehen und zum richtigen (logistischen) *Preis* zur Verfügung zu stellen.

## 2.2 Systematisierung und Standardisierung logistischer Objekte

### 2.2.1 ABC- und XYZ-Analysen

Die am weitesten verbreiteten Methoden zur Systematisierung logistischer Objekte sind die *ABC-Analyse* und die *XYZ-Analyse*.

Die **ABC-Analyse** ist ein allgemeines Verfahren, *eine Menge* von Elementen nach einem quantifizierbaren *Kriterium* in die drei *Untermengen A, B* und *C* zu unterteilen. In der Logistik wird diese Methode an vielen Stellen angewendet, z. B. wird die Menge der Fertigprodukte nach dem Kriterium ‚Zugriffshäufigkeit‘ in die Gruppen A = Produkte mit häufigem Zugriff, B = Produkte mit mittlerem Zugriff, C = Produkte mit seltenem Zugriff eingeteilt. Durchgeführt wird diese Einteilung, um die A-Produkte wegeminimal im Lager zu platzieren und die B- und C-Produkte gestaffelt auf die Restplätze einzulagern. Auch an anderen Stellen im Unternehmen wird die ABC-Analyse verwendet, etwa im Verkauf, wenn die Kunden nach Umsatz in wichtig (A), weniger wichtig (B) oder geringwichtig (C) gegliedert werden, um beispielsweise Kundenbindungsmaßnahmen gezielter durchzuführen.

Bei den logistischen Objekten, speziell bei den **Materialien**, ist eine ABC-Klassifizierung nach Verbrauchswert üblich. Der *Verbrauchswert* wird als die verbrauchte Stückzahl in einer Periode multipliziert mit dem Einstandspreis definiert, wobei der Einstandspreis neben dem Einkaufspreis auch Kosten für Transport, Versicherungen, etc. enthält. Diese Klassifizierung unterstützt die Disposition, die im Allgemeinen eine große Anzahl an Materialien planen, steuern und kontrollieren muss. Die ABC-Analyse ermöglicht dabei ein selektives

Vorgehen. Die für das Unternehmen im Sinne des Verbrauchswerts wichtigen Teile (A-Materialien) sollten mit einer größeren Aufmerksamkeit behandelt werden, als die mit geringerem Verbrauchswert (B- und C-Materialien), weil Maßnahmen im A-Bereich größere finanzielle Auswirkungen zeigen. Das reicht von der Feinjustierung der Bestandshöhe, der Bestellmenge und des Bestellzeitpunkts bis hin zur genauen Marktbeobachtung oder der Suche nach Substitutionsgütern. Die **ABC-Analyse** nach Verbrauchswert umfasst folgende fünf Schritte:

(1) *Berechnung des Verbrauchswerts* je Material, wobei im Allgemeinen als Bezugszeitraum das vergangene Jahr gewählt wird

(2) *Sortierung der Materialien* absteigend nach ihrem Verbrauchswert, beginnend mit dem höchsten Verbrauchswert

(3) *Ermittlung des prozentualen Anteils* am Gesamtverbrauchswert für jedes Material

(4) *Kumulation* der prozentualen Anteile

(5) *Bildung der ABC-Gruppen* durch Definition der Gruppengrenzen

Eine gängige Einteilung anhand des kumulierten Verbrauchswerts in Prozent ist folgende: A-Teile umfassen die ersten 80 % des kumulierten Wertes, B-Teile umfassen die nächsten 15 % des kumulierten Wertes, C-Teile umfassen die letzten 5 % des kumulierten Wertes. Bei einer solchen *ABC-Einteilung* ist häufig zu beobachten, dass die A-Teile anzahlmäßig etwa 20 % der Teile umfassen, das bedeutet, dass 20 % der Teile 80 % des Verbrauchswerts liefern (80/20-Regel). Für die B-Teile, Teile-Anzahl ca. 30 %, und C-Teile, Teile-Anzahl ca. 50 %, gelten analoge Beobachtungen.

Diese Zusammenhänge stellen keine strengen Gesetzmäßigkeiten dar, sondern werden durch eine Vielzahl von Faktoren bedingt, z. B. Wahl der Bezugsgröße, Wertverteilung über die Materialien, Wahl der Gruppengröße, etc. Neben der besprochenen Art der ABC-Einteilung nach prozentualen Anteilen am Gesamtwert können auch **Gruppenbildungen** anhand von absoluten Werten der einzelnen Elemente vorgenommen werden. Wenn Kumulationen keinen Sinn machen, beispielsweise bei der Umschlaghäufigkeit der Materialien, kann

| Mat. Nr. | Bezeichnung | Periodenverbrauch | Einzelpreis (€) | Verbrauchswert (€) | % | %-kumuliert | |
|---|---|---|---|---|---|---|---|
| x711 | Motor | 12 | 1000 | 12.000 | 13% | 13% | A-Teile |
| n213 | Klemme | 20.000 | 0,5 | 10.000 | 11% | 24% | |
| ⋮ | ⋮ | ⋮ | ⋮ | ⋮ | ⋮ | ⋮ | B-Teile |
| ⋮ | ⋮ | ⋮ | ⋮ | ⋮ | ⋮ | ⋮ | C-Teile |
| b498 | Dübel | 5 | 0,1 | 0,5 | 0,...% | 99,.. % | |
| f338 | Schraube | 5 | 0,06 | 0,3 | 0,...% | 100% | |

Abbildung 2.6: ABC-Sortierung nach Verbrauchswert

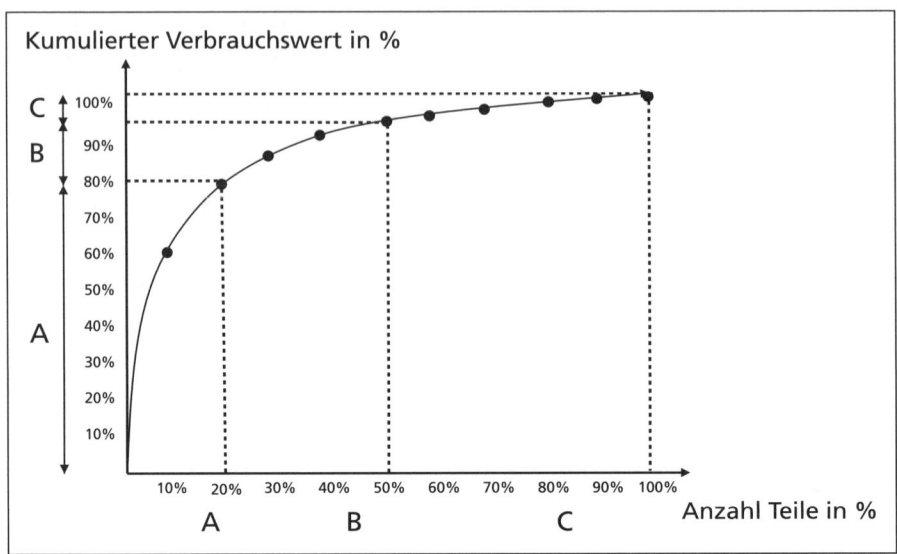

Abbildung 2.7: Lorenzkurve: Graphische Darstellung der ABC-Analyse

eine ABC-Aufteilung etwa so aussehen: A-Teile sind Materialien mit einer Umschlaghäufigkeit $U \geq 4$, für B-Teile gilt $1 \leq U < 4$ und die C-Gruppe wird mit Umschlaghäufigkeiten $U < 1$ definiert. Die *Umschlaghäufigkeit* ist der Verbrauch des Materials pro Zeitperiode (z. B. Jahr), dividiert durch den durchschnittlichen Lagerbestand. Eine Umschlaghäufigkeit von 3 bedeutet also, dass der gesamte Lagerbestand des Materials dreimal im Jahr vollständig aus dem Lager entnommen und wieder aufgefüllt wird.

Die **XYZ-Analyse** ist eine spezielle Art der ABC-Analyse auf Basis von absoluten Werten. Hier werden die Teile nach dem Kriterium der *Vorhersagbarkeit ihres Verbrauchs* in die Gruppen X, Y und Z eingeteilt. *X-Teile* besitzen eine hohe Vorhersagbarkeit. Ihre Verbräuche haben höchstens gelegentliche, geringe Abweichungen vom Prognosewert. Solche Verbrauchsverläufe sind bei stetigem Verbrauch mit geringen Schwankungen zu finden. *Y-Teile* haben eine mittlere Vorhersagbarkeit, d. h., dass zwar häufigere Abweichungen, aber keine großen Ausreißer vorzufinden sind. *Z-Teile* zeichnen sich durch eine niedrige Vorhersagbarkeit aus. Hier ist ein sporadischer und/oder unregelmäßiger Verbrauch vorherrschend. Die XYZ-Analyse liefert eine erste Aussage darüber, welches Bereitstellungsverfahren für ein bestimmtes Material geeignet ist. *Beispiele* sind: (a) Just-in-Time Anlieferung (eher für X-Teile geeignet), (b) Bevorratung (kann bei Y- und manchmal bei Z-Teilen sinnvoll sein) sowie (c) Beschaffung erst im Bedarfsfall (eher bei Z-Teilen).

Für *weiterführende Untersuchungen* wird häufig die ABC- mit der XYZ-Analyse verbunden. So sind etwa die AX-Teile von besonderem Interesse, weil sie einerseits einen hohen Verbrauchswert haben, andererseits besonders gut in ihrem Verbrauch prognostizierbar sind.

## 2.2.2 Stücklisten und Teileverwendungslisten

Neben der Einteilung der Materialien nach ihren ABC- und XYZ-Eigenschaften ist eine weitere Struktur naheliegend: Die *Struktur der Verwendung*. Sie klärt, welche Materialien in welchen anderen Materialien verwendet werden. Die oberste Stufe dieser Struktur bilden die Fertigprodukte, die andere Teile verwenden, aber selber nicht in andere Teile einfließen. Eine gängige Form, diese Zusammenhänge darzustellen, ist die **Strukturstückliste nach Fertigungsstufen**.

Sie berücksichtigt nicht nur materialwirtschaftliche, sondern auch fertigungstechnische Aspekte und wird daher auch in beiden Bereichen verwendet. Der Kopf der Stückliste bildet in unserem *Beispiel* das Fertig-Erzeugnis ‚Fahrrad‘. Eine Stufe tiefer sind alle Teile aufgezählt (Rahmen, Rad, Lenker, K-Schraube), die in der Fertigungsstufe ‚Erstellen des Fahrrads‘ benötigt werden. In der dritten Stufe werden, derselben Logik folgend, alle Teile angezeigt, die zur Erstellung der zweiten Stufe erforderlich sind. Die zusammengehörenden Teile werden über Graphen verbunden (beispielsweise Rahmen, Grundrahmen, Aufhängung und K-Schraube). Bei jedem Material ist die Menge (M) angegeben, mit der es in das direkt übergeordnete Teil einfließt (M=2 bei ‚Aufhängung‘ bedeutet, dass zwei Aufhängungen für die Produktion eines Rahmens benötigt werden). Die Vorlaufzeit (VZ) gibt an, mit welchem zeitlichen Vorlauf die eingehenden Materialien zur Verfügung stehen müssen, damit die Produktion des Kopfteils rechtzeitig abgeschlossen werden kann. VZ=1 bei ‚Fahrrad‘ heißt im Beispiel, dass man durchschnittlich 1 Arbeitswoche benötigt, um ein Fertigungslos von Fahrrädern zu erstellen. Die eingehenden Materialien müssen deshalb eine Woche vor Fertigstellung bereitliegen. Diese Zahl ist im Rahmen von bestimmten Produktionsplanungssystemen relevant, um eine Fertigung terminlich zu planen.

Es gibt weitere **Arten der Stückliste**, wie z. B. die Baukastenstückliste (zusammengesetzte Stückliste), Dispositionsstückliste (Aufbau unterstützt die Disposition), die Variantenstückliste (vereinfacht den Umgang mit Produkten, die in verschiedenen Varianten auftreten) oder die Konstruktionsstückliste (enthält

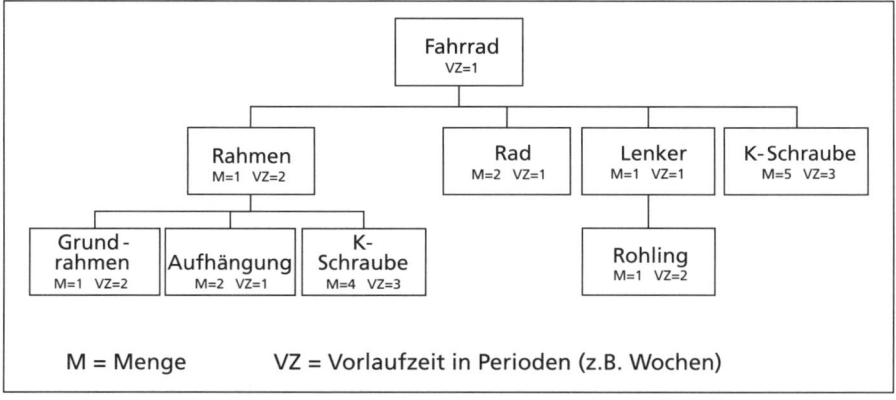

Abbildung 2.8: Strukturstückliste nach Fertigungsstufen

konstruktive Elemente für die Weiterentwicklung von Produkten). Stücklisten, die in der Prozessindustrie (z. B. Chemie, Pharma, Kosmetik, etc.) verwendet werden und im Allgemeinen Gemische angeben, werden *Rezepturen* genannt. Sie folgen im Großen und Ganzen der gleichen Logik wie Stücklisten, weisen aber einige Besonderheiten auf. Neben der Logistik und der Produktion verwendet auch das Rechnungswesen Informationen aus Stücklisten. Hier dienen sie als Grundlage für die Vor- und Nachkalkulation. Stücklisten geben zu einem bestimmten Produkt alle Materialien an, die in diesem Produkt enthalten sind.

**Teileverwendungslisten** bieten die inverse Darstellung: zu einem bestimmten Material werden alle Produkte/höherstufige Materialien angegeben, in die das Material einfließt.

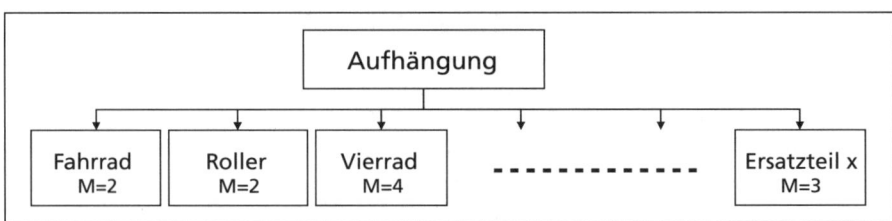

Abbildung 2.9: Teileverwendungsliste

Hier wird für jedes Material angegeben, in welchen höherwertigen Teilen es in welcher Menge vorkommt. Benötigt wird die Teileverwendungsliste beispielsweise in Situationen, in denen es zu *Lieferverzögerungen* oder *Qualitätsproblemen* im Materialbereich kommt. Anhand der Liste können die Produkte, die von diesen Unregelmäßigkeiten betroffen sind, gefunden und die entsprechenden Produktionsaufträge umgeplant werden. Speziell bei nachträglich erkannten Qualitätsmängeln können Auslieferungen gestoppt bzw. ausgelieferte Ware vom Markt genommen werden. Aber auch bei *Weiterentwicklungen* eines Produkts, bei denen ein Bauteil geändert werden muss, hilft die Teileverwendungsliste bei der Beurteilung, ob diese Änderung verträglich ist mit allen anderen Produkten, in denen dieses Bauteil verarbeitet wird.

### 2.2.3 Standardisierung der Materialien

Die **Standardisierung** ist ein allgemeines Verfahren in einer Menge von verschiedenartigen Elementen eine Vereinheitlichung einzuführen. Diese *Vereinheitlichung* bezieht sich immer auf bestimmte *Merkmale* der Elemente. So können etwa Schrauben bezüglich ihrer Merkmale Legierung, Maße oder Farbe vereinheitlicht werden. Der Umfang der Standardisierung wird unter anderem von der Anzahl der vereinheitlichten Merkmale und der Anzahl der Elemente, die von der Standardisierung betroffen sind, definiert. In der Logistik hat die Standardisierung eine hohe Bedeutung und wird an vielen Stellen eingesetzt, beispielsweise im Transport (z. B. Ladehilfsmittel, Verpackungen, etc.), im Lager (z. B. Fördermittel, Lagerregale, etc.), bei der Struktur von Logistiksystemen (z. B. Prozesse, IT-Systeme, etc.). Standardisierungen werden sowohl auf nationaler

(z. B. DIN) als auch auf internationaler Ebene (z. B. ISO) angeboten. Weiterhin stellen einige Branchenverbände diese ihren Mitgliedern zur Verfügung (z. B. VDI-Richtlinien).

Man unterscheidet zwischen der **Typung**, d. h. der Standardisierung von Fertigprodukten, und der **Normung**, d. h. der Standardisierung von Materialien. Eine neue Normung innerhalb der Materialien einzuführen bedeutet immer einen Aufwand, da die Teile, die noch nicht dem Standard entsprechen, geändert werden müssen. Das führt zu Mehrarbeit in der Pflege der Materialstammdaten, der Stücklisten und der Teileverwendungslisten, aber auch in der Konstruktion, der Beschaffung, der Produktion und der Lagerbestandsführung. *Vorteile*, die durch die Mehrfachverwendung der genormten Materialien entstehen, sind: (a) *Tendenzielle Verbesserung der Bedarfsprognosen*, weil sich Unter- und Überschätzungen besser ausgleichen. Das bedeutet *geringere Sicherheitsbestände*, daher auch *geringere Lagerkosten* und eine *Erhöhung der Liquidität*. (b) *Vereinfachtes Handling* bei Transport, Lagerung, Produktion und Qualitätsprüfung, dadurch sinken die Komplexitätskosten. (c) *Senkung der Stückkosten* durch größere Bestell- oder Produktionsmengen. Dadurch können auch die Fertigproduktkosten gesenkt werden, was zu einer Stärkung der Wettbewerbssituation führt.

## 2.3 Prozesse und Verfahren der Bestandsdisposition

### 2.3.1 Bestände und ihre Funktion

Sieht man von den Kunden- bzw. Lieferantenretouren ab, so repräsentieren die von den Lieferanten zu beschaffenden Sachgüter die Eingangsobjekte des logistischen Systems ‚Unternehmenslogistik' und die an den Kunden ausgelieferten Produkte die Ausgangsobjekte.

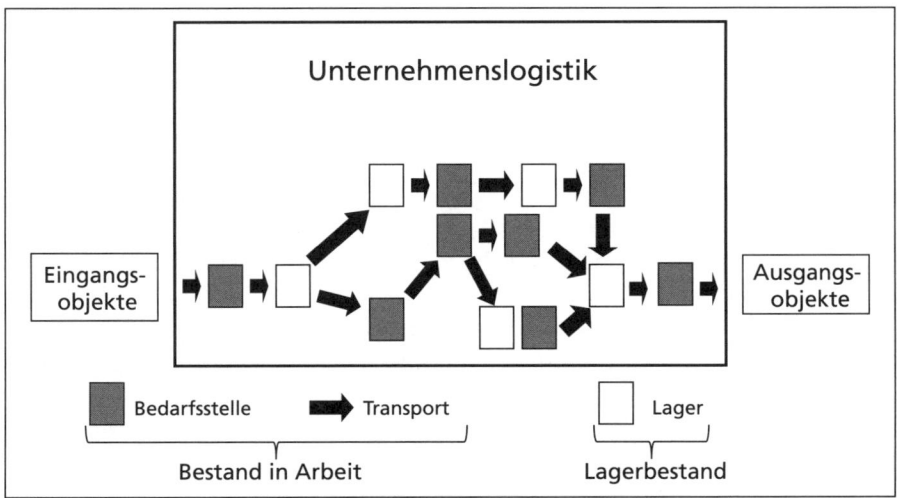

Abbildung 2.10: Bestandsnetz

Die logistischen Objekte, die sich zwischen diesen beiden Grenzpunkten im Unternehmen befinden, bilden die **Bestände** des Unternehmens. Idealtypisch fließen diese Bestände nach Eintritt in das logistische System kontinuierlich durch ein *Netz von Bedarfsstellen* bis zu ihrem Austritt aus dem System. Dabei stellen die *Bedarfsstellen* Subsysteme dar, die abgegrenzte Arbeiten an den logistischen Objekten vornehmen. Damit werden die Bestände während der gesamten Zeit in der einen oder anderen Art physisch oder örtlich transformiert, d. h. sie werden bearbeitet oder transportiert. Diese Bestände werden als in *Arbeit befindliche Bestände* bezeichnet. Wird die Kontinuität des Materialflusses unterbrochen, entstehen *Lagerbestände*. Das bedeutet, dass diese Bestände weder physisch bearbeitet noch transportiert, sondern lediglich zeitlich transformiert werden, also lagern.

**Lagerbestände** entstehen nicht immer unfreiwillig, quasi als Störung des Materialflusses, sondern sie können in einem bestimmten Systemumfeld sehr wohl sinnvolle Funktionen übernehmen. *Beispiele* sind im Folgenden aufgeführt:

- *Sicherungsfunktion*: Bei schwankendem Bedarf einer Bedarfsstelle können Bestände vor dieser Bedarfsstelle eine kontinuierliche Versorgung sicherstellen. Bedarfsschwankungen können beispielsweise durch unsichere Prozesse in der Bedarfsstelle entstehen, wie z. B. eine nichtkontinuierliche Ausschussrate in der Produktion, etc., oder durch eine erhöhte Nachfrage nach den Ausgangsobjekten, wie z. B. unsicheres Kundenverhalten, etc.

- *Ausgleichsfunktion*: Wenn bei einer Bedarfsstelle die zeitliche Taktung und Mengenverteilung der zufließenden Materialströme von der Taktung und Verteilung der abfließenden Materialströme abweicht, können Bestände zu einem Ausgleich beitragen. Bei bestimmten Produktionsschritten kann es beispielsweise wirtschaftlich sinnvoll sein, größere Mengen herzustellen, obwohl in den nachfolgenden Bedarfsstellen diese Mengen nicht sofort weiterbearbeitet werden können. In diesem Fall entsteht ein Bestand zwischen den Bedarfsstellen, der diesen Ausgleich schafft.

- *Spekulationsfunktion*: Liegt die Vermutung vor, dass die Preise für Sachgüter auf den Beschaffungs- oder Absatzmärkten steigen, können Bestände spekulativ eingesetzt werden.

Neben den genannten Funktionen wird in der Literatur auch die *Veredelungsfunktion* angeführt. Diese Bestände dienen der physischen Veränderung, wie z. B. dem Lagern von Wein zur Reifung oder von Bier zur Gärung, etc. Diese Art der Lagerung bedeutet zwar eine zeitliche Transformation der Sachgüter, der Zweck aber, der damit verfolgt wird, ist eine physische Transformation. Deshalb werden diese Bestände im Folgenden als in Arbeit befindliche Bestände aufgefasst, die entsprechende Lagerung als Produktionsschritt.

Bezüglich vorgenannter Funktionen können Bestände *positive Effekte* erzielen, wie z. B. eine wirtschaftliche Herstellung von Produkten (Ausgleichs- oder Spekulationsfunktion), eine unterbrechungsfreie Produktion (Sicherungsfunktion) oder eine verkürzte Lieferzeit (Ausgleichsfunktion), etc. Für Unternehmen ergeben sich aber auch *nachteilige Effekte* durch Bestände: Zum einen belasten sie die finanzielle Struktur durch Bestandskosten und eine verringerte Liquidität, zum anderen können Bestände organisatorische Missstände verdecken. Dazu gehören nicht abgestimmte Kapazitäten, Störungen im Prozessablauf oder eine fehlerhafte Planung. Durch eine Erhöhung der Bestände fallen diese Mängel nicht auf. In Projekten, die eine Verbesserung der Organisation zum Ziel haben, wird daher häufig zu Anfang eine Bestandsanalyse durchgeführt, die wirtschaftlich sinnvolle Bestände von überflüssigen Beständen trennt.

## 2.3.2 Bestandsdisposition mit Bestands-, Bedarfs- und Bestellrechnung

Die **Bestandsdisposition** sorgt planerisch dafür, dass jede Bedarfsstelle genau die logistischen Objekte/Bestände erhält, die sie zu einem bestimmten Zeitpunkt benötigt. Sie setzt also nicht nur bei der externen Beschaffung an, sondern unterstützt auch *Bestandsentscheidungen* über alle Stufen der Produktion und Distribution. Die Bestandsdisposition gliedert sich in folgende Bereiche: (a) Bestandsrechnung, (b) Bedarfsrechnung inklusive Bestimmung des Sicherheitsbestandes sowie (c) Bestellrechnung.

Basierend auf der genauen Kenntnis der Bestandssituation auf jeder Wertschöpfungsstufe (Bestandsrechnung) ermittelt diese mit speziellen Verfahren die Bedarfe der Zukunft (Bedarfsrechnung), federt Unwägbarkeiten über Sicherheitsbestände ab (Bestimmung des Sicherheitsbestandes), um dann unter Berücksichtigung von verschiedenen Rahmenbedingungen die interne und externe Beschaffung punktgenau anzustoßen (Bestellrechnung).

Die **Bestandsrechnung** ist eine fundamentale Aufgabe der Bestandsdisposition und umfasst die Planung, Steuerung und Kontrolle aller Maßnahmen, um jederzeit einen mengen- und wertmäßigen Überblick über alle Bestände des Unternehmens zu liefern. Da im Allgemeinen eine spontane Auskunft über

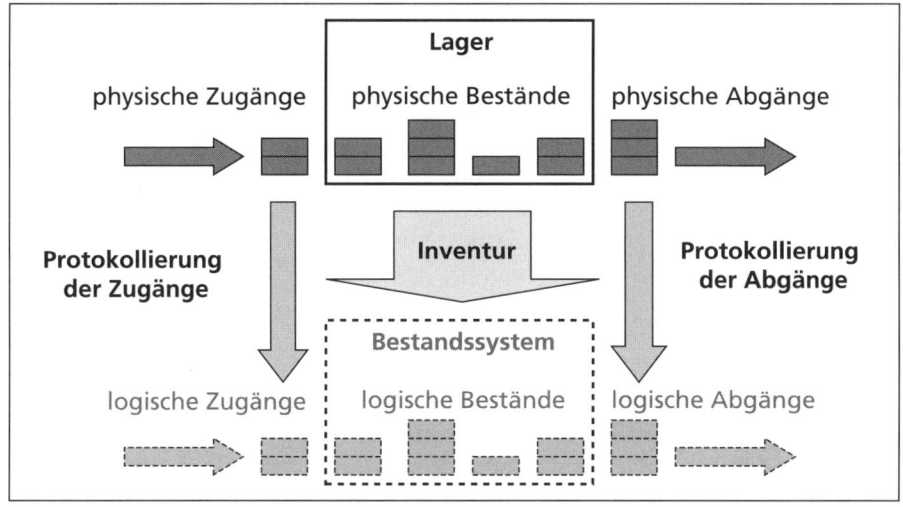

Abbildung 2.11: Bestandssystem

die Bestandshöhe nicht durch Zählung der physischen Bestände in den Lagern möglich ist, muss die Bestandsrechnung über ein System verfügen, aus dem man die Höhe der Bestände ablesen kann. Dieses *Bestandssystem* kann z. B. aus Karteikarten bestehen, auf denen die Bestände im Einzelnen verzeichnet sind. Üblich ist eine Datei oder Datenbank, in der beispielsweise je Material, je Fertigware, je Handelsware, etc. die entsprechende Menge angegeben ist. Den im Lager befindlichen körperlichen Bestand nennt man *physischen Bestand*, die Bestandsinformationen im Bestandssystem bilden den *logischen Bestand* oder *Buchbestand*. Die Bestandsrechnung hat dafür zu sorgen, dass der physische Bestand mit dem logischen Bestand übereinstimmt, mit folgenden *Vorgehensweisen*:

(a) *Sinnvolle Nummerierung* der Sachgüter: Wie die Nummerierung aufgebaut ist, hängt von den Sachgütern ab. Sie muss zumindest sicherstellen, dass alle Sachgüter, die die gleiche Nummer haben, für die Logistik als homogen gelten. Wenn beispielsweise der gesamte Bestand aus Schrauben der gleichen Legierung, aber verschiedener Größe besteht, genügt es, je Größe eine Artikelnummer festzulegen. Zwei individuelle Schrauben der gleichen Größe sind dann nicht mehr im Bestandssystem unterscheidbar. Bei anderen Sachgütern müssen unter Umständen weitere Unterscheidungsmerkmale berücksichtigt werden.

(b) *Implementiertes Inventurverfahren*: Mit diesem wird der physische Bestand gezählt und im Bestandssystem vermerkt. Zu diesem Zeitpunkt sind – bei fehlerfreier Zählung und Übertragung – physischer und logischer Bestand identisch. Die verschiedenen Arten und Funktionen der Inventur werden im Rahmen der Lagerwirtschaft abgehandelt.

(c) *Protokollierung der physischen Zu- und Abgänge*: Diese muss gegeben sein, um sie im logischen Bestand zeitnah nachzuvollziehen. Dabei dürfen nicht nur die regulären Zu- und Abgänge berücksichtigt werden, sondern auch durch Fehler verursachte Bestandsänderungen, z. B. müssen Abgänge durch Diebstahl und Zerstörung (Schwund und Schrott) und Zugänge durch Zähl- und Übermittlungsfehler im Bestandssystem nachvollzogen werden, sobald sie bemerkt werden.

Moderne Bestandssysteme bieten neben diesen drei Funktionen weitere Möglichkeiten, wie z. B. die *Protokollierung* aller fixen, zukünftigen Bestandszugänge (durch den internen/externen Lieferanten fest zugesagte Lieferungen) und Bestandsabgänge (durch den internen/externen Kunden fest zugesagte Aufträge). Bestände der Zukunft in diesem Sinne nennt man auch *virtuelle Bestände*.

Die **Bedarfsrechnung** schätzt die Bedarfe der Zukunft ab, bestimmt den Sicherheitsbestand und liefert damit die Eckwerte für die Bestellrechnung (zugekaufte Güter) und Produktionsplanung (eigengefertigte Güter). Bedarfe lassen sich nach verschiedenen Gesichtspunkten strukturieren. Die gängigsten Gliederungen sind die nach *Brutto-* und *Nettobedarf* und nach (a) *Primärbedarf,* (b) *Sekundärbedarf* und (c) *Tertiärbedarf*. Der **Bruttobedarf** ist der Bedarf ohne Berücksichtigung der frei verfügbaren Lagerbestände. Frei verfügbar ist der Bestand, wenn er noch nicht für bestimmte Aufträge oder andere Zwecke reserviert ist. Der **Nettobedarf** ist der Bruttobedarf abzüglich des frei verfügbaren Bestands.

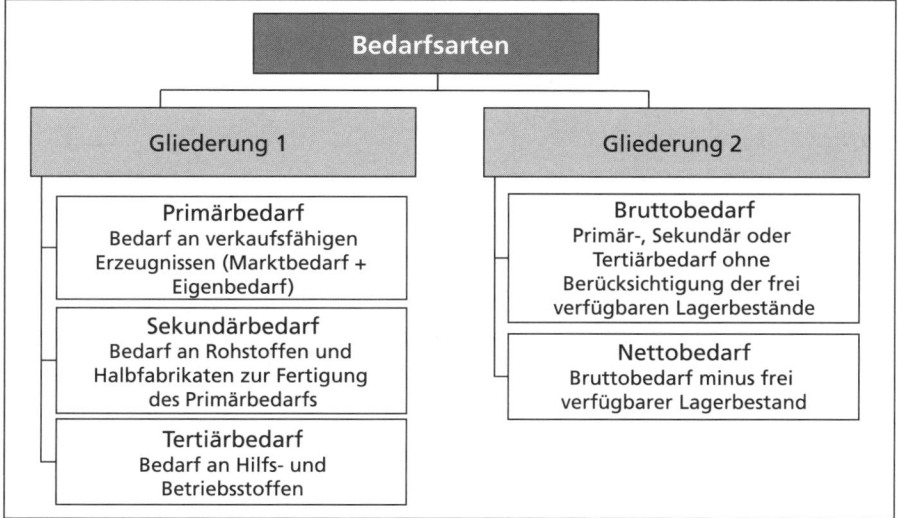

Abbildung 2.12: Bedarfsarten

(a) Der **Primärbedarf** wird definiert als *unabhängiger Bedarf* an Gütern, also einem Bedarf, der nicht in Beziehung zu einem anderen Bedarf steht, z. B. weil andere Güter daraus erzeugt werden sollen. Damit umfasst er den Bedarf an verkaufsfähigen Erzeugnissen, d. h. an Fertigware, an Handelsware und an zum Verkauf bestimmten Ersatzteilen Dieser Bedarf kann einerseits markseitig bestehen, also als *Marktbedarf,* oder als *Eigenbedarf,* d. h. als Bedarf des Unternehmens an den oben genannten Erzeugnissen, z. B. für Qualitätsprüfungen. Zur **Ermittlung des Primärbedarfs** stehen drei *Verfahrenstypen* zur Verfügung: (1) *Deterministische Verfahren* beruhen auf festen, vorgegebenen Tatsachen, aus denen der Bedarf abgeleitet wird. (2) *Stochastische Verfahren* nehmen Bezug auf vergangene Bedarfsdaten und bilden daraus eine Prognose über die zukünftigen Bedarfe. (3) *Subjektive Verfahren* werden angewendet, wenn in verlässlichem Ausmaß weder vorgegebene Tatsachen, noch Vergangenheitsdaten zur Verfügung stehen und dafür persönliche Einschätzungen des zukünftigen Bedarfs herangezogen werden. Diese Einschätzungen können durch Marktbeobachtungen untermauert werden.

Die *deterministische Ermittlung des Primärbedarfs* erfolgt als Zusammenfassung der Bedarfe aus schon bekannten, festen Kunden- und Eigenaufträgen. Für die *stochastische Ermittlung* des Primärbedarfs steht eine Reihe von Prognoseverfahren zur Verfügung, unter anderem die weiter oben vorgestellten Zeitreihenmodelle. In diesem Fall besteht die Zeitreihe aus den zeitlich geordneten Absatzwerten, ergänzt um die Eigenentnahmen, des betrachteten, verkaufsfähigen Produkts. Bei kurzlebigen Produkten liegen keine oder zumindest nicht genügend viele Vergangenheitsdaten vor. In diesem Fall werden die Absatzverläufe ähnlicher Produkte gewählt, um erste Aussagen zu ermöglichen. Da stochastische Verfahren rein vergangenheitsbezogen sind, können ihre Ergebnisse im Bedarfsfall um eine *subjektive Ermittlung des Primärbedarfs* durch die Marketing- und Vertriebsabteilung unter Ver-

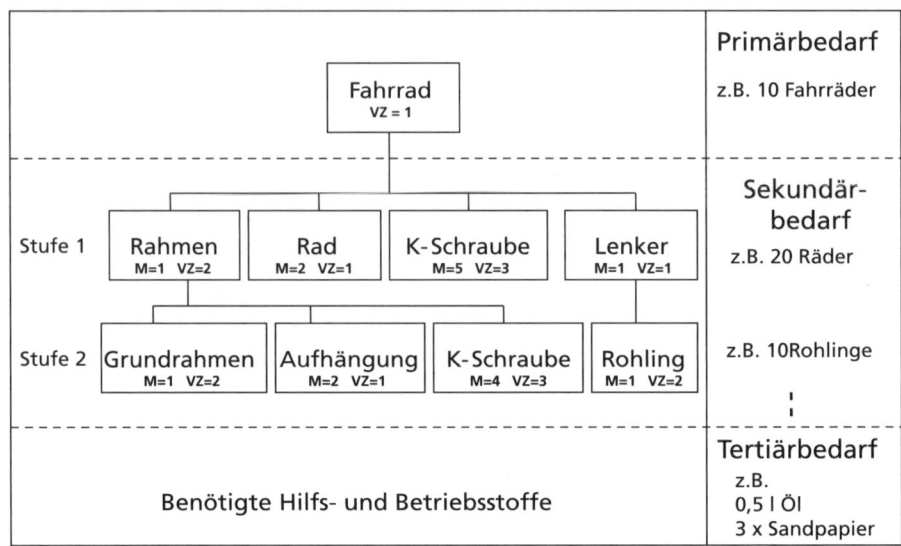

Abbildung 2.13: Primär-, Sekundär- und Tertiärbedarf

wendung markttechnischer Informationen ergänzt werden. Diese können beispielsweise beinhalten, dass ein bestimmter Artikel in den nächsten zwei Monaten intensiv beworben wird, oder ein Konkurrenzprodukt in Kürze vom Markt genommen wird.

In welcher Gewichtung die Verfahrenstypen bei der Ermittlung des Primärbedarfs zum Einsatz kommen, hängt vom Einzelfall ab. Bei einem reinen *Kundenauftragsfertiger*, also einem Unternehmen, das erst fertigt, wenn der Kunde einen Auftrag erteilt hat, wird der Primärbedarf vollständig *deterministisch* sein, da der Bedarf durch die vorliegenden Kundenaufträge fest bestimmt ist. Bei einem reinen *Lagerfertiger*, der auf eigenes Risiko vorproduziert, um dann die Kundenaufträge von seinem Lager aus zu bedienen, ist der Bedarf umso stärker *stochastisch* geprägt, je weniger das zukünftige Kundenverhalten bekannt ist. Diese Unterscheidung hat im Handel seine Entsprechung. Es gibt Handelsunternehmen, die Teile der Ware erst dann bei ihren Lieferanten bestellen, wenn ein entsprechender Kundenauftrag vorliegt. Auf der anderen Seite werden aber im Regelfall die Waren für den sofortigen Verkauf auf Lager gehalten. Die *subjektive* Komponente wird im Allgemeinen als Korrektiv der stochastischen Ergebnisse angewendet.

Unter Einbezug der frei verfügbaren Lagerbestände werden die *Netto-Primärbedarfe* erzeugt, die dann entweder – bei Handelswaren – an die Bestellrechnung, oder – bei eigenproduzierten Waren – an die Produktionsplanung übergeben und dort in Bestellungen bzw. Produktionsaufträge umgesetzt werden. Die zeitlich geordneten Produktionsaufträge einer Periode bilden das *Produktionsprogramm* dieser Periode, denn sie geben an, welche Produkte in welcher Menge, zu welchem Zeitpunkt gefertigt werden sollen.

(b) Der **Sekundärbedarf** leitet sich strukturell aus dem Primärbedarf ab und ist damit ein *abhängiger Bedarf*. Definiert wird der Sekundärbedarf als der Bedarf an Materialien, die in die Produktion der Erzeugnisse des Primärbedarfs einfließen. Der Zusammenhang zwischen Fertig-Erzeugnissen und den einfließenden Materialien wird durch Stücklisten dargestellt. Es sei hier darauf hingewiesen, dass alle in der Stückliste des verkaufsfähigen Produkts angegebenen Materialien, außer das verkaufsfähige Produkt selbst, in den Sekundärbedarf fließen, unabhängig von der Stufe, auf der sie stehen.

Die **Ermittlung des Sekundärbedarfs** kann prinzipiell, wie bei der Primärbedarfsermittlung, über die drei genannten Verfahrenstypen erfolgen, wobei im Allgemeinen deterministisch oder stochastisch vorgegangen wird. Die *deterministischen Verfahren* setzen auf dem Produktionsprogramm auf und leiten aus den dort dokumentierten Netto-Primärbedarfen die Sekundärbedarfe ab. Das kann über *Stücklistenauflösung* oder *Gozintographen* geschehen. Bei den Stücklisten werden die Netto-Primärbedarfe anhand der Mengenangaben in Brutto-Sekundärbedarfe der ersten Stufe aufgelöst und gegen den jeweiligen freien Lagerbestand abgeglichen. Die daraus entstehenden Netto-Sekundärbedarfe werden nach dem gleichen Schema stufenweise weiter aufgelöst. Nach der vollständigen Bearbeitung bis zur letzten Stufe werden Netto-Sekundärbedarfe materialweise zusammengefasst und anhand der Vorlaufzeiten zeitlich eingeordnet.

Das *Prinzip des Gozintographen* soll anhand eines Beispiels kurz erklärt werden: Es besteht darin, Knoten mit gerichteten Kanten zu verbinden, ähnlich wie bei der graphischen Stückliste. Die Knoten repräsentieren die einzelnen Materialien, die Kanten zeigen, welche Materialien in andere einfließen.

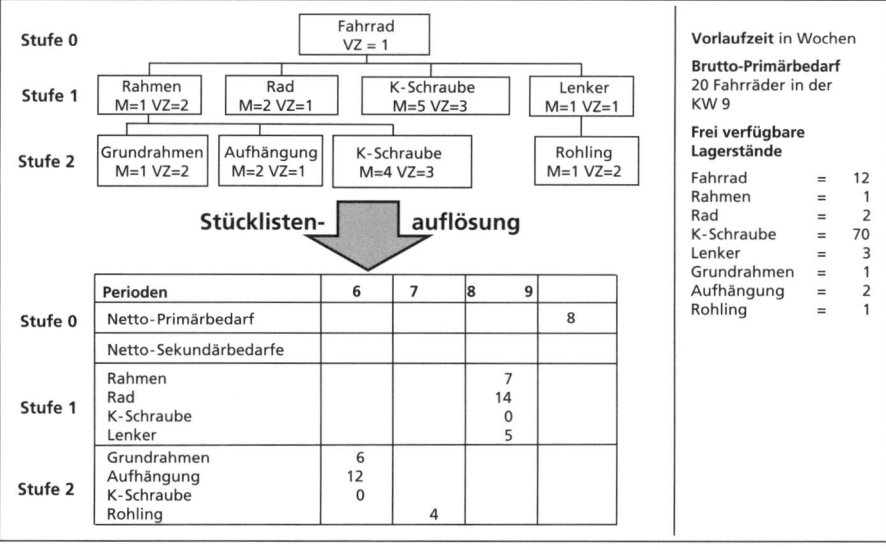

Abbildung 2.14: Periodengerechte Sekundärbedarfsermittlung durch Stücklistenauflösung

Die Zahlen an den Kanten geben die Mengenbeziehungen an. Die Zahl im obersten Knoten gibt den Primärbedarf des Endprodukts an.

Die Zahlen in den darunter liegenden Knoten liefern den Zusatzbedarf für dieses Material. So sollen im Beispiel neben den für den Primärbedarf nötigen 20 Rahmen weitere 5 Rahmen produziert werden, z. B. um den Lagerbestand aufzufüllen. Im Unterschied zur besprochenen Stückliste wird jedes Teil nur über einen Knoten angegeben (siehe K-Schraube). Zur Berechnung des Sekundärbedarfs kann die gesamte Bedarfsstruktur in ein lineares Gleichungssystem überführt werden.

Weil Stücklistenauflösung und Gozintographen auf dem Produktionsprogramm, also festen Produktionsaufträgen, aufsetzen, werden sie programmorientiert oder auftragsgebunden genannt. Diese Verfahren sind exakt, aber rechenaufwendig und werden daher im Allgemeinen für die Bedarfsermittlung von Materialien mit hohem Verbrauchswert (z. B. A-Teile) eingesetzt. Bei Teilen geringerer Bedeutung bietet sich ein *stochastisches Verfahren* an. Hier geht man nicht vom Primärbedarf aus, sondern betrachtet den Verbrauch eines Materials, losgelöst von dem ihn erzeugenden Primärbedarf. Daher wird dieses Verfahren unter dem gebräuchlichen Namen *verbrauchsorientiertes Verfahren* geführt. Man bildet eine Zeitreihe der vergangenen Verbrauchswerte und verwendet dann Prognoseverfahren, wie sie auch bei der Primärbedarfsentwicklung eingesetzt werden können.

(c) Der **Tertiärbedarf** setzt sich aus dem Bedarf an Hilfs- und Betriebsstoffen zusammen. Die **Ermittlung des Tertiärbedarfs** an Hilfsstoffen erfolgt im Allgemeinen stochastisch, also verbrauchsorientiert, da Hilfsstoffe in der Produktion zu den C-Teilen gehören. Dabei kommen teilweise sehr stark vereinfachte Verfahren zum Zug, die aber von ihrer Logik her auf der Verbrauchsorientierung gründen. Die Betriebsstoffe können ähnlich behandelt

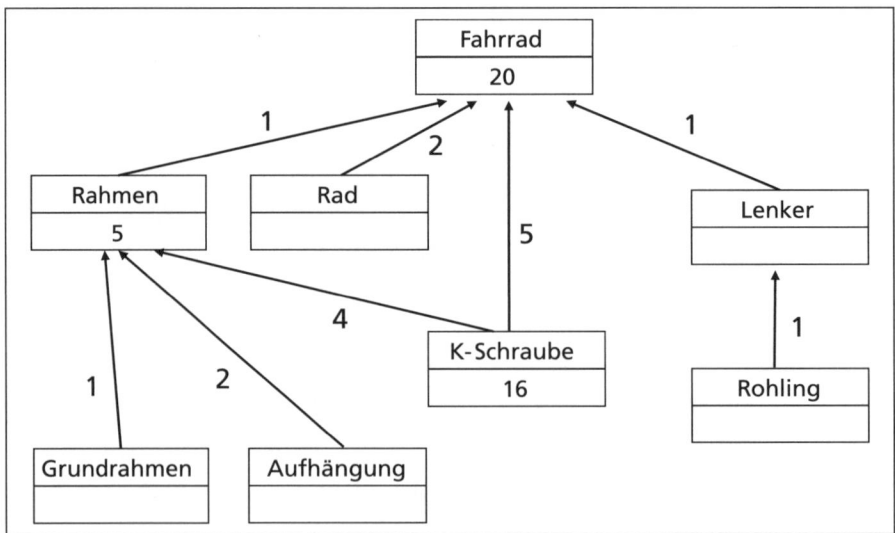

Abbildung 2.15: Gozintograph

werden oder ihr Bedarf wird aus den errechneten Betriebsstunden der Betriebsmittel abgeleitet.

Die **Bestimmung der Sicherheitsbestände** ist notwendig, weil Aussagen über Bedarfe der Zukunft fehlerbehaftet und damit *unsicher* sind. Durch die Wahl geeigneter mathematischer Prognoseverfahren und durch intensive Marktbeobachtung können diese Fehler eingeschränkt jedoch nicht vermieden werden. Daher muss die Bedarfsermittlung neben dem vorhergesagten Bedarf auch immer dafür sorgen, einen möglichen Zusatzbedarf zu berücksichtigen, der die Fehler der Ermittlung ausgleicht. Dieser *Zusatzbedarf* wird über Sicherheitsbestände abgedeckt, deren Höhe im Folgenden ermittelt werden soll. Die **Unsicherheit der Bedarfsermittlung** zeigt sich in den Differenzen zwischen den tatsächlichen und den prognostizierten Periodenbedarfen ($B_i - B^P_i$), wobei die Abweichungen tendenziell umso größer werden, je länger die Wiederbeschaffungszeit des Materials ist. Diese Differenzen können negativ (der tatsächliche Bedarf ist niedriger als prognostiziert) oder positiv (der tatsächliche Bedarf ist höher als prognostiziert) sein. Beide Abweichungen haben unerwünschte Konsequenzen: (a) Ist die *Abweichung negativ*, wird also weniger gebraucht als vorhergesagt, baut sich im Lager eine *Überbestandssituation* mit den beschriebenen, nachteiligen Auswirkungen auf. (b) Ist die *Abweichung positiv*, wird also mehr gebraucht als prognostiziert, läuft das Lager, wenn keine Vorräte vorhanden sind, in eine *Nullbestandssituation* und der interne/externe Kunde kann nicht bedient werden. Diese Abweichungen werden in der Regel als schwerwiegender angesehen. Die *Prognosefehler* streuen im Allgemeinen um einen Mittelwert 0 und ihre Häufigkeitsverteilung kann durch die Dichtefunktion der Normalverteilung approximiert werden. Ist der Mittelwert deutlich ≠ 0, muss die Passgenauigkeit des Prognoseverfahrens überprüft werden. Im Idealfall handelt es sich um eine Normalverteilung mit dem Mittelwert 0 und der Standardabweichung σ.

Die Fläche eines Segments unterhalb der Dichtefunktion gibt die Wahrscheinlichkeit an, mit der ein Prognosefehler in dem entsprechenden Abschnitt der

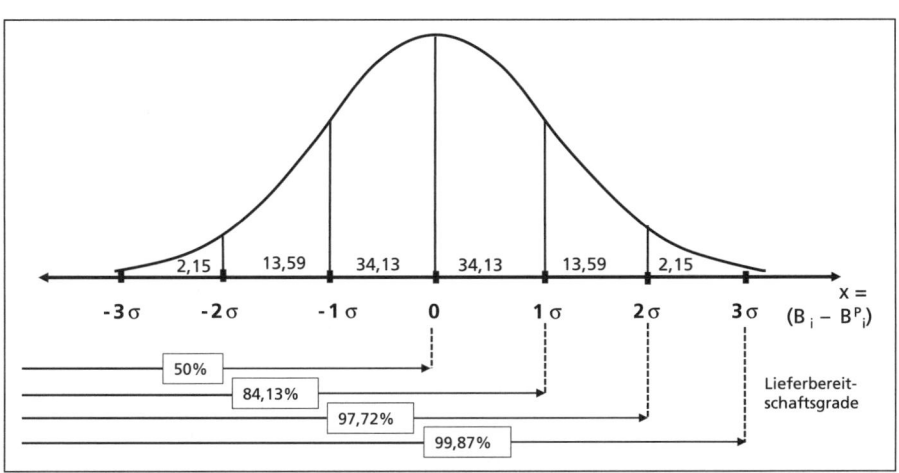

Abbildung 2.16: Fehlerverteilung, Lieferbereitschaft, Sicherheitsbestand

x-Achse liegt. Beispielsweise beträgt die Wahrscheinlichkeit, dass ein Prognosefehler zwischen 0 und $\sigma$ liegt, 34,13 %. Entsprechend ist die Wahrscheinlichkeit 13,59 %, dass der Prognosefehler eine Größe zwischen $\sigma$ und 2 $\sigma$ hat. Für die Bestimmung des Sicherheitsbestands sind die negativen Abweichungen uninteressant, in denen also der tatsächliche Bedarf geringer ist, als prognostiziert, denn diese Bedarfe werden alle über den Bestand abgedeckt, der aufgrund der Prognose zur Verfügung gestellt wurde. Da die Fehler symmetrisch streuen, kann mit einer Wahrscheinlichkeit von 50 % der tatsächliche Bedarf durch den prognostizierten Bedarf abgedeckt werden. Will man mehr Fälle abdecken, muss der geplante Bedarf höher angesetzt werden. Steigert man den geplanten Bedarf z. B. um die Menge $\sigma$, so hat man schon 84,13 % der Fälle abgedeckt, d. h., man ist mit einer Wahrscheinlichkeit von 84,13 % lieferfähig. Weitere Steigerungen erhöhen die Lieferfähigkeit. Man erkennt, dass die Höhe des Sicherheitsbestands von $\sigma$ und der geforderten Lieferfähigkeit abhängt. Ist $\sigma$ groß, ist also die Prognose schlecht, muss entsprechend viel an Sicherheitsbestand bereitgestellt werden. Will man eine hohe Lieferbereitschaft haben, dann muss auch der Sicherheitsbestand hoch angesetzt werden. Der Sicherheitsbestand lässt sich folgendermaßen berechnen:

$$\text{Sicherheitsbestand} = \sigma \, F$$

mit $\sigma$ = Standardabweichung der Verteilung der Prognosefehler und F = Sicherheitsfaktor.

Die **Höhe des Sicherheitsbestands** eines Materials ist eine konstante Größe, solange sich die Fehlerverteilung und die gewünschte Lieferbereitschaft nicht ändern. Die Fehlerverteilung wiederum ändert sich im Allgemeinen nur, wenn entweder das Prognoseverfahren ausgetauscht wird oder die Systematik des Bedarfsverlaufs eine andere wird. Da das Prognoseverfahren und die Lieferbereitschaft von Unternehmen gesetzte Parameter sind, kann die Disposition die Sicherheitsbestandshöhe konstant lassen, solange die Bedarfsverlaufscharakteristik stabil bleibt. Die beschriebenen Verfahren zur Bedarfsermittlung und zur Bestimmung des Sicherheitsbestands gelten für alle Bedarfsstellen in Unternehmen. In der Praxis konzentriert sich die dispositive Arbeit der Bedarfsermittlung im Allgemeinen auf zwei **Bedarfsstellen**: (1) *Beschaffungslager* in Industrieunternehmen. Objekte der Betrachtung sind z. B. Roh-, Hilfs- und Betriebsstoffe, eingekaufte Halbfabrikate, etc., Lieferanten sind externe Zulieferer, Kunde ist die Produktion, deren Sekundär- und Tertiärbedarfe abgedeckt werden müssen. (2) *Fertigwarenlager* in Industrieunternehmen. Objekte sind z. B. alle verkaufsfähigen Produkte, Lieferanten sind die Produktion für eigen gefertigte Güter und externe Lieferanten für Handelsware, Kunden sind die externen Kunden des Absatzmarkts, deren Primärbedarfe bestimmt werden müssen. Die Bedarfe an eigen erzeugten Produkten im Fertigwarenlager werden der Produktion gemeldet, in der sie im Rahmen der operativen Produktionsplanung bearbeitet und letztlich in Produktionsaufträge umgesetzt werden.

Die **Bestellrechnung** kümmert sich um die ermittelten Bedarfe an fremdbezogenen Gütern des Beschaffungslagers und erzeugt Bestellungen bei externen Lieferanten. Um diese Aufgabe zu erfüllen, muss die Bestellrechnung die Höhe der Bestellmenge und den genauen Bestellzeitpunkt ermitteln. Bei der Festlegung der *Höhe der Bestellmenge* ist es sinnvoll, neben den reinen Bedarfen auch Kostenaspekte zu berücksichtigen. Die folgenden Überlegungen beziehen sich auf Bestellmengen, können aber mit einer kleinen Änderung der Parameterinterpretation auch auf Produktionsmengen übertragen werden. Ziel der Bestellmengenrechnung ist es, die kostenoptimalen Bestellmengen innerhalb einer Planungsperiode festzulegen, d. h. bei einer vorgegebenen Planungsperiode und einem angenommenen Gesamtbedarf innerhalb dieser Periode sollen Anzahl und Größe der Bestellungen so festgelegt werden, dass die Gesamtkosten der Beschaffung minimal sind. Viele der heute gängigen Verfahren zur Berechnung dieser optimalen Bestellmenge gehen auf die *Andler-Formel* zurück. Sie ist in ihrer ursprünglichen Gestalt an eine ganze Reihe restriktiver Voraussetzungen gebunden, sie bietet dennoch eine breite Basis für Weiterentwicklungen.

Daher werden im Folgenden die Grundgedanken dieser Formel dargestellt, die in den heutigen Verfahren weiterwirken. Zu den erwähnten Voraussetzungen zählen: (a) Verbrauch und Bestellkosten sind konstant, (b) Beschaffungspreise berücksichtigen keine Rabatte, (c) Lieferzeitpunkte unterliegen keinerlei Einschränkungen und (d) ein Ein-Material-Modell unterstellt wird, d. h. Synergien mit der Beschaffung anderer Materialien werden vernachlässigt. Betrachtet werden die Gesamtkosten für beschaffte Ware einer Periode. Im Folgenden wird Periode gleich Jahr gesetzt. Die Gesamtkosten setzen sich zusammen aus den Bestellkosten (alle Abwicklungskosten einer Bestellung) und den Bestandskosten (alle Kosten im Zusammenhang mit dem Lagerbetrieb plus Zinskosten auf das gebundene Kapital) für die eingekaufte Ware. Andere Kosten werden nicht berücksichtigt. Um die Bestellkosten zu senken, sollte möglichst nur einmal im Jahr bestellt werden, da die Bestellkosten bei jeder Bestellung in voller Höhe anfallen. Andererseits erhöhen sich dadurch die Bestandskosten, die an den

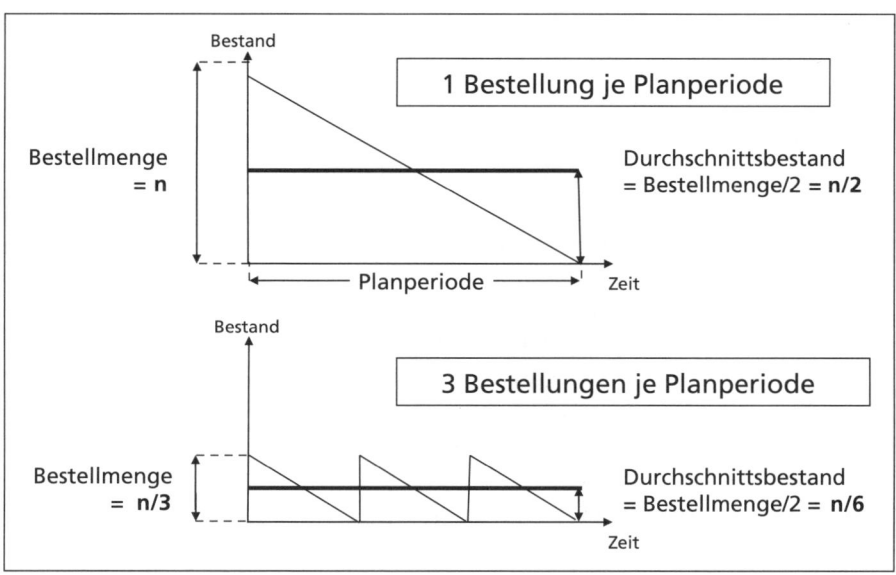

Abbildung 2.17: Zusammenhang von Bestellmenge und Durchschnittsbestand

Durchschnittsbestand gekoppelt sind. Den Zusammenhang zwischen Durchschnittsbestand und Anzahl der Bestellungen verdeutlicht Abbildung 2.17.

Es gilt nun, die *kostenoptimale Anzahl an Bestellungen pro Jahr* zu ermitteln beziehungsweise die optimale Bestellmenge festzulegen, bei der die Gesamtkosten minimal sind. Die Antwort liefert die Andler-Formel durch eine einfache Ableitung der Gesamtkosten-Funktion nach der Bestellmenge und deren Null-Setzung.

$$x\,(opt) = \sqrt[2]{(2 \cdot B \cdot k) / (p \cdot j)}$$

mit

x(opt)  = optimale Bestellmenge

B        = Gesamtbedarf des Materials pro Jahr

k        = mengenunabhängige Bestellkosten pro Bestellung

p        = Einstandspreis pro Mengeneinheit

j        = Lagerhaltungskostensatz in % (Zinsen plus Lagerkostensatz).

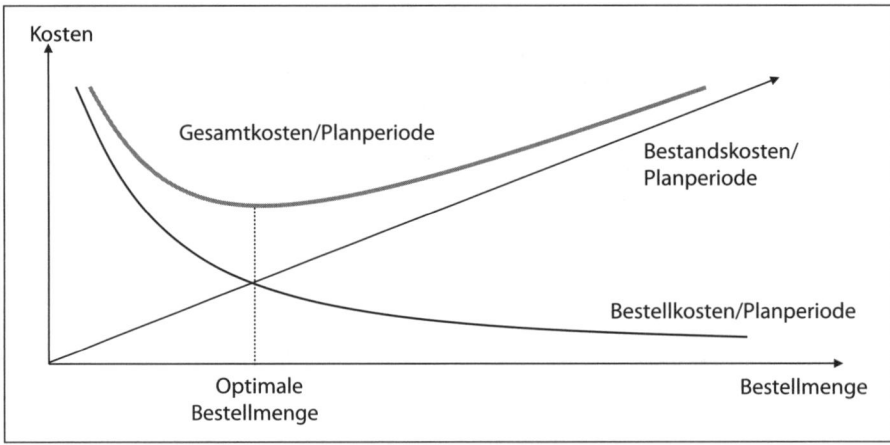

Abbildung 2.18: Optimale Bestellmenge nach Andler

Zur Ableitung der Andler-Formel sei auf die gängigen Formelsammlungen verwiesen. Wie erwähnt werden heute viele Varianten der Ursprungsformel eingesetzt, die die verschiedenen Einschränkungen von Andler aufheben. Dazu gehören die Berücksichtigung von Rabatten, Fehlmengen und Preiserhöhungen.

Bei Bestellungen können Bestellmengen und Bestellzeitpunkte entweder fix oder variabel gehandhabt werden. Daraus ergeben sich bezüglich dieser Aspekte grundsätzlich vier Möglichkeiten der Bestellabwicklung, für die in der Praxis auch Strategien entwickelt worden sind.

Dabei haben die Variablen folgende Bedeutung:

t    = Länge der Zeit zwischen zwei Bestellungen

q    = Bestellmenge

s  =  Bestellpunkt/Meldebestand (Bestandsmenge, bei deren Unterschreitung bestellt wird)

S  =  Sollbestand (Bestandsmenge, auf die mit einer Bestellung wieder aufgefüllt wird)

(1) *Strategie 1 (t, q)-Strategie*: Hier wird zu festen Zeitpunkten, deren Abstand $t°$ fix ist, eine feste Menge $q°$ bestellt. Es bietet sich an, für $q°$ die optimale Bestellmenge zu wählen. Dieses Verfahren ist sehr starr und passt sich schwankenden Bedarfsverläufen nur unzureichend an. Deshalb wird es in der Praxis selten verwendet.

(2) *Strategie 2 (t, S)-Strategie*: Die Bestellzeitpunkte sind äquidistant, die Bestellungen erfolgen also immer in festen Abständen $t°$. Die Höhe der Bestellmenge q variiert. Ein Sollbestand S wird definiert. Wird der Bestellzeitpunkt erreicht, wird die Menge *q = S minus aktueller Bestand* bestellt, d. h., der Bestand wird bei jeder Bestellung bis zum Sollbestand aufgefüllt. Ein solches Verfahren kann zum Einsatz kommen, wenn z. B. die Bestellungen bei einem Vertreter abgegeben werden, der das Unternehmen in festen Zeitrhythmen besucht. Die Strategien 1 und 2 nennt man daher *Bestellrhythmusverfahren*.

(3) *Strategie 3 (s, q)-Strategie*: Diese Strategie agiert mit einer festen Bestellmenge $q°$, variiert die Zeitabstände zwischen den Bestellungen. Dazu wird eine Bestandsmenge s als Bestellpunkt (Meldebestand) definiert. Nach jeder Entnahme wird der verbleibende Bestand mit s verglichen. Ist er kleiner als s, wird eine Bestellung in Höhe von $q°$ ausgelöst. Für $q°$ bietet sich wie bei der (t, q)-Strategie die optimale Bestellmenge an. Diese Bestellstrategie passt sich Bedarfsschwankungen an; wenn weniger entnommen wird, dann wird der Bestellpunkt s später unterschritten, es wird also später bestellt.

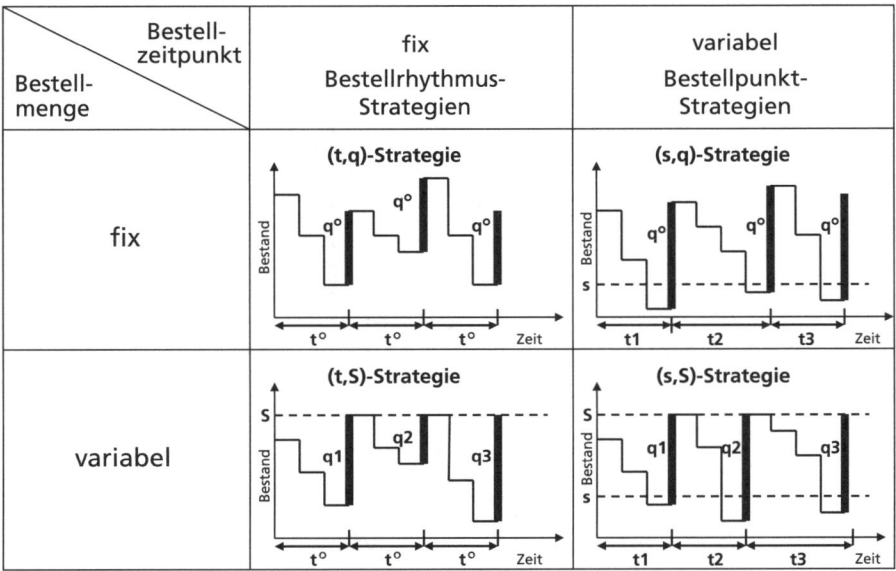

Abbildung 2.19: Bestellstrategien

Bei erhöhten Entnahmen reagiert die Strategie mit kürzeren Zeitabständen zwischen den Bestellungen. Das bedeutet, dass die Anpassungsfähigkeit über die Variabilität der Zeitabstände $t_i$ erreicht wird. Im Allgemeinen wird $t_k \neq t_l$ sein für $k \neq l$. Dieses Verfahren ist aufgrund einer sehr einfachen Handhabung und der guten Nachvollziehbarkeit der Ergebnisse in Unternehmen weit verbreitet. Allerdings müssen für den Praxiseinsatz noch zwei Bedingungen angepasst werden: Zum einen finden in der Abbildung 2.19 zwischen dem Bemerken eines Bedarfs und der physischen Auffüllung des Lagers (diese Zeitspanne entspricht der Wiederbeschaffungszeit des Materials) keine Entnahmen statt.

Diese Annahme ist in den allermeisten Fällen unrealistisch und muss entsprechend geändert werden. Das geschieht, indem man die benötigten Entnahmen, also den Bedarf für den Zeitraum der Wiederbeschaffungszeit, schätzt. Der Bestellpunkt s muss mindestens so hoch liegen, dass der Bedarf während der Wiederbeschaffungszeit durch Bestand abgedeckt ist. Da es sich um eine Schätzung handelt, sollten die Schätzfehler zusätzlich über einen Sicherheitsbestand abgefedert werden. Damit hat man die Möglichkeit, einen Richtwert für s anzugeben.

s = prognostizierter Bedarf während der Wiederbeschaffungszeit

+

Sicherheitsbestand, der die Prognosefehler in der Wiederbeschaffungszeit
im Rahmen der gewünschten Lieferfähigkeit abdeckt.

Diese Festlegungen erfolgen in den meisten Unternehmen für die Mehrheit der Materialien einmalig, und sie werden im Allgemeinen nur dann angepasst, wenn sich die Charakteristik des Bedarfsverlaufs oder die Wiederbeschaffungszeit verändert. Das Verfahren erlaubt eine Automatisierung

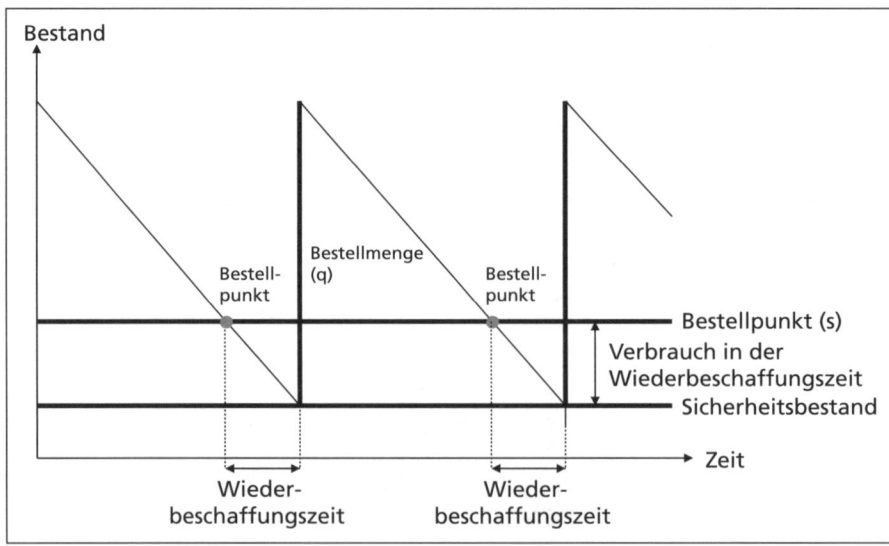

Abbildung 2.20: Bestellpunktverfahren mit Sicherheitsbestand

der Bestellabwicklung. Sind optimale Bestellmenge, Sicherheitsbestand, Wiederbeschaffungszeit und damit auch Bestellpunkt einmalig festgelegt, kann die Bestellung ohne Zutun der Disposition an den Lieferanten erzeugt werden. In der Praxis wird dies im Allgemeinen nur bei geringwertigen Gütern angewendet, bei höherwertigen Materialien wird die Disposition den Vorschlag des Systems erneut prüfen.

(4) *Strategie 4 (s, S)-Strategie*: Diese Strategie überprüft bei jeder Entnahme, ob der Bestellpunkt s unterschritten wurde. Bei Unterschreitung wird bis zum Sollbestand S nachbestellt. Damit sind sowohl Bestellzeitpunkte als auch Bestellmengen variabel. Da sowohl in Strategie 3 als auch in Strategie 4 die Bestellauslösung über den Bestellpunkt s gesteuert werden, nennt man diese Methoden auch *Bestellpunktverfahren*.

Neben diesen Standardstrategien werden in den Unternehmen auch Verfahren angewendet, die weitere Aspekte, wie etwa die Ergebnisse täglicher Prognosen, berücksichtigen.

# 2.4 Innerbetriebliche Transportprozesse

## 2.4.1 Struktur und Aufgaben des innerbetrieblichen Transports

Ein **innerbetrieblicher Transport** umfasst alle Transporte und Umschlagprozesse innerhalb der geographischen Grenzen eines Betriebes, der sich in einem Industriebetrieb vom Wareneingang über alle Stufen des Lagerns und Verarbeitens bis hin zum Warenausgang erstreckt. Bei Handelsunternehmen gilt Analoges. Der innerbetriebliche Transport hat die Aufgabe, die Güter effektiv und effizient an den verschiedenen Bedarfspunkten des Betriebs bereitzustellen. Anstatt von ‚innerbetrieblichem Transport' wird in der Literatur auch der Begriff **Fördern** verwendet. Folgende *vier Gesichtspunkte* prägen die Form und Ausgestaltung des innerbetrieblichen Transports eines Unternehmens:

|  | Stetigförderer | Unstetigförderer |
|---|---|---|
| **flurfrei** | Deckenkreisförderer<br>Hängeförderer | Brückenkran<br>Hängebahn |
| **flurgebunden** | Bandförderer<br>Rollenförderer | Gabelstapler<br>Regalförderzeug |

Abbildung 2.21: Beispiele für Fördermittel

(1) Das **Fördergut** kann, je nach Aggregatzustand, in gasförmiger, flüssiger oder fester Form vorliegen. *Feste Fördergüter* unterscheidet man nach Schüttgut (z. B. Sand, Kohle, Kunststoffgranulate, etc.) und Stückgut (z. B. Pakete, Paletten, Kisten, transportfähige Einzelteile, etc). *Gasförmige und flüssige Fördergüter* bieten die Möglichkeit, sie entweder über Leitungen oder abgefüllt in einem Gebinde zu fördern. In Gebinden abgefüllt, zählen sie zum Stückgut. Die weiteren Erläuterungen beschränken sich auf das Fördern von Stückgut.

(2) Die **Förderstrecke** bezeichnet den Weg zwischen Anfangs- und Endpunkt der Förderung. Je nach Beschaffenheit kann sie *eindimensional* (Förderung entlang einer Linie), *zweidimensional* (Förderung über eine Ebene) oder *dreidimensional* (Förderung durch einen Raum) sein.

(3) Die **Förderintensität** beschreibt die Menge an Fördergut, die pro Zeiteinheit gefördert werden kann beziehungsweise soll.

(4) Die **Fördermittel**, die benötigt werden, werden passend zum Fördergut, zur Förderstrecke und zur Förderintensität bestimmt. Die Auswahl an angebotenen Fördermitteln ist entsprechend der Fülle der verschiedenen, zu bewältigenden Aufgaben groß. Gängige Unterteilungen der Fördermittel sind die nach *stetig* und *unstetig* und nach *flurgebunden* und *flurfrei*. Bei komplexen Materialflüssen werden verschiedene Fördermittel miteinander kombiniert und aufeinander abgestimmt.

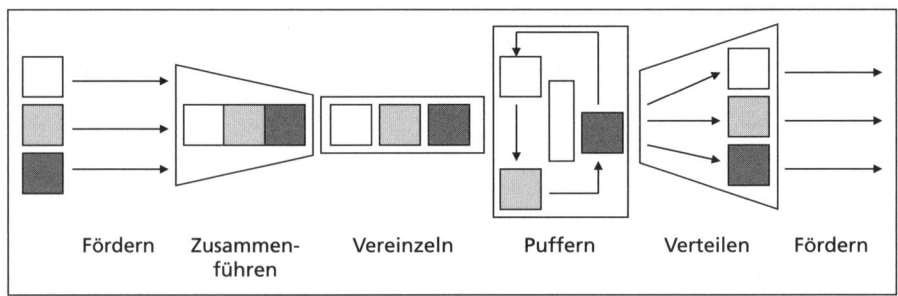

Abbildung 2.22: Aufgaben des Förderns

Der **Förderprozess** eines Unternehmens lässt sich über folgende *Grundprozesse* darstellen:

- *Fördern/Transportieren* von Materialien im eigentlichen Sinne von A nach B
- *Zusammenführen* von Materialien
- *Vereinzeln* von Materialien, damit zielgenau auf die individuellen Stücke zugegriffen werden kann
- *Puffern* von Materialien, wenn ein anschließender Förderschritt nicht sofort ausgeführt werden kann
- *Verteilen* von Materialien nach verschiedenen Zielorten

Für diese verschiedenen Teilprozesse werden spezifische Elemente der Fördermittel eingesetzt.

## 2.4.2 Arten von Fördermitteln

**Stetige Fördermittel** sind Transportmittel, die einen kontinuierlichen Materialfluss über die immer gleiche Förderstrecke und in die gleiche Förderrichtung zur Verfügung stellen. Im Folgenden sind einige *Beispiele* angeführt:

- *Rollenförderer* sind bei der Stückgutförderung weit verbreitet, sie sind einfach und stabil und stellen keine allzu hohen Anforderungen an das zu transportierende Stückgut. Es muss in Rollrichtung genügend lang sein, um glatt über die Rollen zu laufen. Aus dem gleichen Grund muss der Boden stabil und eben sein. Man unterscheidet zwischen angetriebenen und nicht angetriebenen Ausführungen. Wird der Rollenförderer nicht angetrieben, muss durch eine Schräglage die Schwerkraft den Motor ersetzen.

- *Bandförderer* können sowohl bei Schütt- als auch bei Stückgut eingesetzt werden. Die technische Ausgestaltung unterscheidet sich aber teilweise deutlich, je nach Einsatzgebiet. Für den Transport von Stückgut bietet der Bandförderer eine noch größere Toleranz bezüglich des Förderguts. Es ist z. B. nicht erforderlich, dass das Fördergut in Rollrichtung eine Mindestlänge aufweist.

- *Tragkettenförderer* verwenden die Kette gleichzeitig als Zugelement und als Tragelement und sind sehr robust. Man setzt das Fördergut auf zwei parallel laufende Ketten, die auf einer Unterlage aufliegen und von einem Motor angetrieben werden. Die Abmessungen des Förderguts müssen zum Abstand der Ketten passen. Der Tragkettenförderer wird häufig zum Transport genormter Teile verwendet, z. B. Transportbehälter, in denen die Materialien bewegt werden.

- *Hängeförderer* nehmen im Gegensatz zu den ersten drei Beispielen die Last unterhalb einer Schienenkonstruktion auf. Dazu werden Laufschienen z. B. an der Decke befestigt, an denen dann an Rollen fixierte Träger verlaufen. In diesem Fall ist der Hängeförderer flurfrei. Dieser Typ des Fördermittels

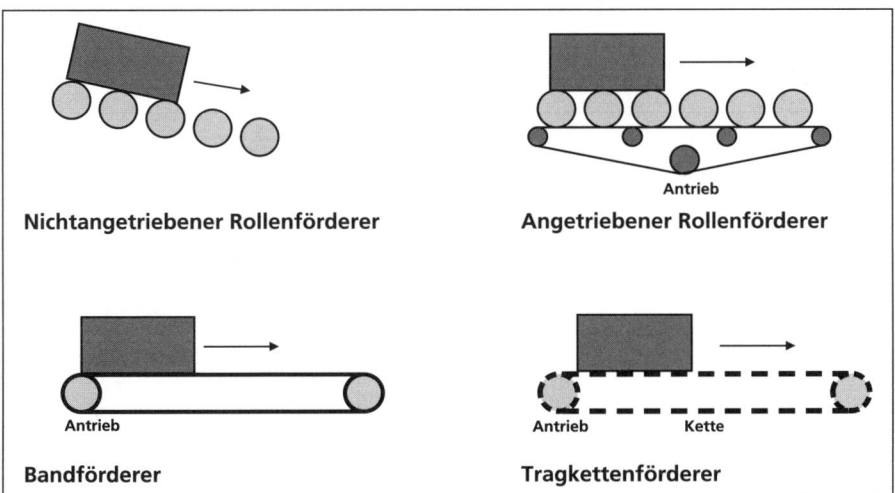

**Nichtangetriebener Rollenförderer**

Antrieb
**Angetriebener Rollenförderer**

Antrieb
**Bandförderer**

Antrieb      Kette
**Tragkettenförderer**

Abbildung 2.23: Beispiele für Stetigförderer

wird häufig in der Fertigung verwendet, weil er mehr Bewegungsfreiheit am Boden bei der Montage bietet.

Stetige Fördermittel sind, bis auf wenige Ausnahmen, *fest installierte Anlagen*, also stationär und nicht flexibel einsetzbar. Die Fördersituation muss dementsprechend stabil sein, d. h., die Förderstrecke muss konstant bleiben, das Fördergut und die Förderintensität dürfen nur in einem engen Intervall variieren. Da die Investitionen im Allgemeinen bei Stetigförderern höher sind als bei Unstetigförderern, muss für den Einsatz eine hohe Auslastung gegeben sein. Wenn diese Voraussetzungen erfüllt sind, kann die Verwendung von stetigen Fördermitteln sinnvoll sein, weil sie immer förderbereit sind, kein Personal für den eigentlichen Transport benötigen und sich hoch automatisieren lassen.

**Unstetige Fördermittel** zeichnen sich durch eine intermittierende Arbeitsweise aus. Ein solcher Fördervorgang kann unterteilt werden in (1) Aufnahme des Förderguts, (2) Transport, (3) Abgabe des Förderguts sowie (4) Fahrt zur Position des nächsten Förderguts. Die Punkte (1) – (3) stellen zusammengefasst ein sogenanntes *Lastspiel* dar, Punkt (4) ein *Leerspiel*, da hier im Allgemeinen kein Fördergut transportiert wird. Durch diese Leerspiele und den unstetigen Charakter der Förderbewegung – Beschleunigung nach Punkt (1), Abbremsung vor Punkt (3) – haben diese Fördermittel im Durchschnitt einen deutlich geringeren Durchsatz gegenüber den stetigen Fördermitteln. Diesem Nachteil steht eine höhere Flexibilität gegenüber, da die Förderstrecke bis auf wenige Ausnahmen zwei- bzw. dreidimensional gestaltbar ist.

Zur weiteren Unterscheidung kann man – wie bei den stetigen Fördermitteln – die unstetigen Fördermittel unterteilen in **flurfreie Förderer**, mit Kränen als ihren Hauptvertretern, und **flurgebundene Förderer**, mit nichtautomatischen/ automatischen Flurförderzeugen, Regalbediengeräten als ihren Hauptvertretern. *Beispiele* hierfür sind:

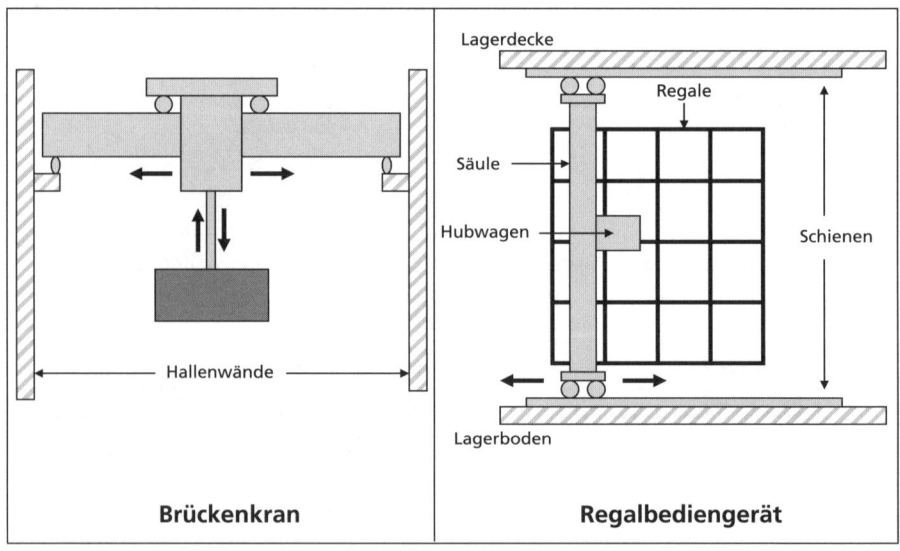

Abbildung 2.24: Beispiele für Unstetigförderer

- *Brückenkräne* sind in Werkhallen weit verbreitet, weil sie die gesamte Arbeitsfläche frei halten und gleichzeitig fast an jedem Punkt der Halle Lasten aufnehmen und ablegen können. Die Förderstrecke ist dreidimensional.

- *Nichtautomatische Flurförderzeuge* werden immer von einem Fahrer bedient. Die Bandbreite reicht von sehr einfachen Handförderzeugen (z. B. Handwagen) bis zu Hubmaststaplern mit Hubhöhen von 20 m und einer Traglast von 25 t. Sie lassen sich je nach Konstruktion für den Innen- und/oder Außenbetrieb einsetzen, sie können vertikal und/oder horizontal fördern und ihre Flexibilität lässt sich durch Zusatzaufbauten erweitern.

- *Automatische Flurförderzeuge* werden auch ‚Fahrerlose Transportsysteme' (FTS) genannt, da es sich hier im Allgemeinen nicht um ein einziges Fahrzeug, sondern um mehrere Förderzeuge und einem Leitsystem handelt, das sie steuert. Das kann beispielsweise über einen in den Boden eingelassenen Leitdraht als Signalübermittler geschehen. Die Lastaufnahme und -abgabe erfolgt häufig automatisch, daher sind in diesen Fällen die Fahrzeuge mit einem Lastaufnahmemittel (z. B. Rollenbahn) versehen. Die Förderzeuge haben eine geringe Geschwindigkeit, weil sich auf der Arbeitsfläche auch Menschen und weitere Förderzeuge bewegen können. Wegen der hohen Investitionen sollten FTS mehrschichtig eingesetzt werden.

- *Automatische Regalbediengeräte* (RBG) sind Flurförderzeuge, die speziell für die Ein- und Auslagerungen innerhalb von Regalsystemen konzipiert sind. Sie sind durch Schienen zwangsgeführt, die sowohl am Boden als auch an der Decke befestigt sind. Sie bestehen aus den drei Hauptkomponenten *Säule*, die mittels eines Fahrwerks über die Schienen entlang der Regale und teilweise vor Regalen läuft (Horizontalbewegung), *Hubwagen*, der sich entlang der Säule auf und ab bewegen kann (Vertikalbewegung) und dem meist elektrischen *Antrieb*. RBG können nur ein Regal bedienen oder, falls die Auslastung je Gang niedrig ist, als kurvengängige Regalbediengeräte über eine geeignete Schienenführung die Regale wechseln.

Neben der Unterscheidung nach stetigen und unstetigen Fördermitteln wird in der Literatur manchmal auch noch die Gruppe der quasistetigen Fördermittel aufgeführt, die hier aber als eine Untergruppe der stetigen Fördermittel aufgefasst wird.

## 2.4.3 Zusammenführungs-, Verteil- und Pufferelemente

Häufig ist der Transport von Stückgut durch den Betrieb nicht mit einem einzigen Fördermittel durchführbar, sondern gestaltet sich vielschichtiger. Um diesem Umstand Rechnung zu tragen, werden verschiedene Fördermittel miteinander über Zusammenführungs- und Verteileelemente verbunden. Beispielsweise können Materialien von verschiedenen Wareneingangspunkten über WE-Bänder zu einem Hauptband geleitet werden. Dort werden sie über ein **Zusammenführungselement** auf das Hauptband transferiert. Gemeinsam befördert das Hauptband die Güter bis zum Lager, wo sie über **Verteileelemente**

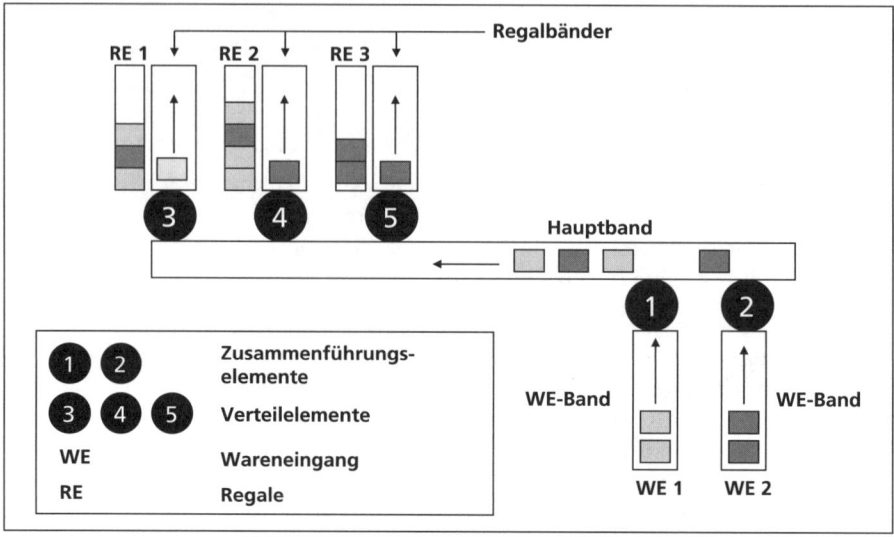

Abbildung 2.25: Zusammenspiel verschiedener Fördermittel

gemäß ihrer Regalzugehörigkeit auf Regalbänder ausgeschleust werden. Der letzte Teilprozess, die Verbringung der Ware in die Regale, ist nicht mehr stetig.

Um *Verbindungen* zwischen den verschiedenen Fördermitteln zu schaffen, stehen eine ganze Reihe von Techniken zur Verfügung. Beispielsweise können zwei Rollenbahnen über einen Kettenförderer verbunden werden. Die Ketten liegen, eingearbeitet in die Lücken der Rollen, im Ruhezustand unter dem Niveau der Rollen. Soll ein Fördergut die Bahn wechseln, werden die Ketten, sobald das Fördergut auf ihnen liegt, angehoben und das Fördergut verlässt die Ursprungsbahn. Sobald das Fördergut die Zielbahn erreicht, senken sich die Ketten wieder unter Rollenniveau und das Fördergut wird über die Zielbahn abgezogen. Eine Verteilung ist über eine Ausschleusung mittels eines Pushers möglich. Sobald das Fördergut die Ausschleusstelle erreicht, wird der Pusher betätigt und schiebt das Fördergut auf die Zielbahn. Der Einsatz eines Pushers erfordert eine gewisse Robustheit des Förderguts.

**Pufferelemente** werden immer wirksam, wenn der nächste Prozessschritt nicht unmittelbar durchgeführt werden kann. Das kann statisch oder dynamisch geschehen.

Wenn z. B. das Fördergut zur Packerei hin ausgeschleust wird, der Verpacker es nicht sofort weiterverarbeiten kann, dann wird man die Ausschleusbahn als Staumöglichkeit etwas länger konzipieren, um die fehlende Synchronisierung auszugleichen (statisch). Eine andere Möglichkeit (dynamische) wäre, die Fördergüter in einen kreisförmigen Umlauf zu schicken und erst dann wieder auszuschleusen, wenn der Verpacker frei ist. Die beschriebenen innerbetrieblichen Transportprozesse und -aufgaben sind ausschließlich operativer Natur. Ein wichtiger strategischer Aufgabenteil dieses Bereichs ist die Planung der Fördertechnik und wird von der Materialflussplanung als Teil der allgemeinen Betriebsplanung wahrgenommen.

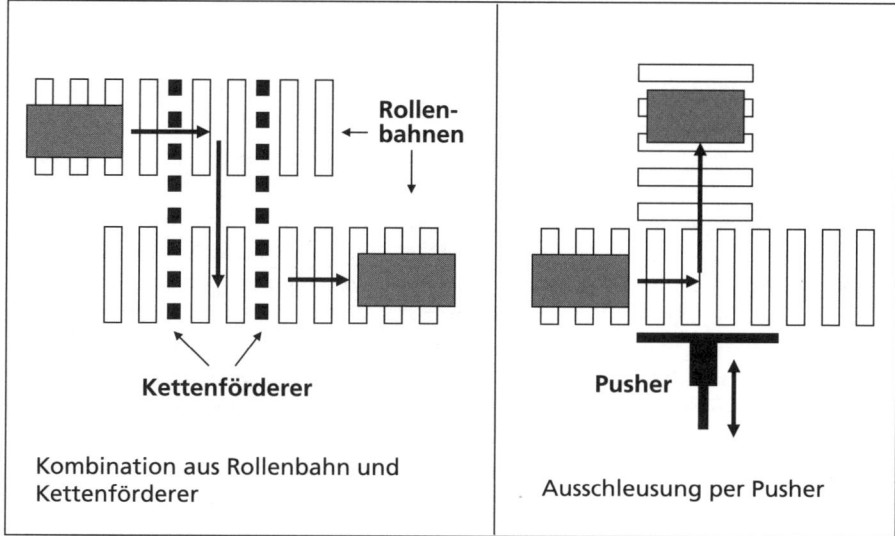

Abbildung 2.26: Beispiele für Zusammenführungs- und Verteilelemente

## 2.5 Lager- und Umschlagprozesse

### 2.5.1 Lagertypen, Lagerzonen, Lagerbereiche

Die Richtlinie VDI 2411 beschreibt ein Lager als Raum oder Fläche zum Aufbewahren von festen, d.h. als Stück- und/oder Schüttgut, flüssigen oder gasförmigen Gütern, die mengen- und/oder wertmäßig erfasst werden. Zusätzlich zu Raum/Fläche und Gütern gehören Ausrüstung und Arbeitskräfte zu einem Lager, die in ihrer Gesamtheit als ein **Lagersystem** die Lagerprozesse gewährleisten. **Lagerprozesse** dienen der zeitlichen Transformation der gelagerten Güter, d.h. der Überbrückung der Zeitspanne zwischen Ankunft und Abgang. Die Notwendigkeit einer *Lagerung* entsteht, wenn die Prozesse vor und nach der Lagerung nicht synchronisiert sind. Lager sind entlang der gesamten Logistikkette vorhanden, innerhalb von und zwischen Unternehmen und im letzten Schritt zwischen Unternehmen und Endverbrauchern. Dabei übernehmen sie sehr unterschiedliche Aufgaben für sehr unterschiedliche Ware mit sehr unterschiedlichen Mengen und sehr unterschiedlichem Durchsatz. Es ist nachvollziehbar, dass die Form und Ausstattung von Lagern ebenso unterschiedlich sein kann. Um einen **Lagertyp** zu spezifizieren können folgende Kriterien verwendet werden:

- *Art der Bestandsführung*: Lager im eigentlichen Sinne sind bestandsführend. Bestandslose Lager, in denen die Ware ankommt, umsortiert/umgeladen wird und sofort wieder das Lager verlässt, heißen Umschlagpunkte.

- *Art der Funktion innerhalb der Logistikkette*: Man unterscheidet nach Beschaffungs-, Produktions-, Distributions- und Entsorgungslager. Bei einer mehrstufigen Distribution können Zentral-, Regional- und Auslieferungslager auftreten.

- *Art der verwendeten Ladehilfsmittel*: Abhängig von den verwendeten Ladehilfsmitteln spricht man von Paletten-, Container-, Fasslager, etc.

- *Art der Lagerplatzzuordnung*: In einigen Lagern werden die Produkte festen Lagerplätzen zugeordnet (Festplatzzuordnung). Es ist ein für die Lagerarbeiter transparentes System, Ein- und Auslagerungen können ohne Systemhilfe durchgeführt werden. Allerdings hat das Verfahren auch *Nachteile*: Werden die Plätze oder die Anzahl der Plätze so dimensioniert, dass das Produkt mengenmäßig immer unterkommt, wird das Lager im Durchschnitt schlecht ausgelastet sein, weil die Dimensionierung auf das Maximum hin erfolgt ist. Verringert man den zugeordneten Platz, kann es zu Überläufen kommen, die dann an anderen Plätzen untergebracht werden müssen. Diese Plätze sind nicht fest zugeordnet und müssen gesondert verwaltet werden, was einen erhöhten Aufwand nach sich zieht. Eine andere Möglichkeit ist die chaotische Lagerplatzzuordnung, welche die beschriebenen Schwierigkeiten vermeidet. Bei Eingang der Ware wird von einem Lagerverwaltungssystem (LVS) nach einer festgelegten Logik ein freier Platz zugeordnet. Dorthin wird die Ware verbracht und im LVS quittiert. Wenn man die Ware wieder auslagern will, fragt man bei dem LVS unter der Produktnummer nach und erhält die Nummer des zugeordneten Lagerplatzes. Chaotisch heißt die Zuordnung deshalb, weil sie für den Betrachter so erscheint (nicht aber für das LVS)

- *Art der eingesetzten Lagertechnik*: Die einfachste Form der Lagerung bietet das *Bodenlager*. Außer den Fördergeräten ist (fast) keine weitere Ausrüstung notwendig. Man lagert die Ware block- oder zeilenweise. Diese Lagerform wird häufig für sperrige und/oder schwere Güter gewählt. *Vorteile* sind eine sehr einfache Lagerausstattung, im Wesentlichen nur die Platzauszeichnung auf

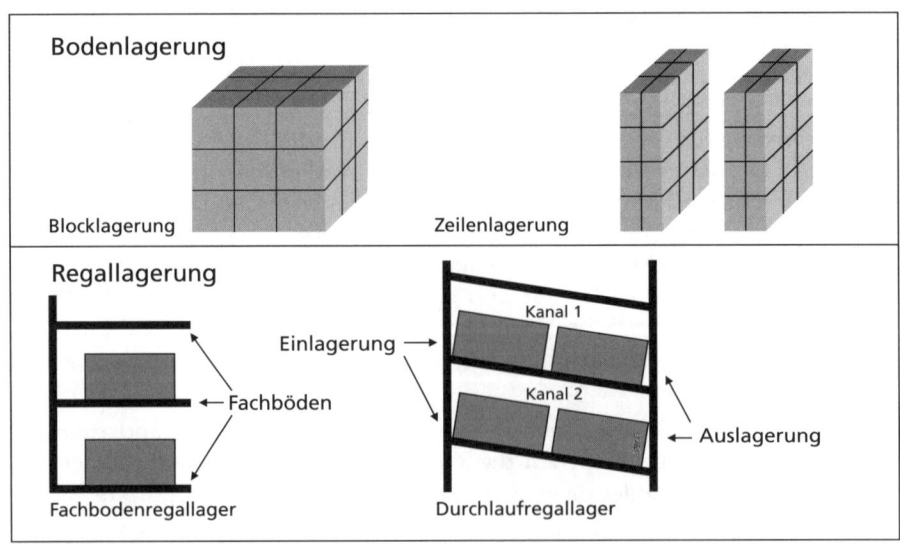

Abbildung 2.27: Boden- und Regallagerung

dem Boden, und eine flexible Nutzung der Fläche. *Nachteile* sind, dass nur jeweils auf die oberste Schicht eines Blocks oder einer Zeile zugegriffen und im Allgemeinen keine allzu hohe Stapelbarkeit erreicht werden kann. Bei der Regallagerung bieten sich je nach Anspruch verschiedene Möglichkeiten an. Das *Fachbodenregallager* eignet sich für nichtpalettierte Ware, speziell für Kleinteile. Die Greifhöhe sollte nicht größer als zwei Meter sein, bei höherer Lagerung müssen Zwischenböden oder Leitern eingebaut werden. *Vorteile* sind eine einfache Handhabung und ein wahlfreier Zugriff auf die Ware. *Nachteile* sind u. a. ein hoher Personalaufwand bei manueller Bedienung. Bei einem *Palettenregallager* werden die Paletten meistens auf Auflageträgern im Regal abgelegt. Besonders geeignet ist diese Form für die Lagerung von mittelschweren bis schweren Gütern mit großen Mengen je Gut. *Vorteile* sind wie bei den Fachbodenregallagern der Direktzugriff auf alle Güter, weiterhin die Bandbreite einsetzbarer Automatisierung von sehr einfachen Förderzeugen bis hin zu hoch automatisierten Regalbediengeräten. *Nachteile* u. a. sind bei niedrigem Automatisierungsgrad ein hoher Personalaufwand. *Durchlaufregale* beruhen auf dem Prinzip der Schwerkraft und werden sowohl für palettierte als auch nichtpalettierte Ware eingesetzt. *Vorteile* dieser Regalart sind das selbständige Nachrücken der Ware, das dadurch eingehaltene Prinzip First in/First out (Fifo-Prinzip) und eine gute Raum- und Flächennutzung. *Nachteile* sind u. a., dass pro Kanal nur jeweils ein Artikel untergebracht werden kann. Wenn Paletten verwendet werden, müssen sie mit einer Ladungssicherung ausgestattet sein. Ein *Hochregallager* wird für die Lagerung großer Mengen verschiedenartiger Güter eingesetzt. Solche Lager werden in den meisten Fällen automatisiert betrieben und erreichen Höhen von fünfundvierzig Metern. *Vorteile* sind der geringe Personalbedarf und eine hohe Umschlagleistung. *Nachteile* sind u. a. der große Investitionsbedarf und in vielen Fällen ein erhöhtes Risiko durch die Störanfälligkeit der Automatisierung.

Da größere Lager häufig für eine Vielzahl verschiedenartiger Güter verwendet werden, findet man in solchen Fällen auch einen Mix von unterschiedlichen Lagertypen, die dann in verschiedenen Lagerbereichen oder Lagerzonen stehen. Diese *Lagerbereiche/Lagerzonen* haben im Allgemeinen eine eindeutige Funktion, die sie von anderen Lagerbereichen/Lagerzonen unterscheiden. So ist es üblich, vom Wareneingangsbereich, Warenausgangsbereich und dem eigentlichen **Lagerungsbereich** zu sprechen. Bei entsprechender Größe des Lagers lassen sich diese Bereiche weiter unterteilen. *Beispiele* sind:

- *Einteilung des Wareneingangsbereichs* in Entladebereich, Prüfbereich, Bereich für Umladung auf lagergerechte Ladehilfsmittel, etc.

- *Einteilung des Lagerbereichs* in Hochregallager, Palettenlager, Bodenlager, Sperrlager, Gefahrgutbereich, etc.

- *Einteilung des Warenausgangsbereichs* in Kommissionierzone, Packerei, Versandbereitstellung, etc.

Ebenso sind Zusammenfassungen von Lagern zu einem *Lagerverbund* nach geografischen oder funktionalen Gesichtspunkten möglich.

## 2.5.2 Lagerprozesse

Entsprechend der Vielfalt von Möglichkeiten, wie Lager ausgelegt und genutzt werden, können auch die darin ablaufenden Prozesse sehr verschieden sein. Die hier aufgeführten Prozesse sind daher als Beispiele zu verstehen, die in dieser Form allerdings sehr häufig anzutreffen sind. Üblicherweise werden Lagerprozesse in *Wareneingangsprozesse, interne Prozesse* und *Warenausgangsprozesse* unterteilt.

- **Wareneingangsprozesse** beginnen mit der *Entgegennahme der Ware.* Häufig docken LKW an Rampen an, um über die Rückfront oder die Seite entladen zu werden. Im Allgemeinen geschieht das mit Staplern. In Ausnahmefällen, wenn ein Lieferant große Mengen über lange Zeiträume liefert, können festinstallierte Abzugsvorrichtungen, die zum Fahrzeug kompatibel sein müssen, die Entladung vornehmen. Es folgt die *Identifizierung der Ware und grobe Prüfung.* Anhand der Frachtpapiere überprüfen Mitarbeiter des Lagers die eingehende Ware gegen offene Bestellungen oder Avise im IT-System. Eine Prüfung auf Vollständigkeit und Qualität kann an dieser Stelle nur sehr grob vorgenommen werden, da die Ware teilweise noch verpackt ist und/ oder Mitarbeiter nicht die nötige Qualifikation besitzen. Zudem würde eine aufwendige Prüfung zu diesem Zeitpunkt den weiteren Wareneingangsprozess stören und die Abfahrt des LKWs verhindern. Mit der *IT-Erfassung* werden die physischen Zugänge im Bestandssystem nachvollzogen und der logische Bestand fortgeschrieben. Die *Kennzeichnung der Ware* mit Barcode-Label oder anderen Identifizierungsmöglichkeiten dient der weiteren Verarbeitung im Lager. Wenn die Zusammenarbeit mit dem Lieferanten langfristig und vertrauensvoll ist, kann die Auszeichnung auch schon beim abgebenden Lager vorgenommen worden sein, so dass ein einfaches Scannen genügt. *Einlagerungsfähigkeit herstellen* bedeutet, dass die Kompatibilität von Ladung und Ladungsträger mit dem Lager überprüft wird und gegebenenfalls z. B. bei falschen Maßen, schlechtem Zustand, etc., entsprechend umgepackt wird. Mit der *körperlichen Einlagerung* wird die Ware auf den endgültigen Lagerplatz verbracht. Das geschieht häufig nach einer Strategie, welche die spätere Kommissionierung, z. B. nach Fifo, nach ABC, etc., unterstützt. Zum Schluss erfolgt eine Quittierung der Einlagerung im IT-System.

- **Interne Prozesse** umfassen die Lagerpflege und die Inventuren. Zur *Lagerpflege* gehören u. a. Verdichtungen von artikelgleichen Waren, wenn sie in kleinen Mengen auf verschiedenen Lagerplätzen liegen und damit den Befüllungsgrad des Lagers verschlechtern. Weiterhin können Umlagerungen notwendig werden, wenn sich die ABC-Struktur der Artikel geändert hat. Allgemein gehören alle internen Aktivitäten zur Lagerpflege, welche die effektive und effiziente Lagerabwicklung unterstützen. Eine *Inventur* hat die Aufgabe, alle Warenmengen durch körperliches Zählen, Messen oder Wiegen aufzulisten und danach zu bewerten, da sie Vermögensgegenstände darstellen und laut Gesetz in das Inventar aufgenommen werden müssen. Die Inventur hat mindestens einmal im Jahr zu erfolgen. Neben der Erfüllung gesetzlicher Auflagen hat die Inventur auch einen logistischen Sinn.

Der Abgleich zwischen physischem Bestand und logischem Bestand dient auch als Korrektiv für den logischen Bestand, auf den wesentliche logistische Funktionen zurückgreifen: Bedarfsrechnung, Bestellrechnung, Zuordnung von Ware zu Kunden- und Produktionsaufträgen, etc. Abgesehen davon ist die Inventur auch ein Kontrollinstrument, um die Gründe für Differenzen zu beleuchten, wie z. B. Schwund, Schrott, etc. Der Gesetzgeber lässt verschiedene Varianten der Inventur zu. Dazu gehören neben der normalen Stichtagsinventur zum Bilanzstichtag die verlegte Inventur, durchgeführt im Zeitraum drei Monate vor und zwei Monate nach Bilanzstichtag, die permanente Inventur, die nicht en bloc durchgeführt werden muss, sondern zeitlich verteilt zwischen den Bilanzstichtagen erfolgen kann, und die Stichprobeninventur, die keine Vollzählung notwendig macht, sondern nur die Zählung einer Stichprobe beinhaltet, von der aus danach entsprechend hochgerechnet wird. Die Erlaubnis zu den von der Stichtagsinventur abweichenden Verfahren ist jeweils an eine Reihe von Bedingungen geknüpft, deren Erfüllung vom Unternehmen nachgewiesen werden muss.

- **Warenausgangsprozesse** starten mit der *Kommissionierung* und den vorbereitenden Tätigkeiten. Unter Kommissionieren versteht man das Zusammenstellen von Gütern aus einem Lager für einen oder mehrere Aufträge. Handelt es sich um Kundenaufträge, so werden verkaufsfähige Güter aus dem Distributionslager kommissioniert. Soll die Produktion versorgt werden, kommissioniert man aus dem Beschaffungslager oder einem Produktionslager Materialien für Produktionsaufträge. Wie oben erwähnt, können Lagerprozesse in sehr vielen Varianten vorkommen. Das gilt insbesondere für die Kommissionierung. Die Art der Güter, die Regale, die Fördermittel, aber auch die Auftragsstruktur beeinflussen die Form der Kommissionierung. Hier sollen einige wichtige *Typen* vorgestellt werden:

(a) *Kommissionierungstyp Mann zur Ware*: Der Kommissionierer bekommt einen Kundenauftrag in Papierform und fährt mit seinem Wagen zum Lagerplatz, auf dem der Artikel der ersten Auftragsposition steht. Dort entnimmt er die Ware, legt sie in den Wagen und fährt zum nächsten Lagerplatz. Ist der Auftrag abgearbeitet, quittiert ihn der Kommissionierer und bringt den Wagen mit der Ware zur Packerei.

(b) *Kommissionierungstyp Ware zum Mann*: Der Kommissionierer sitzt an einem festen Kommissionierplatz und gibt dem Lagerverwaltungssystem (LVS) den Auftrag bekannt, den er bearbeiten möchte. Das LVS sucht zu den georderten Waren einen Lagerplatz, auf dem die Produkte liegen und fährt das darauf befindliche Ladehilfsmittel (z. B. Palette, Schäferbox, etc.) zum Kommissionierplatz. Dort entnimmt der Kommissionierer die Ware für den Auftrag und schickt das Ladehilfsmittel zurück in das Lager. Danach wird die nächste benötigte Ware ausgelagert. Nach Abschluss des Auftrags lässt der Kommissionierer die gepickte Auftragsware an die Packerei schicken.

(c) *Kommissionierungstyp einstufige Kommissionierung*: Die Waren werden auftragsbezogen kommissioniert und der Weiterverarbeitung (z. B. der Packerei) zugeleitet.

(d) *Kommissionierungstyp zweistufige Kommissionierung*: Wenn viele Aufträge auf gleiche Artikel zugreifen, werden diese Artikel in der ersten Stufe über alle Aufträge artikelweise zusammengefasst und en bloc kommissioniert, in der zweiten Stufe werden diese Artikelblöcke auf die Aufträge verteilt.

Nachdem die Waren kommissioniert worden sind, werden sie an die *Verpackung und Versandbereitbereitstellung* weitergeleitet. In einigen Kommissionierverfahren wird das Pick & Pack-Prinzip angewendet. Das bedeutet, dass die kommissionierte (gepickte) Ware sofort in das Packstück gelegt wird, das später dem Versand übergeben werden kann. Damit erspart man einen Teilprozess. Im anderen Fall wird die lose Ware eines Auftrages der Packerei zugeführt. Dort werden die Güter verpackt, ein Lieferschein gedruckt, die Packstücke werden gesichert und mit einem Versandlabel etikettiert. Handelt es sich um Exportware, erfolgt eine Zollabwicklung. Danach werden die Frachtpapiere gedruckt und die Ware zum Abholplatz gebracht. Den Abschluss bildet die Verladung auf das Fahrzeug des Frachtführers und eine entsprechende Quittierung im IT-System.

Damit sind alle entsprechenden Prozesse dargestellt.

## 2.5.3 Umschlagpunkte

**Umschlagpunkte** dienen dazu, eingehende Güterströme so umzusortieren und weiterzuleiten, wie es die ausgehenden Güterströme erfordern, d.h., dass in einem Umschlagpunkt Güter das Fahrzeug und/oder den Ladungsträger wechseln, wobei sie je nach Bedarf umsortiert, neu kommissioniert oder anderweitig bearbeitet werden.

Umschlagpunkte werden häufig dann eingesetzt, wenn viele *Quellen* mit vielen *Senken* rationell verbunden werden sollen. Ein Paar, bestehend aus einer

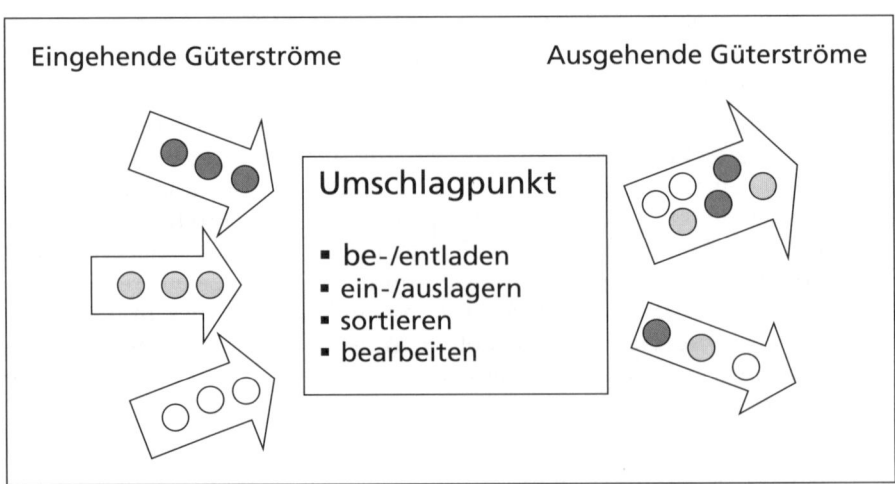

Abbildung 2.28: Prinzip des Umschlagpunkts

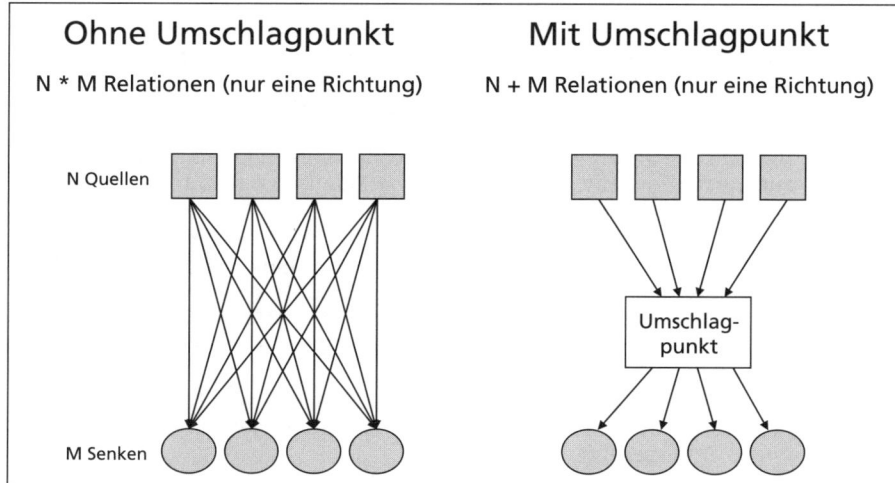

Abbildung 2.29: Einsatz von Umschlagpunkten

Quelle und einer Senke, nennt man *Relation*. Die Anzahl der Relationen in einem Netz mit Umschlagpunkt reduziert sich, wenn die Anzahl der Quellen (N) mindestens drei und die Anzahl der Senken (M) mindestens zwei beträgt oder umgekehrt. Die Anzahl der *Relationen* reduziert sich umso deutlicher, je größer die Anzahl von Quellen und Senken ist. Mit der Anzahl der Relationen reduzieren sich im Allgemeinen auch die Transportwege. Dagegen stehen die Aufwendungen für die Unterhaltung des Umschlagpunkts.

Beispiele für den Einsatz von Umschlagpunkten sind:

- *Deutsche Paket-Post*: Pakete einer Region werden jeweils zu dem regionalen Paketzentrum gefahren, dort nach Empfängerregionen sortiert und über Nacht mit LKW zu den entsprechenden Paketzentren der Empfängerregion transportiert. Dort werden die Pakete sortiert und feinverteilt.

- *Cross-Docking am Hafen*: Container werden vom Schiff entladen, die Ware wird empfängergerecht sortiert und mit LKW zum Empfänger verbracht.

Umschlagpunkte wie Lager bilden in einem Logistiksystem die *Knotenpunkte* eines Netzes.

# 2.6 Trends, Aufgaben und Literatur

## 2.6.1 Trends

Die Prozessorientierung der Logistik wirkt sich insbesondere bei den bereichsübergreifenden Aktivitäten aus, weil hier die verschiedenen, gütertransformierenden Bereiche aufgerufen sind, im Sinne *eines* Systems zu handeln.

→ Die **gemeinsame Planung** eines Unternehmens ist in erheblichem Maße durch die Entwicklungen in der IT vorangetrieben worden und wird auch in der Zukunft als Motor für weitere Fortschritte dienen. Durch die Schnelligkeit der Prozessoren und dem Arbeitsspeicherwachstum können immer mächtigere Planungswerkzeuge eingesetzt werden. Zudem stehen den Unternehmen Enterprise Ressource Planning Pakete (ERP) zur Verfügung, die eine gemeinsame Planungssicht auf alle Bereiche erlauben. Diese technisch mögliche Integration wird in der Zukunft von den Unternehmen auch organisatorisch nachvollzogen werden müssen.

→ Die **Bestandsreduzierung** wird allgemein als eine der großen Herausforderungen der Logistik auch in der Zukunft gesehen. Hier wirken insbesondere die bereichsübergreifenden Prozesse der **Bestandsdisposition**, unterstützt von der Standardisierung der Abwicklungen und der Reduzierung der Produktkomplexität.

→ Die **Automatisierung** im Lager- und innerbetrieblichen Transportbereich wird weiter zunehmen. Dazu werden auch neue Identifikationssysteme, wie RFID eingesetzt.

In diesem Logistikbereich finden einige wichtige Innovationen statt.

## 2.6.2 Aufgaben

Für die Bearbeitung der Aufgaben sollten zunächst grundlegende Begriffe und Dimensionen einer bereichsübergreifenden Logistik aufgezeigt werden. Im Anschluss daran, können spezielle Aspekte für die konkrete Umsetzung in Einzelschritten skizziert werden.

▶ **[1]** Berechnen Sie den Prognosewert $V_{n+1}^p$ mittels der exponentiellen Glättung 1. Ordnung, wenn $\alpha = 0{,}3$, $V_n = 58$ und $V_n^p = 60$ ist.

▶ **[2]** Für die Übernahme der Bestandsverantwortung des Handelsartikels 4711, der eine Wiederbeschaffungszeit von einem Monat hat, ist folgende Aufgabe zu leisten: Die Geschäftsleitung gibt eine Lieferbereitschaft von 97,72 % vor. Beschreiben Sie den Weg, den Sicherheitsbestand zu berechnen. Ihnen stehen sowohl die monatlichen Absatzzahlen $A_i$ als auch die entsprechenden Prognosen $A_i^p$ der letzten zwei Jahre zur Verfügung.

▶ **[3]** Für den oben erwähnten Handelsartikel 4711 soll eine (s, q)-Bestellstrategie eingerichtet werden. Beschreiben Sie die Vorgehensweise unter Berücksichtigung der erforderlichen Einzelschritte.

▶ **[4]** In einem manuellen, chaotisch geführten Palettenlager soll eine effiziente Lagerung eingeführt werden. Beschreiben Sie die Vorgehensweise im Hinblick auf konzeptionelle Überlegungen sowie deren praktische Umsetzung.

Stichworte zu konkreten Lösungshinweisen für die Aufgaben von Kapitel 2 finden Sie auf Seite 232.

## 2.6.3 Literatur

Zur Vor- und Nachbereitung der Inhalte von Kapitel 2 können ergänzend folgende Lehrwerke und Internetadressen als Quellen herangezogen werden:

- Schulte, Gerd (2001): Material- und Logistikmanagement, Kapitel 2 Die Standardisierung und Klassifizierung des Materialsortimentes, Seiten 60–111
- Gudehus, Timm: (2010): Logistik. Grundlagen, Strategien, Anwendungen, Kapitel 11 Bestands- und Nachschubdisposition, Seiten 323–407
- Gleißner, Harald u. a. Logistik (2008): Grundlagen, Übungen, Fallbeispiele. Kapitel 5 Lager-, Umschlags- und Kommissioniersysteme, Seiten 87–137
- Pfohl, Hans-Christian (2010): Logistiksysteme. Betriebswirtschaftliche Grundlagen, Kapitel B.2 Lagerhaltung (Lagerbestände), Seiten 87–111

Folgende Internetadressen stellen ergänzende Informationsquellen dar:

- @ www.bvl.de
- @ www.logistik-fuer-unternehmen.de
- @ www.dslv.org

Weitere Hinweise zur Literatur und zur vertiefenden Lektüre finden Sie im Literaturverzeichnis.

# 3 Beschaffungslogistik

## 3.1 Ziele und Aufgaben der Beschaffungslogistik

### 3.1.1 Definition und Aufgaben der Beschaffungslogistik

Beschaffungslogistik beinhaltet alle **Aufgaben** der Versorgung eines Unternehmens mit notwendigen Ausstattungselementen, wie Sachgüter u. a. bzgl. *Art*, *Menge*, *Zeit* und *Qualität* zur nachgelagerten Leistungserstellung. Unterscheiden lassen sich dabei Beschaffungsarten nach Einzelbeschaffung im Bedarfsfall, nach Vorratsbeschaffung auf Lager und nach fertigungssynchroner Beschaffung für die Verarbeitung. **Ziel** ist es, die *Beschaffungskette* als Prozess zu optimieren und *Zulieferunternehmen* (Lieferanten) im Sinne eines integrierten Beschaffungsmanagements einzubeziehen.

Beschaffungslogistik zeichnet sich durch folgende **Eigenschaften** aus: Eine Vielfalt an Beschaffungsobjekten und Lieferanten, hohe Beschaffungsunsicherheit und lange Beschaffungszeiten. Diese machen die Beschaffungslogistik auch zu einem strategischen Erfolgsfaktor für Unternehmen. Sinkende Fertigungstiefe und globale Einkaufsvolumina gestalten das Beschaffungsmanagement zu einem Netzwerk aus, das sich deshalb sowohl lokal als auch global ausdifferenziert. Durch Liberalisierungstendenzen auf dem Weltmarkt, standardisierte Technologien, niedrige Transportkosten in Verbindung mit hohen Währungs- und Finanzierungsrisiken sowie großen Distanzen, ergeben sich gegenwärtig neue Herausforderungen. Beschaffungslogistik umfasst alle unternehmens- bzw. marktbezogenen Tätigkeiten, um ein Unternehmen mit nicht durch eigene Produktion hergestellten Gütern oder Material zu versorgen. Mit **Beschaffung** werden demgegenüber umfassende Versorgungsprozesse bezeichnet, die weit über die Aufgaben der Beschaffungslogistik hinausgehen. Das *Beschaffungsmanagement* erfüllt Funktionen, wie Disposition und Lagermanagement sowie Planung, Steuerung und Kontrolle des Material- und Informationsflusses. Dem-

**Lernziele**

- **Überblick** über wesentliche *Ziele und Aufgaben* der strategischen und operativen Beschaffungslogistik sowie Komponenten des Lieferanten- bzw. Einkaufsmanagements und der elektronischen Beschaffungslogistik.
- **Verständnis** für *Strategien* der Beschaffungslogistik und deren *Anwendung im Lieferanten- und elektronischen Logistikmanagement* in Abgrenzung zu operativen Vorgängen des Einkaufsmanagements und operativen Prozessen der elektronischen Beschaffungslogistik.
- **Einsicht** in konzeptionelle *Zusammenhänge und Abgrenzungen* zwischen strategischer und operativer Beschaffungslogistik auf der Basis eines systemtheoretischen Ansatzes zur Abbildung komplexer Sachverhalte.

Lernziele Kapitel 3

gegenüber konkretisiert sich mit dem **Einkauf** über die Entscheidung für eine bestimmte Sourcingart und mit der Auswahl von bestimmten Lieferanten der Beschaffungsvorgang. Das *Einkaufsmanagement* erfüllt Funktionen eines operativen Beschaffungsprozesses, der mit Aufgabenbündeln von der Bedarfsmeldung bis zur Lieferungskontrolle versehen ist. Beschaffungslogistik lässt sich nach dem zeitlichen Bezug und der institutionellen Einordnung unterscheiden in eine strategische und eine operative Ausrichtung. Die **strategische Beschaffung** fokussiert eine Beschaffungsmarktpolitik, Beschaffungsmarktforschung, Beschaffungsstrategien und ein strategisches Lieferantenmanagement sowie strategische Komponenten der elektronischen Beschaffungslogistik. Die **operative Beschaffung** bezweckt vorrangig ein operatives Einkaufsmanagement mit diversen Aufgabenbündeln sowie operative Komponenten der elektronischen Beschaffungslogistik.

Unter dem Aspekt einer gestiegenen Marktorientierung versucht ein explizites **Beschaffungsmarketing** die Steigerung der Attraktivität von Geschäftsbeziehungen zwischen Lieferanten und Abnehmern auszubauen, um Optimierungsprozesse hinsichtlich Qualität, Lieferservice, Kostenniveau, etc. zu erreichen. Mit Hilfe des klassischen Marketinginstrumentariums und einer Anwendung auf die Beschaffungslogistik sollen Beschaffungsprogramm, Beschaffungspreise, Beschaffungskommunikation und Beschaffungsbezug einer marktorientierten Ausrichtung zugeführt werden.

**Beschaffungsobjekte** sind *Materialien*, die je nach Branche unterschiedliche Funktionen erfüllen, wie z. B. Roh-, Hilfs- und Betriebsstoffe, Halbfabrikate oder Handelswaren, etc. Als einzukaufende Teile lassen sich Beschaffungsobjekte unter dem Aspekt des Beschaffungsrisikos und der Bedeutung für die Erfolgspotenziale des Unternehmens in vier Objektklassen unterscheiden:

(1) *Strategische Beschaffungsobjekte* besitzen einen großen Einfluss auf das Erfolgspotenzial und ein hohes Beschaffungsrisiko und bedürfen infolgedes-

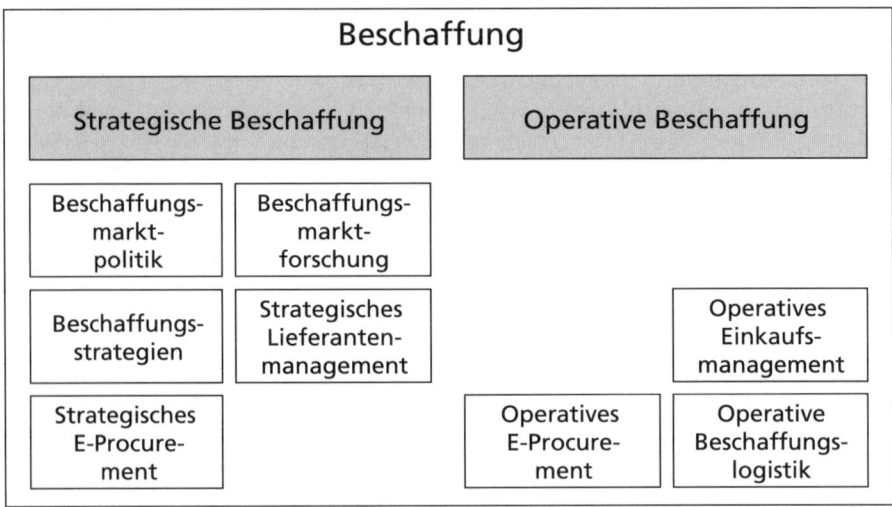

Abbildung 3.1: Aufgaben der Beschaffung

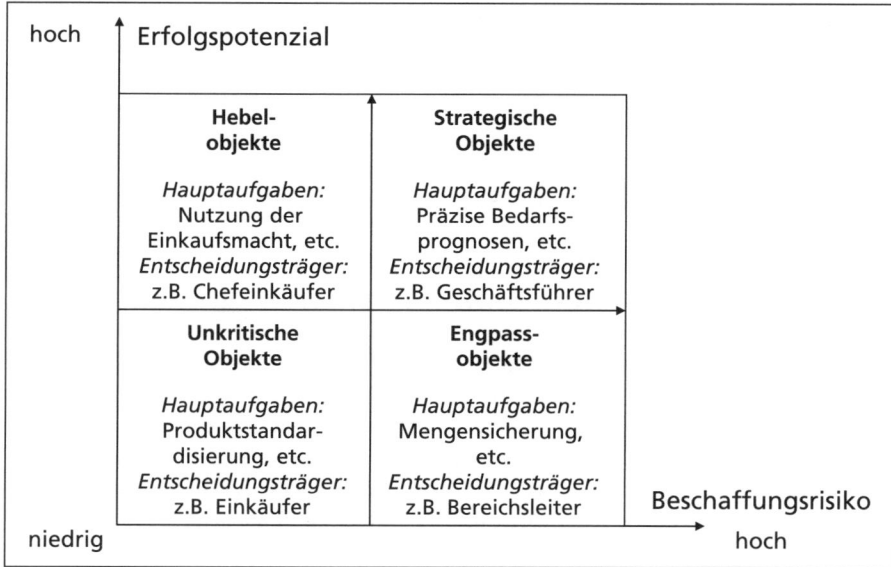

Abbildung 3.2: Beschaffungsobjekte

sen einer präzisen Bedarfsprognose und detaillierten Marktforschung sowie langfristige Beziehungen zu Lieferanten.

(2) *Engpassobjekte* zeichnen sich durch einen relativ niedrigen Beitrag zum Erfolgspotenzial aus, gleichzeitig durch ein hohes Beschaffungsrisiko und erfordern daher eine kontinuierliche Lieferanten- und Bestandssicherheitskontrolle sowie mittelfristige Prognosen.

(3) *Hebelobjekte* wirken erheblich auf Erfolgspotenziale, sind jedoch geprägt durch ein niedriges Beschaffungsrisiko, woraus sich eine Einkaufsmacht für das Bezugsunternehmen ergibt, eine relativ einfache Lieferantenauswahl bedingt durch gute Kenntnisse der Marktdaten.

(4) *Unkritische Beschaffungsobjekte* kennzeichnet einen niedrigen Beitrag zum Erfolgspotenzial, ebenso ein geringes Beschaffungsrisiko, woraus sich die Möglichkeit einer Optimierung der Auftragsmengen sowie effiziente Bearbeitung ergibt, bedingt durch die guten Kenntnisse über die Marktlage.

Über entsprechende IT-Systeme und Softwareanwendungen werden Beschaffungsprozesse unterstützt, automatisiert und wesentlich vereinfacht.

## 3.1.2 Organisation der Beschaffungslogistik

Die **Organisation der Beschaffungslogistik** hängt von verschiedenen Faktoren ab, wie beispielsweise der Größe und des Standortes eines Unternehmens, der Organisation von produzierenden Einheiten in Unternehmen sowie der räumlichen Distanz zu Bedarfsmärkten. Die organisatorische Eingliederung des Beschaffungsmanagements kann zentral, dezentral oder als Mischform erfolgen:

- Im Falle einer *zentralen Beschaffung* wird der gesamte Bedarf des Unternehmens über eine einzige Organisationseinheit bewerkstelligt. Dies hat bei Kleinbetrieben und mittelständischen Betrieben Vorteile, ebenso bei einer Bestellung in großen Mengen oder hinsichtlich der Bündelung von Informationen über Beschaffungsmärkte. Nachteile ergeben sich insbesondere bei großen Konzernen mit Standorten im In- und Ausland und dem dafür erforderlichen erhöhten Flexibilisierungsbedarf. Ein *zentraler Einkauf* erfolgt z. B. eher bei A- und B-Teilen.

- Bei einer *dezentralen Beschaffung* wird der Bedarf des Unternehmens über mehrere Stellen bzw. organisatorische Einheiten abgewickelt. Dies kann sich aus der Logik der Standorte oder Unterschiede der Materialgruppen ergeben. Vorteile einer dezentralen Beschaffung sind dann kurze Entscheidungswege, bedarfsgerechte Anforderungen für unterschiedliche Transformationsprozesse, ausgeprägte Erfahrungswerte, eine höhere Flexibilität und Anpassungsfähigkeit. Nachteile können in einer ineffizienten Aufgabenerfüllung bestehen, einer Vernachlässigung strategischer Aufgabenbewältigung, schlechteren Einkaufskonditionen sowie einer starken Spezialisierung der Beschaffung auf Teilbereiche. Ein *dezentraler Einkauf* erfolgt z. B. eher für C-Teile.

- Mit *Mischformen* des Beschaffungsmanagements werden häufig optimale Organisationsformen geschaffen, die den zentralen mit dem dezentralen Einkauf verbinden. Hierzu gehören ebenfalls outgesourcte Beschaffungseinheiten, Lead-Buyer-Konzepte sowie Beschaffungsverbundeinheiten. Das Lead-Buyer-Konzept stellt eine moderne Mischform der Beschaffungsorganisation dar, die versucht Vor- und Nachteile von zentralen und dezentralen Organisationsstrukturen zu verbinden. Lead Buying bedeutet, dass sich

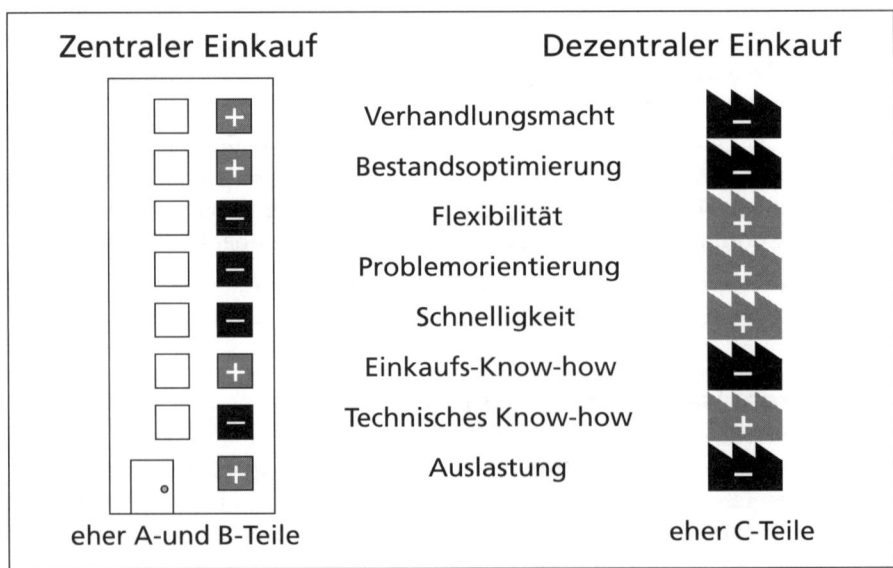

Abbildung 3.3: Beschaffungsorganisation

Geschäftsbereiche z. B. bezüglich spezifischer Materialgruppen auf einen Lead Buyer einigen, der sowohl Verträge mit den Divisionen/Bedarfsträgern abschließt als auch die strategischen Beschaffungsaktivitäten übernimmt. Die operative Abwicklung der Einzelaufträge erfolgt dann jeweils z. B. nach Materialgruppen und Unternehmensbereichen.

Darüber hinaus kann die *Organisation der Beschaffungslogistik* nach Verrichtung, wie z. B. Disposition, Bestellung, Anfragen, etc., nach Objekten, wie z. B. Roh-, Hilfs- und Betriebsstoffen, oder nach Regionen und Beschaffungsmärkten, wie z. B. Europa, Asien, etc., strukturiert werden.

# 3.2 Strategische Beschaffungslogistik

## 3.2.1 Ziele, Aufgaben und Strategien der Beschaffungslogistik

In der **strategischen Beschaffungslogistik** als Subsystem der Beschaffungslogistik werden sowohl auf der Führungsebene als auch an zentralen Leitungs- oder Stabsstelle in Unternehmen grundlegende Entscheidungen für eine Ausrichtung der Beschaffung getroffen. Diese Entscheidungen beeinflussen die Wettbewerbsfähigkeit und die Beschaffungsaktivitäten über einen längeren Zeitraum und sichern damit die Erfolgspotenziale des Unternehmens. Mit strategischer Beschaffung, die das Bedeutungsspektrum der Beschaffungslogistik übersteigt, werden Beschaffungsmarktpolitik und Beschaffungsmarktforschung sowie Beschaffungsstrategien und Lieferantenmanagement anvisiert. Der **strategische Beschaffungsprozess** beinhaltet folgende *Elemente*: (a) Die Beschaffungsmarktforschung mit der Auswahl der Beschaffungsobjekte, einer Selektion der Beschaffungsinformation sowie die Analyse und Bereitstellung von Handlungsalternativen, (b) Lieferantenbewertung und Lieferantenauswahl mit den Komponenten der Lieferantenidentifikation, einer entsprechenden Selektion und anschließenden Auswahl, (c) Verhandlungsmanagement umfasst die Feststellung der Verhandlungsposition und die Auswahl verschiedener Verhandlungsstrategien sowie (d) ein strategisches Vertragsmanagement mit der Gestaltung der Vertragsinhalte und einer Auswahl der Vertragsart.

**Ziele** und **Aufgaben** der strategischen Beschaffungslogistik sind die Gestaltung des betrieblichen *Informationsflusses* zu Lieferanten, wie z. B. Technologiestatus, Lieferantenportfolio, etc., die Gestaltung des *Materialflusses* in das Unternehmen, wie z. B. Global-, Single-, Modular-Sourcing von A-Artikeln, etc., die *Vorratsbeschaffung*, wie z. B. Bestandsoptimierung, Reduzierung der Bestände bzw. Beschaffungskosten, etc., oder den *Einsatz in der Produktion*, wie z. B. Rahmenverträge, Make-or-Buy-Entscheidungen, etc., die Gestaltung von *Art und Anzahl der Beschaffungsobjekte* sowie die *Häufigkeit und Umfang von Lieferungen*, wie z. B. Risk-Management, etc. Elemente der **Planung** in der strategischen Beschaffungslogistik sind (a) eine *Situationsanalyse*, wie z. B. Umweltanalyse, Unternehmensanalyse, etc., (b) eine *Strategieentwicklung*, wie z. B. Auswahl von

Messgrößen, Festlegung von Zielwerten, etc., (c) eine *Strategieumsetzung*, wie z. B. Kommunikation der Strategie, Abstimmung der Ergebnisse, etc. und (d) ein *Strategiecontrolling*, wie z. B. Messgrößenbeobachtung, Soll-Ist-Vergleich, etc.

**Beschaffungsmarktpolitik** und Beschaffungsmarktforschung sind notwendig miteinander verbunden und stellen die Voraussetzung für die Entwicklung von entsprechenden Beschaffungsstrategien dar, die wiederum die Gestaltung der gesamten Beschaffungsstruktur eines Unternehmens bedingen. Die Entwicklung von *Beschaffungsstrategien* beinhaltet sowohl Komponenten der Beschaffungsprogrammpolitik, der Lieferantenpolitik und der Kontraktpolitik: Im Zusammenhang mit der *Beschaffungsprogrammpolitik* muss der Umfang der Fertigungs- und Leistungstiefe eines Unternehmens festgelegt werden, womit ebensolche logistische Bezugsleistungen der Beschaffung zum Tragen kommen. Mit diesem Entscheidungsbündel werden weiterhin strategische Optionen der Eigenfertigung oder des Fremdbezugs bedeutsam, wobei Letztere mit Outsourcingprozessen verbunden ist. Mit der *Lieferantenpolitik* werden die strategischen Beziehungen zwischen Lieferanten und abnehmenden Unternehmen durch Grundsätze des Verhaltens gegenüber Lieferanten gestaltet. Dabei werden die grundsätzlichen Anforderungen an Lieferanten profiliert, die Anzahl der Lieferanten festgelegt sowie die Beschaffungsobjekte einzelnen Lieferantengruppen zugewiesen. Mit der *Kontraktpolitik* werden strategische Komponenten des Vertragsmanagements berücksichtigt, der Inhalt von Rahmenverträgen konzipiert hinsichtlich allgemeiner Vereinbarungen über Menge, Qualität, Preis sowie allgemeinen Verpflichtungen der Lieferanten gegenüber den beschaffenden Unternehmen.

**Beschaffungsmarktforschung** beinhaltet alle Aktivitäten, die sich mit der Optimierung einer Nutzung von Beschaffungsmärkten beschäftigen. Dazu gehören die kontinuierliche *Beobachtung des Marktes*, einschließlich seiner Produkte, Lieferanten sowie veränderter Preisstrukturen. Insbesondere werden Marktanalyse, Marktprognose sowie Marktabgrenzung vorgenommen und daraus eine Bestimmung von Marktvolumen, Marktpotenzial einschließlich der Marktstruktur von Lieferanten und Mitbewerbern abgeleitet. Mit der

Abbildung 3.4: Handlungsfelder der Beschaffungspolitik

Marktbeobachtung werden Veränderungen von Preisen und Technologien im Zeitablauf erfasst. Mit der Marktanalyse werden Aussagen über marktbezogene Grundstrukturen wie Termine oder Kosten ermittelt. Marktprognose ist auf die zukünftig zu erwartende Entwicklung der Logistikmärkte gerichtet, erfasst werden hier Gesetzesänderungen, Umweltszenarien und Ähnliches. Bevor relevante Beschaffungsmärkte selektiert werden können, erfolgt eine Marktabgrenzung unter sachlichen und räumlichen Aspekten. Unter sachlichen Aspekten werden Märkte z. B. nach verfügbaren Produkt- oder Produktionstechnologien, erreichten Qualitätsstandards oder der Spezifität der Beschaffungsobjekte unterschieden, unter räumlichen Aspekten werden z. B. globale, nationale oder regionale Märkte betrachtet, wenn z. B. transportkostenrelevante Beschaffungskriterien u.ä. relevant werden. Beschaffungsmarktforschung dient der *Versorgung der Entscheidungsträger* mit Informationen, der *Erschließung neuer Beschaffungsquellen*, der Ermittlung von Substitutionsprodukten der Beschaffung sowie der Schaffung einer kontinuierlichen Markttransparenz, einschließlich der Beobachtung von Marktbewegungen und Marktentwicklungen. In Verbindung mit einer permanenten Beschaffungsmarktforschung steht eine differenzierte *Analyse der Beschaffungspreise*, die sich zusammensetzt aus Preisstrukturanalyse, Preisbeobachtung und Preisvergleich. Mit der *Preisstrukturanalyse* wird die Zusammensetzung des Preises eines Lieferanten aus Kosten- und Gewinnbestandteilen ermittelt. Daraus lässt sich unmittelbar die Angemessenheit eines Preises für die Grundlage von Preisverhandlungen ableiten und der Spielraum für Preisverhandlungen bestimmen. Mit der *Preisbeobachtung* wird die Veränderung des Produktpreises über die Zeit ermöglicht und Prognosen für zukünftige Entwicklungen anvisiert sowie Produktgruppen eruiert, die eine hohe Preisvariabilität aufweisen. Mit einem *Preisvergleich* gelingt es verschiedene Lieferanten bzw. Qualitäten einander gegenüberzustellen, um dann im Rahmen eines Angebotsvergleichs rationale Entscheidungen zu treffen, die als Grundlage einer differenzierbaren Beschaffungspolitik dienen.

Um die Optionen auf Beschaffungsmärkten beurteilen zu können, stehen der **Beschaffungsmarktforschung** eine Reihe von Informationsquellen zur Verfügung, welche die Markttransparenz für spezifische Bereiche der Beschaffungsmärkte erhöhen. Zu den *betriebsexternen Quellen* zählen Messen und Ausstellungen, Lieferantenpublikationen, Erfahrungsaustauschbörsen, Logistikverbände, Industrie- und Handelskammern sowie Marktforschungsinstitute. Zu den *betriebsinternen Quellen* gehören die Auswertung verfügbarer Informationen über Lieferanten, Qualitätskontrollanalysen, Berichte des Feedback-Managements sowie Einzelanalysen aus innerbetrieblichen Statistiken.

Informationsmanagement über Beschaffungskonditionen und deren Ausweis durch Beschaffungsindikatoren stellen in vielen Unternehmen einen strategischen Erfolgsfaktor dar, da auf konkurrenzstarken Märkten ein erheblicher Preisdruck herrscht und daher auch ein entsprechender Preisdruck auf die Beschaffungsobjekte besteht. Beschaffungslogistik leistet diesbezüglich einen erheblichen Beitrag zur Wettbewerbsfähigkeit eines Unternehmens durch ein explizites *Performancemanagement* und sogenannten *Key Performance Indicators* (KPI), die Ziele und Zielerreichungsgrade ausweisen und dies über Frühwarnsignale für Marktentwicklungen aufnehmen, Verbesserungspotenziale erkennen, einen Ex-ante-Vergleich von Handlungsoptionen aufzeigen und eine Ex-post-Erfolgsmessung erstellen.

**Beschaffungsstrategien** erfolgen über Grundsatzentscheidungen für einzelne Beschaffungsobjekte und lassen sich als Instrumentenbündel zur Erreichung langfristiger Ziele bezeichnen und können im Rahmen des Subsystems Beschaffungslogistik durch den Bezug zu externen und internen Erfolgspotenzialen realisiert werden. *Externe Erfolgspotenziale* können diesbezüglich mit Lieferanten- und Kooperationsstrategien realisiert werden: Die systematische Gestaltung von Lieferanten-Abnehmer-Beziehungen stellt dabei ein wichtiges Merkmal des Lieferantenmanagements dar, während mit Kooperationsstrategien ein gemeinsames Auftreten von beschaffenden Unternehmen am Beschaffungsmarkt zur Steigerung der Marktmacht und des Preissenkungspotenzials anvisiert wird. *Interne Erfolgspotenziale* werden insbesondere durch Prozessstrategien, d. h. die Organisation von Beschaffungsprozessen selbst realisiert, oder über aus daraus abgeleiteten Technologie-Strategien, die unter Einsatz von Interaktions- und Kommunikationssystemen den Beschaffungsprozess optimieren. Folgende **Einzelstrategien**, wie Single, Dual und Multiple Sourcing, Local und Global Sourcing, Modular Sourcing, Just-in-Time und Beschaffungskooperationen, treten auf:

- **Single**, **Dual** und **Multiple Sourcing**: Single Soucring oder Einquellenbezug bezeichnet die Beschaffung von bestimmten Gütern bei einem einzigen Lieferanten unter der Voraussetzung einer hohen Lieferzuverlässigkeit, Qualität und Flexibilität. *Single Soucring* kommt deshalb bei komplexen Produktionen oder für Produkte mit intensiver Produktentwicklungsarbeit in Frage, wie dies beispielsweise in der Luftfahrt oder der Automobilindustrie bei Triebwerken, Motoren oder Getrieben der Fall ist. Singular Sourcing bedeutet demgegenüber, dass bei einem Lieferanten nur ein einziges Teil bezogen wird. Einzelbestellungen können auch auf dem *Spot Market* erfolgen, wodurch günstige Beschaffungssituationen bei sinkenden Preisen oder starken Preisschwankungen erzeugt werden können. *Dual Sourcing* oder Zweiquellenbezug versteht sich als Sicherheitsstrategie für das beschaffende Unternehmen und eine Wettbewerbserhöhung zwischen zwei Lieferanten, wie dies etwa für strategische Rohstoffe oder Engpassartikeln mit langen Lieferzeiten der Fall ist. *Multiple Sourcing* bezeichnet eine Beschaffungsstrategie über mehrere Lieferanten zur Minderung der Risiken eines Produktionsausfall oder einer Erhöhung der Lieferantenkonkurrenz.

- **Local** und **Global Sourcing**: *Local Sourcing* bezieht als Beschaffungsstrategie Waren und Dienstleistungen aus der unmittelbaren Umgebung des Unternehmens, also regional. Dies findet beispielsweise bei hochwertigen Beschaffungsobjekten Anwendung, weil dadurch logistische Störungen in der Regel auf ein Minimum reduziert werden. *Domestic Sourcing* bezeichnet demgegenüber die Begrenzung von Beschaffungsaktivitäten auf das Inland. *Global Sourcing* bezeichnet jene weltweite Beschaffungsstrategie, die unter Nutzung von Standortvorteilen in unterschiedlichsten Ländern zum Beispiel Massenprodukte aus Niedriglohnländern oder Kompetenzvorteile integriert.

*Cluster Sourcing* bezieht sich auf global herausragende Regionen, die sich durch besondere Vorteile als überlegene Wettbewerbsstandorte auszeichnen (z. B. Silicon Valley, Rhein-Main-Gebiet, etc.).

- **Modular Sourcing**: Bei Modular Sourcing oder *System Sourcing* werden nicht viele Einzelteile von unterschiedlichen Lieferanten beschafft, sondern komplexe Systeme (z. B. Baugruppen oder Anlagen, etc.) insgesamt bezogen. Modul- oder Systemlieferanten (direkte Zulieferer) koordinieren wiederum die Prozesse mit den Sublieferanten (indirekte Zulieferer) und übernehmen zusätzliche Aufgaben, wie Forschung und Entwicklung oder Qualitätssicherung. Modular Sourcing setzt ein integriertes und längerfristiges Verhältnis zwischen beschaffendem Unternehmen und den Lieferanten voraus. Das Modular-Sourcing-Konzept, das häufig in der Automobilindustrie verwendet wird, spielt vor allen Dingen für Konstensenkungspotenziale und Spezialkompetenzen der Lieferanten eine entscheidende Rolle.

- **Just-in-Time (JiT)** und **Just-in-Sequence (JiS)**: Mit der JiT- bzw. JiS-Beschaffungsstrategie wird versucht Bestände zu vermeiden und die Beschaffungsobjekte möglichst produktionssynchron anzuliefern. *JiT-Belieferung* versorgt die Verbrauchsstelle mit bedarfsgerechten Beschaffungsobjekten unter Verzicht auf Warenannahme und Warenprüfung. Demgegenüber erfolgt mit *JiS-Belieferung* eine produktionssynchrone Beschaffung, welche die Verbrauchsstellen mit bedarfsgerechten Beschaffungsobjekten takt- bzw. sequenzgenau versorgt, ebenfalls unter Verzicht auf Warenannahme und Warenprüfung. JiS-Belieferung eignet sich bei komplexen und kundenindividuellen Modulen und Beschaffungsteilen, die in unterschiedlichster Ausführung auftreten. Voraussetzung für JiT und JiS sind ein integriertes Informations- und Planungssystem, kontinuierliche Qualitätssicherungsmaßnahmen sowie eine Lieferbereitschaft in großen Mengen. Als Anlieferungskonzepte für JiT- und JiS-Beschaffung bieten sich Supplier-Parks, externe Läger sowie Gebietsspediteure an.

- **Beschaffungskooperationen** beziehen sich auf Nachfrager an den Beschaffungsmärkten. Durch *horizontale Kooperationsstrategien* (Einkaufskooperationen) können beschaffende Unternehmen ihre Marktmacht bei der Beschaffung stärken und gemeinsame Erfolgspotenziale erschließen. Vor allen Dingen können damit Preissenkungspotenziale durch die Bündelung von Einkaufsvolumen erreicht werden. Durch *vertikale Kooperationsstrategien* (Produktionskooperationen) können beschaffende Unternehmen verschiedene Produktionsstufen effizient und effektiv bedienen.

Prinzipiell lassen sich die jeweiligen Beschaffungsstrategien unter dem Aspekt von Kooperationsaufwand, Kosten, Qualität, Zeit oder Preis unterscheiden.

## 3.2.2 Strategisches Lieferantenmanagement

**Ziele des Lieferantenmanagements** beziehungsweise Supplier Relationship Management (SRM) ergeben sich unmittelbar aus der Bedeutung der Abhängigkeit eines Unternehmens von Zulieferern. Die Lieferantenpolitik gestaltet deshalb alle Beziehungen zwischen den beschaffenden oder liefernden Unternehmen unter strategischem und qualitätsorientiertem Aspekt. Ziel des Lieferantenmanagements ist es deshalb einem beschaffenden Unternehmen eine ausreichende Anzahl leistungsfähiger Versorgungsquellen zur Verfügung zu stellen, deren dauerhafte Existenz und Lieferbereitschaft kontinuierlich zu erschließen bzw. zu erhalten. Die Optimierung des Lieferantenmanagements bezieht sich deshalb ebenso auf die Analyse der Beschaffungsmärkte wie auf Gestaltungsoptionen einer kontinuierlichen Zusammenarbeit mit ausgewählten Lieferanten, wie z. B. die Optimierung der Lieferantenbasis bzw. der Lieferprozesse, die Realisierung von Kostensenkungspotenziale bei Lieferanten sowie die Erfassung und Bewertung einer Steigerung der Lieferantenleistung.

Hauptziele der Lieferantenauswahl sind die *Versorgungssicherheit* mit den Bewertungskriterien der Distanz, wie z. B. für inländische und ausländische Lieferanten, etc., oder der Zeit, wie z. B. für Transportzeit der Lieferanten, etc., die *Kostenstruktur* bezüglich der Einstandspreise sowie Liefer- und Zahlungsbedingungen, eine *Vermeidung von Abhängigkeit*, die sich aus einer Monopol- oder Oligopolstellung des Lieferanten ergeben könnte sowie *Kooperationsqualitäten*, wie z. B. Teamfähigkeit, Flexibilität und Veränderungsbereitschaft, etc. Die Auswahl von spezifischen Lieferanten führt häufig zum Aufbau einer Lieferantenhierarchie mit der Unterscheidung von System- und Modullieferanten:

- *Systemlieferanten* werden beauftragt komplette Systeme mit größeren Auftragsumfängen zu beschaffen, die Wachstumspotenziale beinhalten und die Eigenverantwortlichkeit für die Organisation des Materialflusses implizieren. In der Regel besteht hier eine enge Kooperation zwischen dem Abnehmer und dem Lieferanten in technischer, betriebswirtschaftlicher und logistischer Hinsicht.

- *Modullieferanten* beschaffen Einzelteile bzw. Baugruppen zur fertigen Montage in ein Produkt. Grundsätzlich werden hier Komponentenlieferanten oder Lieferanten für Rohmaterial, Halbfabrikate oder Normwaren unterschieden. Tendenziell besteht hier eine preisdominante Lieferantenauswahl und eine branchenweite Standardisierung von Zulieferprodukten und Schnittstellen, ebenso erfordern diese geringere Aufwendungen für Lieferantenkontakte und Lieferantenpflege.

Die Gestaltung der Beziehungen zwischen Lieferanten und abnehmenden Unternehmen wird als **Lieferantenpolitik** bezeichnet und umfasst drei wesentliche Bereiche: (a) *Lieferantenbestimmung* mit der Präzisierung der Lieferantenauswahl, eventueller Lieferantenwechsel sowie einer bevorzugten Kooperation. (b) *Lieferantenbeeinflussung* mit den Komponenten der Pflege der Lieferantenbeziehungen, einer systematischen Vermarktung des Lieferantenstamms sowie einer Anpassungsentwicklung und optimierten Integration in die Geschäftsabläufe, schließlich (c) *Lieferantenkooperation*, d. h. die Entwicklung und den Ausbau für Marktpotenzial und gemeinsame Marktangebote.

Strategisches Lieferantenmanagement lässt sich als Prozess mit folgenden sieben Elementen darstellen:

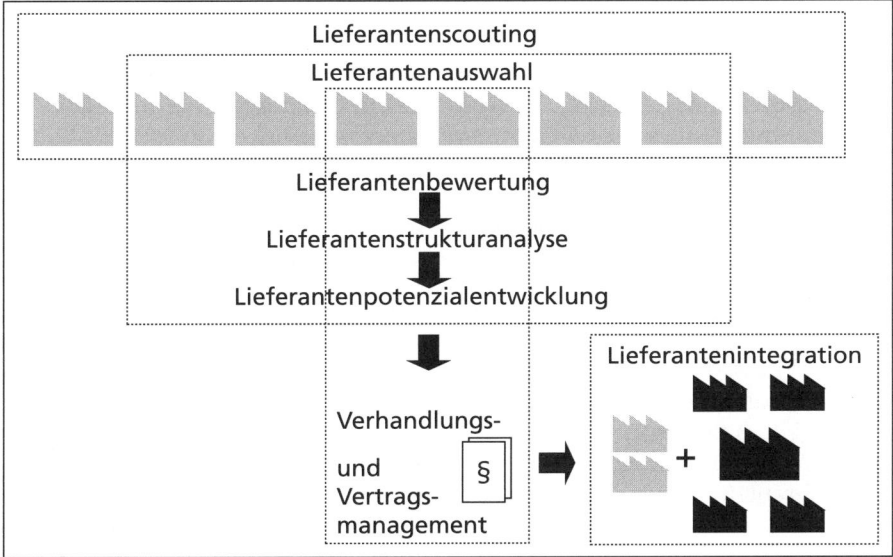

Abbildung 3.5: Strategisches Lieferantenmanagement als Prozess

(1) **Lieferantenscouting** stellt den Ausgangsprozess für ein Lieferantenmanagement dar. Versteht man Lieferantenabnehmerbeziehungen als proaktiv zu gestaltende Geschäftsbeziehungen, ist es erforderlich bei Marktwachstumspotenzialen einerseits und notwendigen Lieferantenkonsolidierungsprozessen andererseits Lieferantenpotenziale im Markt kontinuierlich zu generieren. Solche potenziellen Beschaffungsquellen und Lieferanten mit Innovations- bzw. Technologiekompetenzen stellen dann die Voraussetzung für daraus initiierte, weitere Prozesselemente des Lieferantenmanagements dar.

(2) **Lieferantenauswahl** und der damit einhergehende Prozess beginnt zunächst mit der *Lieferantenidentifikation*, d. h. einer gezielten Suche nach geeigneten Kandidaten im Beschaffungsmarkt. Hierbei steht die Beziehung zu Lieferanten im Vordergrund und zwar bezüglich ihres Beitrags zur Erstellung externer Erfolgspotenziale. Eine Lieferantenstruktur bezeichnet hierbei die Verteilung der Gesamtheit aktueller Lieferanten oder die Lieferantenbasis. Bei der Identifikation der Lieferanten werden z. B. spezielle Brancheneigenschaften oder Verfahrenstechnologien berücksichtigt, um die Beschaffungsprozesse möglichst zielgenau entwickeln zu können. Einer groben Vorsondierung nachgelagert ist dann eine erste Selektion, die auch als *Lieferanteneingrenzung* bezeichnet wird und meist bereits über eine am Bedarfspotenzial ausgerichtete Lieferantenbewertung erfolgt.

(3) *Ziele* einer solchen **Lieferantenbewertung** sind unter qualitativem Aspekt der strategische Erfolgsbeitrag des Lieferanten, die Lieferantenzuverlässigkeit, die Verfügbarkeit unabhängiger Lieferantenanalysen sowie das Entwicklungspotenzial des Lieferanten. Unter quantitativem Aspekt lassen sich folgende Ziele der Lieferantenbewertung angeben: Realisierung des

beschaffungswirtschaftlichen Optimums, Erhöhung der Versorgungssicherheit, Preisstabilität, etc. Für diese Lieferantenbeurteilung existiert eine Reihe unterschiedlicher *Methoden*, die in der Praxis heute überwiegend cross-funktional angewendet werden, d. h. Lieferanten werden nicht nur vom Einkaufsmanagement bewertet, sondern auch von anderen Abteilungen des Unternehmens, die mit dem Lieferantenmanagement direkt oder indirekt in Verbindung stehen. Zu den wichtigsten *Verfahren* zählen (a) das Punktebewertungsverfahren, (b) die Nutzwertanalyse und (c) das Stärken-Schwächen-Profil:

(a) Das *Punktebewertungsverfahren* setzt die Festlegung von Bewertungskriterien für die Lieferantenauswahl voraus, wie z. B. finanzielle Kriterien (Preis, Konditionen), Zuverlässigkeit (Ruf, Qualität), Verfügbarkeit (kurzfristige Lieferung, Termineinhaltung), etc. Als bedeutsam eingestufte Lieferantenkriterien erhalten dann pro Lieferant eine hohe, absolute Punktzahl mit einer entsprechenden Gewichtungsziffer. Für jeden Lieferanten werden nach Einschätzung abgestufte Punktwerte angegeben, der am besten bewertete Lieferant hat dann die höchste Gesamtpunktzahl.

(b) Die *Nutzwertanalyse* unterscheidet sich vom Punktebewertungsverfahren dadurch, dass die Bewertung in Prozentsätzen abgegeben wird und für die Kriterien dann ebenfalls eine gesonderte Gewichtung vorgenommen wird. Das wichtigste Kriterium erhält jeweils die höchste prozentuale Wertung, alle Kriterien zusammen ergeben hundert Prozent. Innerhalb der einzelnen Kriterien können hier weitere Unterteilungen vorgenommen werden, wie z. B. bei finanziellen Kriterien, Preisniveau, Preisentwicklung, Preisstruktur, etc. Auch die Unterkriterien addieren sich jeweils zu hundert Prozent.

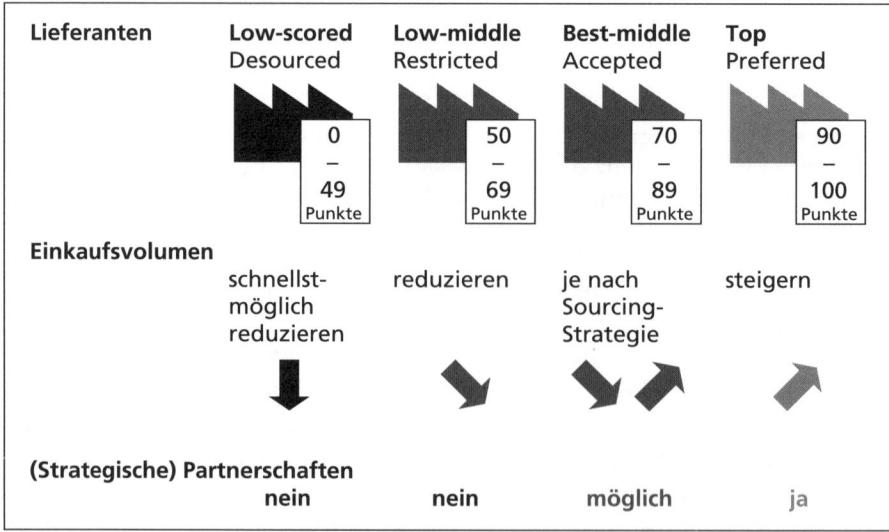

Abbildung 3.6: Lieferantenbewertung

(c) Das *Stärken-Schwächen-Profil* stellt eine Möglichkeit dar die Lieferantenbewertung auch grafisch zu veranschaulichen indem Punktwerte nach vier Kategorien vergeben werden: (1) Top-Lieferanten: Preferred (100–90 Punkte), (2) Best-middle-Lieferanten: Accepted (89–70 Punkte), (3) Low-middle-Lieferanten: Restricted (69–50 Punkte), (4) Low-scored-Lieferanten: Desourced (< 50 Punkte). Für eine Beurteilung können dann weitere Kriterien wie Einkauf (Preise, Service), Qualität (Vereinbarungen, Support), Logistik (Strategie, Systeme) sowie Technik (Innovation, Kooperation) festgelegt werden.

Für eine Lieferantenbewertung gibt es die Möglichkeit der Selbstauskunft, der Fremdbefragung, von Zertifikaten und des Benchmarkings.

(4) Eine wichtige Aufgabe der **Lieferantenstrukturanalyse** besteht in der *Klassifikation* von Lieferanten, dabei lassen sich im Wesentlichen zwei Merkmalskategorien unterscheiden:

- Merkmale des Lieferanten wie *Unternehmensgröße, Kapazitätspotenzial, Produkte* und *Zusatzleistungen, Leistungsfähigkeit, Flexibilität*, etc.

- Merkmale der Lieferantenbeziehung wie aktuelles und potenzielles *Einkaufsvolumen, Regelmäßigkeit, Preise, Leistungsänderungen, Kooperations-* und *Leistungsbereitschaft*, etc.

In einer weiteren Aggregation der Merkmale von Lieferanten und Lieferantenbeziehung lassen sich diese zu *Lieferantengruppen* zusammenfassen. Bei einer ersten Gruppierungsoption nach der Lieferanten-ABC-Analyse werden Lieferanten nach ihrem Einkaufsvolumen je Beschaffungsobjekt klassifiziert, A-Lieferanten sind dabei eine Extremvariante, nämlich wenige, umsatzstarke Lieferanten, C-Lieferanten sind hingegen die andere Extremvariante, nämlich viele, umsatzschwache Lieferanten. Nach einer zweiten Gruppierungsoption nach spezifischen Analysearten werden Lieferanten z. B. hinsichtlich ihrer Spezifität, z. B. Alleinstellungsmerkmal/Unique-Selling-Proposition (USP) in einer Gruppe zusammengefasst oder nach ihrem Preisniveau, nach ihrem Status oder Einkaufsvolumen, etc. Nach einer dritten Gruppierungsoption werden Lieferanten nach Portfoliomethoden aggregiert, die mehrere Leistungspotenziale in der Bewertung berücksichtigen.

(5) **Lieferantenpotenzialentwicklung** im Sinne eines strategischen Lieferantenmanagementprozesses bezeichnet eine aktive Lieferantenförderung als eine kontinuierliche Verbesserung der Lieferantenbeziehung. Dazu zählen die strategische Entwicklung der *Rahmenverträge*, die Bewertung von *Machtkonstellationen* zwischen dem Lieferanten und dem abnehmenden Unternehmen, *Attraktivitätskomponenten* für den Lieferanten und das Unternehmen, die sich aus der Geschäftsbeziehung ergeben sowie eine allgemeine Entwicklung von *Vertrauen* und *Committment*.

(6) **Verhandlungs- und Vertragsmanagement** beinhaltet zum einen die Feststellung der *Verhandlungsposition* mit der Auswahl geeigneter *Verhandlungsstrategien*, zum anderen Gestaltungsoptionen für *Vertragsinhalte* und die Auswahl von *Vertragsarten*.

(7) **Integriertes Lieferantenmanagement** spricht ebenfalls einen kontinuierlichen Prozess innerhalb der Beschaffungslogistik an. Mit einer gezielten Lieferantenintegration werden sowohl *Wertschöpfungs-* als auch *Entwicklungspotenziale* der Lieferanten genutzt, um gemeinsam mit dem abnehmenden Unternehmen marktgerechte Produkte mit Hilfe von integrierten Prozessen und entsprechenden Instrumenten herzustellen. Dazu zählen sowohl *Optimierungspotenziale* der Prozesse als auch der Beschaffungsobjekte. Es geht dabei um die Erweiterung des Aufgabenspektrums bestehender Lieferanten, um die Veranstaltung von Konzeptwettbewerben sowie um sogenannte Supplier Roadmaps, bei denen festgelegt wird, welcher Lieferanten mit welchen Aufgaben in eine bestimmtes Projekt eingebunden wird.

Mit einem expliziten Management von Lieferanten-Abnehmer-Beziehungen kommen erneut Aspekte eines Beschaffungsmarketings in Betracht, die der Optimierung der vorbezeichneten Geschäftsbedingung dienen.

### 3.2.3 Strategische Komponenten der elektronischen Beschaffungslogistik

**Electronic Procurement** (E-Procurement) bezeichnet eine *Beschaffungsmodalität* in Verbindung mit dem Einsatz von Informations- und Kommunikationstechnologien sowie neuen Medien in der Beschaffung, ausdrücklich elektronisch unterstützte Beschaffung über Intranet, Internet oder Extranet. *E-Procurement* bezeichnet dabei als explizit elektronische Beschaffung einen strategisch ausgerichteten Begriff und entsprechende Aktivität und wird gegenüber dem Begriff des elektronischen Einkaufs, der auch als *E-Purchasing* verwendet wird, umfassender gebraucht. Elektronischer Handel oder E-Commerce hat zunächst die damit verbundenen Logistikprozesse beschleunigt und die Notwendigkeit

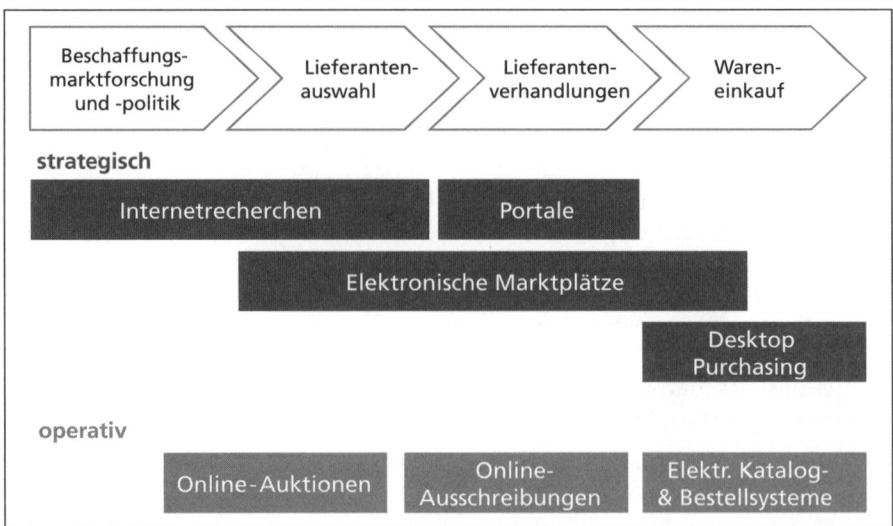

Abbildung 3.7: E-Procurement-Komponenten

einer logistischen Effizienz in der Verteilung von Produkten, die über die Internet-Technologie bestellt oder beschafft wurden, gesteigert.

Durch E-Procurement lassen sich zahlreiche *Einsparungsmöglichkeiten* realisieren, die Reduktion der Einstandspreise, der Beschaffungsprozesse und Beschaffungszeiten sowie der Lager-, Personal- und Logistikkosten. Darüber hinaus ergeben sich Vorteile in der *Verbesserung der Informationsversorgung*, in der Reduktion von Datenerfassungsfehlern sowie der Intensivierung von Kunden- und Lieferantenbeziehungen. Im Rahmen von *Sekundäranalysen* der elektronischen Beschaffungsmarktforschung können sowohl Lieferantendatenbanken in Anspruch genommen werden als auch spezielle Seiten des Einkaufs einer Unternehmung, d. h. Einkaufshomepages als Informationsquelle ausgewertet werden. Auf *Transaktionsportalen*, die mit E-Commerce-Funktionen und speziellen Verlinkungen ausgestattet sind, lassen sich Einkaufsseiten zu umfassenden *Lieferantenportalen* ausbauen. Damit werden *E-Procurement-Konzepte* in vielfältiger Weise als Optimierungs- und Erfolgspotenziale in der Beschaffung genutzt.

**E-Procurement-Plattformen**, die als Austausch von Wissen und Informationen für strategische Logistikaktivitäten im Internet dienen, lassen sich unterscheiden in Portale, elektronische Marktplätze sowie EDI-Lösungen:

- **Portale** sind Webseiten, über die branchen- oder unternehmensspezifische Dienste angeboten werden, auf welchen es zu internetgestützten Aktivitäten der Beschaffungsmarktforschung kommen kann. *Anbieter-Portale* sind hierbei Webseiten, die als Portal für virtuelle Geschäfte und Informationen eines Herstellers oder Lieferanten genutzt werden können. *Nachfrager-Portale* sind Webseiten, die den Bedarf an Produkten, Gütern oder Dienstleistungen eines Unternehmens im Internet veröffentlichen, wie z. B. Supplynet, etc., wobei sich Funktionen der Preisfindung als Online-Ausschreibungen und Reverse Auctions integrieren lassen. *Knowledge-Portale* dienen dem zielgruppenspezifischen Austausch von Wissen und Informationen. *Collaborative Portale* stellen eine umfassende Kommunikationsinfrastruktur dar, *Transaktionsportale* vermitteln die Abwicklung von Bestellungen und Geschäftsaktivitäten dar.

- **Elektronische Marktplätze** dienen im Vergleich zu Internetportalen einer Zusammenführung von Angebot und Nachfrage zur Erleichterung der Transaktionsabwicklung zwischen Geschäftspartnern, wie z. B. Covisint, etc. Marktplätze lassen sich unterscheiden nach Marktplatzbetreibern, Branchenaffinität, Leistungsspektrum oder Transaktionsspektrum. Im Bereich der *E-Logistics* werden zunehmend elektronische Marktplätze für Transport und Logistik initiiert, die sich an Verlader, Spediteure und Frachtführer richten und eine Transparenz der Handelsprozesse, Zusatzdienstleistungen und Sicherheitsstandards ermöglichen, wie z.B cargoclix.com, etc.

- **Electronic Data Interchange** (EDI-Lösungen) ermöglichen einen umfangreichen Datenaustausch zwischen zwei Unternehmen oder Geschäftspartnern oder den *Austausch von Daten* zwischen entsprechenden Warenwirtschaftssystemen bei Großunternehmen. Zu den Unterformen von EDI-Systemen gehören EDIFACT, eine branchenunabhängig einsetzbare Standardversion von EDI, ODETTE, ein EDI-Standard für die europäische Automobilindustrie, WebEDI als Symbiose aus Internet und EDI sowie Integrated WebEDI als *Dokumentenintegration* über Java-Applikationen.

**Desktop-Purching-Systeme** (DPS) unterstützen die in der Logistikabteilung eines Unternehmens tätigen Mitarbeiter, die sich selbst mit Material versorgen können ohne, dass die Beschaffungslogistik eingreifen muss. DPS übernehmen dann die Generierung der notwendigen Dokumente bei der Bestellabwicklung und übermitteln die Beschaffungsdaten an das Beschaffungsmanagement. Häufig wird dies auch als Direct Purchasing oder katalogorientierte Beschaffung bezeichnet.

## 3.3 Operative Beschaffungslogistik

### 3.3.1 Ziele, Aufgaben und Elemente der operativen Beschaffungslogistik

In der **operativen Beschaffungslogistik** als weiterem Subsystem der Beschaffungslogistik werden in ausführenden Abteilungen des Unternehmens Grundfunktionen des Managements der Beschaffung erfüllt, Entscheidungen getroffen, die kurzfristig revidierbar sind, sowie Teilaufgaben für Kunden-Lieferanten-Beziehungen abgewickelt, die der strategischen Beschaffungslogistik untergeordnet sind.

**Ziele** und **Aufgaben** der operativen Beschaffungslogistik sind eine kurzfristige *Bedarfs- und Bestellplanung*, wie z. B. Disposition, Desktop-Purchasing/elektronische Beschaffung, etc., eine *Bestandsplanung*, wie z. B. für B- und C-Artikel-Management, Sicherung der Materialverfügbarkeit, Höhe des Sicherheitsbestandes, etc., eine *Identitäts- und Qualitätsprüfung*, wie z. B. Überwachung der Termin-, Mengen- und Qualitätsvorgaben, etc., *Einlagerungsvorgänge* und eine *Rechnungsprüfung*, wie z. B. Administration und Dokumentation der Vorgänge, etc. Elemente der kurzfristigen **Planung** in der operativen Beschaffungslogistik sind folgende Leistungsbündel: (a) Eine Bedarfsermittlung, Bedarfsmeldung und Bedarfskonsolidierung, wie z. B. Materialdisposition, Bestellanforderung, Sammelbestellung, etc., (b) Lieferantenauswahl, Angebotsanfrage und -auswahl sowie ein Angebotsvergleich, wie z. B. qualifizierte Lieferantenselektion, beschaffungsrelevante Kriterienfestlegung, etc., (c) eine Bestellung und ein Vertragsabschluss, wie z. B. Bestellbestätigung, Rahmenverträge, etc. und (d) eine Bestellverfolgung und Lieferantenbeurteilung, wie z. B. Bestellungsüberwachung, Zielgrößen- und Qualitätsmerkmalskontrolle, etc.

### 3.3.2 Operatives Einkaufsmanagement/Lieferantenmanagement

Die Einzelaufgaben und Phasen des **operativen Beschaffungsprozesses** bzw. des operativen Einkaufs und Lieferantenmanagements lassen sich in folgende Einzelschritte bzw. *operative Aufgabenbündel* zerlegen: Aufgabenbündel 1 mit

Bedarfsmeldung, Bedarfsbündelung, Anfragen, Aufgabenbündel 2 mit Angebotsbearbeitung, Vergabeverhandlung, Bestellentscheidung, Aufgabenbündel 3 mit Bestellung, Auftragsbestätigung und Lieferungskontrolle.

● **Aufgabenbündel 1**: Die *Bedarfsmeldung* unterrichtet den Einkauf über den jeweiligen Betriebsbedarf, wobei dieser über das Meldebestandsverfahren u. a. ermittelt wird. Die *Bedarfsbündelung* erfolgt in Abstimmung mit den aus der Beschaffungsmarktforschung gewonnenen Erkenntnissen über die aktuelle Marktlage. Mit *Anfragen* an Lieferanten wird die Ermittlung des günstigsten Angebots verfolgt, Zusatzinformationen gewonnen sowie Einkaufsunterlagen ergänzt oder korrigiert.

● **Aufgabenbündel 2**: Bei der *Angebotsbearbeitung* spielen Vergleichsfaktoren für Lieferanten, wie z. B. Qualität, Preis, Lieferzeit, Zuverlässigkeit, Kapazität, Service oder Standorte, etc. und unternehmenspolitische Faktoren, wie z. B. Partnergeschäfte, Konzernzugehörigkeit, Herstellermarke, etc., eine entscheidende Rolle. Vergleichsprozesse können als Einfaktorenvergleich, wie z. B. Preisvergleiche, Lieferzeitvergleiche oder Qualitätsvergleiche, etc., oder als Mehrfaktorenvergleich, wie z. B. Kostenartenvergleiche, Preisstrukturvergleiche, Servicekomponentenvergleiche, etc., erfolgen. Mit der *Vergabeverhandlung* müssen sachliche Vorbereitungsstrategien erarbeitet werden, wie z. B. Zielsetzungen und Argumentationsstrukturen, etc., weiterhin organisatorische Vorbereitungen getroffen werden, wie z. B. Briefing von Teammitgliedern oder Herstellung eines einheitlichen Informationsstandes, etc., sowie weitere Vorbereitungen erfolgen über die Festlegung einer Verhandlungskonzeption oder Durchsetzungsstrategie.

● **Aufgabenbündel 3**: Mit der *Bestellung* werden die Vertragsinhalte wirksam, die alle wesentlichen Einzelheiten der Vereinbarungen berücksichtigen sollten, wie z. B. Beschaffenheit, Menge, Verpackung, Erfüllungszeit, Erfüllungs-

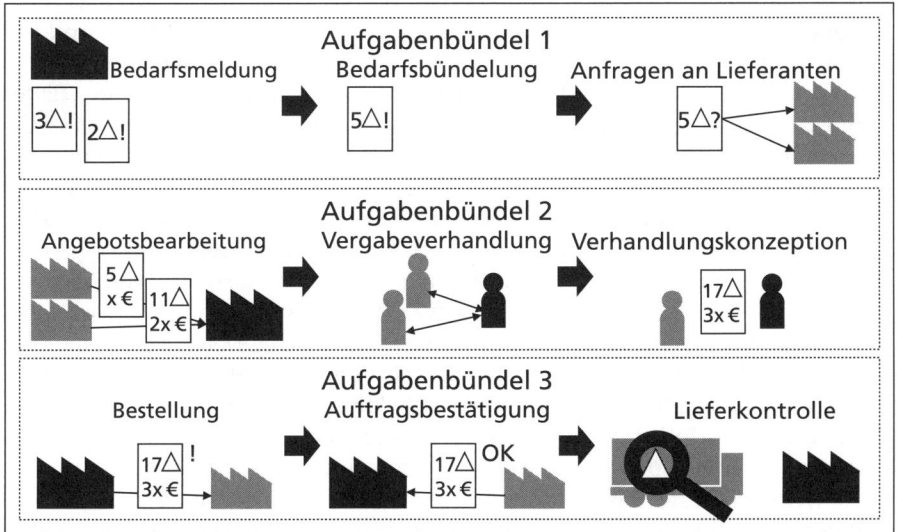

Abbildung 3.8: Aufgabenbündel des Einkaufsmanagements

ort, Preis, Zahlungsbedingungen, Lieferbedingungen, etc. Mit der *Auftrags-bestätigung*, die nach Erhalt der Bestellung vom Lieferanten eingeht, lassen sich drei Varianten dieser Bestätigung unterscheiden: (a) Uneingeschränkte Annahme, (b) korrigierte Annahme, die eine erneute Einwilligung zum Kaufvertrag erfordert, oder (c) wesentliche Abweichungen des Angebots, die neue Vertragsverhandlungen nach sich ziehen. Mit der *Lieferungskontrolle* wird der Beschaffungsvorgang abgeschlossen, wobei hier unterschiedliche Beschaffungssituationen zu berücksichtigen sind, die den Umfang der Kontrolle bestimmen, wie z. B. Routinebeschaffung, Lieferantenwechsel, Sortimentswechsel, Neuprodukteinführung, etc.

Durch die Tendenz einer *Globalisierung der Beschaffungsmärkte*, Standardisierungstendenzen im Beschaffungsmanagement, einer Tendenz zur Verlagerung von Verantwortung auf die Lieferanten, einschließlich eines gestiegenen Wettbewerbs, zeichnen sich Trends ab, das Beschaffungsmanagement außerhalb des Unternehmens anzusiedeln und durch ein Management zu Partnern des Subcontractings von Beschaffung und Einkauf zu ersetzen.

### 3.3.3 Operative Komponenten der elektronischen Beschaffungslogistik

**E-Procurement-Instrumente**, wie Online-Auktionen und -Ausschreibungen sowie Katalog- und Bestellsysteme, stellen Komponenten der operativen, elektronischen Beschaffungslogistik dar:

- **Online-Auktionen** sind Beschaffungsverfahren im elektronischen Bereich, die sich auf eine optimierte Preisfindung richten und als sogenannte *Seller* oder *Forward Auctions* durchgeführt werden, wobei Produkte von Lieferanten oder Händlern angeboten werden, die von Nachfragern ersteigert werden. Bei *Buyer* oder *Reverse Auctions* initiiert der Einkäufer die Auktion und der Lieferant ersteigert den Auftrag. Weitere Auktionsformen sind: Bei *Höchstpreisauktionen*, darf jeder Bieter nur ein geheimes Gebot abgeben, der Bieter mit dem höchsten Gebot erhält dann den Zuschlag. Bei *Niedrigstpreisauktionen*, die den Charakter einer Ausschreibung besitzen, erhält den Zuschlag der Bieter mit dem niedrigsten Angebot. *Vickrey Auktionen* sind Formen der Höchstpreisauktionen, bei welchen der Gewinner dann den zweithöchsten bzw. zweitniedrigsten Preis zu zahlen hat. Bei *Ranking Auktionen* können die Bieter die tatsächlichen Angebote nicht einsehen, sondern nur ihren eigenen Rang. Bei *Holländischen Auktionen* (Abwärtsversteigerung) liegt der Auktionsstart bei einem sehr hohen Preis, der kontinuierlich gesenkt wird; es erhält derjenige Käufer den Zuschlag, welcher als Erster dem aktuellen Höchstpreis zustimmt. *Englische Auktionen* stellen die klassische Form der Auktion dar, bei der ein Mindestpreis gesetzt wird und die Bieter den Auktionspreis innerhalb eines vorgegeben Zeitraums kontinuierlich erhöhen. Bei *Reverse Auctions* erhält der Bieter mit dem niedrigsten Angebot den Zuschlag, wie dies für den Spotmarkt bei einem Handel kurzfristiger Transportkapazitäten auf Frachtbörsen erfolgt.

- **Online-Ausschreibungen** stellen Veröffentlichungen von Logistikunternehmen bezüglich deren Bedarfs an Produkten, Waren oder Dienstleistungen im Internet dar. Vorteile liegen hier in einem vereinfachten Ausweis der notwendigen Ausschreibungsunterlagen, die direkt an Lieferanten gesendet oder als Downloads bereitgestellt werden. Angeboten werden *Ausschreibungen von Frachtpaketen und Logistikkontrakten*, bei denen Unternehmen das benötigte Transportvolumen nach Relation, Beschaffenheit und Zeitdauer als Gebote von Logistikdienstleistern einholen.

- **Elektronische Katalog- und Bestellsysteme** ermöglichen die Optimierung von Bestell- und Beschaffungsprozessen auf der Basis von Produktverzeichnissen, die bei kontinuierlichen Bedarfslagen eine effiziente Bestellabwicklung zugänglich machen. Zu unterscheiden sind hier: *Lieferanten-Web-Shops* (sell side solutions), die entweder öffentlich im Internet verfügbar sind oder als Kataloge für berechtigte Nutzer im Extranet nutzbar werden. *Inhouse-Produktkataloge* (buy side solutions) sind unternehmenseigene, elektronische Kataloge, die über das Internet einsehbar sind. Elektronische Katalogbereitstellung findet auch über elektronische Marktplätze statt, die mit einer einheitlichen Nutzeroberfläche und einer hohen Datentransparenz eine vielschichtige Auswahl von Produkten anbieten.

IT-Systeme im Einkauf werden unterstützt durch eine systematische Online-Katalogforschung, Lieferantendatenbanken, Softwareagenten oder eine manuelle Suche im Netz.

## 3.4 Trends, Aufgaben und Literatur

### 3.4.1 Trends

Die steigende Bedeutung der Beschaffungslogistik zeigt sich insbesondere daran, dass trotz traditioneller Aufgaben innerhalb dieses logistischen Subsystems, die Tätigkeitsbereiche der Beschaffungslogistik durch Vielfalt und Komplexität ausgezeichnet sind und analoge Entwicklungen sowohl das Beschaffungs- als auch das Einkaufsmanagement betreffen.

**Trends ↑**

→ Das Management von **Lieferanten-Abnehmer-Beziehungen** gewinnt weiter an Bedeutung hinsichtlich der Intensität der Kooperation sowie in den Bereichen Planung und Entwicklung. **Globalisierte Beschaffungsmärkte** führen hier zu weitergehenden Interaktions- und Kommunikationsbeziehungen zwischen Lieferanten und Abnehmern.

→ Unternehmensübergreifendes **Preis- und Kostenmanagement** gewinnt für die Beschaffung zunehmend an Bedeutung einschließlich des Bedarfs an Kooperation und Informationsaustausch zwischen den Beschaffungsmärkten, den Lieferanten und den Abnehmern. Die **Lieferantenbewertung** wird detaillierter und spezifischer erfasst und ausgewertet sowie allgemeine Kennzahlen durch spezifische Bewertungsratings und -rankings ergänzt.

→ Unter dem Aspekt eines wertschöpfungsorientierten Beschaffungsmanagements werden **Effizienzstrategien** weiter ausgebaut. In personalwirtschaftlicher Hinsicht wird diesbezüglich stärker die Leistungsfähigkeit und **Kompetenzprofile** von Beschaffungsmanagern generiert und über logistisches **Innovationsmanagement** einzelne Beschaffungsfunktionen und Beschaffungsprozesse optimiert.

Die vorbezeichneten Entwicklungen werden sich auch in der Zukunft weiter ausdifferenzieren, deren Vielfalt und Komplexität deutlich zunehmen.

## 3.4.2 Aufgaben

Für die Bearbeitung der Aufgaben sollten zunächst grundlegende Aspekte der Gestaltung der Beschaffung aufgezeigt werden. Im Anschluss daran können allgemeine Bereiche der Beschaffung für die konkrete, operative Umsetzung im Einkauf dargestellt werden.

**Aufgaben ▲**

▶ [1] Charakterisieren Sie die Bedeutung der am Beschaffungsprozess beteiligten Artikelklassen, verschiedene Teilnehmer, die sich identifizieren lassen sowie grundsätzliche Unterschiede von Beschaffung und Einkauf.

▶ [2] Diskutieren Sie Vor- und Nachteile unterschiedlicher Organisationsformen der Beschaffungslogistik sowie anhand von Beispielen aus der unternehmerischen Praxis.

▶ [3] Skizzieren Sie die grundsätzliche Bedeutung einer Beschaffungsmarktpolitik unter dem Aspekt ihrer denkmöglichen Ausprägungen. Benennen Sie daraus ableitbare Optionen der Beschaffungsmarktforschung im Hinblick auf eine prozessorientierte Umsetzung.

▶ [4] Grenzen Sie strategisches Lieferantenmanagement von operativem Einkaufsmanagement ab und zeigen Sie die darin liegenden Unterschiede auch für den Bereich der elektronischen Beschaffungslogistik auf.

Stichworte zu konkreten Lösungshinweisen für die Aufgaben von Kapitel 3 finden Sie auf Seite 232/233.

### 3.4.3 Literatur

Zur Vor- und Nachbereitung der Inhalte von Kapitel 3 können ergänzend folgende Lehrwerke und Internetadressen als Quellen herangezogen werden:

- Schulte, Christof (2009): Logistik. Wege zur Optimierung der Supply Chain, Kapitel 6: Beschaffungslogistik, Seiten 267–343

- Melzer-Ridinger, Ruth (2004): Materialwirtschaft und Einkauf, Kapitel 6: Strategische Gestaltung der Beschaffung – Beschaffungsmarketing, Kapitel 7: Operatives Beschaffungsmanagement, Seiten 64–232

- Arnolds, Hans u.a. (2010): Materialwirtschaft und Einkauf, Kapitel 6: Beschaffungsprozess, Kapitel 7: Lieferantenpolitik, Seiten 159–254

- Large, Rudolf (2009): Strategisches Beschaffungsmanagement, Kapitel 1 Grundlagen, Seiten 1–43

- Schulte, Gerd (2001): Material- und Logistikmanagement, Kapitel 4 Materialeinkauf und Beschaffungsmarketing, Seiten 208–245

- Hofbauer, Günter u.a. (2009): Lieferantenmanagement, Kapitel 3: Strategisches Lieferantenmanagement, Kapitel 4: Operatives Lieferantenmanagement, Seiten 23–113

Folgende Internetadressen stellen ergänzende Informationsquellen dar:

@ www.click2procure.de

@ www.click4suppliers.de

@ www.purchasing.bosch.com

Weitere Hinweise zur Literatur und zur vertiefenden Lektüre finden Sie im Literaturverzeichnis.

# 4 Produktionslogistik

## 4.1 Definition, Aufgaben und Formen der Produktionslogistik

### 4.1.1 Definition und Aufgaben der Produktionslogistik

Unter **Produktion** versteht man das System, das die *Eingangsobjekte* Roh- und Hilfsstoffe, Halbfabrikate und Verpackungen in die *Ausgangsobjekte* verkaufsfähige Produkte (nutzenstiftend) und Entsorgungsgüter (nicht nutzenstiftend) mittels Produktionsprozessen physisch transformiert. Der *Produktionsprozess* beinhaltet neben dem reinen *Herstellungsprozess* auch den vorgeschalteten *Entwicklungsprozess* der Güter.

Die *Ressourcen* eines Produktionssystems bestehen aus der menschlichen Arbeitskraft, d. h. der Produktionsmitarbeiter, den Betriebsmitteln, den Betriebsstoffen und sonstiger Mittel, wie beispielsweise den Patenten und Rechten. Auch alle benötigten Informationen, wie z. B. Materialdaten, Stücklisten, Arbeitspläne, etc., und IT-Systeme, wie z. B. Hardware und Software, zählen zu den Ressourcen. Die *Organisation* der Produktion umfasst alle Festlegungen zur Aufbaustruktur und zum Ablauf der Produktion und dem abgestimmten Einsatz der Ressourcen. Dies reicht von der Koordination der Produktion in verschiedenen Standorten, über die Aufstellung der Maschinen in einer Produktionshalle, bis hin zu den Einsatzplänen der nächsten Produktionswoche.

Die **Produktionslogistik** ist ein Subsystem der Produktion und übernimmt die folgenden Aufgaben:

- *Strategische Aufgaben*: (a) Beratende Mitarbeit bei der Erarbeitung des Produktionsprogramms, der Entwicklung neuer Produkte und der Festlegung

---

**Lernziele**

- **Überblick** über wesentliche *Ziele und Aufgaben* der strategischen und operativen Produktionslogistik sowie eine Systematisierung der Produktionsformen, Aspekte der Produktionsplanung, -steuerung, Standortplanung und erweiterte Planungs- bzw. Steuerungskonzepte in der Produktionslogistik.

- **Verständnis** für *strategische Aspekte* der Produktionslogistik im Bereich von Produktionsprogramm, Produktentwicklung und Standortplanung sowie für *operative Aspekte* im Bereich von Produktionsplanung und -steuerung

- **Einsicht** in konzeptionelle *Zusammenhänge und Abgrenzungen* zwischen strategischer und operativer Produktionslogistik auf der Basis eines systemtheoretischen Ansatzes zur Abbildung komplexer Sachverhalte.

Lernziele Kapitel 4

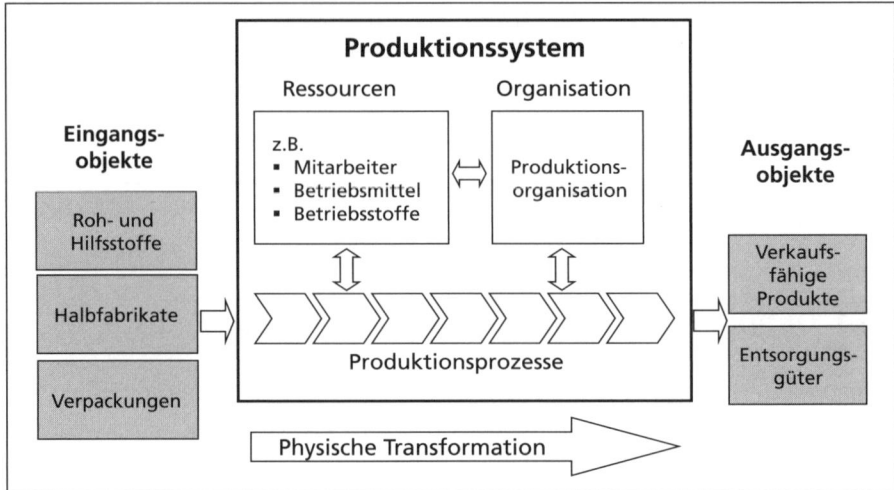

Abbildung 4.1: Die Produktion als System

der Fertigungstiefe, (b) logistikgerechte betriebliche und innerbetriebliche Standortplanung

● *Operative Aufgaben*: (a) Operative Produktionsplanung und -steuerung (PPS), (b) passgenaue Versorgung der Produktion mit Materialien mittels Bestandsdisposition und der Planung sowie Steuerung der benötigten TUL-Prozesse

Die Form und Ausprägung der jeweiligen Produktionslogistik hängt direkt von der Form und Ausprägung der Produktion ab und wird im Folgenden beschrieben.

## 4.1.2 Systematisierung der Produktionsformen

Die **Produktionsform**, also die Ausgestaltung der Prozesse, der Ressourcen und der Organisation eines Produktionssystems, wird von verschiedenen Faktoren bestimmt:

● *Art des Erzeugnisses*: Die Produktionsform hat beim Schiffbau andere Anforderungen abzudecken, als bei der Herstellung von Tiefkühlkost.

● *Anforderungen des Markts*: Bei Artikeln des täglichen Bedarfs erwartet der Kunde eine sofortige Lieferung durch den Hersteller. Auf eine individuell zusammengestellte Autovariante warten Kunden dagegen mehrere Wochen, dieser Unterschied beeinflusst die Produktionsform.

● *Eingesetzte Technologie*: Eine vollautomatisierte Produktion erfordert eine andere Produktionsform, als eine handwerklich geprägte Fertigung.

Dementsprechend groß ist die Vielfalt von eingesetzten Produktionsformen. Zur Darstellung der wichtigsten Varianten, werden die Produktionsformen nach verschiedenen Merkmalen strukturiert.

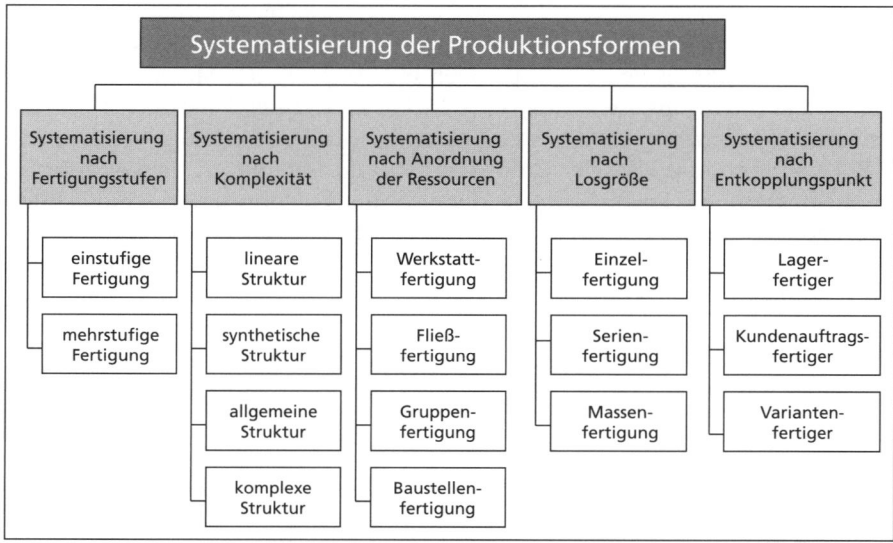

Abbildung 4.2: Systematisierung der Produktionsformen nach verschiedenen Merkmalen

Um die Merkmale zu verstehen, werden zwei wichtige Begriffe eingeführt: Eine physische Transformation im Herstellungsprozess ist zeitlich limitiert und bezieht sich im Allgemeinen auf eine vorab definierte Menge an Ausgangsobjekten. Diese abgrenzbare Menge wird *Produktionslos* genannt. Die Arbeitsanweisung, dieses Produktionslos durch einen speziellen Herstellungsprozess zu erzeugen, nennt man *Produktionsauftrag*.

## 4.1.3 Systematisierung nach Anzahl der Produktionsstufen/ Komplexität

Man unterscheidet **einstufige** und **mehrstufige Produktion**, wobei in der einstufigen Variante die Eingangsobjekte in einem einzigen Schritt in die Ausgangsobjekte transformiert werden. Mehrstufige Produktionen benötigen für die Bearbeitung n > 1 Schritte. Dabei können für jede Stufe andere Prozesse, andere Ressourcen und eine andere (Sub-) Organisation benötigt werden. In der Praxis sind mehrstufige Produktionen der Regelfall.

Die **Komplexität** der Produktionsstruktur wird über das Verhältnis der Eingangsobjekte $E_i$ zu den Ausgangsobjekten $A_j$ auf den verschiedenen Produktionsstufen und der Eindeutigkeit der Produktionsrichtung bestimmt und beeinflusst damit auch die Produktionsform.

Bei der **linearen Struktur** hat ein Eingangsobjekt genau ein Ausgangsobjekt und umgekehrt. Eine solche Produktionsform findet man in der Veredelungsfertigung, bei der ein Material/Halbfabrikat über mehrere Stufen hinweg bearbeitet wird. Bei der **synthetischen Struktur** kann ein Ausgangsobjekt mehrere Eingangsobjekte besitzen, aber jedes Eingangsobjekt hat nur ein Ausgangsobjekt. Assemblierende Produktionen, wie die Montage im Maschinen- oder Fahrzeugbau, entsprechen dieser Struktur. Die **allgemeine Struktur** erlaubt neben der synthetischen Struktur auch eine **analytische Struktur**: Ein Eingangsobjekt kann mehrere Ausgangsobjekte erzeugen. Chemische Prozesse, bei denen gleichzeitig verschiedene Ausgangsprodukte erzeugt werden, wie z. B. Kuppelprodukte bei der Erdölverarbeitung, unterliegen dieser Struktur. Betrachtet man die Produktion aus der Sicht der Entsorgung, so werden beim Erzeugen eines Produktes auch nicht nutzenstiftende Rückstände in Form von Schnittabfall, Abluft, Abwasser, etc. gebildet. Aus dieser Perspektive hat jede Produktionsform auch eine analytische Struktur.

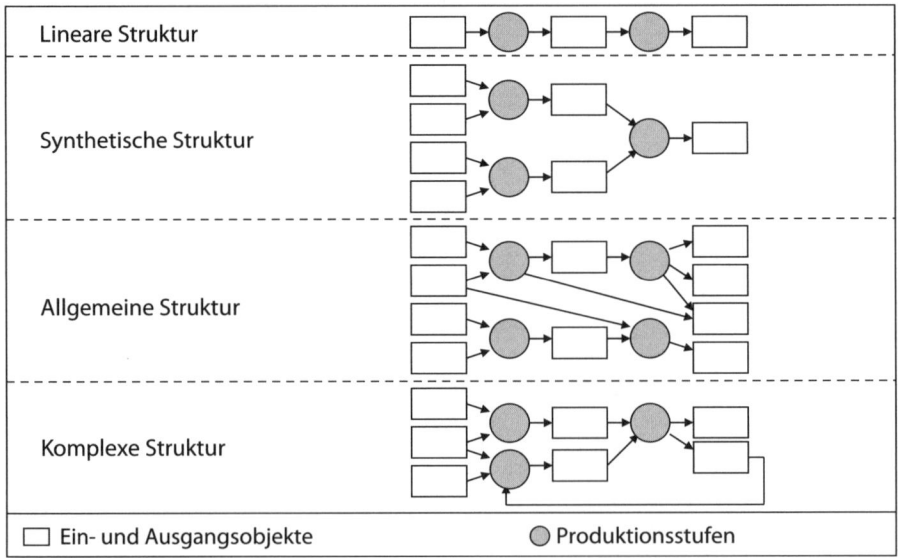

Abbildung 4.3: Systematisierung nach der Komplexität der Produktion

Die **komplexe Struktur** verzichtet auf die Eindeutigkeit der Produktionsrichtung, d. h., dass ein Ausgangsobjekt auf derselben oder einer früheren Produktionsstufe wieder als Eingangsobjekt dienen kann. Solche Strukturen findet man in der chemischen Industrie oder bei Berücksichtigung von wieder verwendbaren Rückständen.

## 4.1.4 Systematisierung nach der Anordnung der Ressourcen

Abhängig von den Notwendigkeiten der jeweiligen Produktion, können Ressourcen in Arbeitseinheiten zusammengefasst werden, sie können zu Reihen gekoppelt oder sie können relativ zum Erzeugnis beweglich/unbeweglich eingesetzt werden. Aus diesen Freiheitsgraden ergeben sich verschiedene *Produktionsorganisationen*, von denen hier die wichtigsten besprochen werden.

- **Werkstattfertigung** bedeutet, dass alle Betriebsmittel und Arbeitskräfte, welche die gleiche Verrichtung durchführen, zu *Werkstätten* zusammengefasst werden. Diese Fertigungsart ist also *verrichtungsorientiert* bzw. *funktionsorientiert*. Beispielsweise kann die Produktion von kundenspezifischen Verpackungen in die Werkstätten Wellpappeherstellung, Druckerei und Stanzerei aufgeteilt werden. Abbildung 4.4 zeigt das Prinzip der Werkstattfertigung. Die spezifischen Maschinen, Werkzeuge und Mitarbeiter sind in drei Werkstätten zusammengefasst. Die Rohmaterialien bzw. die Halbfabrikate, die weiterverarbeitet werden sollen, durchlaufen in diesem Fall erst Werkstatt 1. Hier können sie, falls die für den ersten Arbeitsgang benötigte Maschine nicht frei ist, auf Warteplätze abgelegt werden. Das geschieht in Werkstätten häufig, da sie in der Regel viele Produktionsaufträge parallel fahren. Nach der Verarbeitung können die Rohmaterialien und Halbfabrikate innerhalb der gleichen Werkstatt weitere Arbeitsgänge durchlaufen, falls nötig mit Zwischenstopps auf den Warteplätzen, oder sie werden in die nächste Werkstatt transportiert. Hier erfolgt die gleiche Prozedur. Nach Durchlauf aller an der Herstellung des Produktionsloses beteiligten Werkstätten werden die produzierten Teile in das Fertigwarenlager oder – falls es sich um Zwischenprodukte handelt – in das Halbfabrikatelager gebracht. Die Reihenfolge der beteiligten Werkstätten ist variabel und richtet sich ausschließlich nach den Produktionsnotwendigkeiten. Auch können aus gleichem Grund Werkstätten ausgelassen werden. Innerhalb einer Werkstatt ist der Durchlauf durch die einzelnen Bearbeitungsstationen (Ressourcen) entsprechend variabel gestaltet.

Zudem können die Maschinen im Allgemeinen durch den Einsatz verschiedener Werkzeuge in vielfacher Weise verwendet werden. *Merkmale der Werkstattfertigung* sind die *hohe Flexibilität* durch Variabilität des Produk-

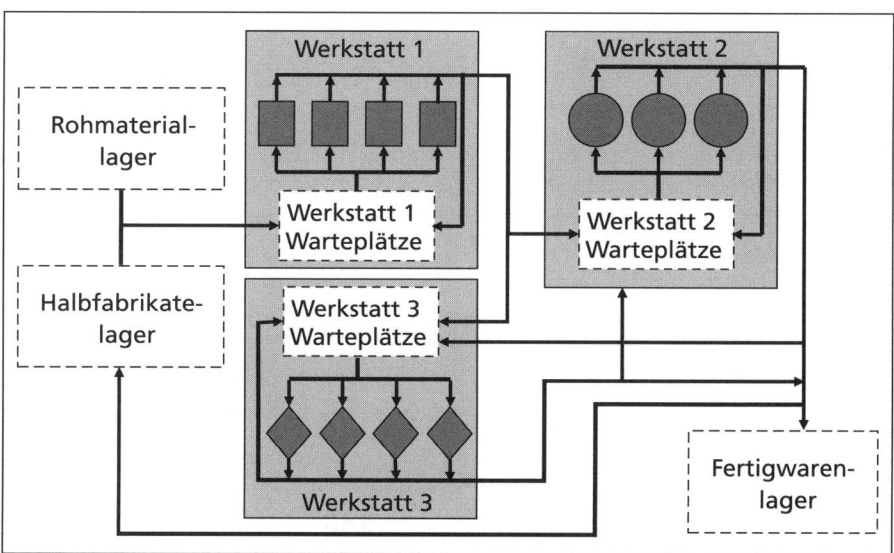

Abbildung 4.4: Struktur der Werkstattfertigung

tionsdurchlaufs dieser Produktionsform, *lange Durchlaufzeiten* und damit auch tendenziell *hohe Bestände* durch Wartezeiten zwischen den einzelnen Arbeitsgängen und der *hohe Planungs- und Steuerungsaufwand* durch die Parallelität der mehrstufigen Produktionsaufträge. Teilweise erhöhen sich die Durchlaufzeiten nochmals durch aufwendige Transporte zwischen und in den Werkstätten und durch die Rüstzeiten der Maschinen. Die weitgehende Flexibilität macht die Werkstattfertigung attraktiv für Hersteller, die eine *große Anzahl verschiedener Produkte* mit entsprechend unterschiedlichen Arbeitsabläufen in eher kleinen bis mittleren Losen fertigen.

- **Fließfertigung** wird eingesetzt, wenn wenige, ähnliche Produkte in jeweils großen Mengen hergestellt werden und die Flexibilität der Werkstattfertigung nicht nötig ist. Zum einen existieren aufgrund der geringen Produktanzahl nur wenige unterschiedliche Produktionsabläufe, zum anderen muss wegen der großen Produktionslose nur selten zwischen den Produktionsabläufen gewechselt werden. In diesen Fällen ist es sinnvoll, die Ressourcen entsprechend den Produktionsabläufen anzuordnen. Damit ist die Fließfertigung *fertigungsablauforientiert*. Die einzelnen Bearbeitungsstationen sind im Allgemeinen hoch spezialisiert und führen nur eng begrenzte Arbeiten durch. Häufig sind sie über automatische Förderanlagen miteinander verbunden. Diese Verbindung kann starr sein, z.B. über ein gemeinsam genutztes Förderband, oder es enthält zwischen den Bearbeitungsstationen Puffer, um Kapazitätsschwankungen, wie z.B. bei Ausfall einer Bearbeitungsstation, etc., ausgleichen zu können. Im statistischen Mittel sollten die Kapazitäten aufeinander abgestimmt sein. Die Fließfertigung muss nicht linear angeordnet sein, sondern kann z.B. auch synthetische Strukturabschnitte haben. *Merkmale der Fließfertigung* sind *kurze Durchlaufzeiten* und daher *niedrige Bestände* in der Produktion, eine *hohe Ausstoßmenge pro Zeit*

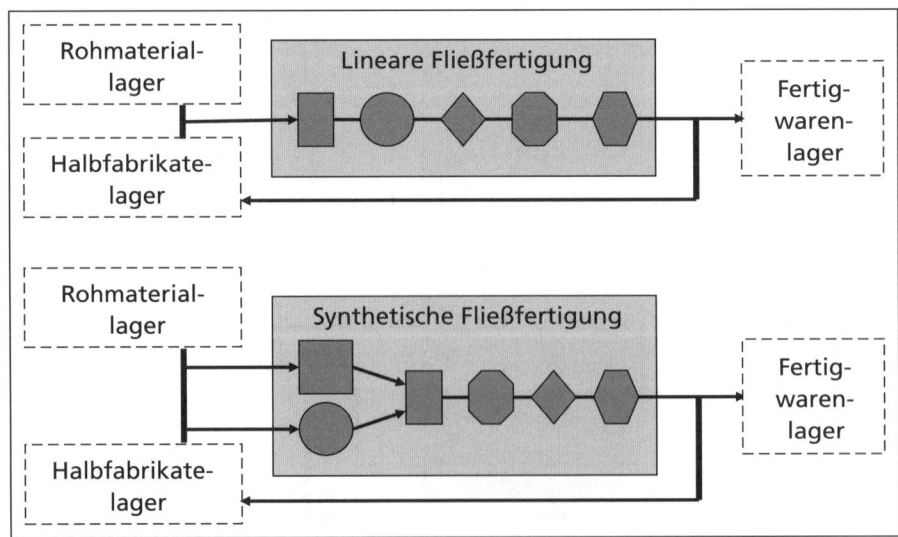

Abbildung 4.5: Struktur der Fließfertigung

und *geringer Planungs- und Steuerungsaufwand*, aber auch eine *geringe Flexibilität* und eine *erhöhte Störanfälligkeit*. Vorteilhaft ist diese Fertigungsart für Unternehmen, die eine *kleine Produktpalette* von ähnlichen Erzeugnissen in großen Losen herstellen.

● **Gruppenfertigung** ist ein Versuch, die Vorteile der Werkstatt- und Fließfertigung in einem Verfahren zu einen. Dazu werden sogenannte *Teilefamilien* gebildet, in der alle Fertigprodukte oder Halbfabrikate, die einen ähnlichen Fertigungsablauf haben, zusammengefasst werden. Für die Teilefamilien werden dann Arbeitseinheiten gebildet, in denen die für die Fertigung benötigten Betriebsmittel und Mitarbeiter räumlich nah gruppiert werden. Diese Arbeitsgruppen, auch Fertigungsinseln genannt, stellen organisatorische Einheiten dar, die weitgehend autonom bezüglich Planung, Steuerung und Durchführung ihrer Produktion agieren. *Flexible Fertigungssysteme* (FFS) sind Fertigungsinseln mit einem hohen Automatisierungsgrad, die teilweise auch mit einem Werkzeuglager ausgestattet sind. *Merkmale der Gruppenfertigung* ergeben sich durch die Fertigungsähnlichkeit der Teile innerhalb einer Familie: Tendenziell *geringere Rüstzeiten* und damit *kürzere Auftragsdurchlaufzeiten*, d. h. auch *geringere Bestände* in der Produktion gegenüber der Werkstattfertigung. Durch die räumliche Nähe entfallen auch ein Teil der Transportzeiten, was die Durchlaufzeiten der Aufträge nochmals verkürzen kann. Ein weiteres Merkmal der Inselproduktion ist die weitgehende *Übertragung von Arbeitsverantwortung* auf die Gruppe, die dispositive, wie ausführende Tätigkeiten umfasst. Empirische Studien legen nahe, dass die *Motivation der Mitarbeiter* dadurch steigt und ebenso eine Produktivitätssteigerung möglich ist. Allerdings kann bei verschieden starker Auslastung der Inseln *kein Kapazitätsausgleich* zwischen den Inseln bei Maschinen gleicher Funktion stattfinden, weil die Aufträge in der Inselfertigung an die Arbeitsgruppe gebunden sind.

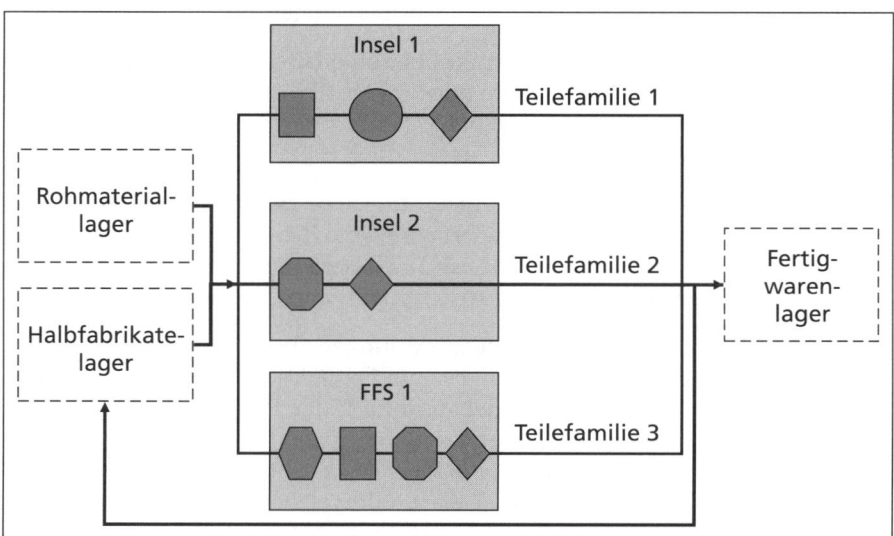

Abbildung 4.6: Struktur der Gruppenfertigung

- **Baustellenfertigung** findet statt, wenn die Ressourcen zum Fertigungsobjekt bewegt werden, und nicht, wie in den bisherigen Beispielen, die Erzeugnisse der verschiedenen Produktionsstufen zu den Ressourcen transportiert werden. Aufgrund der physikalischen Eigenschaften der Erzeugnisse, wie z. B. bei Schiffen, Straßen, Kraftwerken, etc., ist eine andere Form nicht möglich oder zumindest nicht zweckdienlich, daher nennt man diese Produktionsform *fertigungsobjektorientiert*. Der Baustellenfertigung geht die Herstellung der Einzelteile voraus, die wiederum im Rahmen der besprochenen Produktionsarten erfolgen kann. *Merkmale der Baustellenfertigung* sind ein *hoher Planungs-, Steuerungs- und Kontrollaufwand* und ein *großer Anteil an Ingenieursleistung*.

Große Produktionen können eine Kombination aus verschiedenen Produktionsformen enthalten, abhängig von den jeweiligen Anforderungen bestimmter Fertigungsabschnitte.

## 4.1.5 Systematisierung nach der Losgröße und dem Entkopplungspunkt

Die **Losgröße**, in der produziert wird, unterscheidet die Produktionsformen Einzel-, Massen- und Serienfertigung:

- *Einzelfertigung* richtet die Prozesse, die Ressourcen und die Organisation auf die Erzeugung eines einzelnen Produkts aus. In der Reinform wird ein Erzeugnis nur ein einziges Mal hergestellt. Jedes weitere Produkt ist wieder ein Einzelstück. In der Praxis stellen die einzelnen Produkte aber meistens Varianten eines Grundmusters dar. Einzelfertigungen findet man z. B. im Sondermaschinenbau, im Straßen- und Schiffsbau. Hier können je nach Fertigungsstufe verschiedene Fertigungsformen eingesetzt werden.

- *Massenfertigung* erzeugt ein Produkt über eine längere Zeit in hoher Stückzahl. Die Zigaretten-, Glühbirnen- oder Zement-Produktionen sind Beispiele für diese Art der Fertigung. Bei einer Massenfertigung ist die Fließfertigung die passende Fertigungsform.

- *Serienfertigung* liegt bei der erzeugten Stückzahl zwischen der Einzel- und der Massenfertigung und produziert eine Serie (Los) in einem Stück. Unterschieden wird nach Klein-, Mittel- und Großserien. Eingesetzte Fertigungsverfahren können sowohl Fließ-, Werkstatt- als auch Gruppenfertigung sein.

Die Entscheidung, in welchen Größenordnungen die Lose gewählt werden, ist strategisch determiniert, da das gesamte Produktionssystem darauf abgestimmt werden muss. Bei der Feinabstimmung der Losgröße auf operativer Ebene können neben den Gesichtspunkten der Kostenminimierung wie in der Andler-Formel auch Durchlaufzeitaspekte berücksichtigt werden. Dabei wird z. B. bei der Werkstattfertigung analysiert, mit welcher Losgröße der Auftrag am schnellsten durch die Werkstatt laufen kann, was im Rahmen der Just-in-Time-Ausrichtung an Bedeutung gewinnt.

Der **Entkopplungspunkt** kennzeichnet die Grenze zwischen *kundenanonymer* und *kundenauftragsbezogener Fertigung*. Wird kundenanonym gefertigt, liegt zum Zeitpunkt der Fertigung noch kein konkreter Kundenauftrag vor, es wird also auf Lager produziert. Kundenauftragsbezogen gefertigt wird erst nach Eingang eines Kundenauftrags. Die Position des Entkopplungspunkts im Gesamtprozess der Produktion unterscheidet verschiedene Produktionsformen, wobei der Gesamtprozess aus den folgenden Prozessschritten besteht: (a) *Entwicklung des Produkts* bis zur Fertigungsreife, (b) *Entwicklung des Systems* mit Aufbau aller für die Fertigung benötigten Prozesse, Ressourcen und Organisationen, (c) *Beschaffung der Materialien*, (d) *Herstellung des Produkts* und *Verbringung des Produkts* in das Fertigwarenlager. Vom Fertigwarenlager aus kann das Produkt dem Kunden zur Verfügung gestellt werden. Folgende Produktionsformen lassen sich hier unterscheiden:

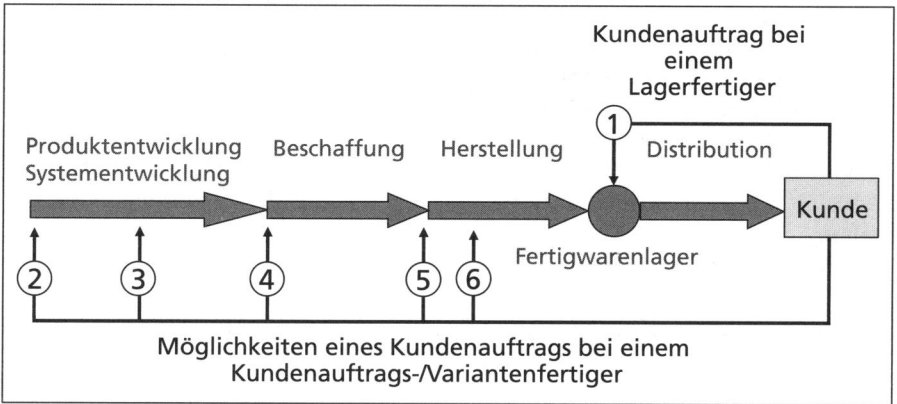

Abbildung 4.7: Systematisierung nach Entkopplungspunkt

- *Lagerfertiger* führen den beschriebenen Prozess auf eigene Kosten und auf eigenes Risiko bis zum Fertigwarenlager aus. Da bis zu diesem Zeitpunkt keine konkreten Kundenaufträge vorliegen müssen, ist diese Art der Fertigung kundenanonym. Treffen Kundenaufträge ein, werden sie kurzfristig vom Fertigwarenlager aus bedient (Punkt 1), d. h., dass der Entkopplungspunkt bei einem Lagerfertiger im Fertigwarenlager liegt.

- *Kundenauftragsfertiger* werden erst tätig, wenn ein Kundenauftrag vorliegt. Das kann im Extremfall bedeuten, dass der Kunde ein vollkommen neues Produkt verlangt, das im ersten Schritt technisch und technologisch von Grund auf neu entwickelt werden muss. Hier liegt der Entkopplungspunkt ganz am Anfang der Prozesskette (Punkt 2), wobei diese reine Form der Kundenauftragsfertigung äußerst selten ist.

- *Variantenfertiger* stellen die ‚gemilderte' Form der Kundenauftragsfertiger dar, wobei hier die Produkte auf einem schon vorhandenen Kernprodukt aufbauen, so dass die Entwicklung nicht vollständig durchlaufen werden muss und lediglich Varianten kundenbezogen gefertigt werden. In diesem Fall liegt der Entkopplungspunkt innerhalb der Produkt- und Systementwicklung (Punkt 3). Es gibt auch eine Art der Kundenauftragsfertigung, die nicht auf neue Produkte abzielt. Dies ist der Fall, wenn ein Kunde große Mengen ordert, die nicht vom normalen Fertigwarenlagerbestand abgedeckt werden können oder sollen. Unter diesen Umständen braucht keine Entwicklungsarbeit geleistet zu werden, sondern es genügt, eine kundenauftragsbezogene Produktion, notfalls auch eine entsprechende Beschaffung der Rohstoffe, aufzusetzen (Punkte 4 und 5).

Eine **Mischung** aus Lager- und Kundenauftragsfertigung ist die *individuelle Massenfertigung*, auch *mass customization* genannt, bei der die Komponenten auf Lager produziert werden, die letzte Zusammensetzung zum Fertigprodukt aber auf Kundenwunsch erfolgt (Punkt 6). Dieser Ansatz beruht auf der Erkenntnis, dass es wirtschaftlich günstig sein kann, nicht das Fertigwarenlager, sondern das Komponentenlager als Entkopplungspunkt zu definieren, weil dadurch unter anderem die Sicherheitsbestände durch den statistischen Ausgleich der Schwankungen sinken und damit die Kosten für die Lagerung verringert werden. Zudem werden die Sicherheitsbestände auf einer niedrigeren Wertschöpfungsstufe gehalten, was wiederum zu geringeren Bestandskosten führt. Die Strategie, den Entkopplungspunkt flussaufwärts zu verschieben oder, anders ausgedrückt, mit der Fertigwarenherstellung so lange wie möglich zu warten, nennt man *postponement* und wird eingesetzt, um Prozesse effizienter zu gestalten.

## 4.2 Strategische Produktionslogistik

### 4.2.1 Strategisches Produktionsprogramm und Produktentwicklung

Das **strategische Produktionsprogramm** bestimmt die zu fertigende Produktpalette der nächsten Jahre. Es legt fest, welche Produkte grob spezifiziert, in welchen Zeiträumen pro Jahr, in etwa welchen Mengen, zu welchen Preisen und in welcher Qualität produziert werden. Die Beurteilung, wie das Sortiment zu gestalten ist, wird sowohl marktseitig (Absatzplan von Marketing/ Vertrieb) als auch durch interne Unternehmensvorgaben geprägt, z. B. können Deckungsbeitragsziele die Gestaltung des Sortiments beeinflussen. Das strategische Produktionsprogramm kann auch auf neue oder modifizierte Produkte verweisen, die erst entwickelt bzw. weiterentwickelt werden müssen. Während der **Produktentwicklung** wird das Produkt über die Stufen Planen, Konzipieren, Entwerfen und Ausarbeiten (VDI-Richtlinie) von der Idee bis zur Marktreife geführt. Bei jedem Produkt muss die *Fertigungstiefe* festgelegt werden. Dabei wird bestimmt, welche der Vorprodukte eigen gefertigt und welche beschafft werden sollen. Diese Festlegung ist gleichzeitig eine Vorgabe für die Beschaffung, welche die entsprechenden Kooperationen initiieren muss. An der Erstellung des strategischen Produktionsprogramms und bei den Arbeiten zur Produktentwicklung können neben der Produktion und dem Marketing/ Vertrieb noch weitere Bereiche des Unternehmens beteiligt sein, wie etwa die Forschung und Entwicklung (F&E), die Beschaffung, die Logistik und die Unternehmensleitung. Die dargestellte Form der Zusammenarbeit ist sehr umfassend und wird in dieser Extensität vorwiegend in großen Unternehmen praktiziert, aber auch in kleineren Firmen kooperiert die Produktion bei der Bearbeitung der strategischen Aufgaben mit anderen Bereichen.

---

**Beispiel 4.1**

Beispiele für die Kooperation verschiedener Unternehmensbereiche bei der Erstellung des strategischen Produktionsprogramms:

*Marketing und Vertrieb* geben Markeinschätzungen zu den Absatzmöglichkeiten.

*F&E* liefert die produktbezogenen Beschreibungen wie Geometrie, Bauweise, Materialien, Stücklisten.

*Produktion und Beschaffung* machen Vorschläge zur Fertigungstiefe.

*Produktion* arbeitet die Herstellungsart der neuen Produkte aus und legt Arbeitspläne vor.

*Finanzabteilung* beurteilt die finanziellen Aspekte des Produktionsprogramms.

*Geschäftsführung* steuert den Prozess im Sinne der Unternehmensziele und muss letztendlich die Entscheidungen treffen.

---

Die Logistik liefert zumindest beratende Hilfestellung über folgende Tatbestände:

- *Logistische Anforderungen* an die Materialien, wie z. B. Transport- und Lagerfähigkeit, etc., die von der Logistik beigesteuert werden.

- *Materialwirtschaftliche Aspekte*, etwa im Bereich der Standardisierung, können die Forschung und Entwicklung von Produkten erleichtern.

- *Beiträge zur Festlegung der Fertigungstiefe,* die logistische Belange betreffen, werden von der Logistik beigesteuert. So müssen die logistischen *Vorteile* der Fremdbeschaffung, wie z. B. Reduzierung der Produkt- und Prozesskomplexität, Verringerung der innerbetrieblichen Lager- und Transportkapazitäten, etc., gegen die logistischen *Nachteile*, wie z. B. erhöhte Lieferunsicherheit, höhere Transaktionskosten, etc., abgewogen werden.

Die Arbeit der Logistik im Bereich der strategischen Produktionsaufgaben hat ihren Schwerpunkt in der Beratung und in der Mitarbeit bei interdisziplinären Projektteams.

## 4.2.2 Betriebliche und innerbetriebliche Standortplanung

Strategische Produktionsprogramme können es nötig machen, das Produktionssystem gravierend zu erweitern oder abzuändern. Es können neue Standorte der Produktion hinzukommen oder bestehende Standorte neu konzipiert werden. Mit diesen Aufgabenstellungen beschäftigt sich die *betriebliche und innerbetriebliche Standortplanung*, wobei die betriebliche Standortplanung neue

Standorte auswählt und die innerbetriebliche Standortplanung je Standort festlegt, wie die Ressourcen, z. B. Maschinen und sonstige Einrichtungen, im Standort angeordnet werden und in welcher Produktionsform gearbeitet wird.

- **Betriebliche Standortplanung** hat die Aufgabe, die geographischen Orte festzulegen, an denen ein Unternehmen Produktionsfaktoren zur Erstellung von Gütern und Dienstleistungen einsetzen will. Dazu bedarf es einer Festlegung der entscheidungsrelevanten *Beurteilungsfaktoren* von potenziellen Standorten und einer *Methodik*, diese Faktoren zu bewerten. Neben vielen anderen Faktoren, die etwa politische, steuerliche oder arbeitsmarkttechnische Gesichtspunkte berücksichtigen, werden bei der Standortwahl auch logistische Kriterien herangezogen. Dazu gehören z. B. die geographische Lage des Standortes zu den Beschaffungs- und Absatzmärkten sowie zu anderen Standorten des eigenen Unternehmens, die Versorgungs- und Entsorgungsinfrastruktur bezüglich Wasser, Elektrizität, Gas, etc., die Verkehrsanbindungen der einzelnen Verkehrsträger (Straße, Schiene, Luft, etc.), das Angebot logistischer Dienstleistungen durch Dritte oder auch Kooperationsmöglichkeiten im Bereich der Logistik. Zur *Bewertung* der verschiedenen, in Frage kommenden Standorte werden in den seltensten Fällen streng mathematische Optimierungsverfahren verwendet, weil die Fragestellungen im Allgemeinen aufgrund der Anzahl der Faktoren und ihrer Interdependenzen zu komplex sind. Für spezielle Einzeluntersuchungen allerdings können Optimierungsmodelle eingesetzt werden, wie z. B. für die Minimierung der Transportkosten. Häufiger werden die Faktoren im Rahmen einer Nutzwertanalyse gewichtet und die Ausprägung der Faktoren in den einzelnen Standorten quantifiziert. So erhält man im Ergebnis ein Standort-Ranking, das zur Entscheidungsfindung herangezogen werden kann.

- **Innerbetriebliche Standortplanung**, auch Fabrikplanung oder Layoutplanung genannt, beschäftigt sich mit der Anordnung der Maschinen und Einrichtungen an einem Standort mit der Vorgabe, eine optimale Lösung für den Produktionsablauf unter Berücksichtigung verschiedener Ziele zu erreichen. Zu den Zielen können z. B. minimale Transportkosten und Durchlaufzeiten oder auch eine hohe Arbeitssicherheit gehören. Die innerbetriebliche Standortplanung wird nicht nur bei Neuentwürfen, sondern auch bei Änderungsentwürfen von Standorten eingesetzt. In Abhängigkeit von der Größe und Ausgestaltung des Standorts kann die Layoutplanung verschiedene Ebenen umfassen, wie z. B. die Anordnung der Produktionsgebäude auf dem Betriebsgelände, die Arbeitsverteilung in den einzelnen Stockwerken eines Produktionsgebäudes oder die Platzierung der Maschinen auf einem Stockwerk. Dabei müssen mögliche Restriktionen beachtet werden, wie z. B. der benötigte Platz für Transporte und andere Tätigkeiten, Unverträglichkeiten von Maschinen untereinander, die maximale Bodentragfähigkeit oder gesetzliche Bestimmungen bezüglich Arbeitssicherheit, Feuerschutz, etc. Die Planung wird im Wesentlichen beeinflusst von den *Produkten*, die gefertigt werden, und den eingesetzten *Betriebsmitteln*, zu denen die verwendeten Maschinen, Förderzeuge, aber auch die Gebäude und Außenflächen gehören. Ausgehend vom Produktionsprogramm werden für die Layoutplanung der Betriebsmittelbedarf, der Flächenbedarf und das Transportaufkommen erhoben. Danach können unter anderem Vorschläge zur Produktionsform und der Art des innerbetrieblichen Transportes und der Lagerung gemacht werden. Das Arbeitsergebnis der innerbetrieblichen Standortplanung sind das *Betriebsmittellayout*, in der jedes Betriebsmittel örtlich festgelegt wird, das *Versorgungs- und Entsorgungslayout*, welches die Infrastruktur des Gebäudes darstellt, und das *Gebäudelayout* selbst, das der Bauplanung dient.

Die Aufgaben in der betrieblichen und noch mehr in der innerbetrieblichen Standortplanung sind zum Teil stark logistikgeprägt, weil die Materialflussgestaltung eine spezifisch logistische Aufgabe ist und sie in vielen Fällen andere Aspekte dominiert.

# 4.3 Operative Produktionslogistik

## 4.3.1 Aufgaben und Ziele operativer Produktionsplanung und -steuerung

Die **operative Produktionsplanung und -steuerung (PPS)** wird im Folgenden als originäre Aufgabe der Logistik aufgefasst. D. h. nicht, dass aktuell Unternehmen in der Mehrzahl diesen Bereich tatsächlich der Logistik zuordnen. Aus Sicht des Prozessansatzes spricht einiges dafür, es aber genauso zu tun.

- Die **operative Produktionsplanung** agiert im Großen und Ganzen in einem festgefügten *Produktionssystem*, das von der strategischen Planung vorgegeben worden ist. Änderungen an den Ressourcen sind nur in einem minimalen Umfang möglich. Die operative Produktionsplanung besitzt eine Reihe von Methoden auf eine zeitweise Überlastung des Systems zu reagieren, die im Abschnitt ‚Kapazitätsplanung' detaillierter besprochen werden. Der *Planungshorizont* beträgt je nach Fertigungsorganisation mehrere Tage bis Wochen, die Ergebnisse werden auf Tages- oder Stundenbasis als *Planungsperiode* geliefert. Die *Planungsobjekte* sind spätestens hier die einzelnen Produkte und ihre Zwischenprodukte. Die operative Produktionsplanung übernimmt folgende *Aufgaben*: (a) Ermittlung des kurzfristigen Netto-Primärbedarfs an eigengefertigten Produkten, (b) Mengenplanung, (c) Terminplanung, (d) Kapazitätsplanung mit Reihenfolgeplanung sowie (e) Übergabe der Planungsergebnisse an die Produktionssteuerung.

- Die **Produktionssteuerung** umfasst die Initiierung und Betreuung der Produktionsaufträge während der Durchführung bis zur Fertigstellung und beinhaltet die folgenden *Aufgaben*: (a) Freigabe der Produktionsaufträge und Übergabe an die Produktionsdurchführung, (b) Überwachung der Produktionsaufträge während des gesamten Durchlaufs durch das Produktionssystems, (c) Einleitung von Gegenmaßnahmen bei Planabweichungen sowie (d) Fertigmeldung der Produktionsaufträge. Für die spezifischen Anforderungsprofile der eingesetzten Produktionsformen wurden verschiedene

Konzepte der Produktionsplanung und -steuerung entwickelt, welche die angeführten Aufgaben unterschiedlich vollständig abdecken.

Einige wesentliche **Ziele** der Produktionsplanung und -steuerung (PPS) sind im Folgenden aufgezählt:

(a) *Niedrige Bestände*: Konsequenzen sind z. B. eine Erhöhung der Liquidität durch Verringerung des in Materialien gebundenen Kapitals, eine Senkung der Logistikkosten durch einen geringeren Bedarf an Lagerflächen, Transportmittel und Kapital, eine Reduzierung der Gefahr von Überalterung und Beschädigung.

(b) *Kurze Durchlaufzeiten*: Konsequenzen sind z. B. eine Erhöhung der Flexibilität, weil die Aufträge später eingelastet werden und dadurch kurzfristige Änderungen berücksichtigt werden können sowie eine Verringerung der Bestände.

(c) *Hohe Kapazitätsauslastung*: Konsequenzen sind z. B. eine bessere Ausnutzung der Investitionen sowie eine Erhöhung der Wirtschaftlichkeit.

(d) *Hohe Termintreue:* Konsequenzen sind z. B. eine Stärkung der Unternehmensposition in einem käuferdominierten Markt.

Diese Ziele sind nicht alle im gleichen Maße erreichbar, es bestehen *Zielkonflikte*, einige stehen sogar konträr zueinander. So ist eine hohe Kapazitätsauslastung im Allgemeinen nur mit großen Losgrößen zu erreichen, was zu Wartezeiten vor den Maschinen führen kann und dadurch die Durchlaufzeiten der Aufträge verlängert. Verlängerte Durchlaufzeiten begünstigen eine Erhöhung der Bestände und eine Verringerung der Flexibilität. Die Schwierigkeit, eine maximale Kapazitätsauslastung und eine minimale Durchlaufzeit gleichzeitig zu erreichen, wird *Dilemma der Ablaufplanung* genannt. In verkäuferdominierten Märkten, in denen die Lieferzeit eine nachgeordnete Priorität besitzt, hat das Ziel der hohen Kapazitätsauslastung eine Vorrangstellung. Da sich für die meisten Produkte die Märkte zu Käufermärkten entwickelt haben, gewinnen die anderen Ziele für die Produktionsplanung und -steuerung an Gewicht.

### 4.3.2 Das MRPII-Konzept der Produktionsplanung und -steuerung

In den 1960er Jahren wurde das Konzept des **Material Requirements Planning (MRP)** entwickelt, das, ausgehend von vorhandenen Kundenaufträgen, prognostizierten Primärbedarfen und den Lagerbeständen, ein kurzfristiges Produktionsprogramm erstellte, welches die Brutto-Sekundärbedarfe über die programm- oder verbrauchsorientierten Verfahren ermittelte und sie, produktweise zusammengefasst, gegen den Lagerbestand abglich. Das Ergebnis waren die Mengenanforderungen an eigengefertigten Halbfabrikaten an die Produktion bzw. fremdbezogene Teile an die Beschaffung, die über die Vorlaufzeiten auch grob terminlich eingeordnet waren. In den folgenden Jahren wurde das MRP-Konzept mit Einführung von Arbeitsplänen und Ressourcenangaben sowohl terminlich als auch bezüglich der Machbarkeit bei begrenzten Kapazitäten in der Produktion weiterentwickelt. In den 1980er Jahren erweiterte man die kurzfristige Perspektive, indem eine zeitliche Planungshierarchie einbezogen wurde. Die auf der langfristigen Ebene verabschiedeten Produktionsprogramme aufgrund der strategischen Absatzplanung waren eine Vorgabe für die mittelfristige Ebene, die dann aktualisiert werden musste. Ebenso lieferte die mittelfristige Ebene die Vorgaben für den kurzfristigen Bereich, fortgeschrieben um neuere Erkenntnisse. Das durch diese Entwicklung entstandene Konzept wird **Manufacturing Ressources Planning (MRPII)** genannt und ist in der Praxis weit verbreitet. Relevant im operativen Sinne ist der planerisch kurzfristige Bereich des MRPII-Konzepts. Daher wird im Folgenden nur dieser dargestellt. Da die einzelnen Planungsschritte nacheinander (sukzessive) abgearbeitet werden, nennt man diese Art der Produktionsplanung auch **sukzessive Planung**:

- Die **Ermittlung des kurzfristigen Netto-Primärbedarfs an eigenproduzierten Fertigprodukten** erfolgt wie im Abschnitt *Bedarfsrechnung* beschriebenen. Damit liegen die benötigten, eigen gefertigten, marktfähigen Produkte der nächsten Zukunft (Tage, Wochen) in *Art, Menge und Bedarfszeitpunkt* fest. An dieser Stelle sei nochmals auf die Unterschiede hingewiesen, die zwischen den Primärbedarfsermittlungen bei Lagerfertigern und Kundenauftragsfertigern bestehen. Während Lagerfertiger im Allgemeinen eine stochastische Methode wählen müssen, können Kundenauftragsfertiger deterministisch vorgehen. Die Unterscheidung ergibt sich aus dem Verhältnis von Lieferzeit und Wiederbeschaffungszeit. Ist die Lieferzeit länger als die Wiederbeschaffungszeit, kann der Produzent mit der Produktion erst nach Eingang des Kundenauftrags beginnen, d. h. deterministisch planen. Bei einem Lagerfertiger ist die Lieferzeit kürzer als die Wiederbeschaffungszeit, also muss dieser den zukünftigen Bedarf stochastisch ermitteln.

- Die **Mengenplanung** beinhaltet die Netto-Sekundär- und Netto-Tertiärbedarfsermittlung der Bedarfsrechnung. Sie beruht entweder auf den programmorientierten Verfahren (Stücklistenauflösung, Gozintograph) oder verbrauchsorientierten Verfahren (Zeitreihenanalyse). Das Ergebnis ist in jedem Fall eine periodengerechte Aufstellung aller Materialien (und Betriebsstoffe) nach Art, Menge und Bedarfszeitraum, die benötigt werden, um die Produkte zur Deckung des Primärbedarfs herzustellen. Die Bedarfe an Zukaufteilen werden der Beschaffung übergeben. Die Bedarfe an eigenproduzierten Materialien laufen in die Produktionsplanung ein. Am Ende der Mengenplanung steht der *periodengerechte Mengenplan* für *alle* in der nächsten Zukunft zu produzierenden Teile, wie z. B. Fertigprodukte und Materialien, nach Art und Menge fest. Innerhalb der Mengenplanung können auch Kosten im Sinne einer optimalen Losgröße nach Andler berücksichtigt werden. Hierbei entspricht die Formel für die optimale Losgröße der Formel für die optimale Bestellmenge, wobei die fixen Bestellkosten durch die fixen Rüstkosten ersetzt werden.

- Die **Terminplanung** benötigt verschiedene, über die Stücklisten hinausgehende Grunddaten (Stammdaten), dazu gehören:

  (a) *Arbeitspläne* liefern detaillierte Angaben zur Erstellung des Erzeugnisses. Im *Arbeitsplankopf* sind allgemeine Daten enthalten, wie die Erzeugnisnummer, auf die sich der Arbeitsplan bezieht. Im zweiten Teil wird der gesamte Arbeitsprozess in *Arbeitsgänge* (Arbeitsschritte) unterteilt. Je Arbeitsgang sind die zur Fertigung benötigten Arbeitsplätze mit den entsprechenden Ressourcen angegeben, wie z. B. Arbeitsplatz Stanzung mit Stanzmaschine x und einem Mitarbeiter der Qualifikation y, die Fertigungshilfsmittel, wie z. B. Stanzwerkzeug z oder Schablone w, die notwendigen Rüstarbeiten, um den Arbeitsplatz für die Fertigung des Erzeugnisses vorzubereiten, eine detaillierte Beschreibung aller anfallenden Arbeiten und der Zeiten, die für die Rüstung (Rüstzeit) und für die Fertigung eines einzelnen Erzeugnisstücks (Stückzeit) anfallen.

(b) *Arbeitsplatzdaten* beschreiben Arbeitsplätze, wie z. B. Maschinen, Maschinengruppen, Montagearbeitsplätze, etc., wobei ein Arbeitsplatz auch verschiedene Ressourcen umfassen kann. Die Spezifizierungen umfassen Angaben, wie z. B. *Mehrfach-/Einfachressource*, d. h. es können mehrere Produkte parallel oder nur vereinzelt bearbeitet werden, Einsatz einer *Rüstmatrix ja/nein*, d. h., die Rüstzeit hängt vom Vorgängerauftrag ab oder nicht, *Überlappung möglich ja/nein*, d. h. es kann für einen neuen Auftrag gerüstet werden, obwohl der alte Auftrag noch nicht abgeschlossen ist, etc.

Die Terminplanung setzt auf dem *periodengerechten Mengenplan* auf, der für alle Produktionsteile angibt, in welcher Periode welches Produktionsteil in welcher Menge gebraucht wird. Eine gängige Art der Interpretation der Periodenzuordnung ist, einen Bedarf in der n-ten Periode als Bedarf am Anfang der Periode n anzusehen, das bedeutet, dass das entsprechende Produkt am Ende der Periode (n-1) zur Verfügung stehen muss, d. h. fertig produziert ist. Für jedes zu fertigende Produkt wird auf Basis des dazugehörigen Arbeitsplans die *Durchlaufzeit* durch die Produktion festgelegt. Der Arbeitsplan gibt die Abfolge der einzelnen Arbeitsgänge an. Je Arbeitsgang wird die Durchlaufzeit wie folgt berechnet:

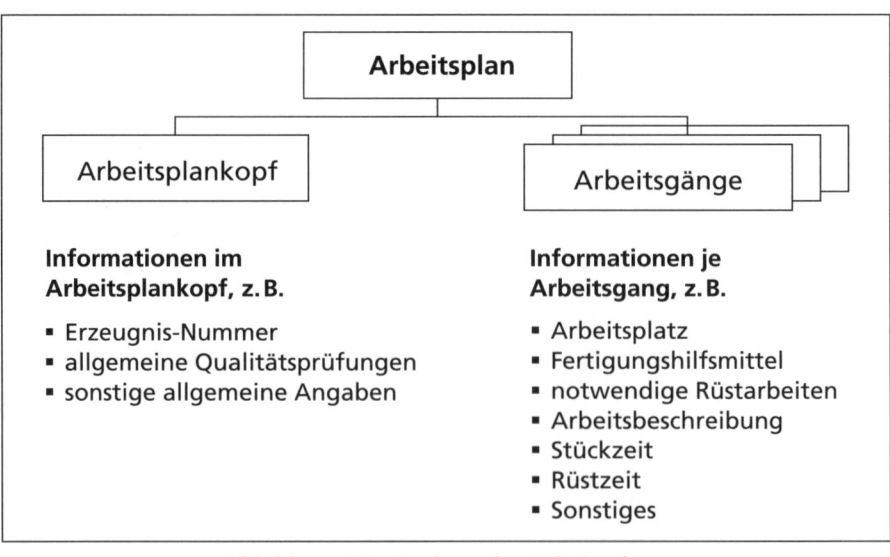

Abbildung 4.8: Struktur der Arbeitspläne

Bearbeitungszeit im Arbeitsgang = Rüstzeit + (Losgröße · Stückzeit)

Die Summe der Bearbeitungszeiten über alle Arbeitsgänge liefert die Gesamtdurchlaufzeit des Auftrags, wobei auch Transportzeiten einfließen können. Hierbei werden noch keine Beeinflussungen durch die Reihenfolge der Aufträge (Rüstmatrix) an den Arbeitsplätzen berücksichtigt.

Im nächsten Schritt wird die Fertigung jedes Erzeugnisses terminlich eingeplant. Dazu stehen als Methoden unter anderem die *Rückwärtsterminierung* und die *Vorwärtsterminierung* zur Verfügung. Die *Engpassterminierung* liefert eine Kombination aus den zwei vorgenannten Formen, wobei von einer Engpasskapazität ausgehend, sowohl vorwärts als auch rückwärts terminiert wird. Die Rückwärtsterminierung setzt am *Bedarfszeitpunkt* aus der periodengerechten Mengenplanung, also am Ende der Vorperiode, auf und rechnet die Durchlaufzeiten der einzelnen Arbeitsgänge in absteigender Reihenfolge zurück.

Dabei liefert der Anfangszeitpunkt des ersten Arbeitsgangs den spätesten Zeitpunkt, an dem der Auftrag gestartet werden muss, um die Erzeugnisse rechtzeitig (zum Bedarfszeitpunkt = spätestes Ende) zu erstellen. Die Vorwärtsterminierung beginnt am *Planungszeitpunkt* (im Allgemeinen ‚heute') und addiert die Arbeitsgangdurchlaufzeiten in aufsteigender Reihenfolge. Das Ende der Durchlaufzeit markiert das früheste Ende des Auftrags. Die Differenz zwischen spätestem und frühestem Ende, identisch zur Differenz zwischen spätestem und frühestem Start, bezeichnet man als *Pufferzeit*. Sie gibt an, welche terminlichen Reserven man in der Auftragsdurchführung hat, ohne den spätesten Endtermin (= Bedarfszeitpunkt) zu gefährden.

Ist die *Pufferzeit* > 0, liegt also der späteste Start in der Zukunft, wie in Abbildung 4.9 dargestellt, ist der Auftrag in seiner vorgesehenen Form *planerisch durchführbar*. Gleiches gilt für eine *Pufferzeit = 0* (spätester Start = frühester

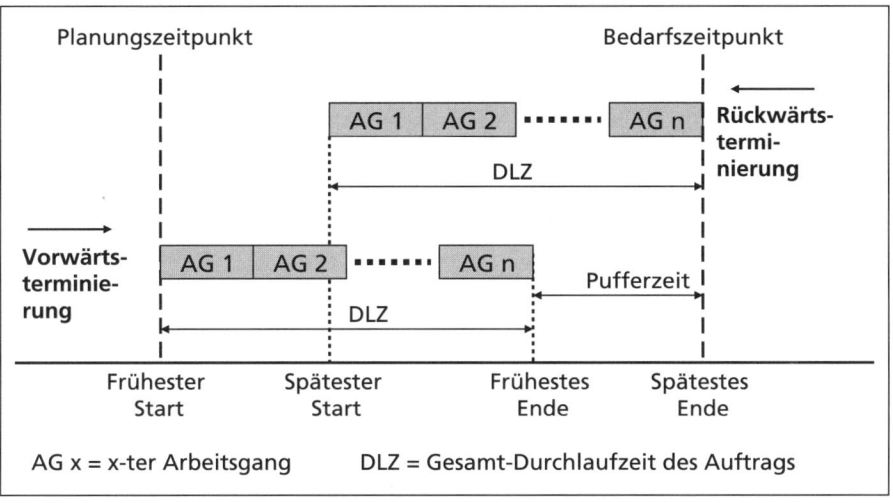

Abbildung 4.9: Berechnung der Pufferzeiten durch Vorwärts- und Rückwärtsterminierung

Start). Bei einer *negativen Pufferzeit*, d.h. der späteste Starttermin liegt bei der Rückwärtsterminierung in der Vergangenheit (bei der Vorwärtsterminierung liegt der früheste Endtermin jenseits des Bedarfszeitpunkts), muss der Planer tätig werden. Es stehen verschiedene Anpassungsmöglichkeiten zur Verfügung:

(a) *Aufteilung des Fertigungsloses in mehrere kleine Lose*, die dann parallel bearbeitet werden. Die Parallelität kann sich auf den ganzen Auftrag beziehen oder auf einzelne Arbeitsgänge, je nach Dringlichkeit und zur Verfügung stehenden, gleichartigen Ressourcen. In jedem Fall erkauft man sich den schnelleren Durchlauf mit erhöhten Kosten, weil die Rüstkosten je Parallellauf anfallen.

(b) *Zeitliche Überlappung der aufeinander folgenden Arbeitsgänge*, so dass der Arbeitsgang n+1 nicht erst startet, wenn der Arbeitsgang n vollständig abgearbeitet ist, sondern es werden schon im laufenden Betrieb des Arbeitsgangs n die fertig gestellten Teilmengen dem Arbeitsgang n+1 zugeführt. Rüstzeiten und benötigte Ressourcen bleiben gleich, aber es ist mit einem erhöhten Transportaufkommen zu rechnen und die Koordination zwischen den Arbeitsgängen ist aufwendiger.

(c) *Verkleinerung des Fertigungsloses* bis die Durchlaufzeit des Auftrags wieder endterminkonform ist, was bedeutet, dass die Planmenge zum Bedarfzeitpunkt nicht vollständig zur Verfügung steht. Das kann sich auf die Stückkosten auswirken (Abweichung von der optimalen Losgröße) oder sogar eine Lieferunfähigkeit bedingen.

(d) *Verschiebung des Auftrags nach hinten*, womit man zwar die Stückkosten konstant halten kann, aber die gesamte Planmenge zum Bedarfszeitpunkt nicht zur Verfügung steht.

Ergebnis der Terminplanung ist die zeitliche Fixierung jedes Arbeitsgangs jedes Produktionsauftrags mit Anfangs- und Endzeitpunkt.

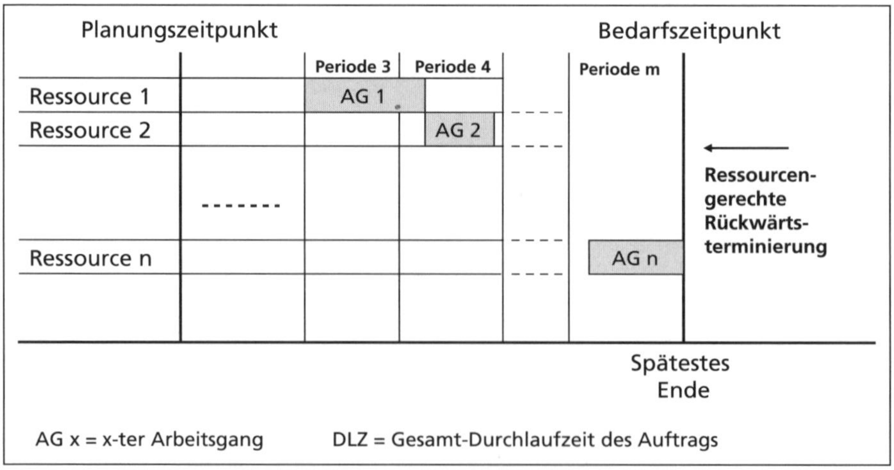

Abbildung 4.10: Zeitgerechte Verteilung der Arbeitsgänge auf die jeweiligen Ressourcen/Plantafel

- Die **Kapazitätsplanung** dient dem Ausgleich von Kapazitätsbedarf und Kapazitätsangebot. Um die konkrete Kapazitätssituation abzubilden, werden je Arbeitsplatz/Ressource die Kapazitäten, z. B. in Form von verfügbaren Betriebsstunden, aus der Arbeitsplatzbeschreibung entnommen und periodengerecht als *Kapazitätsangebot* aufgelistet. In einem nächsten Schritt werden die zeitlich fixierten Arbeitsgänge des Produktionsauftrags gemäß den Angaben im Arbeitsplan den entsprechenden Ressourcen zugeordnet, und zwar für die Dauer, die für diesen Arbeitsgang in der Terminplanung errechnet worden ist.

  Nach Einlastung aller Aufträge auf die Ressourcen steht fest, wie hoch je Ressource und Periode der *Kapazitätsbedarf* ist. Kapazitätsangebot und Kapazitätsbedarf werden gegenüber gestellt und Differenzen markiert.

  Im angeführten Beispiel in Abbildung 4.11 sind in den Perioden 1 und 3 die Ressourcen nicht voll ausgelastet. In den Perioden 2 und 4 dagegen übersteigen die Bedarfe das Angebot. In beiden Fällen muss die Planung erneut eingreifen, um die Auslastung der Ressourcen (Kapazitätsangebot > Kapazitätsbedarf) und die Kapazitätstreue der Planung (Kapazitätsangebot < Kapazitätsbedarf) sicherzustellen. Das kann durch *Umterminierung von Aufträgen* unter Beachtung der Fertigstellungszeitpunkte geschehen, durch *Verringerung oder Erhöhung von Kapazitäten* im Rahmen der operativen Möglichkeiten, wie z. B. Überstunden, Personalverlagerungen, etc., oder aber wiederum durch *Losgrößenverkleinerungen/-vergrößerungen*.

- Die **Reihenfolgeplanung** der Aufträge, die über die Ressourcen laufen, ist eine andere Möglichkeit, auf das Ungleichgewicht von Kapazitätsbedarf und -angebot einzuwirken. Formal ist die Reihenfolgeplanung die Festsetzung einer Strategie, mit der aus einer Warteschlange von Aufträgen vor einer Maschine der nächste Auftrag ausgesucht wird, der an dieser Maschine bearbeitet werden soll. *Terminliche* und *monetäre Faktoren* können

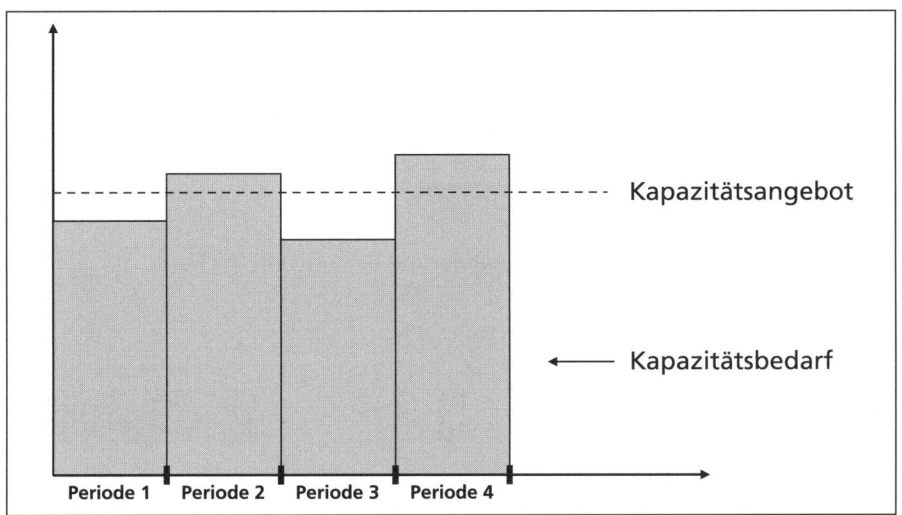

Abbildung 4.11: Abgleich zwischen Kapazitätsbedarf und Kapazitätsangebot

z. B. die Anzahl der noch zu verarbeitenden Arbeitsgänge, die Bearbeitungszeit, der Fertigstellungstermin, der Produktwert, etc. sein. Daneben können
auch *technische Faktoren* die Strategie beeinflussen. Beispielsweise kann die
Rüstzeit einer Maschine davon abhängen, was vorher auf dieser Maschine
gefertigt wurde (Rüstmatrix). Bei einem Kapazitätsengpass wird man eine
Reihenfolge wählen, die die Rüstzeiten in der Summe minimiert. Die Art der
Reihenfolgeplanung hängt von den *Zielen* ab, die man verfolgt. So können *minimale Durchlaufzeiten, minimale Rüstzeiten, maximale Termintreue* und *maximale
Auslastung* der Ressourcen Ziele sein, die aber nicht alle gleichzeitig erreicht
werden können. Abbildung 4.12 zeigt zwei Varianten der Reihenfolgenpla-
nung, einmal mit dem Ziel der Rüstzeitminimierung, zum anderen mit dem
Ziel der Durchlaufzeitverkürzung.

Es sollen drei Aufträge X, Y und Z mit jeweils drei Arbeitsgängen auf die drei
Maschinen M1, M2 und M3 eingeplant werden, wobei in speziellen Kons-
tellationen zwischen den Arbeitsgängen die Rüstzeiten entfallen können.
Vorteil der *Variante 1* ist neben den kurzen Rüstzeiten ein hoher Output, da
der Anteil der Bearbeitungszeit durch die Rüstzeitverkürzung steigt. *Variante
2* liefert wegen der Durchlaufzeitverkürzung gleichzeitig niedrigere Pro-
duktionsbestände. Mit einer kurzen Durchlaufzeit erhält man zusätzlich im
Allgemeinen eine höhere Flexibilität, da der Auftrag später gestartet werden
kann und dementsprechend noch Änderungen möglich sind. Die Nachteile
der Verfahren sind in Abbildung 4.12 grafisch veranschaulicht: Durchlauf-
zeitverlängerung (Variante 1) und Erhöhung der Rüstzeit (Variante 2).

- Die **Übergabe des Planungsergebnisses an die Produktionssteuerung** ist der
  letzte Schritt der operativen Produktionsplanung. Auf Basis der Netto-Primärbedarfe, der Lagerbestände und unter Nutzung von Informationen aus

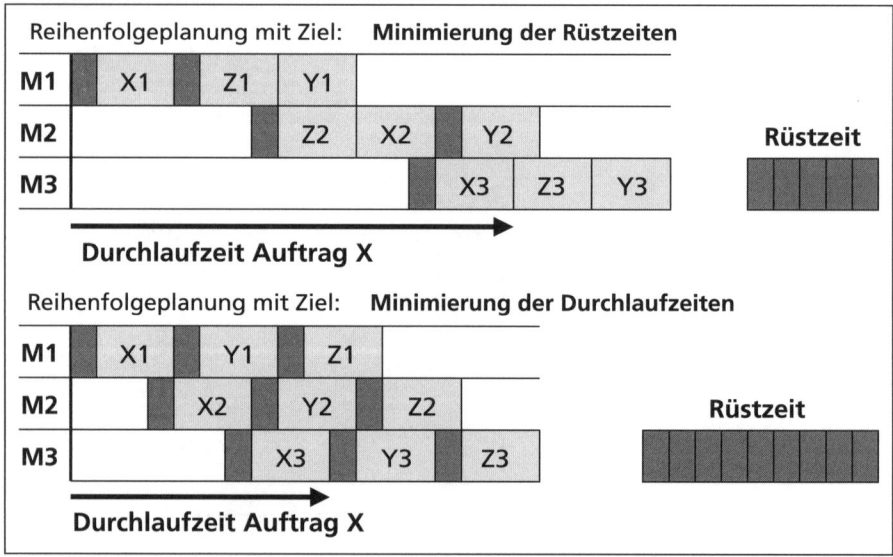

Abbildung 4.12: Reihenfolgeplanung nach unterschiedlichen Zielen

Materialstamm, Stücklisten, Arbeitsplänen, Arbeitsplatzbeschreibungen und Fertigungshilfsmitteln wurde das *Produktionsprogramm* für die nächste(n) operative(n) Planungsperiode(n) generiert, das mengen-, termin- und kapazitätstreu im betreffenden Produktionssystem durchführbar ist. Daraus werden im letzten Schritt *Produktionsaufträge* erzeugt. Das bedeutet, dass für jeden Bedarf eine entsprechende Arbeitsanweisung erstellt wird, die je Arbeitsgang alle benötigten Informationen zu Anfangs- und Endtermin, Material, Ressourcen und Fertigungshilfsmitteln beinhaltet. Gleichzeitig werden die benötigten Materialien und Ressourcen für den Auftrag reserviert, um Doppelbelegungen zu vermeiden. Die Produktionsaufträge werden der Produktionssteuerung übergeben.

- Die **Freigabe der Produktionsaufträge durch die Produktionssteuerung** und die **Übergabe an die Produktionsdurchführung** initiiert den Beginn der Produktionsdurchführung, d. h., dass alle *Arbeitsanweisungen* bezüglich Materialentnahmen, Rüst- und Fertigungsarbeiten, Qualitätsprüfungen, etc. vor Ort verfügbar sind und umgesetzt werden. Die Übergabe dieser Informationen an die Produktionsdurchführung kann je nach Technisierungsgrad des Produktionssystems in Form von Belegen geschehen oder unter Zuhilfenahme der IT. Produktionsaufträge können arbeitsgangbezogen an die Terminals der einzelnen Ressourcen geleitet werden und die Materialentnahmen werden über Online-Anweisungen an die Staplerfahrer übermittelt.

- Die **Überwachung der Produktionsaufträge** während des gesamten Durchlaufs dient dem zeitnahen Erkennen von relevanten Planabweichungen. *Beispiele* für Abweichungsursachen sind Verschiebungen von Anfangs- oder Endterminen, Mengenabweichungen beim Produktionsergebnis wegen Qualitätsproblemen, Ausfälle bei Maschinen oder Fertigungshilfsmitteln, etc. Um die Zeitnähe dieser Meldungen sicherzustellen, müssen die *Kontrollpunkte*, an denen Informationen abgezogen werden, möglichst dicht liegen. Zudem sollte die *Meldefrequenz* entsprechend hoch sein. Auch hier können die Meldungen über Belege weitergegeben oder elektronisch über moderne Betriebsdatenerfassungsgeräte (BDE-Geräte) aufgenommen und über IT-Netze weitergeleitet werden.

- Die **Einleitung von Gegenmaßnahmen bei Planabweichungen** beinhaltet zweierlei: Zum einen muss die *Störquelle beseitigt* werden (z. B. Neueinrichtung der Maschine bei Qualitätsproblemen, Ersatz eines defekten Werkzeugs etc.). Zum anderen müssen die *Konsequenzen der Störung* in die Planung eingearbeitet werden (z. B. Terminverschiebungen, Materialmangel für Folgeaufträge, Ressourcenausfall, etc.). Hierzu stehen der Produktionssteuerung Hilfsmittel, wie Plantafeln zur Verfügung, welche die Produktionssituation darstellen, wie in Abbildung 4.12 wiedergegeben. Diese Plantafeln können mechanisch sein oder in Form eines *elektronischen Leitstands* verwendet werden.

- Die **Fertigmeldung der Produktionsaufträge** schließt den Auftrag nach dem letzten Arbeitsgang ab, wobei jeder Arbeitsgang nach Beendigung zurückgemeldet wird, um die entsprechende Ressource wieder freizugeben. Nach Auftragsabschluss werden der Endtermin, die ausgebrachte Gutmenge und andere relevante Informationen im Produktionsauftrag gespeichert. Anschließend wird die gefertigte Ware in ein Lager verbracht und steht ab diesem Zeitpunkt zur Bedarfsdeckung zur Verfügung.

Das **MRPII-Konzept** basiert auf einem *deterministischen Planungsmodell*. Es setzt voraus, dass das zukünftige Geschehen exakt vorherbestimmt werden kann. Zufällige Änderungen der Produktionssituation werden nicht explizit berücksichtigt, wie z. B. der Ausfall von Maschinen und Personal, hinzukommende Eilaufträge, prozessbedingte Schwankungen der Auftragsdurchlaufzeiten, etc. Das MRPII-Konzept ist besonders geeignet, wenn z. B. *verlässliche Bearbeitungs- und Durchlaufzeitangaben* vorliegen, *wenige oder keine Ausfälle* bei Maschinen und Personal und *wenige oder keine Änderungen im geplanten Auftragsbestand* auftreten. Solche Voraussetzungen findet man am häufigsten bei Großserienfertigung von Standardprodukten. Rechnergestützte Systeme, die Produktionsplanungs- und -steuerungskonzepte unterstützen, nennt man *PPS-Systeme*. PPS-Systeme für das MRPII-Konzept sind in der Industrie weit verbreitet und werden von vielen Herstellern betrieblicher Standardsoftware angeboten. In den letzten Jahren gab es, dank der am Markt verfügbaren, schnelleren Prozessoren und größeren Arbeitsspeichern, einige Weiterentwicklungen, die unter dem Begriff *Advanced Planning and Scheduling (APS)* zusammengefasst werden. So ist z. B. das sukzessive Abarbeiten der Mengen- und Terminplanung, das Interdependenzen zwischen diesen beiden Planungsebenen nicht genügend berücksichtigt, in MRPII-Systemen ersetzt worden durch eine *simultane Planung*, bei der Mengen, Zeiten und Kapazitäten gleichzeitig in die Berechnung einfließen. Weiterhin bieten APS-Module unter anderem hochwertige Prognoseverfahren an. Eine weitere von APS unabhängige Entwicklungsrichtung bezieht die Informationen anderer Unternehmensbereiche mit ein, wie dies bei Einsatz von *Enterprise Resource Planning* Systemen (ERP-Systeme) der Fall ist.

### 4.3.3 Alternative und erweiterte Planungs- und Steuerungskonzepte

Wegen des deterministischen Charakters und einer Priorisierung des Ziels hoher Auslastung, kann das MRPII-Konzept bei Industrieunternehmen, in denen andere Voraussetzungen herrschen, zu Mängeln führen. Daher sind **alternative Planungs- und Steuerungsansätze** entwickelt worden, zu denen das Konzept der *Belastungsorientierte Auftragsfreigabe (BOA)*, das *Fortschrittszahlenkonzept* und das *Kanban-Konzept* gehören. Zusätzlich wird das Konzept *Computer Integrated Manufacturing (CIM)* vorgestellt, das neben den PPS-Systemen andere Verarbeitungen zu einem integrierten System zusammenfasst:

- Das **Konzept der Belastungsorientierten Auftragsfreigabe (BOA)** trägt der Tatsache Rechnung, dass das Produktionsgeschehen nicht deterministisch ist, sondern *Zufälligkeiten* unterliegt. Dieser Planungs- und Steuerungsmethode liegt ein *Warteschlangen-Modell* zugrunde. Die Produktion wird als ein *Netz von Trichtern* aufgefasst, wobei jeder Arbeitsplatz, wie z. B. Maschine, Maschinengruppe, Betrieb, etc. einen Trichter darstellt, durch den die Aufträge hindurch müssen. Die Aufträge wandern entsprechend dem Arbeitsplan durch das Netz von Trichter zu Trichter. Wenn der Auftrag warten muss, reiht er sich in die Warteschlange des Trichters ein, deren Länge – gemessen in Kapazitätsbedarf, also z. B. in Stunden – als (Auftrags-) *Bestand am Arbeitsplatz* bezeichnet wird. Dieser Bestand sichert die kontinuierlich hohe Auslastung des Arbeitsplatzes und liefert eine vernünftige *Steuerungsgröße* für den Auftragsdurchlauf durch das Arbeitssystem. Der Ablauf der BOA startet damit, dass das Zeitintervall *Vorgriffshorizont* definiert wird: Anfangspunkt ist der Planungszeitpunkt und das Ende ist frei wählbar, z. B. ein Vielfaches der Planperiode. Aus allen Aufträgen, die zur Verarbeitung anstehen, werden diejenigen als *dringliche Aufträge* ausgewählt, die einen – mittels Rückwärtsterminierung ermittelten – Starttermin im Rahmen des Vorgriffshorizonts haben. In einem Folgeschritt werden nur die dringlichen Aufträge freigegeben, die auf allen betroffenen Arbeitsplätzen unter Berücksichtigung der schon freigegebenen Aufträge nicht zu einer Belastung jenseits einer vorher definierten *Belastungsschranke* führen. Dadurch werden nur Aufträge freigegeben, die auch bearbeitet werden können; das Verfahren bietet ein stabiles Bestandsniveau und es reagiert flexibel bei Verbrauchs- und Kapazitätsschwankungen. Allerdings erfordert der Einsatz von BOA u. a., dass neben den Endterminen der Produktionsaufträge auch die Kapazitäten der Ressourcen bekannt, die Kapazitäten darüber hinaus konstant und das Kapazitätsangebot und der Kapazitätsbedarf langfristig ausgeglichen sind. Diese Art der Planung eignet sich für Werkstattfertigungen mit Einzel- und Serienfertigung.

- Das **Fortschrittszahlenkonzept** stammt ursprünglich aus der Automobilindustrie. Entsprechend unterstützt dieses Konzept die Produktionsplanung und Materialsteuerung von Großserien- und Massenfertigung mit linearen oder einfachen, synthetischen Fertigungsstrukturen, so wie sie in einer Fließfertigung üblich sind. Dabei ist eine **Fortschrittszahl** die Angabe einer kumulierten Menge in einem Mengen-Zeit-Koordinatensystem. Beginnend bei einem frei gewählten Zeitpunkt, meistens der Jahresanfang, wird die kumulierte Menge zeitabhängig horizontal verzeichnet. Zugänge werden mit vertikalen Strecken eingetragen und erhöhen in der darauf folgenden Periode die kumulierte Menge. Die *Soll-Fortschrittszahlen* geben die geplanten kumulierten Mengen an und die *Ist-Fortschrittszahlen* repräsentieren die tatsächlich kumulierten Mengen. Ist in einer Periode die Ist-Fortschrittszahl kleiner als die Soll-Fortschrittszahl (Perioden 1 und 2 in Abbildung 4.13), dann bezeichnet man die Situation als *Mengenrückstand*. Ist umgekehrt die Ist-Fortschrittszahl größer als die Soll-Fortschrittszahl, so handelt es sich um einen *Mengenvorlauf* (Perioden 3 bis 6). In beiden Fällen wird die *Mengendifferenz* mit dem vertikalen Abstand zwischen Soll- und Ist-Fortschrittszahl in der Periode gemessen. In der Horizontalen gibt der Abstand zwischen Ist- und Soll-Fortschrittszeit bei einem Mengenvorlauf die Eindeckungszeit wieder. Um die Fortschrittszahl als zentrale Steuerungsgröße für die Planung und Steuerung einzuführen, wird die Produktion in einzelne Kontrollblöcke aufgeteilt.

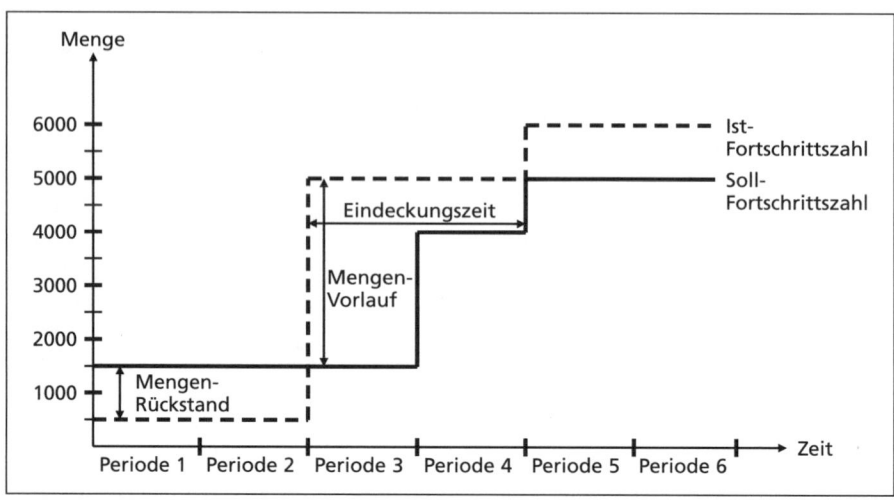

Abbildung 4.13: Konzept der Fortschrittszahlen

**Kontrollblöcke** können einzelne Arbeitsplätze oder Zusammenfassungen von Arbeitsplätzen sein, dies entspricht etwa dem ‚Trichter' bei BOA. Jeder Kontrollblock definiert sich über seinen Eingang und seinen Ausgang: (a) Für den Eingang werden zwei **Kennzahlen** für den Materialzugang (‚Belastung') festgelegt: Die *Eingangs-Soll-Fortschrittszahl* stellt die geplante Höhe des Materialzuflusses, d. h. der zu verarbeitenden Materialien, zum Kontrollblock dar. Die *Eingangs-Ist-Fortschrittszahl* gibt die tatsächliche Höhe des Zugangs an. (b) Für den Ausgang werden entsprechende Fortschrittszahlen (‚Leistung') definiert: Die *Ausgangs-Soll-Fortschrittszahl* repräsentiert die geplante Outputmenge des Kontrollblocks an gefertigten Gütern. Die *Ausgangs-Ist-Fortschrittszahl* gibt die tatsächliche Outputmenge des Kontrollblocks an. Der Arbeitserfolg jedes Kontrollblocks ist im Rahmen dieses Konzepts über insgesamt vier Kennzahlen vollständig beschrieben. Die Produktion stellt sich als eine Kette hintereinander geschalteter Kontrollblöcke dar, die über Soll- und Ist-Fortschrittszahlen miteinander verbunden sind. Das Fortschrittszahlenkonzept lässt sich erweitern, indem man die Kette auf der Eingangsseite um die Beschaffung sowie Lieferanten und auf der Ausgangsseite um das Fertigwarenlager sowie Kunden verlängert. Die Soll-Fortschrittszahlen werden ähnlich wie bei der klassischen Planung zentral ermittelt, indem zuerst der Primärbedarf festgelegt wird. Üblicherweise wird als Planungshorizont ein Jahr gewählt, die Planungsperioden sind Arbeitstage und der Planungsanfang wird auf den Jahresanfang gelegt.

Die Soll-Fortschrittszahlen werden den einzelnen Kontrollblöcken übergeben und dienen dort als Steuerungsgröße. Alle folgenden Planungs- und Steuerungsaufgaben, wie Losgrößen-, Termin-, Kapazitäts- und Reihenfolgeplanung inklusive der Steuerung werden eigenverantwortlich in den Kontrollblöcken durchgeführt und müssen lediglich der Soll-Fortschrittszahl genügen. Dazu müssen die Kontrollblöcke so organisiert sein, dass sie entsprechend autonom agieren können. Das Fortschrittszahlen-Konzept liefert eine durchgängige, einheitliche und sehr einfache Datenbasis von Mengen- und Abweichungsinformationen für alle betrachteten Materialien über alle Stufen der Fertigung (und darüber hinaus). Damit wird die Kontrolle und Steuerung der Produktion erheblich erleichtert. Voraussetzungen für einen Einsatz dieses Konzeptes sind neben einer linearen oder einfach synthetischen Fertigungsstruktur mit Großserien oder Massenfertigung unter anderem harmonisierte Kapazitäten der Kontrollblöcke, keine großen Bedarfsschwankungen, eine hohe Wiederholungsrate der Produktion und eine Einbindung von Kunden und Lieferanten in Form von Rahmenverträgen. Einsatzgebiet der Steuerung über Fortschrittszahlen sind in der Regel Unternehmen mit Serien oder Massenfertigung.

- Das **Kanban-Konzept** wurde von Toyota entwickelt, um damit auf gestiegene Anforderungen an die Lieferbereitschaft, auf hohe Bestände und lange Durchlaufzeiten in der Produktion zu reagieren. Ähnlich dem Fortschrittszahlenkonzept teilt das Kanban-Konzept die Produktion in kleinere, autonom agierende Einheiten auf, die sich selbst steuern. Jede Einheit erzeugt für jedes von ihr gefertigte Produkt einen Bestandspuffer, aus dem sich die nachfolgende Einheit für ihre Fertigung bedienen kann. Damit hat jede Einheit in der Kette einen Bestandspuffer je Eingangsteil, aus dem sie sich versorgt, und einen Bestandspuffer je erzeugtes Produkt, das sie zu versorgen hat. Abbildung 4.14 zeigt hierzu ein Beispiel.

Die Kunden (Absatzmarkt) kaufen die Produkte aus dem Fertigwarenbestand, bis eine definierte Bestandsgrenze unterschritten wird. Aufgrund dieser Unterschreitung wird die Endfertigung über eine *Karte* (japanisch ,Kanban') informiert, die entstandene Bestandslücke zu schließen. Die Endfertigung holt sich aus dem Zwischenproduktlager genau die Mengen an Eingangsteilen, die sie für die Produktion in Höhe der Bestandslücke benötigt. Bei Unterschreitung einer definierten Bestandsgrenze löst das Zwischenproduktlager eine Information mittels Kanban an die Zwischenfertigung aus,

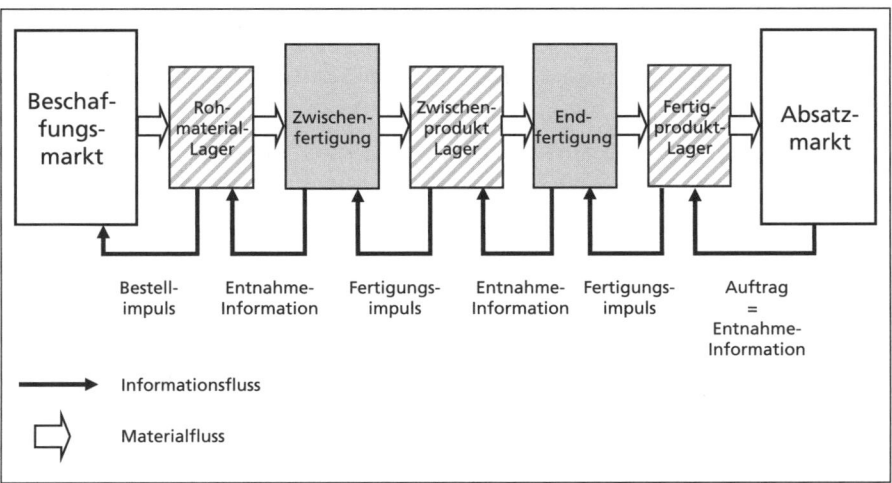

Abbildung 4.14: Kanban-Konzept

diese Zwischenprodukte nach zu produzieren, was die Zwischenfertigung unter Verwendung von Rohmaterialien bewerkstelligt. Der letzte Schritt im Beispiel besteht darin, dass die Rohmaterialien nach dem gleichen Prozedere durch den Einkauf am Beschaffungsmarkt nachversorgt werden. Die praktische Gestaltung dieser Kette kann klassisch folgendermaßen aussehen: Im Fertigwarenlager liegt das betrachtete Produkt in n Behältern. Auf dem Boden jedes Behälters liegt eine Karte (Kanban), auf der u. a. folgende Informationen stehen: (a) Produktnummer, (b) produzierende Einheit, in unserem Beispiel die Endfertigung, (c) verbrauchende Einheit, in unserem Beispiel der Vertrieb, (d) Behältermenge und Behältertyp sowie (e) Nummer der Karte. Verkauft wird so, dass zuerst ein Behälter vollständig geleert wird, bevor aus einem anderen heraus verkauft werden darf. Werden alle Produkte in einem Behälter verkauft, dann geht die Karte als Fertigungsimpuls an die Endfertigung, die entsprechend den Angaben auf der Karte – also genau die Produktmenge eines Behälters – nachproduziert. Die Eingangsteile werden aus dem Zwischenproduktlager entnommen, in dem die Zwischenprodukte wiederum in Behältern aufbewahrt werden, auf deren Boden eine entsprechende Karte liegt. Dieses Vorgehen wird entlang der ganzen Kette wiederholt, so dass alle beteiligten Einheiten mittels dieser sehr einfachen Systematik eingebunden werden können. Die Karte kann auch durch moderne Informationsmittel ersetzt werden, ohne dass die Wirkungsweise des Konzepts darunter leidet. Folgende wesentliche **Aspekte** bestimmen das Kanban-Konzept:

(a) Das *Pull-Prinzip* im Gegensatz zum Push-Prinzip bildet die Basis des Kanban-Konzepts. Eine durch einen Verbrauch/Verkauf entstandene Bestandslücke am Ende der Kette entwickelt eine Sogwirkung auf die Produktionslinie, die sukzessive genau die Mengen nachproduziert, die vorher verbraucht/verkauft worden sind. Die Höhe der Bestandspuffer kann über die Anzahl der Karten gesteuert werden. Diese sollte so groß sein, dass der Bestand ausreicht, um die Verbräuche in der Wiederbeschaffungszeit abzudecken. Bei Einführung eines Kanban-Systems werden mehr Karten eingesetzt, um einen Sicherheitsbestand zu berücksichtigen. Die Anzahl wird dann im Laufe der Zeit auf ein notwendiges Maß reduziert.

(b) Die *Harmonisierung der Kapazitäten* führt zu einem durchgängig stetigen Materialfluss, der hohe Ausgleichsbestände unnötig macht.

(c) Die *Fertigung mehrerer Produkte durch eine Einheit* erhöht die Wahrscheinlichkeit einer ausgeglichenen Auslastung. Dabei hängt die Höhe der Pufferbestände, welche die Einheit zu versorgen hat, in hohem Maße von der Länge der Wiederbeschaffungszeit ab. Um diese zu reduzieren, müssen die Rüstzeiten bei Produktwechsel so gering wie möglich gehalten werden. Dazu werden in einer Einheit nur solche Produkte gefertigt, die zu einer Produkt- oder Teilefamilie gehören, also ähnliche Arbeitsabläufe erfordern. Dadurch werden die Umrüstarbeiten vereinfacht und Rüstzeiten verringert, gleichzeitig werden Maschinen eingesetzt, die aufgrund ihrer Flexibilität schnell umzurüsten sind.

(d) Die *Etablierung eines Qualitätsmanagements* sorgt für die Sicherheit und Kontinuität des Produktionsablaufs, was sowohl die Verhinderung der Erzeugung und Weitergabe von nicht der Qualität entsprechenden Teilen beinhaltet, als auch die Qualitätssicherung des Fertigungsprozesses berücksichtigt.

(e) *Qualifizierte und motivierte Mitarbeiter* tragen zu einer besseren Gewährleistung einer Erfüllung der hohen Anforderungen an die Flexibilität und Qualität des Produktionsablaufs bei.

Ein stetiger Bedarf des Absatzmarktes an Fertigprodukten und eine eingeschränkte Produktvielfalt unterstützen den Kanban-Einsatz. Damit eignet sich Kanban besonders gut für Serien- und Massenfertigung, wie z. B. die Automobilindustrie, Hersteller von Elektrogeräten, etc. *Vorteile*, wie etwa niedrige Pufferbestände, kurze Durchlaufzeiten und ein geringer Steuerungsaufwand, etc. ergeben sich hier in besonderer Weise.

Der *Funktionsumfang der einzelner Konzepte* macht im Vergleich deutlich, wie umfassend die oben angeführten Aufgaben der operativen Produktionsplanung und -steuerung wahrgenommen werden: Das *MRPII-Konzept* beinhaltet die Produktionsprogrammplanung, die Mengen-, Termin- und Kapazitätsplanung und die Überwachung sowie den Abschluss der Produktionsaufträge, wodurch ein großer Abdeckungsgrad entsteht. Die besprochenen alternativen Konzepte haben einen kleineren Funktionsumfang. Die *Belastungsorientierte Auftragsfreigabe* beinhaltet nur die Terminplanung und die Freigabe der Produktionsaufträge, ergänzt um Steuerungselemente. Das *Fortschrittszahlenkonzept* liefert die Mengenplanung und Freigabe der Produktionsaufträge. Die Soll-Fortschrittszahlen stellen dabei eine grobe Terminplanung dar. Die Kapazitätsplanung und Produktionssteuerung werden dezentral von den Kontrollblöcken in Eigenregie vorgenommen. Das *Kanban-Konzept* liefert ausschließlich ein Steuerungssystem, allerdings ist die Festlegung der Kartenanzahl ein planerischer Akt.

**Computer Integrated Manufacturing (CIM)** ist ein Konzept, das die betriebswirtschaftlich ausgelegten PPS- und BDE-Systeme (Betriebsdatenerfassung) mit technisch orientierten Systemen zu einem Gesamtsystem integriert. Zu den technischen Systemen, in denen produktbezogene Informationen erzeugt und verwaltet werden, gehören u. a. das System *Computer Aided Design (CAD)*, das die Konstruktion im Entwurf der Produkte unterstützt, das System *Computer Aided Manufacturing (CAM)*, das die Fertigung computerunterstützt steuert, das Arbeitsplanungssystem *Computer Aided Planning (CAP)* und die rechnergestützte Qualitätssicherung *Computer Aided Quality Assurance (CAQ)*. Beide Systemfamilien – einerseits die PPS- und BDE-Systeme, andererseits die Systeme CAD, CAM, CAP, CAQ, etc. – sind in ihren Anwendungen miteinander eng verbunden. Sie greifen auf gleiche Daten zu und verwenden teilweise die Arbeitsergebnisse der jeweils anderen Systeme. Gemeinsam genutzte Daten sind z. B. Stücklisteninformationen, Arbeitsplandaten, Produktionsplanmengen, etc. Außerdem liefert z. B. das CAQ Instandhaltungsinformationen, die im PPS-System bei der Kapazitätsberechnung verwendet werden. Das CIM-Konzept bietet eine Möglichkeit beide Systemfamilien in einem System mit gemeinsamer Datenbasis und abgestimmten Transaktionen zu vereinen.

## 4.3.4 Materialversorgung der Produktion

Die Versorgung aller Produktionsstufen mit den benötigten Materialien ist eine weitere Aufgabe der operativen Produktionslogistik. Dazu gehören die Materialdisposition sowie die Planung, Steuerung und Kontrolle aller Transport-, Umschlag- und Lagerprozesse in der Produktion. Diese Tätigkeiten sind allgemein in den Kapiteln ‚Prozesse und Verfahren der Bestandsdisposition', ‚Lager- und Umschlagprozesse' und ‚Innerbetriebliche Transportprozesse' behandelt worden. Folgende **bereichsübergreifende Komponenten** der Logistik erfahren in der Produktionslogistik eine spezielle Ausprägung:

- *Lager*, auf welche die Produktion zugreift, wie z. B. Beschaffungslager und Produktionslager, etc., enthalten Roh-, Hilfs- und Betriebsstoffe. Halbfabrikate, die in der Produktion entstehen, aber nicht sofort weiterverarbeitet werden, werden eingelagert bis ein entsprechender Produktionsauftrag auf sie zugreift. Produktionslager dienen damit als Puffer zwischen nichtsynchronisierten Materialzu- und -abflüssen in der Produktion. Die Bandbreite der Formen, in denen Produktionslager auftreten können, reicht von vollautomatisierten Hochregallagern bis zu Handlagern direkt am Arbeitsplatz. Neben den institutionalisierten Lagern entstehen Bestände auch direkt in der Produktion, wenn sich z. B. Auftragswarteschlangen vor Ressourcen bilden. In der Regel bestehen Durchlaufzeiten der Produktionsaufträge zu über 80 % aus Warte- bzw. Liegezeiten.

- *Transporte* zwischen den einzelnen Produktionsschritten, speziell ihre Planung und Steuerung, werden von verschiedenen Faktoren bestimmt: Impulse für eine Materialbereitstellung für eine Produktionseinheit können entweder auf Basis des Produktionsprogramms *bedarfsgesteuert* und *zentral* erfolgen – wie dies bei MRPII üblich ist, oder sie werden *dezentral* und *verbrauchsgesteuert* durch die Produktionseinheit selbst ausgelöst, wie dies im Kanban-Konzept vorgesehen ist. Im Hinblick auf die Durchführung der Materialbereitstellung unterscheidet man nach dem Hol- bzw. Bring-Prinzip. Bei Materialtransporten zwischen Arbeitsplätzen muss im Einzelfall beurteilt werden, ob der personelle Einsatz der Logistik sinnvoll ist oder die Arbeit nicht einfacher vom Produktionspersonal selbst durchgeführt werden sollte.

Durch die *Zusammenführung* von Produktionsplanung und -steuerung und den TUL-Prozessen im Verantwortungsbereich der Logistik ist eine durchgängige Planung, Steuerung und Kontrolle des Materialflusses in der Produktion möglich.

## 4.4 Trends, Aufgaben und Literatur

### 4.4.1 Trends

Die Auswirkungen von verkürzten Entwicklungs- und Lieferzeiten, kürzeren Lebenszyklen, erhöhter Variantenvielfalt, kleinerer Lose und erwarteter Flexibilität, insgesamt Ergebnisse eines Käufermarkts, wirken sich auf alle Bereiche der Produktion und Produktionslogistik aus. Dies führte im Bereich der Unternehmenslogistik von Industrieunternehmen zu sichtbaren Veränderungen mit folgenden Trends in der Produktionslogistik.

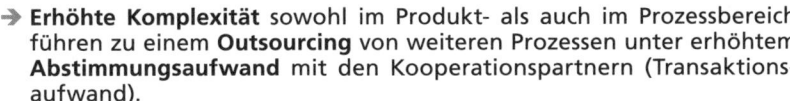

**↑ Trends**

→ Die Auftragsdurchlaufzeit als Ziel der Produktionslogistik löst die Auslastung der Ressourcen ab. Dies führt zu kleineren Fertigungslosen, entsprechend werden Planungs- und Steuerungskonzepte modifiziert: Neben einer **Flexibilisierung** der Maschinen wird die Einführung von entsprechenden Prozesskonzepten stärker forciert, die **Synchronisierung der Prozesse** wird vorangetrieben unter verstärkter Einbindung der Zulieferer (JiS), Vorteile der mass customization können hier genutzt werden. **Neue Kommunikations- und Informationstechniken** werden verstärkt eingebunden, in der Produktionsdurchführung (z. B. RFID), in der Planung und Steuerung (APS-Systeme).

→ Die **Produktentwicklungszeiten** (time-to-market) werden **verkürzt**, um den Markt mit neuen Produkten besser ausschöpfen zu können, **überlappende** oder **parallele Prozesse** werden angestrebt.

→ **Erhöhte Komplexität** sowohl im Produkt- als auch im Prozessbereich führen zu einem **Outsourcing** von weiteren Prozessen unter erhöhtem **Abstimmungsaufwand** mit den Kooperationspartnern (Transaktionsaufwand).

Die vorbezeichneten Entwicklungen sind noch nicht abgeschlossen, es ist davon auszugehen, dass sie weiterhin an Intensität zunehmen.

## 4.4.2 Aufgaben

Für die Bearbeitung der Aufgaben sollten zunächst grundlegende Aspekte der Gestaltung von Produktionsformen aufgezeigt werden. Im Anschluss daran können dann strategische und operative Gestaltungsbereiche der Produktionslogistik zugeführt werden.

**▲ Aufgaben**

▶ **[1]** Charakterisieren Sie kurz die Bedeutung der Produktionslogistik als Subsystem der Unternehmenslogistik unter dem Aspekt ihrer strategischen und operativen Aufgaben anhand von Beispielen.

▶ **[2]** Diskutieren Sie Entscheidungskriterien bei der Auswahl betrieblicher und innerbetrieblicher Standortplanung, indem Sie beide Formen zunächst unterscheiden und entsprechende Entscheidungskriterien vergleichend zuordnen.

▶ **[3]** Skizzieren Sie kurz die Aufgaben und Ziele der operativen Produktionsplanung und -steuerung im Hinblick auf deren Anwendungsproblematik in Industrieunternehmen.

▶ **[4]** Diskutieren Sie das Kanban-Konzept als alternatives Planungs- und Steuerungskonzept im Rahmen der operativen Produktionslogistik.

Stichworte zu konkreten Lösungshinweisen für die Aufgaben von Kapitel 4 finden Sie auf Seite 233/234.

### 4.4.3 Literatur

Zur Vor- und Nachbereitung der Inhalte von Kapitel 4 können ergänzend folgende Lehrwerke und Internetadressen als Quellen herangezogen werden:

- Schulte, Christof (2009): Logistik. Wege zur Optimierung der Supply Chain, Kapitel 7: Produktionslogistik, Seiten 345–453
- Herrmann, Frank (2009): Logik der Produktionslogistik, Kapitel 2: Prognoseverfahren, Seiten 61–130
- Fandel, Günter u. a. (2011): Produktionsmanagement, Teil A: Fertigungsorganisatorischer Rahmen des Produktionsmanagements, Seiten 1–92

Folgende Internetadressen stellen ergänzende Informationsquellen dar:

- @ www.wirtschaftslexikon24.net
- @ www.jahrbuchlogistik.de
- @ www.logistik-fuer-unternehmen.de

Weitere Hinweise zur Literatur und zur vertiefenden Lektüre finden Sie im Literaturverzeichnis.

# 5 Distributionslogistik

## 5.1 Definition, Aufgaben und Formen der Distributionslogistik

### 5.1.1 Definition und Aufgaben der Distributionslogistik

Die **Distribution** stellt jenes System dar, das die *Eingangsobjekte*, wie z. B. verkaufsfähige Produkte von der Produktion und Handelsware von der Beschaffung, etc., entgegennimmt und mittels zeitlicher und örtlicher Transformationen, d. h. durch *Transport-, Umschlag- und Lagerungsprozesse*, an den Kundenbedarfsstellen als *Ausgangsobjekte* nutzenstiftend bereitstellt. Gleichzeitig entstehen nichtnutzenstiftende Ausgangsobjekte in Form von Entsorgungsgütern. Dazu gehören beispielsweise nicht weiter verwendbare Verpackungen, Emissionen, etc. In Ausnahmefällen werden auch physische Transformationen während des Distributionsprozesses vorgenommen, wenn etwa die Fertigwaren vor der Auslieferung kundenspezifisch angepasst werden.

Zu den *Ressourcen* zählen neben den Mitarbeitern, Lager, die in das Distributionssystem eingebunden sind, Umschlagpunkte sowie innerbetriebliche und außerbetriebliche Transportmittel, weiterhin alle für den Betrieb benötigten Betriebsstoffe, IT-Ausstattung, etc. Auch Verträge und Kontrakte mit externen Logistikdienstleistern über zu erbringende Leistungen werden zu den Ressourcen gezählt. Die *Organisation* der Distribution prägt die Struktur des Distributionsnetzes, bestehend aus den Lagern, Umschlagpunkten und den Transporten dazwischen. Außerdem zählen zur Distributionsorganisation Festlegungen, wie die Funktionszuteilung zu den einzelnen Lagern und Umschlagpunkten, die Bestands- und Nachversorgungsstrategie, etc.

Die **Distributionslogistik** durchdringt sämtliche Bereiche der Distribution und befasst sich mit der Planung, Steuerung und Kontrolle aller Distributionsprozesse und übernimmt dabei folgende Aufgaben:

**Lernziele**

- **Überblick** über wesentliche *Ziele und Aufgaben* der strategischen und operativen Distributionslogistik sowie über *Formen der Distributionslogistik* und über Optionen der *Einbindung externer Dienstleister*.
- **Verständnis** für *Planungs- und Steuerungselemente* bei der Gestaltung eines Distributionssystems sowie für *Konzepte* einer Planung und Steuerung von Distributionsprozessen.
- **Einsicht** in grundlegende *Strukturen* und *Komponenten* der strategischen und operativen *Ausgestaltung des Distributionssystems* unter Berücksichtigung logistischer *Netze* und des Outsourcings.

Lernziele Kapitel 5

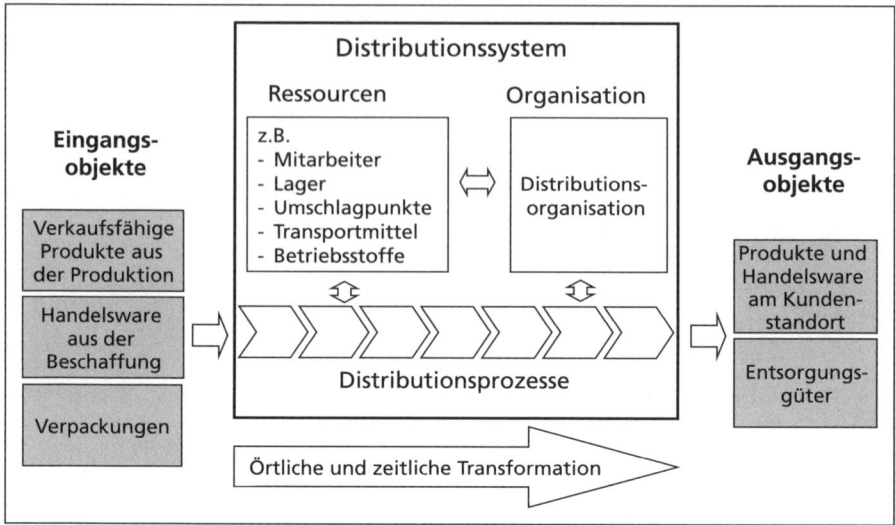

Abbildung 5.1: Die Distribution als System

- *Strategische Aufgaben*: (a) Planung und Gestaltung des Distributionssystems auf Basis von strategischen Distributionsmengen und internen Vorgaben, (b) Einbezug externer Logistikdienstleister über Kooperationsverträge.

- *Operative Aufgaben*: (a) Planung und Steuerung der Bestände und des Nachschubs, (b) Planung und Steuerung von Distributionsaufträgen mit Auftragsbearbeitung, Lagerprozessen und Transporten.

Die Art und Weise, in der diese Aufgaben erfüllt werden, hängt wesentlich von der Struktur des Distributionsnetzes und der Tatsache ab, inwieweit das Unternehmen auf externe Dienstleister zurückgreift.

## 5.1.2 Systematisierung der Distributionslogistikformen

Das **Distributionssystem** eines Unternehmens hat die Aufgabe, Güter von n verschiedenen Quellen aufzunehmen und zu m verschiedenen Senken zu befördern. Quellen können Produktionsstandorte oder auch andere Zugangspunkte, wie beispielsweise See- oder Flughäfen sein. Im Folgenden werden Produktionen beziehungsweise die angeschlossenen Werkslager als Quellen betrachtet, als Senken die Kundenbedarfsstellen in Distributionssystemen. Die Beförderung kann über mehrere *Lagerstufen* erfolgen:

- *Werkslager (WL) auf Stufe 0* sind der Produktion direkt angeschlossen und nehmen die Fertigprodukte auf, um sie kurzfristig weiterzuleiten, daher werden die Werkslager auch als Quellen des Distributionsnetzes angesehen.

- *Zentrallager (ZL) auf Stufe 1* bevorraten aus allen Werkslagern das gesamte Spektrum an Gütern und transportieren diese an nachrangige Lagerstufen weiter oder direkt zum Kunden.

- *Regionallager (RL) auf Stufe 2* lagern ein Voll- oder Teilsortiment mit dem eine Absatzregion versorgt wird.

- *Auslieferungslager (AL) auf Stufe 3* bilden die unterste Stufe der Lagerhierarchie, wodurch Kunden auf Abruf versorgt werden.

Die *einstufige Distribution* läuft ausschließlich über eine Lagerstufe, die *mehrstufige Distribution* bedient sich mehrerer Lagerstufen, *gemischte Distribution* wird dann sinnvoll eingesetzt, wenn z. B. Kunden in der Nähe des Zentrallagers direkt von dort aus beliefert werden, während anderen Bedarfsstellen über eine mehrstufige Distribution versorgt werden.

Die **Einbindung externer Logistikdienstleister** in die Distributionslogistik eines Unternehmens kann über die Vergabe einzelner Transporte oder Lagerstandorte erfolgen oder aber auch die Übertragung ganzer Subsysteme der Distribution, wie z. B. die Ersatzteillogistik, umfassen. In solchen Kooperationen übergeben die Unternehmen ihre Güterströme an ein Speditionssystem, das die Transport-, Lager- und Umschlagprozesse für die Kunden abwickelt. Für den Transport haben sich verschiedene Strukturen von Speditionssystemen herausgebildet, die abhängig von den jeweilig übergebenen Sendungsgrößen sind. *Komplettladungen*, die einen Lkw vollständig auslasten, werden direkt von der Quelle zur Senke transportiert. *Teilladungen* sind größere Sendungen, die einen Lkw nicht vollständig auslasten und deshalb mit anderen Teilladungen zu Touren zusammengefasst werden, wobei eine Tour mehrere Senken und/ oder Quellen innerhalb einer Fahrt bedient. *Stückgut*, wie z. B. Paletten, Kolli, etc., und *Pakete* werden in ein Speditionsnetz eingespeist, das die Güter gebündelt von verschiedenen Quellen zu verschiedenen Senken transportiert, dabei werden die Güter von den Quellen im *Vorlauf* abgeholt und in regionalen Depots gesammelt, sortiert, konsolidiert und von dort aus im *Hauptlauf* zu den Depots

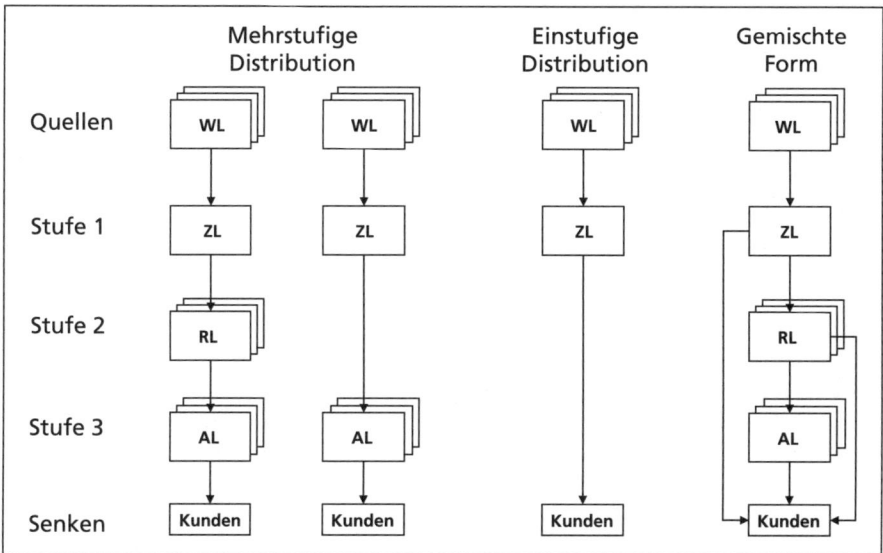

Abbildung 5.2: Distributionsstufen

der Zielregion befördert. Im Anschluss werden die Güter im *Nachlauf* regional an die Senken verteilt. Diese Transportprozesse laufen bidirektional ab, so dass jedes Depot eine Sammel- und Verteilungsfunktion hat. *Speditionsnetze* können von Unternehmen sowohl in der Distribution als auch in der Beschaffung verwenden werden, da jeder Transport beide Komponenten enthält. In solchen Netzen werden zwei **Grundstrukturen** verwendet, die erweiterbar sind und miteinander verknüpft werden können:

(1) *Direktverkehrsnetze* verbinden jedes Depot direkt mit allen anderen Depots.

(2) *Hub-and-Spoke-Netze*, auch Nabe-und-Speiche-Netze genannt, haben zwischen den Depots ein zentrales Umschlagdepot (Hub), über das alle Hauptläufe dirigiert werden. Ankommende Güter werden entladen, nach Zieldepots sortiert und gebündelt transportiert.

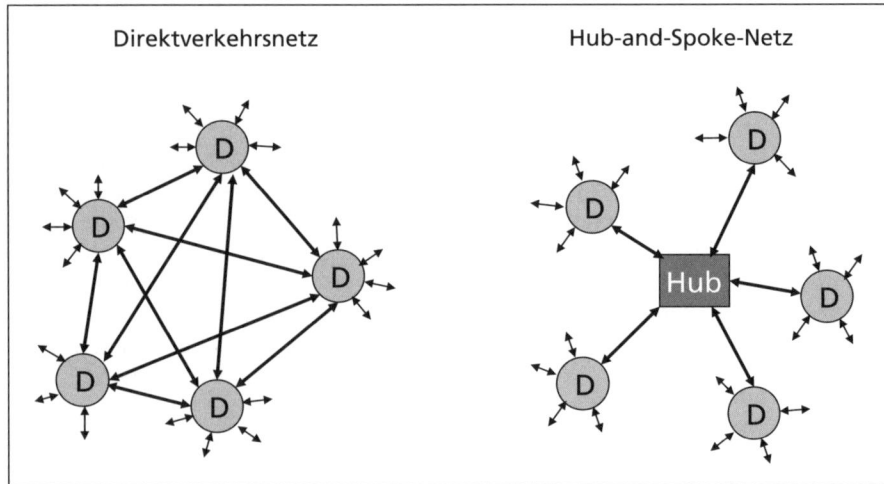

Abbildung 5.3: Formen von Netzstrukturen

Eine *Kombination* der beiden Netze ist möglich, wenn, wie in Beispiel 1 in Abbildung 5.4 gezeigt, ein Cluster von Depots weit entfernt vom Hub liegt. Hier kann es sinnvoll sein, diese Depots über ein Direktverkehrsnetz miteinander zu verbinden, während die Transporte zu den anderen Depots über ein Hub laufen.

*Hub-and-Spoke-Netze* können sowohl horizontal als auch vertikal erweitert werden. Eine *horizontale Erweiterung*, bei der die Hubs auf gleicher Stufe der Distribution stehen, zeigt Beispiel 2 in Abbildung 5.4, ein Distributionssystem, das zwei weit auseinander liegende Gebiete zu versorgen hat. Jedes Gebiet erhält einen Hub, der für die Bündelung der Transporte in diesem Gebiet zuständig ist, gleichzeitig laufen alle Transporte zwischen den Gebieten über die beiden Hubs. Eine *vertikale Erweiterung* des Distributionssystems beinhaltet eine Stufung der Hubs, in der beispielsweise ein zentrales Hub die transportierten Güter der regionalen Hubs umschlägt und die regionalen Hubs für den Umschlag der Depotgüter zuständig sind.

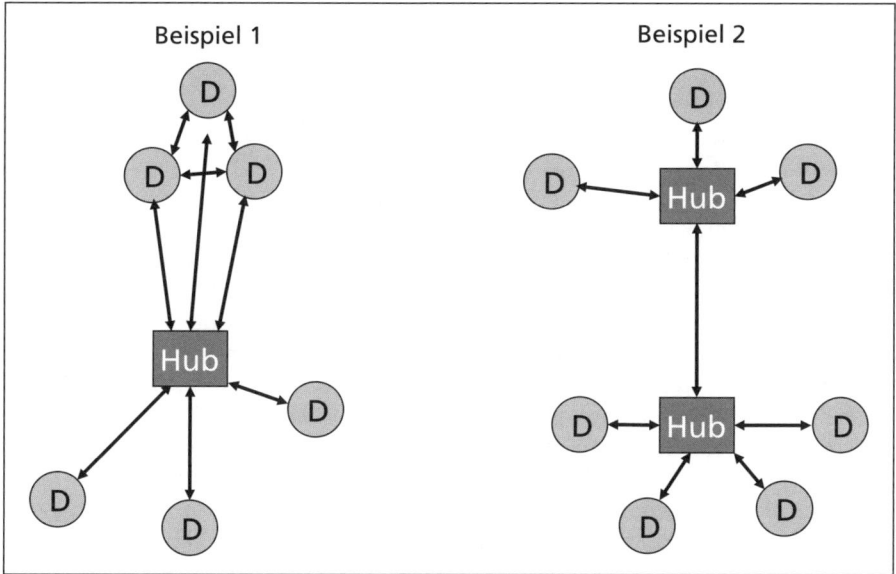

Abbildung 5.4: Kombinationen und Erweiterungen

## 5.2 Strategische Distributionslogistik

### 5.2.1 Strategische Planung des Distributionssystems

Aufgabe der strategischen Planung des Distributionssystems ist es, das Distributionsnetz und die darin ablaufenden Prozesse langfristig so zu gestalten, dass die gesetzten **Ziele** der Distribution erfüllt werden, d.h. die prognostizierten Absatzmengen termin- und mengengerecht den jeweiligen Kunden bzw. Kundengruppen in der richtigen Qualität und zum richtigen Preis zur Verfügung zu stellen. In der Praxis handelt es sich bei der strategischen Planung im Regelfall nicht um eine vollständige Neuplanung, sondern um eine Anpassungsplanung, die ein vorhandenes System geänderten Anforderungen angleicht. Fragestellungen und Methodik des Vorgehens sind identisch. Die Planung muss interne und externe Einflussfaktoren berücksichtigen. *Interne Faktoren* sind die logistikrelevanten Eigenschaften der Produkte, wie z.B. Größe, Gewicht, Eigenschaft, Gefahrgut oder Kühlgut, die Wahl des Absatzwegs, wie z.B. über Einzel- oder Großhändler, und weitere Vorgaben in Form von Kosten- oder Qualitätszielen des Unternehmens. *Externe Faktoren* sind von Kunden formulierte Anforderungen bezüglich Lieferzeit, Lieferbereitschaft, Lieferfrequenz, Anzahl und geografische Verteilung der Bedarfsstellen, Sendungsgrößen, etc. Zur strategischen Planung gehören die folgenden **Teilaufgaben**, wobei Lager und Umschlagpunkte zusammengefasst werden:

- Die **Lagernetzplanung** legt eine vertikale und horizontale Struktur des Distributionsnetzes fest. Dabei bestimmt die *vertikale Struktur* die Anzahl der

Lagerstufen und die *horizontale Struktur* die Anzahl der Lager je Stufe, wobei von einer maximal vierstufigen Lagerstruktur ausgegangen wird, die Werkslager, Zentrallager, Regionallager und Auslieferungslager beinhaltet. Der *Zentralisierungsgrad* des Distributionsnetzes innerhalb der Lagernetzplanung beschreibt das Ausmaß des Verzichts auf eine vertikale bzw. horizontale Ausdehnung des Netzes. Diese kann durch den Wegfall von Lagerstufen oder durch Zusammenfassung von Lagern einer Stufe reduziert werden. Eine Entscheidung über den Zentralisierungsgrad hängt bei vorgegebener logistischer Qualität der Distribution, von drei Kostenkategorien ab, die zueinander in Beziehung stehen: (1) *Bestandskosten* sinken tendenziell bei höherer Zentralisierung, wenn Sicherheitsbestände reduziert werden können. (2) *Lagerhauskosten* sinken tendenziell bei einer Zentralisierung, weil Lagerhäuser entfallen und in Zentrallagern mittels einer höheren Automatisierung, die ab einer bestimmten Lagergröße sinnvoll ist, logistische Stückkosten gesenkt werden. (3) *Transportkosten* für die Kundenbelieferung bei einem Zentrallager steigen tendenziell, weil weitere Transportwege zu den einzelnen Bedarfsstellen in Kauf genommen werden müssen. Eine *Zentralisierung* kann von Vorteil sein, wenn ein breites Sortiment, eine akzeptierte, längere Lieferzeit oder eine begrenzte Kundenanzahl vorliegen. Eine *Dezentralisierung* kann zweckmäßig sein, wenn viele Kleinkunden innerhalb kurzer Lieferzeiten mit einem schmalen Sortiment versorgt werden sollen. Mischformen werden eingesetzt, wenn z. B. auf Artikelebene eine klare Segmentierung möglich ist, wie dies bei Schnelldrehern der Fall ist, die mit gut prognostizierbaren Absätzen (AX-Artikel) dezentral in Regionallagern gehalten werden, während andere Artikel im Zentrallagerbestand geführt werden.

- Die **Standortauswahl** bestimmt den geografischen Ort des Lagers unter Berücksichtigung der **Belieferungsstruktur** und einer Vielzahl von Standortfaktoren. Die Belieferungsstruktur des Distributionsnetzes setzt sich zusammen aus den Belieferungsrelationen aller Lager. Die Belieferungsrelation eines Lagers gibt auf Artikelebene an, von welchen Lagern es nachversorgt wird und welche Lager/Kunden es selber zu versorgen hat, ergänzt um Angaben über Liefermengen, Lieferfrequenzen, etc. Kunden werden im Allgemeinen zu Kundengebieten zusammengefasst, die das liefernde Lager zu versorgen hat. Die Standortauswahl auf Basis der Belieferungsstruktur kann mit mathematischen Methoden unterstützt und anschließend bewertet werden und muss gegen andere *Standortfaktoren*, wie z. B. Verkehrsanbindung, Infrastruktur, steuerliche Aspekte, Kostenkategorien aus der Lagernetzplanung, Mitarbeiterrekrutierung, Kooperation mit Dienstleistern, etc., abgeglichen werden.

- Die **Festlegung der Lagerfunktion und -ausstattung** ist weitgehend über die Belieferungsrelationen determiniert. Hier werden Zusammenfassungen und Präzisierungen vorgenommen, wie z. B. die Höhe der Sicherheitsbestände, die Bestell- und Lieferauslösung, etc., ergänzend werden Kapazitätsbedarfe bezüglich Fläche, Raum, Personal, Ausstattung, Informationen, etc. abgeleitet. Zusammen mit einem Grobkonzept des Materialflusses dienen diese Anforderungen als Basis für die *Layoutplanung*, die zum Einen das Betriebsgelände und die Lagergebäude strukturiert und zum Anderen die benötigten

Ressourcen, wie z. B. Regale, Bediengeräte, Sortierer, IT-Ausstattung mit Hard- und Softwarekomponenten, etc., anordnet.

- Die **Konzipierung der Prozesse im Distributionsnetz** umfasst neben den eigenen Abwicklungen in den Lagern, Umschlagpunkten, Transporten, etc., auch die Arbeiten an den Schnittstellen zu externen Dienstleistern. Für die Darstellung dieser Prozesse gibt es verschiedene Methoden, wie das aus Standardisierungsprojekten bekannte *Supply Chain Operation Reference-Modell* (SCOR-Modell).

Die einzelnen Arbeitsergebnisse beeinflussen sich gegenseitig, sodass die komplexe Distributionssystem-Planung selten nach dem ersten Durchgang der Einzelaufgaben zu einem abschließenden Ergebnis führt, sondern mehrere Durchläufe erfordert.

## 5.2.2 Einbindung externer Dienstleister

Die Einbindung externer Dienstleister zur Erledigung distributiver Aufgaben, also **logistisches Outsourcing**, kann z. B. aus Kosten- oder Qualitätsgründen sinnvoll sein. Für eine erfolgreiche Abwicklung von Vergabeaufträgen gelten folgende Voraussetzungen:

- Die *Identifikation möglicher Outsourcing-Prozesse* erfolgt üblicherweise durch eine Betrachtung der *Stückkosten*, z. B. für eine Volumen-/Gewichtseinheit pro Kilometer oder für eine Palettenlagerung pro Tag. Diese Stückkosten werden beispielsweise bei stark schwankendem Kapazitätsbedarf hoch sein. Weiterhin kann Outsourcing erfolgen bei Prozessen, für die *höhere Investitionen* anstehen, ebenso bei Prozessen, für die *Spezialkompetenzen*, wie z. B. Kühltransporte, etc., oder *Spezialrisiken*, wie z. B. Gefahrguttransporte, etc., berücksichtigt werden müssen.

- Die *Auswahl eines Dienstleistungsangebots* beginnt mit einer *Klassifizierung* nach Art und Umfang der zu erwartenden Dienstleistung, wie z. B. Einzelprozesse aus den Bereichen Transport, Lagerung, Umschlag, umfassendere Abwicklungen, wie z. B. Ersatzteillogistik, Gesamtdistribution einer Region, Betreiben des Zentrallagers inklusive der Regionallagerbelieferungen, etc. Im Transportsektor besteht die Option der Auswahl für Einzeldienstleister, die als *Frachtführer* den Transport von einem Absender zu einem Empfänger durchführen. Erfolgt die Beförderung über mehrere Stufen mit zwischengeschalteten Lagerungen und Umschlagprozessen, wird die Koordination der Einzeldienstleister im Regelfall nicht vom beauftragenden Unternehmen, dem *Verlader*, übernommen, sondern einer Spedition übergeben, die als *Verbunddienstleister* die reine Disposition übernimmt. Für die Fremdvergabe umfangreicher, abgeschlossener Logistiksegmente stehen als externe Partner die *Systemdienstleister* zur Verfügung, wie z. B. *Third Party Logistics Provider (3PL)* mit auf Kunden speziell zugeschnittenen Leistungen. Eine rein koordinierende und integrierende Aufgabenstellung übernehmen die *Fourth Party Logistics Provider (4PL)*, die ohne eigene Logistikressourcen, wie z. B. Lager oder Transportmittel, den Einsatz anderer Dienstleister kundenindividuell planen und steuern und damit zu Partnern der verladenden Wirtschaft im Supply Chain Management werden.

• Die *Auswahl des Dienstleisters* erfolgt im Allgemeinen nach einem gewichteten Kriterienkatalog, der neben Merkmalen, wie Arbeitsqualität, Branchenwissen, Netzausdehnung, Flexibilität, Kompatibilität der IT-Systeme auch die allgemeine wirtschaftliche Situation des Anbieters und Kostenaspekte berücksichtigt. Dabei werden neben den reinen Entgelten für die Leistungseinheiten auch vereinbarte Steigerungsraten, mögliche Vertragsstrafen, Vereinbarungen der Übernahme von eigenen Ressourcen durch den Dienstleister, Opportunitätskosten, etc., bewertet.

• Die *Integration des Dienstleisters* in die eigene Organisation erfordert zunächst eine genaue Beschreibung der *Schnittstellen* zwischen den eigenen und fremden Prozessen unter physischen und informationstechnischen Aspekten, wobei die zur Übernahme gedachten Materialien und Produkte in Art, Menge, Zeitpunkt spezifiziert werden müssen. Festgelegt werden die eingesetzten Transportmittel, Ladehilfsmittel, Verpackungen, etc. Definiert werden vorlaufende Informationen, wie z. B. Kundenaufträge, Avise, etc., mitlaufende Informationen, wie z. B. Lieferscheine, Etiketten, etc., und nachlaufende Informationen, wie z. B. Rechnungen, Empfangsbestätigungen, etc.

Neben den klassischen, logistischen Prozessen übernehmen Dienstleister weitere Tätigkeiten aus dem Umfeld der Logistik, wie z. B. die Konfektionierung von Einzelteilen zu Verkaufs-Sets, das Finishing von Handelsware, die letzte Stufe der Fertigung bei mass customization, etc.

## 5.3 Operative Distributionslogistik

### 5.3.1 Operative Prozesse der Distribution

Mit dem operativen Teil der Distribution erfolgt die korrekte **Abwicklung der Distributionsaufträge**, wobei das liefernde Lager zum einen über ausreichend Bestand verfügen, zum anderen die Belieferung des Empfängers sicherstellen muss. Empfänger können entweder Kunden oder bestandsführende Lager sein, die mit Nachschub versorgt werden. Die operative Distribution beinhaltet folgende **Elemente**:

• Die *Bestands- und Nachschubprozesse* erfordern eine operative Planung und Steuerung. Diese dient im Kurzfristbereich einerseits der Umsetzung der Vorgaben aus der Lagernetzplanung, den definierten Lagerfunktionen und der Belieferungsstruktur, andererseits der Überprüfung der strategischen Vorgaben. Die damit festgelegten Sortimente, Größenordnungen der einzelnen Artikelbestände, als auch Nachschubstrategien werden gegebenenfalls angepasst, ansonsten kommen die in der Bedarfs- und Bestellrechnung erwähnten Verfahren zur Anwendung.

• Die *Auftragsbearbeitung* der Distribution bezieht sich sowohl auf Kundenaufträge als auch auf Nachschubaufträge für bestandsführende Lager in einer nachrangigen Lagerstufe. Der Nachschub kann von einzelnen Lagern im Rahmen der vereinbarten Nachschubstrategien oder durch eine zentrale Steuerung initiiert werden. Die Bearbeitung von Kundenaufträgen stellt dabei den umfassenderen Prozess dar, wobei die Auftragsbearbeitung die *Entgegennahme* und *Prüfung* des Auftrags, die *Benachrichtigung des Kunden* und die *Übergabe* des Auftrags an das Lager zu weiteren Bearbeitung umfasst. Die Auftragsentgegennahme erfolgt über verschiedene Kommunikationsmittel, wie z. B. Postweg, Telefonat, etc., oder durch die Eingabe des Auftrags durch den Kunden in das Auftragserfassungssystem des Unternehmens. *Prüfungen* beinhalten die Beurteilung des Kunden, z. B. die Bonität, die Information des Kunden über das Ergebnis, die Abfrage der Bestandsverfügbarkeit, die Reservierung des gewünschten Bestands, die Übergabe des Auftrags an das Lager sowie Vermerke über den Transport. Der entsprechende Informationsaustausch erfolgt bei mittleren und großen Unternehmen im Rahmen eines Enterprise Resource Planning-Systems (ERP-System).

- Die *Lagerabwicklung* beginnt mit der Übernahme des Kundenauftrags, der in einfachen Lagern als Kommissionierungsunterlage dient. Bei komplexeren Lagern werden die Informationen des Kundenauftrags mit weiteren Daten ergänzt, bearbeitet und dann der Kommissionierung zugeführt. Die weitere Abwicklung ist abhängig von der Struktur des Lagers und entspricht den in den Lagerprozessen dargestellten Vorgehensweisen. Nach ihrer Entnahme werden die Auftragswaren der Packerei zugeführt, entsprechend gekennzeichnet, für den Transport gesichert und mit Lieferschein und Frachtpapieren zur Übergabe an den Transport bereitgestellt.

- Der *Transport* der Ware erfolgt durch eigene oder fremde Transportmittel, je nach Anforderung und eingesetzter Mittel, können die Transporte direkt oder über mehrere Stufen mit entsprechenden Umschlagpunkten erfolgen, ebenso unter Einsatz verschiedener Verkehrsträger. Abschluss des Transports bildet die Übergabe der Waren an den Empfänger mit einer entsprechenden Quittierung.

Diese Prozesse werden durch die operative Planung und Steuerung der Distribution koordiniert und synchronisiert.

## 5.3.2 Konzepte operativer Planung/Steuerung von Distributionsprozessen

Bestands- und Nachschubprozesse können im Rahmen strategischer Vorgaben dezentral in den einzelnen Lagern operativ geplant und gesteuert werden, damit wird ein Netz von zumindest teilautonomen Lagern und den ihnen zugeordneten Transportstrecken gestaltet. Solche **Netze** können sinnvoll sein, wenn z. B. der Warenfluss durch das Netz weitgehend konstant ist und in Entsprechung zur Kanban-Steuerung verfahren wird. Separierte Einzelentscheidungen können zu Problemen führen, weil Bedarfsbildungen über eine mehrstufige, bestandhaltige Lagerkette hinweg nicht unabhängig voneinander erfolgen können. Zudem werden die Nachschubmengen aufgrund von prognostizierten und

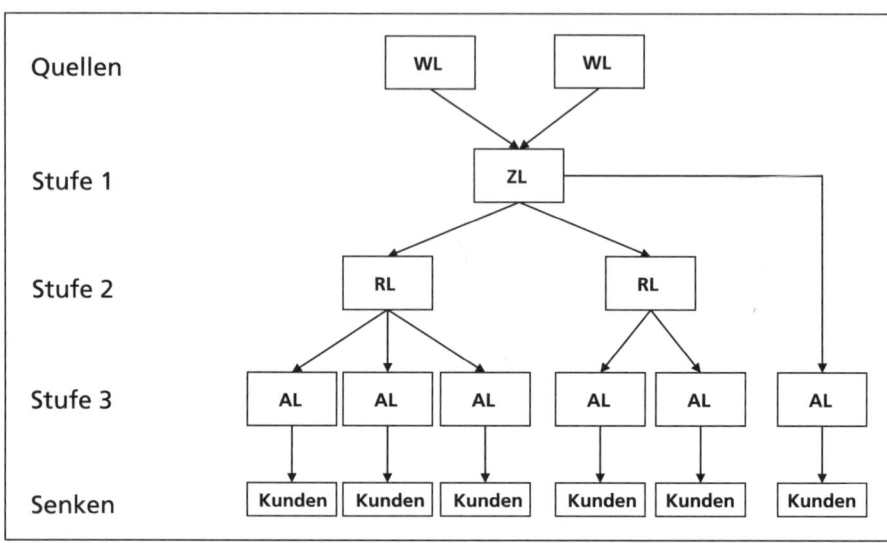

Abbildung 5.5: Bill of Distribution für ein Produkt

nicht von realen Bedarfen bestimmt. Um die Verbrauchsorientierung dieser Planungsmethode zu vermeiden, wurden das programmorientierte Konzept *Distribution Requirements Planning (DRP)* und als Weiterentwicklung das *Distribution Resource Planning (DRPII)* entwickelt, wobei sich beide Konzepte an die Ansätze von MRP und MRPII anlehnen. In Entsprechung zu den Stücklisten im MRP werden im DRP *Bills of Distribution* verwendet, die für jedes Produkt festhalten, über welche Lager und Transportwege im Netz der Nachschub erfolgt. Sie bilden damit produktspezifische Untermengen der Lagernetzstruktur inklusive der Bestands- und Nachschubspezifika.

Ähnlich dem MRP-Vorgehen wird eine Unterscheidung zwischen abhängigen und unabhängigen Bedarfen getroffen, wobei *unabhängige Bedarfe* nur in Lagern entstehen, die Kunden beliefern. Alle anderen Bedarfe innerhalb des Netzes sind *abhängige Bedarfe*. Die unabhängigen Produktbedarfe, die geschätzt werden, bilden zusammen mit den Beständen der Lager die Basis für eine deterministische Planung des Distributionsnetzes, dabei werden, beginnend mit den unabhängigen Bedarfen, schrittweise die Nettobedarfe aller beteiligten Lager bis hin zu den Quellen ermittelt. Hier werden Lieferzeiten, Bestellstrategien, etc. in die Berechnung einbezogen. Die für die Quellen festgestellten Nettobedarfe liefern gleichzeitig die Grundlage für das Produktionsprogramm und bilden damit den Verknüpfungspunkt zur Produktionsplanung. Damit ist die Basis für eine umfassende Planung gelegt. Die Weiterentwicklung von DRP zu DRPII bezieht die Bestände und Ressourcen der Distribution, wie z. B. Lager- und Transportkapazitäten, in die Planung ein, zudem wird wie bei MRPII die Verbindung der hierarchisch geordneten, zeitlichen Planungsebenen angeboten. Weiterhin können Tourenplanungen für Sammel- und Verteiltouren, Depottouren, etc. integriert werden.

# 5.4 Trends, Aufgaben und Literatur

## 5.4.1 Trends

Die Distribution stellt die Schnittstelle zum Kunden dar. Daher werden die Entwicklungen in diesem Bereich noch direkter durch die Kundenwünsche geprägt, als das in den anderen Kernbereichen der Logistik der Fall ist.

→ **Steigende Anforderungen** an den **Lieferservice** umfassen nicht nur eine Verbesserung der klassischen Parameter wie Lieferbereitschaft, Lieferzuverlässigkeit, Lieferflexibilität, etc., sondern auch zusätzliche Leistungsangebote wie etwa Montage- und Aufbauarbeiten der bezogenen Güter.

→ **Erhöhte Kundenerwartungen** an die Informationsversorgung durch den Lieferanten betreffen nicht nur den Umfang sondern auch die Aktualität der Daten.

→ Der Einsatz von IT-Mitteln wird verstärkt, um den gestiegenen Kundenanforderungen effizient zu begegnen. Dazu gehören unter anderem die **bessere Vernetzung** der ERP-Systeme, die Automatisierung der Identifikationssysteme und die Weiterentwicklung der Tracking & Tracing-Systeme.

Kundennutzenerhöhungspotenziale dürften hier weiterhin als Orientierung für die Ausgestaltung von Systemen der Distributionslogistik angesehen werden.

## 5.4.2 Aufgaben

Für die Bearbeitung sollten zunächst grundlegende Aspekte der Gestaltung von Distributionssystemen aufgezeigt werden. Daran anschließend können spezifische Elemente der Distribution bei der Bearbeitung der Aufgabenstellung integriert werden.

▶ **[1]** Charakterisieren Sie die Bedeutung des Systems der Distribution unter Berücksichtigung ihrer Stellung im Unternehmen.

▶ **[2]** Skizzieren Sie denkbare Optionen bei der Einbindung externer Logistikdienstleister unter dem Aspekt der Ausgestaltung von Distributionsnetzen und der Nutzung eines logistischen Outsourcings.

▶ **[3]** Diskutieren Sie das Problem des Zentralisierungsgrades eines Distributionsnetzes über die dabei potenziell anfallenden drei Kostenkategorien.

▶ **[4]** Beschreiben Sie kritische Szenarien des operativen Teils der Distribution im Sinne der Abwicklung von Distributionsaufträgen durch die dafür vorgesehenen Elemente.

Stichworte zu konkreten Lösungshinweisen für die Aufgaben von Kapitel 5 finden Sie auf Seite 234.

### 5.4.3 Literatur

Zur Vor- und Nachbereitung der Inhalte von Kapitel 5 können ergänzend folgende Lehrwerke und Internetadressen als Quellen herangezogen werden:

- Schulte, Christof (2009): Logistik. Wege zur Optimierung der Supply Chain, Kapitel 8: Distributionslogistik, Seiten 455–501
- Ehrmann, Harald (2008): Logistik, G. Marketinglogistik, Seiten 441–477
- Pfohl, Hans-Christian (2010): Logistiksysteme. Betriebswirtschaftliche Grundlagen, Kapitel C.3 Distributionslogistik, Seiten 198–210

Folgende Internetadressen können als relevante Quellen angegeben werden:

- @ www.jahrbuchlogistik.de
- @ www.logistik-heute.de
- @ www.logistik-lexikon.de

Weitere hinweise zur Literatur und zur vertiefenden Lektüre finden Sie im Literaturverzeichnis.

# 6 Entsorgungslogistik

## 6.1 Definition, Aufgaben und System der Entsorgungslogistik

### 6.1.1 Definition und Aufgaben der Entsorgungslogistik

Unter **Entsorgungslogistik** beziehungsweise **Redistributionslogistik** versteht man alle geplanten und auszuführenden Tätigkeiten einer umweltgerechten *Vermeidung, Verwertung* oder *Beseitigung von Rückständen*. Als Teilbereich der Logistik beschäftigt sich Entsorgungslogistik mit der materialflusstechnischen Optimierung von inner- und außerbetrieblichen Abfallströmen. Im Kontext von Unternehmenszielen und ökologischen Rahmenbedingungen erfolgt dabei Durchführung der logistischen Leistungsprozesse für Rückstände im Verantwortungsbereich des Unternehmens.

Entsorgungsobjekte der betrieblichen Entsorgungslogistik sind insbesondere diejenigen Rückstände der Produktions- und Konsumtionsprozesse, die in der Verantwortung des Unternehmens liegen. Vorrangige *Ziele* und Optimierungskriterien für die Entsorgungslogistik bestehen in der Vermeidung und Verwertung von Abfällen, einer Beseitigung der Abfallmengen sowie im Einsatz umweltverträglicher Versorgungstechnologien unter Nutzung des in der Abfallwirtschaft enthaltenen Wertschöpfungspotenzials. Als *Teilprozesse* der gesamten Entsorgung fallen Prozesse der Entsorgungslogistik mit den Kernleistungen, wie etwa Sammlung, Transport, Umschlag und Lagerung, den Zusatzleistungen wie Sortierung und Verpackung sowie der dazugehörigen Informationsleistung an. Als *Aufbereitungsprozesse* gelten im Rahmen einer Entsorgung die Trennung, wie z. B. Demontage, Filtration, magnetische Trennung, etc., und die Umwandlung, wie z. B. Entwässerung, Zerkleinerung, Verfestigung, etc.

---

**Lernziele**

- ○ **Überblick** über wesentliche *Grundbegriffe* der Entsorgungslogistik sowie über strategische und operative *Teilbereiche* einer ökologisch orientierten Logistik, einschließlich ihrer Optionen und Rahmenbedingungen.

- ○ **Verständnis** der Entsorgungslogistik als *Subsystem* der Unternehmenslogistik mit den *Elementen* Sammlung, Transport, Umschlag, Lagerung und Recycling von Abfall- bzw. Reststoffen aus der logistischen *Entsorgungskette*.

- ○ **Einsicht** in *Formen* ökologieorientierter Logistikkonzepte, in Ausprägungen des Recyclingmanagements sowie in *Prozesse* einer inner- und außerbetrieblichen Entsorgungslogistik.

Lernziele Kapitel 6

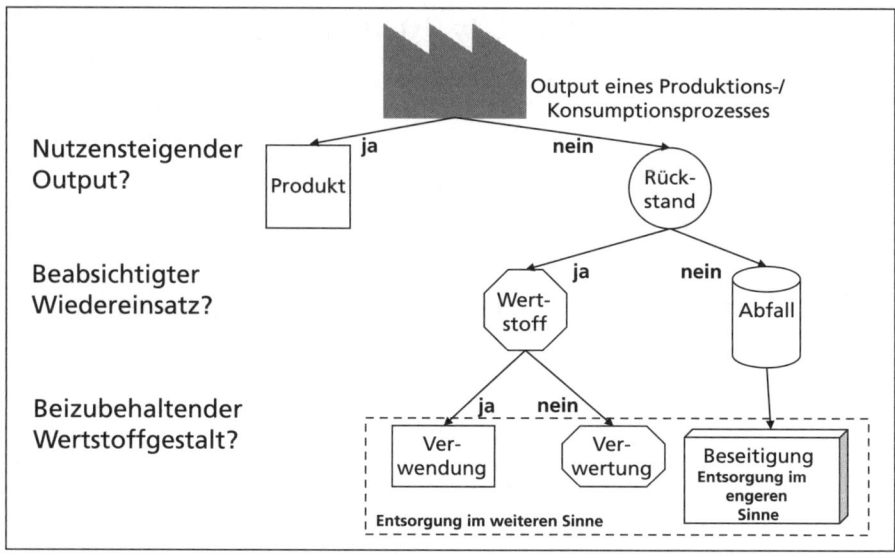

Abbildung 6.1: Formen der Entsorgung

Der **Entsorgungsbegriff** wird diesbezüglich im engeren und weiteren Sinne gebraucht: Der *enge Entsorgungsbegriff* bezieht sich auf Abfälle, die als nicht-wiedereinsatzfähige Rückstände im Produktions- oder Konsumtionsprozess entstehen. Der *weite Entsorgungsbegriff* bezieht sich auf die Elemente Verwendung, wenn ein Wertstoff in seiner Gestalt beibehalten wird, und auf Verwertung, wenn dies nicht der Fall ist. Rechtskonform wird der Entsorgungsbegriff insofern verwendet (§ 1 (2) AbfG) als mit Abfallentsorgung das Gewinnen von Stoffen oder Energien aus Abfällen, das Ablagern von Abfällen sowie entsprechende Maßnahmen des Einsammelns, Beförderns, Behandelns und Lagerns bezeichnet wird. Analog zum Entsorgungsbegriff wird auch der **Abfallbegriff** in einer weiten und engen Form gefasst. Während sich der *enge Abfallbegriff* auf Rückstände bezieht, die nicht wieder einsetzbar sind, wird der *weite Abfallbegriff* im Sinne eines Wertstoffs im Zusammenhang mit Wiedereinsatz oder geordneten Beseitigungsformen verwendet und häufig mit dem Begriff *Reststoff* gleichgesetzt.

Umfangreiche **Rechtsgrundlagen** der Entsorgungslogistik ergeben sich zum Einen aus den Vorgaben durch die *europäische Umweltpolitik*, zum Anderen aus geltenden, länderspezifischen Normen als *nationales Abfallrecht*. In diesem Zusammenhang hat die Europäische Union durch *umweltpolitische Zielsetzungen* die Erhaltung und den Schutz der Umwelt (z. B. Emissionsschutz, etc.), die Verbesserung der Umweltqualität, den Schutz menschlicher Gesundheit sowie die rationale Verwendung von natürlichen Ressourcen und die Förderung internationaler Schutzmaßnahmen festgelegt. Mit *Prinzipien*, wie dem Vorsorge- und Vorbeugeprinzip, dem Verursacherprinzip sowie dem Nachhaltigkeits- und Subsidiaritätsprinzip soll versucht werden, den Schutz der Umwelt möglichst effizient und effektiv zu gewährleisten. Im Rahmen von nationalen Abfallrechtsnormen werden die Beseitigung und Klassifikation von Abfällen für Abfallerzeuger und Entsorger festgelegt. Als oberstes ökologisches Ziel gilt hier der *Grundsatz ‚Vermeidung vor Verwertung vor Beseitigung'* aus dem Kreislaufwirtschafts- und Abfallgesetz (vgl. §2 Abs.1 KrWG/AbfG).

## 6.1.2 Systematisierung der Entsorgungslogistik

Die Entsorgungslogistik stellt unter dem Aspekt der funktionsbezogenen Betrachtung eines Logistiksystems ein logistisches **Subsystem** dar, das sich mit der Transformation von Rest- bzw. Abfallstoffen in inner- und außerbetrieblichen Bereichen beschäftigt. Durch die Einführung von Kreislaufwirtschafts- und Abfallgesetzen als neues System, werden alle bisherigen *linearen Systeme* der Gütererzeugung von produzierenden Einheiten zu verbrauchenden Einheiten durch ein *zyklisches System* ersetzt. Eine nachhaltige Produktverantwortung der Erzeuger soll das Problem der Vermeidung, Verringerung und Verwertung von Abfällen lösen.

Diese Schaffung von Stoffkreisläufen wird auch als **Recycling** bezeichnet, das durch Rückführung von Rückständen aus Produktionsprozessen oder durch Rücknahme von Altprodukten, die nach deren Gebrauch in eine erneute Produktion einfließen, realisiert wird. Als Kriterien zur Kennzeichnung von Recycling können Umweltentlastungseffekte durch eine *inputseitige Ressourcenschonung* herangezogen werden oder eine *outputseitige Reduzierung von Umweltbelastungen* durch die verminderte Abgabe von Stoffen und Energien an die Umwelt genannt werden. Für die verschiedenen Formen des Wiedereinsatzes von Rest- oder Abfallstoffen wird ebenfalls häufig der Begriff Recycling verwendet.

Einer **Recyclingtypologie** nach sind zu unterscheiden: (a) *Recyclingproduktgebrauch*, wie z.B. Austauscherzeugnisfertigung von Motoren oder Anlagen, etc., (b) *Produktionsrücklaufrecycling*, wie z.B. Abfallprodukte aus der Produktion, die getrennt und wieder eingesetzt werden, etc. und (c) *Altstoffrecycling*, wie z.B. Altstoffe, die sich durch Aufbereitung in erneute Produktionsprozesse

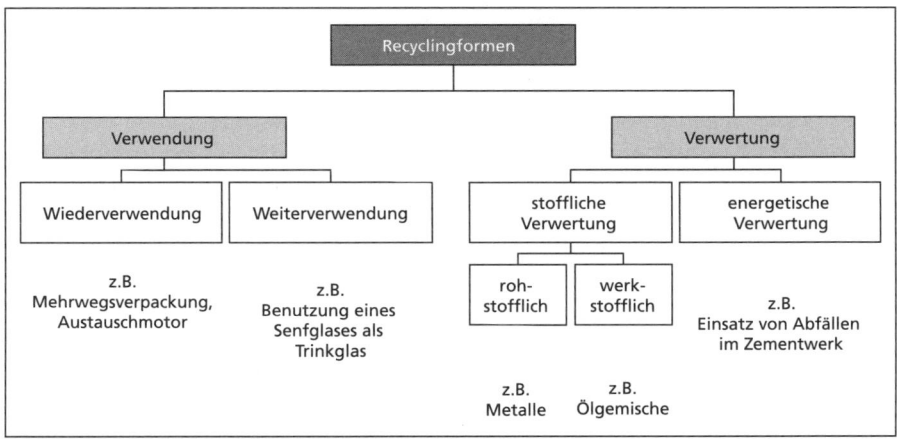

Abbildung 6.2: Recyclingformen

einsetzen lassen, wie z. B. Metall, Altpapier, Altöle, etc. Als Elemente des logistischen Subsystems Entsorgungslogistik lassen sich folgende **Recyclingformen** benennen:

- *Vermeidung*: Präventiver Verzicht auf Entstehung von Abfällen, wie z. B. unnötige Transportverpackungen, etc.

- *Reduzierung*: Quantitative und qualitative Reduzierung, wie z. B. der Einsatz schadstoffarmer Motoren, etc.

- *Verwendung*: Wiederverwendung in Form von Mehrwegverpackungen und Ersatzteile, wie z. B. Pfandflaschen, Akku-Batterien, etc., sowie Weiterverwendung, wie z. B. Nutzung eines Produktes in verschiedenen Funktionen (Senfglas als Trinkglas), etc.

- *Verwertung*: Stoffliche Verwertung als rohstoffliche Verwertungsform, wie z. B. Öle, Synthesegase/Methanol, etc., und als werkstoffliche Verwertungsform, wie z. B. Altpapier, Altglas, etc., sowie energetische Verwertung, wie z. B. Einsatz von Abfällen im Zementwerk, etc.

- *Beseitigung*: Endgültige Abfallentsorgung, wie z. B. Deponierung, Kompostierung, etc.

Entsorgungslogistik unterscheidet sich von anderen logistischen Subsystemen in der Art der Objekte, nämlich durch Reststoffe im Vergleich zu Einsatzgütern, durch eine entgegen gesetzte Flussrichtung dieser Objekte im Vergleich zur Beschaffungslogistik sowie durch eine nicht primär ökonomische Zielorientierung, sondern eine vorrangig ökologische Ausrichtung in der Vorgehensweise.

## 6.2 Strategische Entsorgungslogistik

### 6.2.1 Entsorgungslogistik, Nachhaltigkeit und ökologische Prinzipien

Ausgangspunkt für eine explizite Entwicklung der Entsorgungslogistik waren seit Beginn der 1980er Jahre zahlreiche **ökologische Probleme**, die einerseits in einer planbaren *Ressourcenverknappung*, andererseits durch eine *Verschlechterung der Ressourcenqualität* zum Ausdruck kamen und zunehmend auch durch ein gestiegenes, gesellschaftliches Bewusstsein und zahlreiche, neu geschaffene Rechtslagen für Unternehmen und Märkte gebildet wurden. *Umweltschutzmaßnahmen*, die von Unternehmen aufgrund von Auflagen, Rechtsvorschriften oder Zertifikaten erbracht werden müssen, werden dadurch dem **Verursacherprinzip** gerecht, wonach Produzenten dazu verpflichtet werden, umweltschädigende Reststoffe bzw. Abfälle aus der gesamten Wertschöpfungskette sachgerecht zu entsorgen, d. h. dass im Schadensfall derjenige haftet, der die entstanden Kosten verursacht hat. Beispiele für umfassende **ökologische Konzepte** mit strategischem Charakter hierfür sind das *Nachhaltigkeitsprinzip* mit einem intergenerativen Gerechtigkeitsverständnis durch Sicherung gleicher Rechte auf Zugang und Nutzung der natürlichen Ressourcen, die *Öko-Effizienz-Analyse*, wie

z. B. das Produktions-Entsorgungs-Konzept der BASF, und die *Corporate Social Responsibility* (CSR), d. h. die Ausrichtung der Verantwortung der Unternehmen an gesellschaftlichen Erwartungen und Werten auszurichten.

Die Bedeutung der Entsorgungslogistik und deren **Umsetzung** hat in den letzten Jahren stark zugenommen, unter anderem durch steigende *Entsorgungskosten* als Folge einer Verknappung von Endlagerstätten und Entsorgungsverarbeitungskapazitäten, durch gestiegenes Umweltbewusstsein und durch Umweltverträglichkeit als Wettbewerbsfaktor für Unternehmen sowie durch strengere gesetzliche Rahmenbedingungen. Ein *entsorgungsstrategischer Handlungsspielraum* ergibt sich im Einzelfall insofern, als die ökologischen Ziele der Entsorgung dem Grundsatz ‚Vermeidung vor Verwertung vor Beseitigung‘ folgen. *Ökologieorientierung* wird ungeachtet dessen von Unternehmen auch als Marketing- bzw. Verkaufsinstrument eingesetzt, da Verbraucher immer mehr auf Recycling- und Umweltverträglichkeit achten. Besondere Auszeichnungen werden hierfür vergeben, wie z. B. Eco-Auditing-Listen (Öko-Check nach ISO-Norm 9005), Unbedenklichkeitsabzeichen (Green Label der EU) sowie Lieferanten-Audits (ISO-Normen 9000-9004/EN 29000-29004), etc.

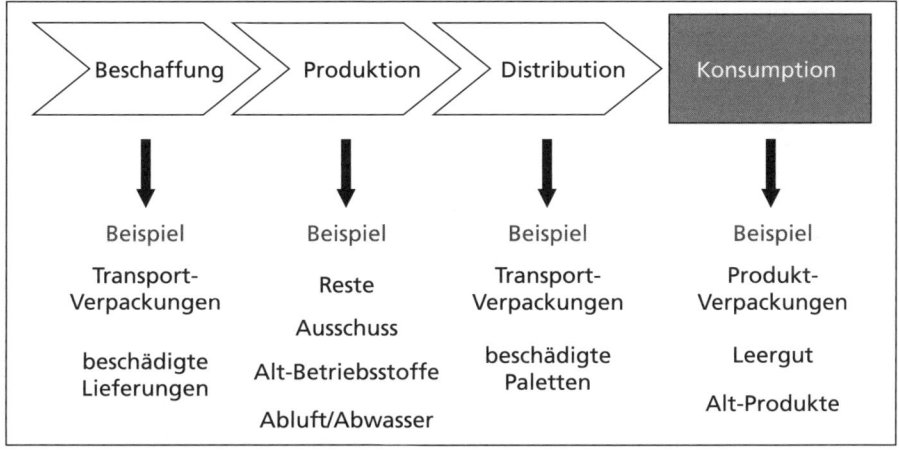

Abbildung 6.3: Quellen und Arten von Rückständen

‚**Grüne Logistik**‘, d. h. ökologieorientierte Logistik oder Green Logistics, entwickelte sich dergestalt zu einem neuen *Logistikparadigma*, das die bestehenden Entwicklungsmuster der Logistik als Prozessorientierung und Wertschöpfungskette problemlos aufnehmen kann. Insbesondere unter strategischem Gesichtspunkt scheint sich angesichts dominanter Umwelt- und Ressourcenschutzorientierung das Konzept der grünen Logistik als ein entwicklungsfähiges *Zukunftsszenario* herauszubilden.

## 6.2.2 Rahmenbedingungen einer strategischen Entsorgungslogistik

Wesentliche Impulse für eine insgesamt **strategische Ausrichtung** des logistischen Subsystems Entsorgungslogistik gingen sowohl von gesellschaftlichen und staatlichen Anforderungen, Marktanforderungen als auch innerbetrieblichen Rahmenbedingungen aus. Daraus entstandene, vielfältige Einflussfaktoren wirken sich gegenwärtig auf die Entsorgungslogistik wie folgt aus:

- *Gesellschaftliche und staatliche Anforderungen* wie Wertewandel, ökologische Verantwortung, Grenzannahmen bezüglich des Wachstums, Proteste von Bürgerinitiativen oder umweltbewussten Mitarbeitern, werden hier wirksam, ebenso Auswirkungen durch die Rechtslage, etwa durch das Abfallbeseitigungsgesetz, die Verpackungsverordnung oder die Gefahrgutverordnung, etc.

- *Marktanforderungen* ergeben sich einerseits aus den Anspruchshaltungen der Kunden und deren Wünschen nach umweltverträglichen Produkten, Produktionsprozessen oder Transportsystemen sowie einer allgemeinen Entsorgungserwartung. Daraus abgeleitetes, ökologieorientiertes Wettbewerbsverhalten, das über den Markt ausgelöst wird, provoziert neue Ersatzprodukte, Markteintritte neuer Konkurrenten oder ökologische Kommunikationsstrategien.

- *Innerbetriebliche Rahmenbedingungen*, welche die Entsorgungslogistik beeinflussen, ergeben sich aus den spezifischen Merkmalen des Produktionsprozesses, aus Art und Umfang sowie der Struktur der anfallenden Reststoffe. Dadurch entstehen steigende Entsorgungskosten einerseits durch die Verknappung von Deponiekapazitäten, andererseits durch die Erfüllung einer sich ständig verschärfenden Rechtslage.

Aus den vorbezeichneten Tatbeständen und Einflussfaktoren auf die Entsorgungslogistik ergeben sich sowohl ökonomische als auch ökologische **Zielsetzungen** innerhalb des logistischen Subsystems Entsorgung: Die *ökonomische Zielsetzung* verfolgt die Minimierung der gesamten Kosten der Entsorgungslogistik sowie die Gewährleistung einer effektiven und effizienten Entsorgungslogistikleistung unter Berücksichtigung einer ökonomisch vertretbaren Entsorgungszeit, Termintreue und Flexibilität. Die *ökologische Zielsetzung* favorisiert auf der Input-Seite bereits einen umweltverträglichen Einsatz natürlicher Ressourcen und auf der Output-Seite eine zielverträgliche Gestaltung von Emissionswirkungen sowie alle damit verbundenen, redistributionslogistischen Prozesse unter Berücksichtigung des gesetzlichen Rahmens.

# 6.3 Operative Entsorgungslogistik

## 6.3.1 Teilbereiche der operativen Entsorgungslogistik

**Innerbetriebliche Entsorgungslogistik** zählt Kernleistungen wie Lager-, Transport- und Umschlagprozesse zu ihren Aufgaben.

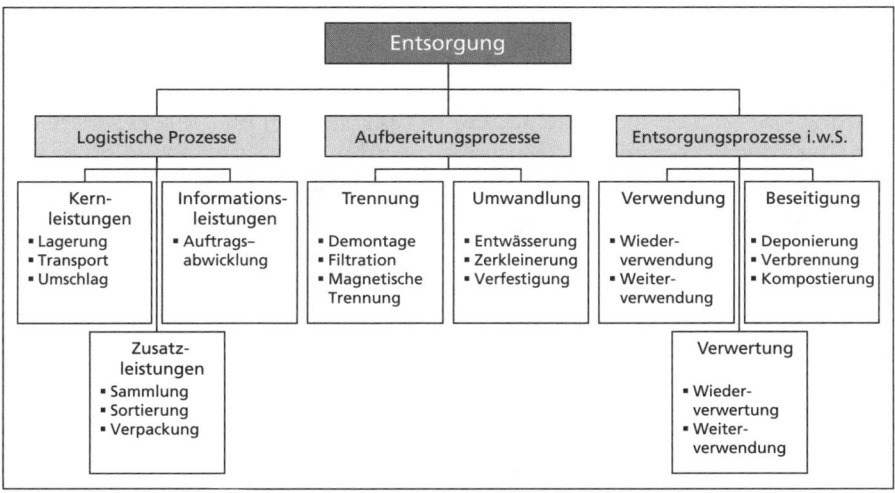

Abbildung 6.4: Elemente der Entsorgungslogistik

*Lagerprozesse* in der Entsorgungslogistik dienen insbesondere der Gestaltung wirtschaftlicher Transporteinheiten beim Sammeln oder bei der Transformation von Rückständen sowie einer Aufbereitung von Rückständen für die Verwendung in Verwertungsanlagen. Hierbei sind generelle Sicherheitsvorkehrungen zu beachten, wie etwa Zusammenlagerungsverbote, Mengenschwellenüberwachung sowie Brandschutzanforderungen. Zu entscheiden ist hier über eine Lagerplatzzuordnung von Rest- bzw. Abfallstoffen mit den Alternativen von getrennten oder gemeinsamen Lagerzonen. *Transportprozesse* lassen sich als innerbetriebliche Aufgaben der Entsorgungslogistik nach der Art der Rückstände unterscheiden in Wertstoffe, deren Durchlaufzeiten zu minimieren sind, und Abfallstoffe, die unter Kosten- und Sicherheitsaspekten zu behandeln sind. Als Teilprozesse lassen sich hierbei Sammlung, Lagerung und Überführung in den außerbetrieblichen Transport unterscheiden. *Umschlagprozesse* sollten aus entsorgungslogistischer Sicht möglichst minimiert werden, da sich hieraus erneute Rückstände- und Abfallgefahren ergeben. Für den Umschlagmitteleinsatz lassen sich hier in Analogie zu Fördermitteln stetige und unstetige Umschlagmittel unterscheiden.

**Außerbetriebliche Entsorgungslogistik** zählt Sammeltransporte, Nah- und Ferntransporte zu ihren Aufgaben. *Sammeltransporte* stellen vorgelagerte Prozesse zur weiteren, erforderlichen Beförderung von Rest- bzw. Abfallstoffen dar.

Sammeltransporte liegen an den Schnittstellen zwischen inner- und außerbetrieblichem Transport in der Entsorgungslogistik. Die daran angeschlossenen *Nah- und Ferntransporte* dienen entweder der Verwertung oder Verwendung von Rückständen und werden von spezifischen Verkehrsmitteln der Verkehrsträgerlogistik ausgeführt.

## 6.3.2 Elemente der logistischen Entsorgungskette

Die Entsorgungslogistik umfasst ein breites Spektrum an logistischen Dienstleistungen, beginnend mit der Erfassung von Wert- und Abfallstoffen am Ort ihres Anfalls bis hin zur Verwertung bzw. Beseitigung am Ort ihrer Endentsorgung. Die logistische **Kette der Entsorgung** schließt hier insbesondere die Vorgänge der Verwendung, Verwertung, Aufbereitung und Beseitigung von Abfällen mit ein und bezieht sich auf folgende Hauptelemente:

- **Sammlung** von Reststoffen bezeichnet den Eintritt von Abfällen in das System der Entsorgungswirtschaft an festgelegten Übergabeorten, innerbetrieblich meist an sogenannten Lagerzonen, außerbetrieblich z. B. an Restmüllsammelstellen, Depotcontainern, Recyclinghöfen, etc. *Abfälle* lassen sich nach Produktions- und Siedlungsabfällen unterscheiden, diese wiederum in Haushaltsabfälle und gewerbliche Abfälle. Abfallarten und Abfallorte bestimmen den quantitativen Bedarf der entsorgungslogistischen Dienstleistung. Entscheidendes Merkmal der *Sammelsysteme* ist ein Grad der Vorsortierung mit der Unterscheidung von Einstoff-, Einzelstoff-, Mehrstoff- und Mischstoffsammlungen. *Sammelverfahren* lassen sich in Bring- und Holsysteme gliedern und als systemlose und systematische Sammlung unterscheiden. Beide Systeme werden in Abhängigkeit von der Transportweglänge, der Anzahl der Abfallorte, dem Umfang der Abfallmenge sowie dem dafür erforderlichen Personaleinsatz charakterisiert. Bei der systemlosen Sammlung werden Abfälle behälterlos bzw. mit uneinheitlichen Behältern bereitgestellt, bei einer systematischen Sammlung werden einheitliche Umleer-, Wechsel- oder Einwegbehälter eingesetzt.

- **Transport** von Rest- bzw. Abfallstoffen schließt sich unmittelbar an den Vorgang des Sammelns unter Nutzung von Transportvarianten innerhalb der entsorgungslogistischen Kette an, welche die Beseitigung von vorsortierten Abfallstoffen zu Sammelrevieren bzw. Behandlungs- oder Beseitigungsanlagen leisten. Bei entsorgungslogistischen Transportprozessen als *System* unterscheidet man zwischen den Elementen Transportkette, Transportweg, Ladehilfsmittel und Transportmittelvarianten. Wird eine Folge von technisch und organisatorisch miteinander verknüpften Entsorgungstransportvorgängen abgewickelt, spricht man von entsorgungslogistischer *Transportkette*. Die Durchführung der Entsorgungstransporte wird mit dem Einsatz von Verkehrstechnik gewährleistet und erfolgt auf dem *Transportweg* über drei Märkte: Land-, Wasser- und Luftverkehrsmarkt. *Ladehilfsmittel* ermöglichen dabei die Bildung von Ladeeinheiten für den Transport, den Umschlag und die Lagerung von Abfällen. Es werden drei Arten unterschieden: (a) Ladehilfsmittel mit tragender Funktion, wie z. B. Paletten, etc., (b) Ladehilfsmittel mit umschließender Funktion, wie z. B. Gitterboxen, etc. und (c) Ladehilfsmittel mit abschließender Funktion, wie z. B. Container, etc. *Transportmittelvarianten* beziehen sich zum Einen auf Verkehrsmärkte mit der Unterscheidung von Abfalltransporte auf der Straße, auf der Schiene, auf dem Wasser und in der Luft, zum Anderen auf kombinierte Verkehre, d. h. Sammelbehälter durchlaufen dann etwa mehrere Transportvarianten in der entsorgungslogistischen Transportkette.

- **Umschlag** von Abfall umfasst in seiner spezifischen Ausprägung in der Entsorgungswirtschaft zunächst alle Förder- und Lagerprozesse von Abfallmaterial, welches seiner Verwendung, Verwertung oder Beseitigung zugeführt wird. Diese Wechselprozesse erfolgen zwischen Förder-, Lager- und Transportmitteln, wobei eine spezifische Kombination unterschiedlicher Betriebsmittel erfolgt, die sich als Bereichs-, Arbeits- und Ladehilfsmittel sowie Umschlagsmittelvarianten unterscheiden lassen. Ein Umschlag des Abfallmaterials erfolgt dabei sowohl im inner- als auch im außerbetrieblichen System der Entsorgung, mit einer weiteren Unterscheidung mit und ohne Verdichtung der Reststoffe beim Abfallumschlag, um diesen selbst zu vereinfachen oder eine geringere Störanfälligkeit zu erzeugen.

- **Lagerung** erfüllt eine logistische und abfalltechnische Funktion in der Entsorgungskette, wenn Abfallarten zur Verwendung, Verwertung oder Beseitigung mengen- und/oder wertmäßig, kurz- oder mittelfristig aufbewahrt werden. Zu unterscheiden ist hier zwischen kurzfristiger Einlagerung, mittelfristiger Zwischenlagerung und langfristiger Endlagerung. Sogenannte Endlagerstätten werden auch als Deponien oder Sonderlagerstätten bezeichnet.

- **Recycling** oder Abfallverwertung, die der Beseitigung von Reststoffen und Abfällen vorzuziehen ist, nimmt Kreislaufsysteme in Anspruch, die zu unterschiedlichsten Formen der Verwertung, Behandlung und Beseitigung von Abfällen führen. Im Rahmen von *Aufbereitungsverfahren* werden spezifische Technologien zur Materialzerlegung, Sortierung, Identifizierung und Trennung kombiniert. Mit *biologischen Verfahren*, wie z. B. Kompostierung, Vergärung, etc., werden etwa organische Stoffe abgebaut und versucht, reduzierte Abfallmengen zu erzeugen bzw. Teilbereiche von Abfallmengen weiteren Kreislaufsystemen zuzuführen. Mit *chemisch-physikalischen Verfahren*, wie z. B. Neutralisation, Entgiftung, Entwässerung, etc., wird der Schadstoffgehalt von Abfällen reduziert. Mit *thermischen Verfahren*, wie z. B. Abfallverbrennung, Hydrierung, etc., werden teilweise energetische Nutzungsprozesse, wie etwa Strom- oder Fernwärmeproduktion, freigesetzt.

- **Deponierung** schließlich wird ein Abfallentsorgungsverfahren bezeichnet, das der zeitlich unbegrenzten, geordneten und kontrollierten *Lagerung von Abfällen* dient. Nach geltender Rechtslage, nach der Deponieverordnung, werden *Deponieklassen* nach der Art, der Vorbehandlung bzw. dem Lageort differenziert.

In engem Zusammenhang mit entsorgungslogistischen Prozessen oder der Entsorgungslogistik insgesamt sind sogenannte Abfallvermeidungs- oder Mehrwegsysteme entstanden, die als eigenständige Systemkonfigurationen einer Entsorgungslogistik gelten dürfen. Ein **Duales System** (Deutschland Gesellschaft zur Abfallvermeidung und Sekundärrohstoffgewinnung mbH/ DSD) diente ursprünglich der Verwertung von Verkaufsverpackungen unter der Prämisse einer weitgehenden Wiederverwertung dieser Materialien. Die Teilnahme von Verpackung produzierenden Unternehmen am DSD ermöglicht so die *Rückführung in einen Recyclingkreislauf* der Müllentsorgung. Dem Grundsatz ‚Verwendung vor Verwertung vor Beseitigung' entsprechen sogenannte **Mehrwegsysteme**, die z. B. über den Einsatz von Mehrwegbehältern Einsparpotenziale an Verpackungen realisieren, indem über ein System der Rückführungslogistik Mehrfachverwendungen von Verpackungen zur Anwendung kommen. Zwei **Formen von Mehrwegsystemen** lassen sich hierbei unterscheiden: (1) *Pendelsysteme*, die an einen spezialisierten Abnehmer gekoppelt sind, (2) *Pool-Systeme*, bei denen eine Kooperation zwischen mehreren Abnehmern eines Mehrwegsystems besteht. Poolbetreiber können einen Mehrwegbehälterumlauf auf der Basis von Miete oder Pfand zur Verfügung stellen. Sinnvoll ist der Einsatz von Mehrwegsystemen insbesondere dann, wenn eine ökologieorientierte Kundenstruktur, ein flächendeckendes Entsorgungsnetz und eine große Anzahl von Umläufen gegeben ist.

## 6.4 Trends, Aufgaben und Literatur

### 6.4.1 Trends

Folgende allgemeine Trends lassen sich für das Subsystem der Entsorgungslogistik angeben:

---

**Trends ↑**

→ Sowohl im Rahmen einer ökonomischen Ressourcenverwendung als auch durch rechtliche Umweltauflagen erlangt das **Konzept der Nachhaltigkeit** in der Entsorgungslogistik zunehmende Bedeutung. Es wird in der Zukunft verstärkt darum gehen, Altgüter-, Komponenten-, Teile-, Werkstoff- und Reststoffkreisläufe einer ganzheitlich orientierten Entsorgungslogistik zuzuführen und sie differenziert, effizient und effektiv in **Kreisläufe** der Produktion und Konsumption zu integrieren.

→ **Innovative Technologien**, deren Einsatz den Ressourcen- und Energieverbrauch minimieren, werden weiterhin einen Entwicklungsschub erlangen, deren Potenzial dann in innovativen, entsorgungslogistischen Prozessen umgesetzt werden kann.

→ **Optimierte Logistikprozesse** der Entsorgung und des Transports werden direkt oder indirekt durch Nachhaltigkeit, Ressourcenschonung und Energieeffizienz erzeugt. **Ökologieorientierte Distribution** und **Transporte**, unter expliziter Beachtung von z. B. $CO_2$-Emissionen, werden insbesondere durch zunehmende Umweltauflagen an Bedeutung gewinnen.

---

Im Hinblick auf die vorbezeichneten Trends zeichnen sich integrierte und ganzheitliche Sichtweisen ab, die eine vernetzte Optimierung von nationalen und internationalen Entsorgungssystemen als einem komplexen, erweiterten System ermöglichen.

## 6.4.2 Aufgaben

Zur Bearbeitung der Aufgaben ist es sinnvoll einen *Problem-Lösungs-Ansatz* zu formulieren sowie Entwicklungspotenziale für den jeweiligen Bereich der Entsorgungslogistik zu berücksichtigen:

> ► **[1]** Charakterisieren Sie Problemlagen, Zielsetzungen und Lösungsansätze der Entsorgungslogistik unter Berücksichtigung entsprechender begrifflicher Unterscheidungen.
>
> ► **[2]** Erläutern Sie die Schaffung von Stoffkreisläufen als Recyclingprozesse unter Bezug auf unterscheidbare Recyclingtypologien und Recyclingformen. Arbeiten Sie Unterschiede von Entsorgungslogistik im Vergleich zu anderen Subsystemen der Logistik heraus.
>
> ► **[3]** Skizzieren Sie das Verursacherprinzip, welches der Entsorgungslogistik zugrunde liegt, sowie ökologische Konzepte einer Entsorgung, deren Umsetzungsmodalitäten und Konturen einer Grünen Logistik als entwicklungsfähiges Zukunftsszenario.
>
> ► **[4]** Im Rahmen der operativen Entsorgungslogistik werden Prozesse der inner- und außerbetrieblichen Entsorgungslogistik unterschieden. Vergleichen Sie beide Teilbereiche hinsichtlich elementarer Teilprozesse.
>
> ► **[5]** Beschreiben Sie kurz die charakteristischen Merkmale eines Dualen Systems und eines Mehrwegsystems als charakteristische Systemvarianten eines Recyclingkreislaufs.

**Aufgaben** ▲

Stichworte zu konkreten Lösungshinweisen für die Aufgaben von Kapitel 6 finden Sie auf Seite 235.

## 6.4.3 Literatur

Zur Vor- und Nachbereitung der Inhalte von Kapitel 6 können ergänzend folgende Lehrwerke und Internetadressen als Quellen herangezogen werden:

- Arnold, Dieter u. a. (Hrsg.) (2008): Handbuch Logistik, Teil B: Logistikprozesse in Industrie und Handel, B 7: Entsorgung und Kreislaufwirtschaft, Seiten 487–523
- Schulte, Christof (2009): Logistik. Wege zur Optimierung der Supply Chain, Kapitel 9: Entsorgungslogistik, Seiten 503–521
- Wannenwetsch, Helmut (2010): Integrierte Materialwirtschaft und Logistik, Kapitel 16: Entsorgungslogistik, Seiten 439–454
- Stölzle, Wolfgang (1993): Umweltschutz und Entsorgungslogistik, Kapitel III: Theoretische Grundlagen der Entsorgungslogistik aus funktionsbezogener Sicht, Seiten 146–252

Folgende Internetadressen stellen ergänzende Informationsquellen dar:

@ www.gate4logistics.de

@ www.europages.de

@ www.wlw.de

Weitere Hinweise zur Literatur und zur vertiefenden Lektüre finden Sie im Literaturverzeichnis.

# 7 Supply Chain Management

## 7.1 Grundlagen des Supply Chain Managements

### 7.1.1 Begriffe, Ziele und Potenziale des Supply Chain Managements

Der **Erfolg der prozessorientierten Logistik** besteht darin, in ihr nicht nur eine lockere, institutionelle Zusammenfassung von Einzeltätigkeiten, verteilt auf die gütertransformierenden Kernbereiche, zu sehen, sondern diese logistischen Tätigkeiten zu einem einheitlichen Prozess mit gemeinsamen Ressourcen, einer durchgängigen Organisation und gemeinsamen Zielen zusammenzufügen, der dann als ein *Ganzes* gestaltet, geplant, gesteuert und kontrolliert wird. Die Durchsetzung eines solchen Konzeptes endet formal an den Unternehmensgrenzen. Darüber hinaus hat das Unternehmen keine Verfügungsgewalt über Ressourcen und Organisation. Trotzdem wird die Qualität und Effizienz der Unternehmenslogistik in hohem Maße durch die **Bedingungen**, die an den Schnittstellen herrschen, beeinflusst:

- *Bestandserhöhungen* im Unternehmen werden durch Unregelmäßigkeiten der Lieferanten und Schwankungen am Absatzmarkt generiert.

- *Qualitätsprobleme* der Lieferanten, die nicht zum Kunden durchschlagen sollen, erzeugen zusätzliche Kosten und Durchlaufzeiterhöhungen.

- *Kommunikationsprobleme*, sowohl kunden- als auch lieferantenseitig, erschweren die taktgenaue Planung und Steuerung der eigenen Logistikkette und führen wiederum zu erhöhten Sicherheitsbeständen oder zur Lieferunfähigkeit.

Der Gedanke ist naheliegend, die Prozessorganisation der Logistik auch auf die in der Wertschöpfungskette angrenzenden Unternehmen auszudehnen, weil ein im Unternehmen erfolgreich eingesetztes Konzept auch bei unterneh-

---

**Lernziele**

- ○ **Überblick** über wesentliche Bedingungen, Ziele und Erfolgsfaktoren im Supply Chain Management, einschließlich einer Systematisierung der Kooperationen und Standardisierungsinitiativen sowie der Kooperationskonzepte für das Supply Chain Management.

- ○ **Verständnis** für Problemfelder, Fragestellungen und Kooperationskonzepte des Supply Chain Managements sowie der Gestaltung spezifischer Kooperationsmerkmale, einschließlich ausgewählter Modelle des Supply Chain Managements.

- ○ **Einsicht** in konzeptionelle Zusammenhänge und Gestaltungspotenziale im Rahmen einer Supply Chain unter Berücksichtigung entsprechender Modelle und verfügbarer Kooperationsanwendungen.

Lernziele Kapitel 7

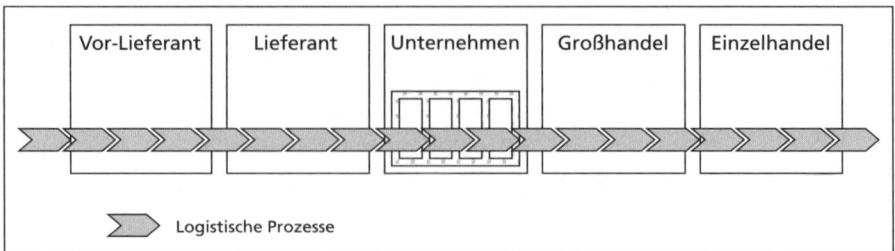

| Vor-Lieferant | Lieferant | Unternehmen | Großhandel | Einzelhandel |

Logistische Prozesse

Abbildung 7.1: Supply Chain

mensübergreifenden Ketten funktionieren kann, wenn in diesem erweiterten Umfeld ähnliche Voraussetzungen geschaffen werden können.

Genau hier liegt die besondere Herausforderung für das Management solcher Ketten, denn in Kooperationen unabhängiger Unternehmen herrschen andere Verhältnisse als bei der Zusammenarbeit verschiedener Bereiche innerhalb eines Unternehmens und es müssen besondere Vorkehrungen getroffen werden, damit die in mikrologistischen Systemen eingesetzten Konzepte auch in metalogistischen Systemen von Unternehmenskooperationen erfolgreich sein können. Diese unternehmensübergreifenden Logistikketten nennt man **Supply Chains** (SC). Deutsche Bezeichnungen sind Versorgungsketten, Wertschöpfungsketten oder Lieferketten. Der Begriff Supply Chain wird teilweise auch für interne Lieferketten verwendet, aber überwiegend betont man damit die Überbetrieblichkeit. In diesem Sinne wird der Begriff im Weiteren verwendet.

Es gibt – entsprechend der vorhandenen Literaturfülle – eine Vielzahl von Beschreibungen für das **Supply Chain Management** (SCM). Folgende fünf Punkte werden in den meisten *Definitionen* einer Supply Chain beschrieben:

(1) *Unternehmensübergreifende Logistikkette*, die sowohl die Material- als auch die Informationsströme umfasst

(2) *Prozess- und kooperationsorientierte Organisation*

(3) *Gestaltung, Planung, Steuerung* und *Controlling* der Supply Chain als wesentliche Aufgaben des Supply Chain Managements

(4) *Kundenorientierung* des Supply Chain Managements

(5) *Leistungsverbesserung der gesamten Supply Chain* zu Gunsten aller beteiligten Partner als Ziel des Supply Chain Managements

Manche Definitionen beinhalten auch den Geldfluss, einige Autoren fordern die Ausdehnung einer Supply Chain von der Rohstoffgewinnung über die Herstellung und Konsumption bis zur Entsorgung (,from dirt to dirt'), andere wieder fügen den oben genannten Aufgaben noch die operative Ausführung hinzu. Im Weiteren wird der Begriff Supply Chain Management im Sinne der oben aufgeführten fünf Punkte verwendet, weil alles Wesentliche des Supply Chain Managements sich im Rahmen dieser Definition erklären lässt. Es kann im konkreten Einzelfall sinnvoll sein, weitere Bausteine hinzuzufügen, wie z. B. die Zusammenarbeit mit Lieferanten bei der Entwicklung neuer Produkte. Die obige Begriffsbestimmung lässt solche Erweiterungen zu.

Das Supply Chain Management stellt in seiner Methodik nichts generell Neues dar, sondern erweist sich als eine Ausdehnung der prozessorientierten logistischen Prinzipien, die auch in der Unternehmenslogistik bestehen. Daher wird es möglich, dass die **Ziele des Supply Chain Managements** identisch zu denen der Unternehmenslogistik zu sehen sind, jetzt aber bezogen auf die erweiterte Perspektive einer Supply Chain. Die Darstellung der SCM-Ziele in der Literatur variiert je nach Präferenz des Autors. Folgende Punkte gehören nach übereinstimmender Auffassung zum Zielkatalog:

- Verbesserung der logistischen *Qualität*
- Verringerung der *Kosten* bei vorgegebenem Qualitätsniveau
- Verbesserung der *Entwicklungsfähigkeit des Systems*

Die *Entwicklungsfähigkeit* ist eine wesentliche Voraussetzung zur Erreichung der beiden erstgenannten Ziele. Ob im Sinne einer Anpassung an schon eingetretene Veränderungen der Umwelt oder aber als eigen-initiierte Innovation, in jedem Fall wird ein System ohne diese Eigenschaft in einer dynamischen Umgebung nur kurzlebig sein können. Auch die SCM-Ziele können – wie bei den Zielen der Unternehmenslogistik – um beispielsweise ökologische, soziale u. a. Komponenten erweitert werden. Es sei hier erwähnt, dass auch die SCM-Ziele den anderen allgemeinen Anforderungen, die man Zielen stellt, genügen müssen. Diese Anforderungen werden unter dem Kürzel SMART (**s**pezifisch, **m**essbar, **a**ngemessen, **r**elevant, **t**erminiert) zusammengefasst.

Der wesentliche Ansatzpunkt für Verbesserungen – gemessen an den oben genannten Zielen – ist das Zusammenfügen von mikrologistischen Systemen (Unternehmenslogistik), die durch institutionelle Grenzen getrennt sind (Unternehmensgrenzen), zu einem neuen, zusammenhängenden metalogistischen System der Supply Chain. Wie stark solche Grenzen stören können, zeigen Untersuchungen zum sogenannten **Bullwhip-Effekt**. Dieser Effekt beschreibt das *Aufschaukeln von Nachfrageverzerrungen* entlang der Wertschöpfungskette vom Konsumenten ausgehend über die einzelnen Stufen des Handels bis hin zum Produzenten und seinen Zulieferern. Eine kleine Änderung im Nachfrageverhalten der Konsumenten führt zu immer größeren Ausschlägen, je weiter man in der Kette zurückgeht. Der Effekt ist in verschiedenen Planspielen simuliert worden, unter anderem in dem bekannten *beer game*, bei dem die Supply Chain aus Brauerei, Distributor, Großhandel, Einzelhandel und dem Konsumenten besteht. Alle Unternehmen dieser Kette agieren alleine. Sie erhalten jeweils die Aufträge ihres Kunden und geben Bestellungen an ihren Lieferanten auf. Weitere Informationen werden nicht ausgetauscht. Bei einer solchen Kette erzeugt eine kleine Änderung in der Konsumentennachfrage in der Supply Chain von Stufe zu Stufe immer stärkere Nachfrageausschläge bis hin zur Brauerei.

Ein wesentlicher Grund für das Aufschaukeln ist die Zeitverzögerung, mit der Informationen über die Nachfrage durch die Supply Chain nach vorne – in Richtung Brauerei – gereicht werden. Im Allgemeinen werden *Nachfragedaten* auf einer Wertschöpfungsstufe erst über eine Zeitperiode gesammelt, bevor sie in der darauffolgenden Periode in Form einer Bestellung an die davorliegende Stufe weitergegeben werden. So wird auf jeder Stufe Zeit verloren und die

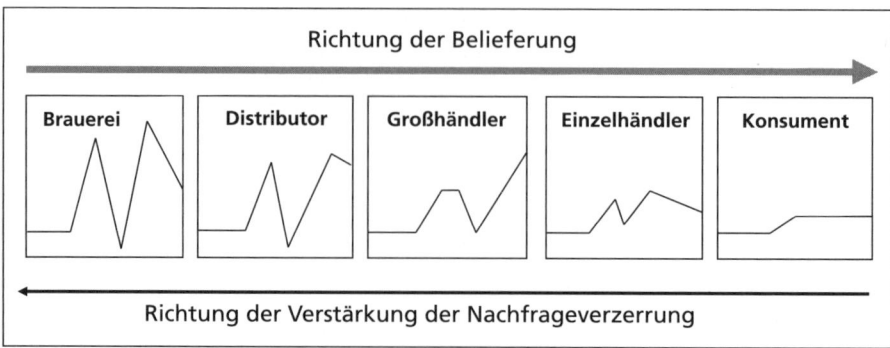

Abbildung 7.2: Ergebnisse eines Planspiels zum Bullwhip-Effekt

Reaktionen der letzten Stufe – im Beispiel die Brauerei – basieren auf Konsumenteninformationen, die längst überholt sind. Es kommt ein zweiter negativer Effekt hinzu: Jede Stufe kennt nur die Nachfragedaten der davor liegenden Stufe. Diese sind Grundlage der entsprechenden *Bedarfsprognose*. Dies wird den Disponenten dazu bringen, einen mehr oder minder großen Sicherheitszuschlag einzuplanen. Das geschieht auf jeder Stufe und so werden kleine Nachfrageausschläge beim Konsumenten jeweils mit einem Faktor verstärkt an die davor liegenden Lieferanten weitergereicht. Das bedeutet, dass man auf Grund der informatorischen Grenzziehung zwischen den Unternehmen nicht nur alte, sondern auch falsche Daten als Grundlage der eigenen Planung verwendet. Je länger die Kette ist, desto älter und ‚falscher‘ sind die Informationen. Das **Verbesserungspotenzial** wird durch die Beseitigung der Grenzen freigesetzt. In der Literatur finden sich verschiedene, praxiserprobte Zahlen über den Umfang der Verbesserungen, die naturgemäß variieren. Hier seien einige Mittelwerte aus einer Anzahl von Erhebungen genannt. Dabei handelt es sich um *Bestandsreduzierungen* in der Supply Chain um 60 %, um *Verbesserungen der Liefertreue* um 15 %, um *Verkürzungen der Auftragsabwicklungszeiten* um 55 % und *Senkungen der Gemeinkosten* um 20 %.

## 7.1.2 Problemfelder und Erfolgsfaktoren einer Supply Chain

Die **Zusammenführung einzelner Subsysteme** zu einem funktionierenden Gesamtsystem ist im Rahmen einer Unternehmenslogistik eine herausfordernde Aufgabe. Um einiges schwieriger ist es, verschiedene eigenständige Unternehmen mit verschiedenen Prozessen, verschiedenen Planungsverfahren, verschiedenen IT-Systemen und wahrscheinlich auch verschiedenen Zielen und Prioritäten zu einer im gleichen Takt laufenden, funktionierenden Supply Chain zusammenzufassen. Einige **Fragestellungen** mögen den Umfang der Probleme verdeutlichen:

- Ein Unternehmen ist in mehreren Supply Chain involviert. *Frage: Ist es möglich, die Anforderungen der verschiedenen Ketten miteinander so zu koordinieren, dass keine Zusatzaufwände entstehen?*

- Ein Supply Chain-Optimum kann zu Lasten eines einzelnen Unternehmens gehen. *Frage: Wie wird dieses Unternehmen entschädigt?*

- Die Weitergabe sensibler Daten ist nötig. *Frage: Wie wird Vertraulichkeit gewährleistet?*

- Es wird Planungsverantwortung von den Unternehmen an die Supply Chain abgegeben. *Frage: Wer ist bei Fehlern verantwortlich? Ist das Unternehmen noch selbständig? Wie stehen die Kapitalgeber dazu?*

- Technische und organisatorische Inkompatibilitäten erzeugen Anpassungsbedarf. *Frage: Wer ist für die Angleichung der Prozesse, der IT, der Kommunikation und der Werkzeuge zur Planung, Steuerung, Kontrolle zuständig? Wie werden die Kosten verteilt?*

Strukturiert man die **Problemfelder** nach dem Grund ihres Entstehens, dann ergeben sich in der Umkehrung vier Erfolgsfaktoren für ein funktionierendes Supply Chain Management:

(1) *Kooperationsfähigkeit der Unternehmen.* Es muss eine Kooperationsvereinbarung zwischen den Teilnehmern getroffen werden, die für das *Gemeinschaftsunternehmen Supply Chain* mindestens folgende Punkte regelt: Gemeinsame Zielsetzung, gemeinsame Planung, Steuerung und Kontrolle, Standardisierung der Prozesse, Rechte und Pflichten der einzelnen Mitglieder, Vergütungsregeln für Mitglieder, die zugunsten der Supply Chain auf Vorteile verzichten.

(2) *Prozessorientierung der Supply Chain* als Grundvoraussetzung und Basis einer gemeinsamen Supply Chain.

(3) *Kommunikationsfähigkeit.* Die Supply Chain muss über eine entsprechend leistungsfähige und plattformunabhängige Kommunikation verfügen, speziell für den Bereich der IT-Daten, damit für alle Partner alle relevanten Daten zur (fast) gleichen Zeit bereitstehen.

(4) *Planungsfähigkeit.* Zur Bewältigung der Planungs- und Steuerungsaufgaben müssen in der SC entsprechende Werkzeuge bereit stehen.

Die Erfüllung dieser Anforderungen ist eine unabdingbare Voraussetzung für das langfristige Funktionieren einer Supply Chain.

# 7.2 Kooperationskonzepte des Supply Chain Managements

## 7.2.1 Systematisierung: Kooperationen und Standardisierungsinitiativen

Eine **Kooperation** ist eine Zusammenarbeit zwischen rechtlich und wirtschaftlich selbständigen Unternehmen. Kooperationen können nach verschiedenen Gesichtspunkten systematisiert werden:

- *Kooperationsebene*: Zwischenbetriebliche und überbetriebliche Kooperationen

- *Kooperationsrichtung*: Horizontale, vertikale und diagonale Kooperationen

- *Kooperationsausrichtung*: Operative und strategische Kooperationen

Kooperationen, bei denen Produkte und Leistungen direkt zwischen Unternehmen ausgetauscht werden, nennt man *zwischenbetriebliche Kooperationen*, im Gegensatz zu den *überbetrieblichen Kooperationen*, in denen die Zusammenarbeit der Unternehmen im Rahmen einer übergeordneten Organisation koordiniert wird. Ein *Beispiel* für eine zwischenbetriebliche Kooperation ist das Zusammenwirken von beauftragender Spedition und ausführendem Transportunternehmen. Dagegen ist die Zusammenarbeit von Speditionen in einer eigens gegründeten Gesellschaft, welche die Aktivitäten der einzelnen Logistikdienstleister koordiniert, eine überbetriebliche Kooperation.

*Horizontale Kooperationen* nennt man die Zusammenarbeit von Unternehmen, die auf der gleichen Wertschöpfungsstufe Leistungen erbringen.

---

Beispiel 7.1

Beispiele für horizontale Kooperationen:

**Einkaufsgenossenschaften** sind Zusammenschlüsse von Inhabern (Genossen) kleiner bis mittlerer Einzelhandelsgeschäften mit dem Ziel, einerseits bessere Preise zu erzielen, andererseits aber auch logistische und abrechnungstechnische Aufgaben durch eine Zentrale erledigen zu lassen. Dazu können z.B. die Vorratshaltung in einem Zentrallager oder die Übernahme der Lieferantenabrechnungen durch die Zentrale (Zentralregulierung) gehören. Beispiele sind die ATEV eG (Autoteile) oder die euronics Deutschland eG (Unterhaltungselektronik).

**Industrieparks** bieten Industrieunternehmen die Nutzung gemeinsamer Infrastruktur auf einem Betriebsgelände. Neben den normalen Angeboten wie etwa die Energie- und Wasserversorgung, der Werkschutz, etc. können auch spezielle Dienste hinzukommen. Der Chemiepark Marl ist beispielsweise über ein Ethylen-Rohrleitungssystem mit Antwerpen und Rotterdam verbunden.

**Speditionsnetzwerke** sind Zusammenschlüsse von selbständigen Logistik-Unternehmen, die ihren Kunden gemeinsam erstellte Dienstleistungen anbieten. Beispielsweise ist die TENESO Europe SE ein Zusammenschluss von Logistikdienstleistern zu einem Speditionsnetz, das ihren Kunden flächendeckend in 25 europäischen Ländern Transporte und weitere Dienstleistungen anbietet.

---

*Vertikale Kooperationen* kennzeichnen die Zusammenarbeit von Unternehmen verschiedener Wertschöpfungsstufen.

---

Beispiel 7.2

Beispiele für vertikale Kooperationen:

**Kooperationen zwischen Großhandel und Einzelhandel**, etwa bei der Warenversorgung unabhängiger Einzelhandelsfachgeschäfte durch Großhändler.

**Kooperationen zwischen Industrie und Handel**, in denen die Industrie den Handel mit Waren beliefert. Das können lockere Verbünde sein oder aber es ist eine auf lange Sicht ausgelegte Kooperation, die nach festgelegten Regeln funktioniert. Solche Kooperationen werden weiter hinten im Detail behandelt.

**Zulieferer-Hierarchien (Lieferanten-Pyramiden) in der Automobilindustrie**, in denen der Automobilhersteller an der Spitze steht und von Systemlieferanten mit kompletten Gesamtgewerken wie Bremssystemen, Getriebesträngen etc.

versorgt wird. Der Systemlieferant wird wiederum von Komponentenfertigern beliefert, die Teile des Systems bereitstellen. An unterster Stelle der Pyramide sind die Lieferanten von Standardteilen platziert. Dazwischen fungieren eingeschaltete Logistikdienstleister. Diese Hierarchien sind heutzutage in der Automobilindustrie üblich und ein Beispiel für funktionierende Supply Chains. Die Zusammenarbeit zwischen den Herstellern und den Systemlieferanten ist sehr eng, auf lange Sicht ausgelegt und absolut kundengetrieben.

**City-Logistik,** bei der produktbetonte Warenströme von Herstellern/Großhändlern für ein Ballungsgebiet (City) vorher in einem Umschlagpunkt gesammelt, umgeschlagen und empfängerbezogen sortiert auf kleinen Fahrzeugen tourenoptimiert in das Ballungsgebiet transportiert werden. Ziel der City-Logistik ist es, die Innenstädte zu entlasten. Partner in einem City-Logistik-Projekt sind neben den Kommunen, dem Handel und dem Gewerbe auch Speditionen, die die Transporte zum Ballungsgebiet (Hauptläufe) und innerhalb des Ballungsgebietes (Nachläufe) organisieren. Diese Kooperationsform der Logistikdienstleister ist vertikal.

*Diagonale Kooperationen* bestehen zwischen Unternehmen verschiedener Branchen, die zusammen ein Komplettangebot am Markt platzieren wollen.

Beispiel 7.3
Beispiele für diagonale Kooperationen:
**Güterverkehrszentren** (GVZ) sind Umschlagpunkte, die den kombinierten Verkehr unterstützen, also eine Schnittstelle zwischen mindestens zwei Verkehrsträgern (Straßenverkehr, Schienenverkehr, Schifffahrt, Luftverkehr) bieten.
**Kooperation von Unternehmen mit komplementären Gütern,** wie z.B. Benzin und Lebensmittel an Tankstellen.

Manche horizontale Kooperationen enthalten auch vertikale Komponenten und umgekehrt. So ist es zum Beispiel in Industrieparks (horizontale Kooperation) möglich, dass ein Betrieb die Erzeugnisse eines anderen, ansässigen Betriebs weiterverarbeitet, was einer vertikalen Kooperation entspricht.

Beispiel 7.4
Ein Beispiel für ein virtuelles Unternehmen ist der US-Hersteller von Spielzeugen LewisGaloob Toys, der Produktideen von unabhängigen Erfindern kauft, diese dann in Ingenieurbüros entwickeln lässt und die Produktion an Firmen im In- und Ausland vergibt. Die fertigen Produkte werden von Logistikdienstleistern weltweit gesammelt und in den USA verteilt. Den Vertrieb erledigen selbständige Repräsentanten. Neben-Prozesse wie Fakturierung und Buchhaltung sind fremdvergeben. LewisGaloob Toys konzentriert sich ausschließlich auf die Koordination des Netzes.

*Operative Kooperationen* sind tendenziell kurzlebig, der jeweiligen Situation angepasst und können schnell aufgelöst werden. Ein *Beispiel* für operative Kooperationen sind *virtuelle Unternehmen,* auch virtuelle Wertschöpfungsnetze genannt. Das Wort ‚virtuell' steht dafür, dass der Kunde einer solchen Organisation diese tatsächlich als *ein* Unternehmen wahrnimmt, obwohl dahinter ein Konglomerat von rechtlich unabhängigen, kooperierenden Unternehmen steht. Von seiner Wirkung her, agiert dieses Konglomerat wie ein Unternehmen (virtuell = von der Wirkung her, fähig zu wirken).

Im Gegensatz dazu ist die Zusammenarbeit in *strategischen Kooperationen*, auch strategische Netzwerke genannt, langfristig angelegt und typisch für die Kooperation in einer Supply Chain. Ein *strategisches Netzwerk* steht für Wertschöpfungsketten, an denen mehrere Partner mit ihren jeweiligen spezifischen Beiträgen beteiligt sind und die auf einen dauerhaften, strategischen Wettbewerbsvorteil zielen. *Beispiele* für solche Kooperationen findet man sowohl zwischen Industrie- und Handelsunternehmen, wie etwa den Efficient Consumer Response/ECR-Kooperationen, zwischen Industrieunternehmen, beispielsweise zwischen Automobilherstellern und ihren Systemlieferanten, aber auch zwischen Handels-/Industrieunternehmen und Logistikdienstleistern, z. B. in verschiedenen Formen der **Kontraktlogistik**, wobei diese sich durch folgende Merkmale auszeichnet:

- *Umfängliche, logistische Leistungen*, die in einem Dienstleistungsvertrag (Kontrakt) festgelegt werden, wie z. B. die gesamte Ersatzteillogistik, die Beschaffungslogistik, etc.

- *Individuelle, logistische Leistungen*, die auf die Bedürfnisse des Auftraggebers (Kontraktgeber) zugeschnitten sind

- *Langfristige Kooperationen*, da teilweise erhebliche Investitionen im Vorfeld getätigt werden müssen

Zum Supply Chain Management gehören eine gemeinsame Planung, Steuerung und Kontrolle der Prozesse aller Partner. Das erfordert im ersten Schritt eine gemeinsame, standardisierte Sprache, in der die Prozesse beschrieben werden können. Die Sprachregelung muss die Partner in die Lage versetzen, ihre Prozesse für alle Beteiligten verständlich darzustellen und bewertbar zu machen. Eine der bekanntesten Standardisierungsinitiativen geht auf ein Projekt zweier amerikanischer Unternehmensberatungen mit ca. 70 Unternehmen zurück, in dem es um die Möglichkeiten einer Standardmethodik zur Beschreibung von Prozessen ging. Ergebnis war die gemeinsame Gründung des *Supply Chain Council* (SCC), einer unabhängigen, non-profit-orientierten Organisation, die in der Folgezeit das Supply Chain Operation Reference-Modell (SCOR-Modell) entwickelte. Mittlerweile hat das SCOR-Modell erfolgreich mehrere Stufen der Weiterentwicklung durchlaufen und ca. 1000 Unternehmen weltweit haben sich dieser Initiative angeschlossen.

Das **Supply Chain Operation Reference-Modell** (SCOR-Modell) bietet eine einheitliche Methode, mit der man unternehmensinterne und unternehmensübergreifende Prozesse beschreiben, analysieren und bewerten kann. Dabei geht das Modell von fünf grundlegenden Prozessen aus, aus denen sich jede Supply Chain zusammensetzen lässt:

(1) *Plan* (Planen) umfasst alle vorgeschalteten Aktivitäten zu den anderen vier Prozessen, wie etwa die Aggregation der Anforderungen an die einzelnen Bereiche, die Planung des Ressourceneinsatzes, etc.

(2) *Source* (Beschaffen) stellt die benötigten Sachgüter und Dienstleistungen zur Verfügung und beinhaltet den Erwerb, die Prüfung und die Bereitstellung

(3) *Make* (Herstellen) transformiert die Vorprodukte in marktfähige Endprodukte, die die Nachfrage befriedigen sollen

(4) *Deliver* (Liefern) beliefert die Kunden mit den Endprodukten und umfasst gewöhnlich die Auftragsabwicklung und die TUL-Prozesse der Distribution

(5) *Return* (Zurückliefern) beinhaltet die Rücklieferung sowohl vom Kunden als auch an den Lieferanten

Diese **Prozesse** bilden die *Ebene 1* des Modells (*top level*). Um die Prozesse weiter zu strukturieren, werden weitere drei Ebenen einbezogen. In der *Ebene 2* (*configuration level*) werden die Prozesse in Prozesskategorien unterschieden. Dabei wird beispielsweise bei den Prozessen Beschaffen, Herstellen und Liefern nach den Varianten *make-to-stock* (Lagerfertigung), *make-to-order* (Kundenauftragsfertigung) und *engineer-to-order* (kundenauftragsspezifische Konstruktion) differenziert. Auf der *Ebene 3* (*process element level*) werden die ausgewählten Prozesskategorien der Ebene 2 in Prozesselemente aufgegliedert. *Ebene 4 (implementation level)* ist die feinste Darstellungsform und zu individuell, als dass es Teil eines allgemeinen Modells sein könnte. Diese Ebene muss deshalb von jedem Unternehmen nach eigenen Gesichtspunkten gestaltet werden.

Das SCOR-Modell bietet neben der Beschreibungssprache für Prozesse folgende **Möglichkeiten**:

- *Kennzahlendefinitionen* (z. B. cash to cash cycle), mit denen die Prozesse bewertet und gesteuert werden können. Damit liefern sie eine Grundlage für ein Benchmarking mit anderen SCOR-Teilnehmern.

- *Best-Practice-Beschreibungen* von besonders effizient gestalteten Prozessen bei anderen SCOR-Teilnehmern, um damit Anregungen zur Verbesserung der eigenen Abläufe zu liefern.

- *Software-Vorschläge* zur Verbesserungen von Prozessen.

Damit unterstützt das SCOR-Modell die Möglichkeit, eine integrierte Supply Chain über alle beteiligten Unternehmen hinweg zu gestalten und zu optimie-

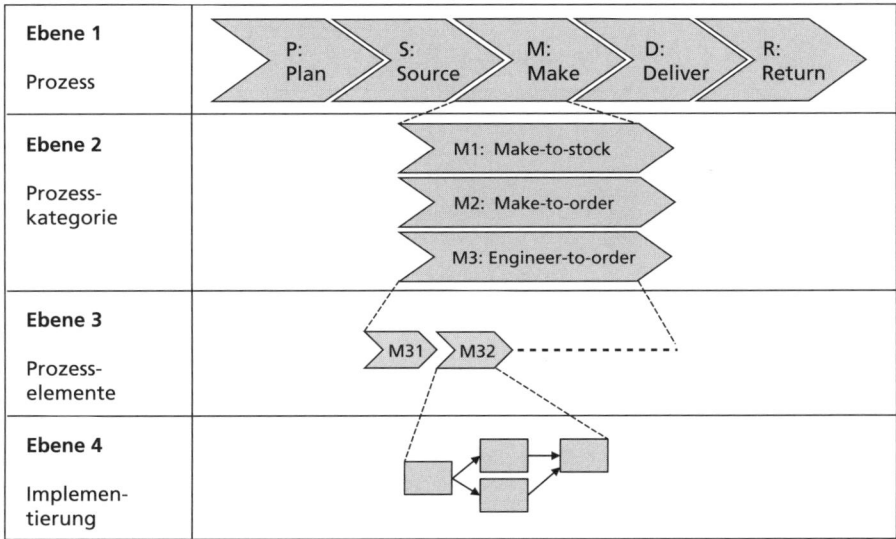

Abbildung 7.3: Ebenen des SCOR-Modells

ren, die Performance von SC zu bewerten und zu vergleichen und die geeigneten Stellen einer Supply Chain für den Einsatz von Software zu lokalisieren und deren notwendige Funktionalität zu bestimmen.

Das **Collaborative Planning, Forecasting** and **Replenishment** (CPFR) beinhaltet einen weiteren Standardisierungsvorschlag und wird im nächsten Kapitel als Kooperationskonzept vorgestellt. Collaborative Planning, Forecasting and Replenishment hat einen anderen Ansatz als das SCOR-Modell und liefert die operativen Schritte zur Generierung gemeinsamer Geschäftsprozesse.

## 7.2.2 Kooperationskonzepte für das Supply Chain Management

Im Folgenden werden **Konzepte** vorgestellt, die den Supply Chain Management-Anforderungen an eine Kooperation Rechnung tragen: *Quick Response* (QR), *Continuous Replenishment Program* (CRP), *Vendor Managed Inventory* (VMI), *Efficient Consumer Response* (ECR) sowie *Collaborative Planning, Forecasting and Replenishment* (CPFR).

- **Quick Response** (QR) ist das Ergebnis einer Untersuchung in der Textilindustrie in den USA, bei der eine exorbitant lange Durchlaufzeit durch die gesamte Kette der Branche von der Fasererzeugung über die Bekleidungsherstellung bis zum Verkauf an den Endkunden festgestellt wurde. Als Ursache für diese lange Durchlaufzeit wurde die mangelnde Weitergabe der Verkaufszahlen analysiert, die zu einem Aufbau von Sicherheitsbeständen

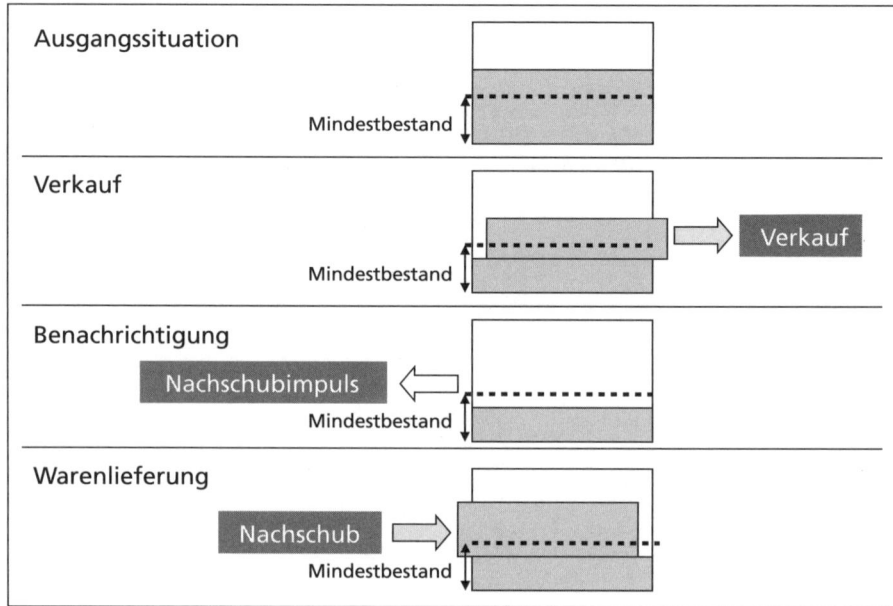

Abbildung 7.4: Pull-Prinzip

auf allen Stufen führte. Die wichtigsten Elemente von Quick Response sind: (a) Erhebung der Verkaufsdaten am Point of Sale (PoS), also der Verkaufskasse des Einzelhandels, (b) Schnelle Weitergabe der Daten an die vorgelagerten Handels- und Industriestufen, (c) Gemeinsame Saisonplanung sowie (d) Optimierung des Warenflusses. Grundlage dieses Konzeptes ist das *Pull-Prinzip*. Das bedeutet, dass der Impuls für eine Lieferung eine verkaufte oder zum Verkauf anstehende Menge ist, die wieder aufgefüllt werden soll, und nicht eine produzierte Menge, die nach dem *Push-Prinzip* durch die Kette gedrückt wird. Die Nachversorgung kann über automatisierte Bestellsysteme erfolgen, sobald ein Mindestbestand erreicht ist. Voraussetzung für eine solche Kooperation ist eine entsprechend ausgestattete IT und eine Datenübermittlung über alle Stufen der Logistikkette. Die *Vorteile* dieses Konzeptes sind neben einer Verkürzung der Durchlaufzeit und damit einer Senkung der Bestände und der entsprechenden Kosten auch eine Erhöhung der Flexibilität und der Lieferbereitschaft durch weniger Nullbestandssituationen.

• **Continuous Replenishment Program** (CRP) automatisiert den Nachschub zwischen Hersteller und Handel, wobei der Hersteller die Nachschubverantwortung trägt. Damit entfallen die Bestellungen des Handels bei der Industrie. Dieses Kooperationskonzept funktioniert nur, wenn zwei Voraussetzungen erfüllt sind: (1) Versorgung des Herstellers mit vollständigen und aktuellen Informationen über die Verkaufs- und Bestandsdaten des Handels, z. B. mittels Datentransfers der Scannerkasseninformationen, sowie (2) Vereinbarung grundlegender Kennzahlen zwischen den Partnern, wie z. B. Reichweiten, Lieferfähigkeitsgrade, Reaktionszeiten, etc. Im Rahmen dieser Vereinbarungen kann dann das operative Geschäft des Warennachschubs vollständig auf den Hersteller übergehen. Das Continuous Replenishment Program-Konzept ähnelt dem Quick Response-Ansatz, wobei Quick Response die Synchronisierung der gesamten Lieferkette als Ziel hat, während Continuous Replenishment Program die Abstimmung zweier Unternehmen behandelt. Neben den *Vorteilen*, die bei Quick Response genannt wurden, kommt bei Continuous Replenishment Program durch den Wegfall der Bestellabwicklung eine administrative Erleichterung hinzu.

• **Vendor Managed Inventory** (VMI) bedeutet, dass der Lieferant weitgehende Verantwortung für die Planung und Steuerung der Bestände des Abnehmers übernimmt. Er bestimmt die Liefermengen und -zeitpunkte und hat damit die Möglichkeit, seine Prozesse mit denen des Kunden zu synchronisieren. Es werden lediglich, wie bei Continuous Replenishment Program, logistische Eckdaten wie Reichweiten, Servicegrade oder durchschnittliche Bestandshöhen festgelegt. Inputinformationen für Lieferentscheidungen für den Lieferanten sind die Abverkaufs- und Bestandsdaten des Abnehmers. Daraus werden eigenständige Prognosen erstellt. Eine schwächere Form von Vendor Managed Inventory ist das *Co Managed Inventory* (CMI). Hier macht der Lieferant lediglich Bestellvorschläge, die der Abnehmer annehmen, korrigieren oder ablehnen kann. Co Managed Inventory eignet sich als vorgeschaltetes Projekt zu Vendor Managed Inventory, um eine Vertrauensbasis zwischen den Partnern zu schaffen.

- **Efficient Consumer Response** (ECR) nimmt Ansätze wie Quick Response und Continuous Replenishment Program auf und baut sie aus, indem neben der reinen Versorgung der logistischen Kette auch Aspekte der Nachfrageseite berücksichtigt werden. Ausgangspunkt für die Entwicklung von Efficient Consumer Response war eine Untersuchung im Auftrag von Konsumgüterherstellern, die als Ziel mögliche Kostensenkungen und Serviceverbesserungen in der gesamten logistischen Kette des Konsumgütermarktes identifizieren sollte. Das Ergebnis war ein umfassendes Konzept zur zwischenbetrieblichen Zusammenarbeit zwischen Herstellern, Großhändlern und Einzelhändlern in einer Konsumgüterlogistikkette. Das ECR-Konzept beinhaltet die Komponenten *effiziente Warenversorgung* (efficient replenishment) und *effizientes Warengruppenmanagement* (efficient category management).

Eine **effiziente Warenversorgung** ist logistikorientiert und macht Vorschläge zur Zusammenarbeit der Partner im Sinne einer Supply Chain. Dazu gehören die folgenden Bausteine:

(a) *Effiziente Nachschubsteuerung*: Hier können Konzepte wie Quick Response, Continuous Replenishment Program oder Vendor Managed Inventory zum Tragen kommen. Wesentlich ist, dass sie die folgenden Forderungen erfüllen: Erfassung der PoS-Daten und zeitnahe Weitergabe an die Partner, Pull-Prinzip als nachfragegesteuerte Warenversorgung und kontinuierliche Nachversorgung im Sinne einer Just-in-Time-Abwicklung.

(b) *Effiziente TUL-Gestaltung*: Es werden verschiedene Optimierungsmöglichkeiten für die *Prozesse Transport, Umschlag und Lagerung* aufgezeigt. Dazu gehört die Standardisierung von Ladehilfsmitteln (efficient unit loads), das Pooling von Lagern und Transportmitteln und das Cross Docking, also der Einsatz eines Umschlagpunkts innerhalb eines mehrstufigen Logistiksystems, bei dem eingehende Warenströme aufgelöst und umsortiert werden. Für die Sendungsverfolgung über alle TUL-Prozesse hinweg werden Vorschläge zum Einsatz von Tracking & Tracing-Systemen (T&T-Systeme) und Radio Frequency Identification-Lösungen (RFID) gemacht.

(c) *Effiziente Administration*: Hinweise zur Anwendung von EDI- und EAN-Standards werden ergänzt durch Vorschläge zu Scannerkassen und der Anwendung von Systemen zur Unterstützung von automatisierten Bestellungen (computer assisted ordering).

Ein **effizientes Warengruppenmanagement** erweitert die logistikorientierte Komponente der effizienten Warenversorgung um marketingorientierte Bausteine. Eine Warengruppe ist eine eigenständige, abgegrenzte und steuerbare Gruppe von Produkten, die vom Verbraucher als eine Einheit wahrgenommen wird, wie z.B. Tiefkühlkost, Reinigungsmittel, etc. Im Handel wird die Verantwortung für Produkte häufig nicht mehr im funktionalen Sinn strukturiert, wie z.B. nach Einkauf, Verkauf, etc., sondern nach Warengruppen. Das bedeutet, dass strategische Einheiten gebildet werden, die für den gesamten Prozess einer oder mehrerer Warengruppen verantwortlich sind: Vom Beschaffungsmarketing über den operativen Einkauf, bis zum Absatzmarketing und dem Verkauf an den Konsumenten. *Ziel* des Warengruppen-

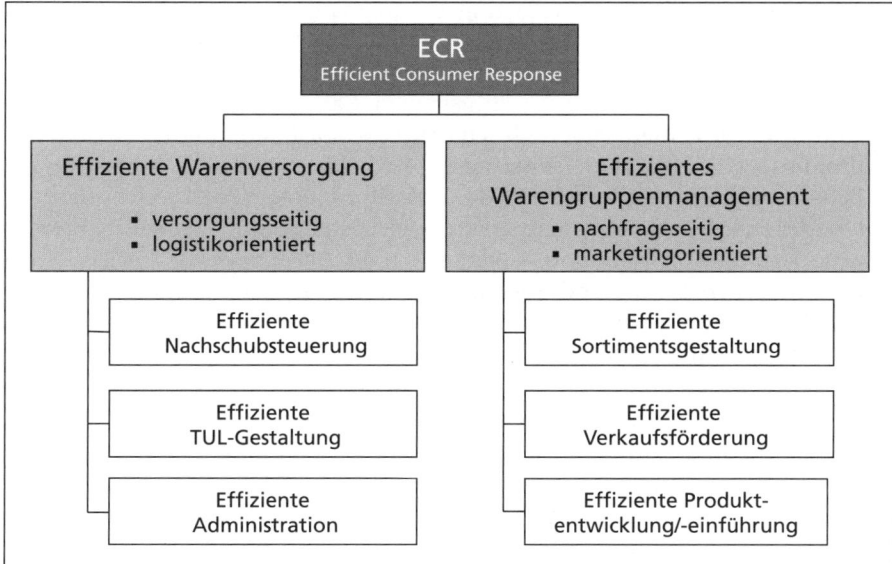

Abbildung 7.5: Bausteine des ECR-Konzepts

managements ist es, das Know-how einer Warengruppe besser zu konzentrieren und eine effiziente und bedarfsgerechte Bereitstellung von Produkten und Leistungen zu gewährleisten. Dieses Wissen sollte ausgenutzt werden, um die Zusammenarbeit zwischen Herstellern und den Stufen des Handels zu verbessern. Die folgenden Bausteine des effizienten Warengruppenmanagements sind hervorzuheben:

(a) *Effiziente Sortimentsgestaltung*: Darunter versteht man den Aufbau einer Warengruppe mit dem Ziel, die Kundenzufriedenheit und die Produktrentabilität zu steigern. Dazu gehören beispielsweise eine optimale Regal- und Flächenausnutzung am PoS, eine kundengerechte Produktplatzierung, etc. Eine frühe Einbeziehung der Hersteller kann Erfolge erleichtern und erzeugt bei der Industrie Informationen auch für die Logistik.

(b) *Effiziente Verkaufsförderung*: Hier werden verkaufsfördernde Maßnahmen, wie Preisaktionen oder das Angebot von Sonderprodukten zwischen Herstellern und dem Handel abgestimmt. Da ein erheblicher Teil des Einzelhandelsumsatzes heute über solche Promotionen generiert wird, sind diese Informationen für die mengen- und zeitgerechte Warenversorgung wichtig.

(c) *Effiziente Produktentwicklung- und -einführung*: Eine gemeinsame Entwicklung kann einen Ausgleich der verschiedenen Hersteller- und Handelsanforderungen an die zukünftigen Produkte bezüglich Lagerung, Transport und Präsentation herbeiführen. Die Einführung eines neuen Produktes ist häufig von verschiedenen Marketingmaßnahmen begleitet, bei denen eine Abstimmung der logistischen Implikationen zwischen Handel und Industrie hilfreich ist.

- **Collaborative Planning, Forecasting and Replenishment** (CPFR) ist ein Konzept zur logistischen Zusammenarbeit und liefert darüber hinaus ein standardisiertes Vorgehen zur Einführung dieser Kooperationsform, welches neun Schritte umfasst: (1) Abschluss einer Rahmenvereinbarung, (2) Festlegung eines gemeinsamen Geschäftsplans, (3) Erstellung einer Bedarfsprognose, (4) Abweichungsanalyse der Bedarfsprognose, (5) Korrektur der Bedarfsprognose, (6) Erstellung der Bestellprognose, (7) Abweichungsanalyse der Bestellprognose, (8) Korrektur der Bestellprognose sowie (9) Bestellgenerierung, Erfüllung und Abverkauf. Ein *Schwerpunkt* von Collaborative Planning, Forecasting and Replenishment liegt in der Zusammenarbeit in der Prognosephase, in der die gemeinsame Bearbeitung bei kritischen Abweichungen zu einem lernenden Prozess durch Rückkopplung wird.

Die besprochenen Kooperationskonzepte betreffen in erster Linie Industrie- und Handelsunternehmen als Träger der Zusammenarbeit, aber Logistikdienstleister übernehmen zunehmend wichtige Funktionen innerhalb der Logistikkette, wie die Entwicklung vom *Second Party Logistics Service Provider* (2PL) über den *Third Party Logistics Service Provider* (3PL) bis hin zum *Fourth Party Logistics Service Provider* (4PL) dokumentiert.

### 7.2.3 Gestaltung eines Supply Chain Managements

Vor der Implementierung einer Kooperation im Sinne einer Supply Chain sollten alle Partner ein gemeinsames Grundverständnis der Prinzipien haben, auf denen die künftige Zusammenarbeit aufbaut. Es gibt umfangreiche Listen von **Kooperationsmerkmalen** und ihren Ausprägungen, von denen die folgende Auswahl vorgestellt werden soll:

- Merkmal *Geschäftskultur der Partner* mit den Ausprägungen ‚homogen/sehr ähnlich‘ bis ‚heterogen/verschieden‘
- Merkmal *Machtverhältnisse zwischen den Partnern* mit den Ausprägungen ‚hierarchisch-einseitig‘ bis ‚heterarchisch-ausgeglichen‘
- Merkmal *Intensität des Informationsaustauschs* mit den Ausprägungen ‚nur Auftragsdaten‘ bis ‚alle zur Planung und Steuerung benötigten Informationen‘
- Merkmal *Verzahnung der Logistikprozesse* mit den Ausprägungen ‚reine Auftragserfüllung‘ bis ‚integrale Planung und Abwicklung im Netzwerk‘

Das Merkmal *Machtverhältnisse* deutet an, dass Supply Chains nicht, wie manchmal behauptet, eine gleichberechtigte Partnerschaft erfordern. Vielmehr ist es lediglich notwendig, dass alle Partner aus der Zusammenarbeit profitieren. Die Verteilung des Gewinns muss nicht zwingend ‚fair‘ sein. Wesentlich ist, dass die Kooperation allen Beteiligten nutzt, ansonsten würden Supply Chains mit einem dominanten Partner, wie z. B. in der Automobilindustrie oder in der Kooperation von Konsumgüterherstellern und dem Einzelhandel, nicht funktionieren.

Die Idee von der Win-Win-Situation der Partner in einer Supply Chain prägt demgegenüber das Modell der **Advanced Logistic Partnership** (ALP-Modell), das einen konzeptionellen Rahmen für die Gestaltung und den Betrieb einer Supply Chain liefert. Dabei werden drei Führungsebenen bei den Partnern unterschieden:

(1) *Oberste Führungsebene*, die übergeordnete Aufgaben aus dem Bereich der Strategie und allgemeiner Festlegungen der Supply Chain übernimmt

(2) *Mittlere Führungsebene*, die für die Gestaltung der Prozesse in der Zusammenarbeit verantwortlich ist, Nutzenbetrachtungen anstellt und die Kooperation in Verträgen formuliert

(3) *Operationelle Führungsebene*, die die konkrete Planung und Durchführung der gemeinsamen Auftragsabwicklung verantwortet

Der zeitliche Ablauf der Einführung wird in drei Phasen gegliedert, wobei die *Absichtsphase* eine Vorauswahl der Partner und eine Abschätzung der Kosten und Nutzen umfasst, die *Definitionsphase* der Entwicklung des Soll-Konzepts und der Entscheidung für die Partner gewidmet ist und bei der *Ausführungsphase* das unternehmensübergreifende Auftragsmanagement im Fokus steht. Während dieser drei Phasen arbeiten alle Führungsebenen an der Realisierung der Supply Chain, wobei ausdrücklich erwünscht ist, dass die Beeinflussung der Arbeiten nicht nur hierarchisch von oben nach unten über Vorgaben erfolgt, sondern auch über Rückkopplungen Erkenntnisse der Detailarbeit in die Gestaltung einfließen.

## 7.3 Trends, Aufgaben und Literatur

### 7.3.1 Trends

Die Umsetzung von Effizienz- und Effektivitätssteigerungen lässt sich innerbetrieblich zunehmend schwieriger herstellen, weil Optimierungspotenziale bei Unternehmen mit entsprechend entwickelten Logistikbereichen begrenzt sind. Der Fokus richtet sich daher auf zwischenbetriebliche Kooperationen, die im Sinne des Supply Chain Managements neu strukturiert werden.

> → Die Einsicht, dass nicht eine gute Logistik allein, sondern die **Einbindung in funktionierende Supply Chains** ein Unternehmen erfolgreich macht, wird in Zukunft strategiebestimmend sein.
>
> → In großen Unternehmen wird die Zusammenarbeit zwischen Tochtergesellschaften verstärkt nach den Prinzipien des Supply Chain Managements erfolgen. Neben den direkten positiven Effekten dienen solche Kooperationen auch als **Training für zukünftige Supply Chains** mit externen Unternehmen.
>
> → **Technische Voraussetzungen** für ein funktionierendes Supply Chain Management verbessern sich und unterstützen die Kooperationsfähigkeit der Unternehmen.

Neben den rein technischen und konzeptionellen Entwicklungen in diesem Bereich muss sich eine neue Logik der vertrauensvollen Zusammenarbeit etablieren.

## 7.3.2 Aufgaben

Für die Bearbeitung der folgenden Aufgaben sollten zunächst grundlegende Bedingungen, Problemfelder und Erfolgsfaktoren für die Installierung eines Supply Chain Managements aufgezeigt werden, um daran anschließend die Optimierungspotenziale einer Gesamtlösung aufzeigen zu können.

> ▶ **[1]** Diskutieren Sie Bedingungen, Problemfelder und Erfolgsfaktoren, die bei der Implementierung eines Supply Chain Managements auftreten.
>
> ▶ **[2]** Skizzieren Sie das Problem des sogenannten Bullwhip-Effekts indem Sie die entsprechenden Auswirkungen auch grafisch darstellen.
>
> ▶ **[3]** Beschreiben Sie die Bausteine des Supply Chain Operation Reference-Modells (SCOR-Modell) und zeigen Sie, dass sich dieses besonders gut eignet, um unternehmensinterne und unternehmensübergreifende Prozesse zu analysieren und zu bewerten.
>
> ▶ **[4]** Charakterisieren Sie die Komponenten eines Efficient Consumer Response unter dem Aspekt Kostensenkungspotenziale und Kundennutzenerhöhungspotenziale freisetzen zu können.

**Aufgaben ▲**

Stichworte zu konkreten Lösungshinweisen für die Aufgaben von Kapitel 7 finden Sie auf Seite 236.

## 7.3.3 Literatur

Zur Vor- und Nachbereitung der Inhalte von Kapitel 7 können ergänzend folgende Lehrwerke und Internetadressen als Quellen herangezogen werden:

🐍 Schulte, Christof (2009): Logistik. Wege zur Optimierung der Supply Chain, Kapitel 10: Supply Chain Management, Seiten 523–547

🐍 Fandel, Günter u.a. (2009): Supply Chain Management. Strategien – Planungsansätze – Controlling, Kapitel 1: Allgemeine Grundlagen des Supply Chain Managements (SCM), Seiten 1–31

🐍 Werner, Hartmut (2008): Supply Chain Management. Grundlagen, Strategien, Instrumente und Controlling, Kapitel C: Strategien des Supply Chain Managements, Seiten 96–183

🐍 Busch, Axel u.a. (2004): Integriertes Supply Chain Management. Theorie und Praxis effektiver unternehmensübergreifender Geschäftsprozesse, Teil II: SCM-Konzepte und -Systeme innerhalb eines Unternehmensverbunds, Seiten 169–351

Folgende Internetadressen stellen ergänzende Informationsquellen dar:

@ www.jahrbuchlogistik.de

@ www.logistik-heute.de

@ www.dslv.org

Weitere Hinweise zur Literatur und zur vertiefenden Lektüre finden Sie im Literaturverzeichnis.

# 8 Logistische Supportsysteme

## 8.1 IT-Management in der Logistik

### 8.1.1 Aufgaben und Systematisierung der Logistik-IT

Die **Informationstechnik (IT)** unterstützt die Logistik in vielfacher Weise: Sie kennzeichnet die logistischen Objekte, wie z. B. Waren oder Ladehilfsmittel, mit einem eindeutigen Code, so dass die Objekte während des gesamten Prozessablaufs zu identifizieren und zu lokalisieren sind. Die IT sorgt für die *Kommunikation* zwischen den einzelnen Prozessteilnehmern und kann die Arbeitsergebnisse der Prozesse protokollieren. Sie unterstützt die Planung, Steuerung, Abwicklung und Kontrolle aller logistischen Prozesse. Im Sinne eines Modells bildet die IT reale, logistische Systeme in vereinfachte virtuelle Systeme auf Rechnern ab und liefert damit die Möglichkeit, Vorgänge im realen Umfeld planerisch mit zeitlichem Vorgriff zu simulieren oder als Protokoll nachzuvollziehen. Dies bedarf einer engen, inhaltlichen und zeitlichen Kopplung zwischen den physischen Prozessen, den Ressourcen, der Organisation und den logistischen Objekten einerseits und den Elementen und Relationen des virtuellen IT-Systems andererseits. Die Aufgaben und die zur Verfügung gestellten Werkzeuge der Logistik-IT lassen sich nach Ebenen ordnen.

Die Abbildung gibt anhand von Stichworten einige Schwerpunkte der Ebenen wieder.

---

**Lernziele**

- ○ **Überblick** über *Aufgaben und Systematisierung* der Logistik-IT sowie strategische und operative Aufgaben eines Logistikmarketings und Logistikcontrollings als auch über *logistische Dienstleistungen* und *Kennzahlen.*

- ○ **Verständnis** für *Bereiche der Logistik-IT* im Sinne von Funktionen der Identifikations- und Kommunikationsebene, Optimierungsstrategien und *Servicedenken* im Marketing sowie *controllingorientierte Sichtweisen* von Logistikleistungen und *Logistikkosten*, einschließlich ausgewählter Instrumente des strategischen und operativen Logistikcontrollings.

- ○ **Einsicht** in Aufgaben und Anwendung der Logistik-IT im Bereich der *Abwicklungs- und Planungsebene*, in strategische und operative *Bereiche des Marketingmanagements* sowie ausgewählte *Instrumente* des strategischen und operativen Logistikcontrollings.

Lernziele Kapitel 3

| Planungsebene | Planungsmodule der ERP-und SCM-Systeme, Einzelsysteme für PPS, Tourenplanung, etc. |
| --- | --- |
| Abwicklungs-ebene | Abwicklungsmodule der ERP-Systeme, Einzelsysteme für Auftragsabwicklung, Transportabwicklung, Tracking & Tracing, etc. |
| Kommunikations-ebene | EDI, EDIFACT, Odette, SEDAS, Internet, etc. |
| Identifikations-ebene | EAN/GTIN, Barcode, OCR, RFID, etc. |
| Physische Ebene | Logistische Objekte, Prozesse, Ressourcen, Organisation |

Abbildung 8.1: Ebenen der Logistik-IT

## 8.1.2 Logistik-IT der Identifikations- und Kommunikations-ebene

Die **Identifikationsebene** der IT dient der Kopplung von physischen und informatorischen Geschehnissen, wie z. B. im Bereich der Warenflüsse, der Lagerung oder der Umschlagprozesse. Dazu bedarf es der Erzeugung einer Information über ein Objekt, dem Anbringen der Informationen am Objekt und dem Lesen der Information zur Identifikation des Objekts. Da diese Daten allen am Prozess Beteiligten dienen sollen, muss eine Vereinheitlichung der Identifikationssysteme etabliert sein. So wird beispielsweise von der internationalen Standardisierungsorganisation *Global Standards One (GS1)*, in Deutschland *GS1 Germany*, eine einheitliche Produktnummer *Global Trade Item Number (GTIN)* für Handelsartikel vergeben, welche die *European Article Number (EAN)* in 2009 abgelöst hat. Sie ist 8- oder 13-stellig und enthält neben der eindeutigen Artikelnummer auch Informationen über die Ausgestaltung des Artikels und das herstellende Unternehmen, wobei der Hersteller über die *Globale Lokationsnummer (GLN)*, früher *ILN* für *Internationale Lokationsnummer*, gekennzeichnet wird. Versandeinheiten, wie z. B. Paletten oder Container, werden überschneidungsfrei mit dem *Serial Shipping Container Code (SSCC/NVE)*, früher *Nummer der Versandeinheit* (NVE), identifiziert. Für einen speziellen Einsatz wird ein *Electronic Product Code (EPC)* angeboten, der ein weites Einsatzfeld von der Identifikation von Einzelprodukten über Verkaufseinheiten bis zu Versandeinheiten abdeckt und dementsprechend umfänglich ist.

Neben der Standardisierung der Nummerninhalte muss auch die physische Darstellung einer **Vereinheitlichung** zugeführt werden, um den effizienzsteigernden Effekt zu gewährleisten:

- *Barcodes*, auch Strichcodes genannt, sind am weitesten verbreitet. Sie bestehen aus einer Abfolge von verschieden breiten Balken. Dieser codierte Strang kann eindimensional in verschiedenen Längen und auch zweidimensional eingesetzt werden. Druck- und Lesegeräte laufen in der Regel sehr stabil, so dass der Barcode in allen logistischen Bereichen Anwendung findet. Als Lesehilfe für die Mitarbeiter wird häufig die Identifikationsnummer in Klarschrift hinzugedruckt. Neben dem Barcode werden auch reine Klarschriften *Optical Charakter Recognition*-Schriften (*OCR*-Schrift) zur Kennzeichnung verwendet, die von entsprechenden Druckern und Lesegeräten verarbeitet werden können.

- *Radio Frequency Identification (RFID)* ist eine Technik, die in der Logistik zwar schon eingesetzt wird, aber noch hohes Entwicklungspotential besitzt. Anstatt eines optischen Mediums wird bei der RFID ein sogenannter *Transponder*, auch als *Tag* bezeichnet, verwendet, der einen Mikrochip zur Informationsspeicherung und eine Antenne zum Senden und Empfangen von Nachrichten enthält. Handelt es sich um einen *aktiven Transponder*, so steht zusätzlich eine Batterie zur Verfügung, die das eigenständige Senden und Empfangen von Informationen ermöglicht. Ein *passiver Transponder* hingegen verfügt über keine Stromquelle und kann nur über Induktion von außen zum Senden veranlasst werden. Das Beschreiben und Lesen von RFID-Tags erfolgt sicht- und kontaktlos, was den großen Vorteil dieser Methode begründet. Dadurch können auch über weite Entfernungen hinweg güter- und versandstückbezogene Informationen zur Identifikation übermittelt werden. So können bei flächendeckendem Einsatz von Transpondern z. B. Inventuren oder Warenidentifikationen auf einem Lkw erheblich erleichtert werden. Der Electronic Product Code (EPC) ist speziell für diese Technik entwickelt worden, da Transponder deutlich mehr an Informationen aufnehmen und abgeben können, als das etwa auf einem Barcode praktisch umsetzbar wäre. Durch die höhere Speicherkapazität der Tags können auch Daten, die während der logistischen Prozesse anfallen, wie etwa die Temperaturentwicklungen während eines Kühltransportes, dokumentiert werden.

Für die Identifikation von Transportfahrzeugen werden vermehrt Lösungen aus dem Bereich *Global Positioning System (GPS)* eingesetzt. Sie bestimmen die geografische Position des Fahrzeugs und können, abhängig vom Funktionsumfang des verwendeten Geräts, weitere Informationen sammeln, wie z. B. Lenkzeiten, Ruhezeiten, Tankfüllungen, etc. Diese Daten werden über Funknetze an den Zentralrechner des Unternehmens geschickt und stehen dort für Softwarepakete, wie z. B. das Flottenmanagement, das Tracking & Tracing, etc., zur Verfügung. Systeme dieser Art, die zwei Informationssysteme mittels der Telekommunikation miteinander verbinden, nennt man *Telematik-Systeme*.

Die **Kommunikationsebene** sorgt für eine einheitliche Form der Benachrichtigung aller an einer logistischen Kette beteiligten Partner. Ein probates Mittel dazu ist der elektronische Datenaustausch, *Electronic Data Interchange (EDI)*, der den automatischen Austausch von strukturierten Nachrichten zwischen Anwendungsprogrammen bezeichnet. Dazu bedarf es neben der Verständigung auf vereinheitlichte Übertragungswege und Übertragungsverfahren auch einer

Festlegung der Formate, in denen die Daten ausgetauscht werden können. Eine dazu geschaffene Form stellt das *Electronic Data Interchange for Administration, Commerce and Transport (EDIFACT)* dar. Dieses umfasst mittlerweile mehr als zweihundert standardisierte Nachrichtentypen, wie z. B. Lieferscheine, Angebote, Rechnungen, Zollanmeldungen, etc., und soll den elektronischen Datenaustausch zwischen allen Wirtschaftsbereichen ermöglichen. Im Laufe der Zeit haben sich Untermengen (Subsets) zu EDIFACT gebildet, die z. B. branchenspezifischen Verzicht auf unnötige Nachrichtentypen zulassen. Die bekannteste von EDIFACT abgeleitete Untermenge ist das *European Article Number Communication (EANCOM)*. Daneben haben sich bisher bestehende Standards wie SEDAS (Standardregelung Einheitlicher Datenaustauschsysteme) im Konsumgüterhandel oder ODETTE (Organization for Data Exchange and Teletransmission) in der Automobilindustrie zu Subsets von EDIFACT entwickelt. Durch den verstärkten Einsatz von Internetanwendungen haben sich Web-EDI Verfahren gebildet, die auf Basis der Standards *Extensible Markup Language (XML)* eine Vereinheitlichung anbieten.

Zur Datenübertragung stehen verschiedene Netze zur Verfügung, die nach Fest- und Funknetzen unterschieden werden können. Zu den Festnetzen gehören z. B. das *Integrated Digital Network (IDN)*, das *Datex-P-Netz* oder auch das Integrated *Services Digital Network (ISDN)*. Bei den Funknetzen gewinnt der Standard *Universal Mobile Telecommunications System (UMTS)* immer mehr an Bedeutung. Das *Internet* stellt ebenfalls ein globales Rechnernetz dar, das als Verbund verschiedener Netze besteht, deren Rechner alle über das Netzwerkprotokoll TCP/IP miteinander kommunizieren. Soll ein Subnetz entstehen, das zwar mittels der gleichen Protokolle und Techniken wie das Internet arbeitet, aber nur für einen speziellen Nutzerkreis reserviert ist, etwa für die Mitarbeiter eines Unternehmens, dann stehen eine Reihe von Abschirmungsmöglichkeiten zur Verfügung. Ein solches nichtöffentliches Netz nennt man *Intranet*. Wird der Nutzerkreis erweitert, etwa um Geschäftspartner, entsteht ein *Extranet*.

### 8.1.3 Logistik-IT der Abwicklungs- und Planungsebene

Die **Abwicklungsebene** der Logistik-IT unterstützt alle Tätigkeiten, die im Logistikbetrieb immer wieder anstehen und sich in ihrem Arbeitsinhalt kaum unterscheiden. Dazu gehören Arbeiten, wie z. B. die Auftragsabwicklung, die Lagerprozesse, die Bestellabwicklung, die Transporte, etc. Für diese Bereiche existiert eine große Anzahl von Standardsoftwarepaketen, die mit entsprechenden Anpassungen alle Belange der Nutzer abdecken, diese in erheblichem Maße von administrativer Tätigkeit entlasten und die Qualität und Effizienz der Arbeit erhöhen.

---

**Beispiel 8.1**

Ein Kundenauftrag wird an das Lager, das ohne Festplatzzuordnung arbeitet, zur Kommissionierung übergeben. Das Lagerverwaltungssystem (LVS), als Teil der Abwicklungsebenen-IT, übernimmt den Auftrag, sucht für die angeforderten Produkte die Lagerplätze mit ausreichendem Bestand aus, optimiert den Weg des Kommissionierers durch das Lager, druckt die Entnahmebelege aus, nimmt die Entnahmemeldung entgegen, bucht die Ware ab, führt die einzelnen Warenmengen an der Verpackung zusammen, druckt Lieferschein und sonstige Versandpapiere und leitet gegebenenfalls Informationen an Spediteure, Buchhaltung, etc. weiter. Treten Fehler im Lager auf, die dem Lagerverwaltungssystem gemeldet werden, werden nötige Gegenmaßnahmen vom System eingeleitet wie etwa eine Inventurzählung, eine Lagerplatzsperrung oder die zeitweilige Stornierung eines Auftrages.

Die Abwicklungsebene kommuniziert nicht nur, wie im Beispiel dargestellt, mit den Mitarbeitern, sondern kann auch eine Verbindung zu untergeordneten IT-Schichten haben. In vollautomatischen Lagern etwa wird das Lagerverwaltungssystem (LVS) der unterlagerten Steuerung eine Palettenauslagerung folgendermaßen bekannt geben: Palettenauslagerung von Lagerplatz X an Zielort Y. Die unterlagerte Steuerung übersetzt diese Angaben in Befehle für die Fördertechnikelemente und überwacht deren Erfüllung. Nach Abschluss der Förderung benachrichtigt die unterlagerte Steuerung das LVS über den Vollzug. Ebenso können in anderen Bereichen die IT-Systeme der Abwicklungsebene mit darunterliegenden Steuerungsebenen interagieren, z. B. im Rahmen eines CIM-Konzepts in der Produktion.

Große Standardsoftwarehäuser bieten die einzelnen Anwendungen der Abwicklungsebene im Allgemeinen im Rahmen ihrer *Enterprise Resource Planning-Systeme (ERP-Systeme)* an. Damit wird die Durchgängigkeit der Informationsweiterreichung über die verschiedenen Bearbeitungsstufen hinweg zumindest erleichtert. Um den Informationsfluss in Analogie zum Waren- und Arbeitsfluss prozessorientiert zu gestalten, stehen *Workflow-Management-Systeme* zur Verfügung, in denen die einzelnen Arbeitsschritte zu einem Vorgang oder Prozess gekoppelt werden können. Ein solcher Vorgang wird in der Regel an verschiedenen Stationen bearbeitet, dieser soll aber als eine Einheit aufgefasst werden. Neben den im ERP-System enthaltenen Anwendungen können spezielle Anforderungen des Unternehmens auch Fremdsoftware erfordern. So haben sich auf dem Gebiet des Flottenmanagements, des Tracking & Tracing, etc. Nischenanbieter etabliert, die ihre Produkte kompatibel zu den großen ERP-Paketen anbieten. Unter Tracking & Tracing versteht man eine Sendungsverfolgung, wobei die zu verfolgende physische Sendungseinheit mit einer Identifikation, z. B. mit einem Barcode oder einem RFID-Tag, versehen wird. Vor Verlassen des Versandorts wird die Identifikation gelesen und im Zentralrechner gespeichert. Ist der Transport mehrgliedrig, etwa durch zwischengeschaltete Umschlagpunkte, wird die Identifikation immer wieder gescannt und an den Zentralrechner gemeldet. So kann jederzeit aktuell bestimmt werden, zwischen welchen zwei Lesestationen die Sendung sich befindet. Koppelt man die Identifikation der Sendung mit der Kennzeichnung des Lkw-GPS-Geräts, kann jederzeit der exakte, geografische Ort der Sendung angegeben werden.

Die **Planungsebene** der Logistik-IT ist über lange Zeit eine Sammlung von Insellösungen gewesen, die nur locker miteinander verbunden waren. Erst mit Markteinführung der ERP-Systeme verbesserte sich die Vernetzung sowohl der Daten als auch der Verarbeitungen.

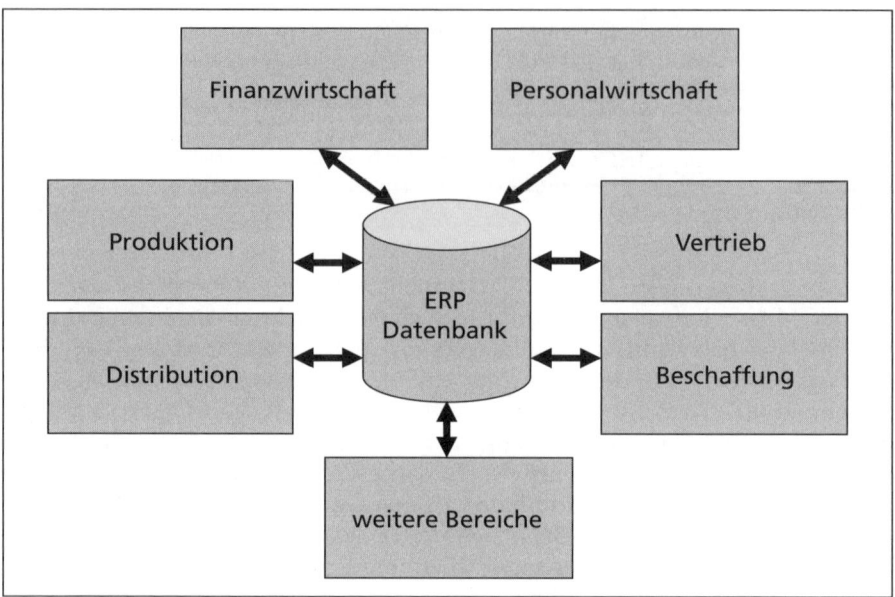

Abbildung 8.2: Datenhaltung eines ERP-Systems

Unter den *Planungssystemen* waren die PPS-Module mit ihrer MRPII-Methodik am weitesten entwickelt. Trotzdem wiesen sie einige gravierende Mängel auf, zu denen unter anderem die Sukzessivität von Mengen- und Zeitplanung, die eingeschränkte Kostenbetrachtung und das Fehlen von leistungsfähigen Algorithmen bei der Entscheidungsunterstützung zählten, zudem dauerten die Planungsläufe sehr lang.

In der zweiten Hälfte der 1990er Jahre wurden die ersten Systeme zur **Supply Chain Management-Planung (SCM-Planung)** vorgestellt, die erstens ganze Logistikketten kooperierender Unternehmen planen können, also sehr umfassend sind, und zweitens mittels neuer Algorithmen, den sogenannten *Advanced Planning and Scheduling-Systemen (APS-Systeme)*, deutlich leistungsfähiger und auch schneller sind. Daher soll ein solches SCM-System im Folgenden, stellvertretend für alle anderen Planungssysteme, vorgestellt werden. Ein IT-System, das ein Supply Chain Management unterstützt, muss die ERP-Systeme der Partner in ein Gesamtkonzept einbinden. Es gibt verschiedene Realisierungsansätze, deren Gemeinsamkeit darin besteht, dass man die ERP-Systeme über eine SCM-Schicht miteinander koppelt. Ein SCM-IT-System besitzt folgende Struktur:

(a) Der *Konfigurator* dient dem Design der Supply Chain. Mit ihm kann das Netz von Ressourcen und Transportstrecken in der Übersicht entworfen und mit Daten versehen werden, so dass der Entwurf als Grundlage einer übergeordneten Planung dienen kann.

(b) Die *Planung* enthält im Allgemeinen nur Planungskomponenten, welche die übergeordnete Planung betreffen. Bei der Detailplanung werden die Daten an das Planungsmodul des entsprechenden ERP-Systems weitergegeben.

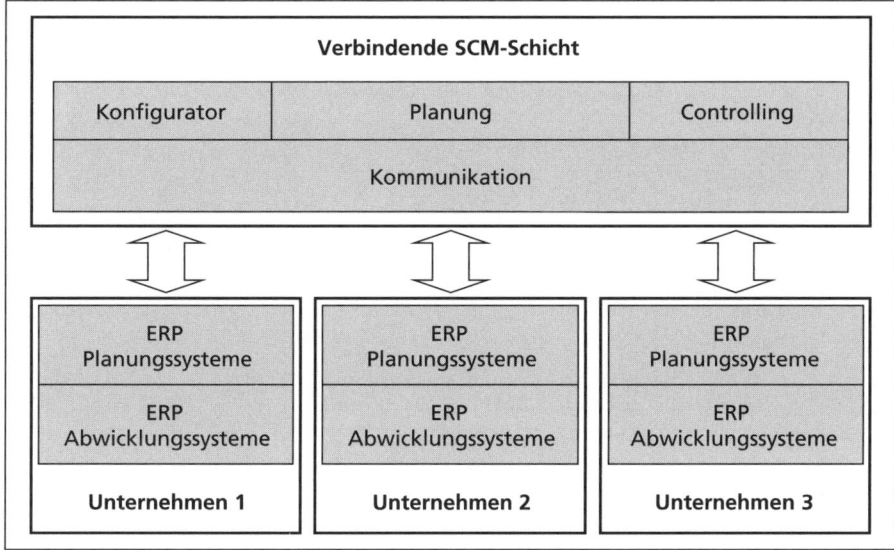

Abbildung 8.3: Struktur eines SCM-IT-Systems

(c) Das *Controlling* wird mit den Daten aus den ERP-Systemen gespeist und gibt eine Gesamtsicht der Supply Chain wieder. Das Controlling kann sowohl Aussagen über die Gesamtkette als auch über einzelne Partner treffen, dabei sollten Funktionen eines modernen *Executive Information Systems (EIS)*, wie etwa slice and dice und drill down zur Verfügung stehen.

(d) Die *Kommunikation* sorgt für den Datenaustausch der ERP-Systeme untereinander und für die Verbindung der ERP-Systeme mit der SCM-Schicht.

Die *ERP-Planungssysteme* enthalten die Planungsmöglichkeiten für alle Bereiche des jeweiligen Unternehmens, beginnend bei der Absatzplanung, der Transportplanung, der Produktionsplanung bis hin zur Beschaffungsplanung. Sie geben den *ERP-Abwicklungssystemen* die Plandaten vor und erhalten als Rückmeldung die Ist-Daten. Die zitierten APS-Systeme sind unter anderem für die Planung in der verbindenden SCM-Schicht entworfen worden. Mittlerweile werden sie auch in den ERP-Systemen eingesetzt.

Stellvertretend für die am Markt befindlichen SCM-Systeme wird im Folgenden das Paket SAP SCM der SAP AG vorgestellt. Dieses kann mit eigenen ERP-Systemen, aber auch mit Software von Drittanbietern, über standardisierte Schnittstellen kommunizieren, es beinhaltet folgende Schlüsselfunktionen:

- Das *Network Design* entspricht dem Konfigurator und bindet Standorte, Transportwege, Ressourcen und die zugeordneten Produkte, die gefertigt, gelagert oder bewegt werden, in ein Netz ein. Es steht unter anderem die Funktion *drill down* zur Verfügung, mit der man das Modell auf verschiedenen Stufen der Detaillierung betrachten kann. Die für die Detaillierung nötigen Daten, wie z. B. Produktinformationen, können über eine standardisierte Schnittstelle aus dem jeweiligen ERP-System übernommen werden. Weiter-

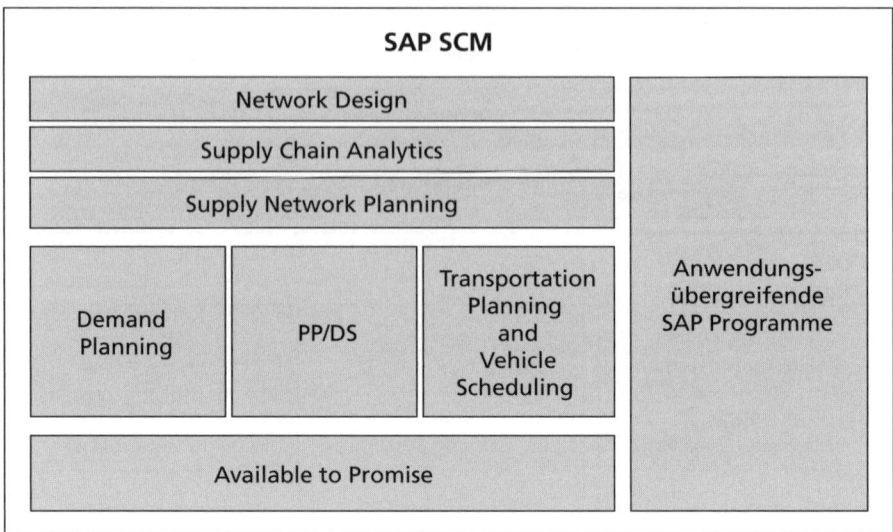

Abbildung 8.4: Schlüsselfunktionen im SAP SCM

hin können physische Lokationen für spezielle Fragestellungen zu virtuellen Lokationen zusammengefasst werden. Dieses Modul enthält auch einen *alert monitor*, der den Nutzer auf Alarmsituationen in der Planung aufmerksam macht. Außerdem steht eine grafische Schalttafel zur Verfügung, mit welcher der Nutzer die Supply Chain nach verschiedenen Gesichtspunkten verwalten und kontrollieren kann, unter anderem auf Kennzahlenbasis.

- Das *Supply Chain Analytics* liefert das eigentliche Controlling zur Supply Chain. Es misst verschiedene Performance-Indikatoren, wie z. B. die Performance von Lieferanten, der Kollaboration, der operativen Abwicklungen, etc. Definierte Key Performance-Indikatoren, also strategisch wichtige Kennzahlen, werden erhoben und innerhalb und außerhalb der Kette über Benchmarks verglichen, z. B. mit den Kennzahlen aus dem SCOR-Modell. Auf Basis dieser internen Kennzahlen, die um Kennzahlen aus z. B. Wirtschaftsredaktionen, etc. ergänzt werden können, stehen Analysen zur Verfügung, die verschiedene Auswertungen zulassen. Wenn Soll-Kennzahlen definiert wurden, können über Alarmfunktionen Abweichungen angezeigt werden.

- Das *Demand Planning* (Absatzplanung) unterstützt die Absatzplanung im Rahmen verschiedener, regionaler, produktbezogener und kundenbezogener Strukturen. Mit Hilfe von Prognose- und/oder Kausalmodellen wird auf der Basis von Vergangenheitsdaten ein erster Absatzplan erstellt, der danach mit Marketing- und Vertriebsinformationen manuell justiert werden kann. Simulationen helfen, verschiedene Ansätze miteinander zu vergleichen.

- Das *Supply Network Planning (SNP)* nimmt den Absatzplan als Input auf. SNP stellt das zentrale Modul dar, in dem im ersten Schritt auf Basis des im Network Design erstellten Gesamtmodells definiert wird, welcher Teil der Supply Chain geplant werden soll. Das kann die gesamte Supply Chain oder ein Submodell sein. Weiterhin gibt es die Möglichkeit, zwischen verschiedenen Optimierungsverfahren zu wählen und manuelle Veränderungen zu berücksichtigen. In einem zweiten Schritt erarbeitet das Modul mit den Daten des Absatzplans für den lang- bis mittelfristigen Bereich eine durchgängige Planung für Beschaffung, Produktion, Distribution und Bestand des gesamten Netzes. Unter Verwendung von vereinfachten Stücklisten und Arbeitsplänen liefert es auf dieser Ebene einen durchführbaren Plan in Form von Bestellanforderungen, Planaufträgen, etc. Dafür stehen neben den Heuristiken auch Optimierungsverfahren zur Verfügung. In diesem Bereich werden Advanced Planning and Scheduling-Systeme (APS-Systeme) verwendet, die ebenfalls Simulationsmöglichkeiten bieten.

- Die *Production Planning/Detailed Scheduling (PP/DS)* als Produktionsplanung und -steuerung übernimmt diesen durchführbaren Plan von SNP und erstellt eine Feinplanung für die Produktion oder Beschaffung mit Hilfe von APS. Bei der Eigenfertigung können Reihenfolgen und Rüstzeitoptimierungen berücksichtigt werden. Die Planung erfolgt simultan, d. h. die Restriktionen von Mengen und Kapazitäten werden gleichzeitig berücksichtigt.

- Das *Transportation Planning and Vehicle Scheduling* für Transport- und Fahrzeugplanung plant alle Transporte von Kundenaufträgen, Bestellungen, Retouren und Umlagerungen detailliert auf Fahrzeugebene.

- Das *Available to Promise* stellt auf Anfrage fest, ob ein bestimmtes Produkt in einer bestimmten Menge zu einer bestimmten Zeit verfügbar ist. Dabei können nicht nur die virtuellen Bestände und Transportbedingungen zum nachgefragten Zeitpunkt überprüft werden, sondern es wird bei fehlendem Bestand auch die Möglichkeit einer Fertigung/Beschaffung der fehlenden Artikel untersucht.

- Die *anwendungsübergreifenden SAP-Programme* liefern unter anderem die technischen Voraussetzungen für die Kommunikation zwischen den SCM-Modulen und den ERP-Systemen sowie die Verbindung zur Außenwelt über das Internet. Damit wird auch eine weitere, angebotene Anwendung möglich, eine *kollaborative Planung*, zusätzlich Pakete, welche die SCM-Konzepte *Vendor Managed Invetory (VMI)* und das *Collaborative Planning, Forecasting and Replenishment (CPFR)* unterstützen.

Die *Entwicklungen* im Bereich *Electronic Commerce (E-Commerce)* wirken sich auch auf die Logistik aus. Durch erweiterte Möglichkeiten der Anwendung des Internets, wie z. B. elektronische Marktplätze und Einkaufsplattformen, konnten sich einerseits neue Geschäftsmodelle entwickeln, die geänderte Anforderungen an die Logistik stellen. Andererseits bietet das Internet eine umfassendere, kostengünstigere Kommunikationsform zwischen Unternehmen an und wirkt damit als Treiber für die Entstehung neuer logistischer Funktionen.

## 8.2 Marketingmanagement in der Logistik

### 8.2.1 Marketing im Bereich logistischer Dienstleistungen

Logistische Dienstleistungen haben sich als spezifische **Produkte** oder **Kompetenzen** über logistische Funktionen, Prozesse und Konzeptionen in den letzten Jahren zu wichtigen Schlüsselbereichen im System logistischer Leistungserstellung für bestimmte Branchen und deren Unternehmen entwickelt. Die damit einhergehende *Zunahme des Wettbewerbs* führte speziell in der Logistik, wie auch in anderen Bereichen der Wirtschaft zu einer gezielten, ganzheitlich orientierten *Wertschöpfung*, zur Ausrichtung von logistischen Unternehmensaktivitäten an *Kernkompetenzen* sowie zu verstärkten *Kooperationen* mit Netzwerkcharakter und zum Supply Chain Management. Wertschöpfungs- und kundennutzenorientiertes Denken wirkt hier unmittelbar auf die Gestaltung der Vermarktung von Logistikaktivitäten ein. Märkte für logistische Dienstleistungen zeichnen sich zunächst durch Komplexität und Vielfalt aus. Unabhängig davon, dass es sich beim **Logistikmarketing** um die Spezialform eines Dienstleistungsmarketings handelt, sind bis in die Gegenwart trotz des Bedarfs an Differenzierungen und Spezifizierungen für ein Logistikmarketing Teilbereiche desselben nicht dezidiert entwickelt worden. Vielmehr werden häufig allgemeine Marketingkonzeptionen teilweise unspezifisch auf Logistikbereiche übertragen. Die Vermarktung von logistischen Dienstleistungen als spezifische Leistungen und Produkte der Logistik, erfordert zunächst die Unterscheidung von drei für Dienstleistungen charakteristischen Eigenschaften:

(1) *Immaterialität* bzw. *Intangibilität*, welche Werbung und einen persönlichen Verkauf erschwert

(2) *Integrativität* eines externen Faktors, wodurch Qualitätssicherung und Produktionsstandards nicht gewährleistet sind

(3) *Auftragsfertigung* bzw. *Nicht-Lagerbarkeit*, die eine Produktion auf Vorrat ausschließt

Logistikmarketing bezieht sich vor dem Hintergrund eines weiten Spektrums unterschiedlichster Logistikmärkte zum einen auf komplexe Produkte, wie Produktionsprozesse oder Serviceketten, zum anderen entweder auf weniger bis hoch industrialisierte Branchenmärkte oder auf Einzelelemente oder die Gesamtheit kooperativer Netzwerkstrukturen und das Supply Chain Management. Für die konzeptionelle Gesamtausrichtung eines Logistikmarketings bedeutet dies, dass allgemeine Rahmenbedingungen und Voraussetzungen für die Vermarktung spezifischer Logistikdienstleistungen zwar angegeben werden können, diese jedoch im Einzelfall einem hohen Individualisierungs- und damit Anpassungsbedarf unterliegen. Zur Profilierung eines Logistikmarketings zwischen den Extremzielen Kostenminimierungs- und Kundennutzenoptimierungskalkül werden für die Vermarktung logistischer Dienstleistungen und die Profilierung von Alleinstellungsmerkmalen/Unique Selling Proposition (USP) kunden- und prozessorientierte **Optimierungsstrategien** eingesetzt: *Operational Excellence* versus *Service Excellence* bezeichnet dabei eine kosten- und qualitäts-

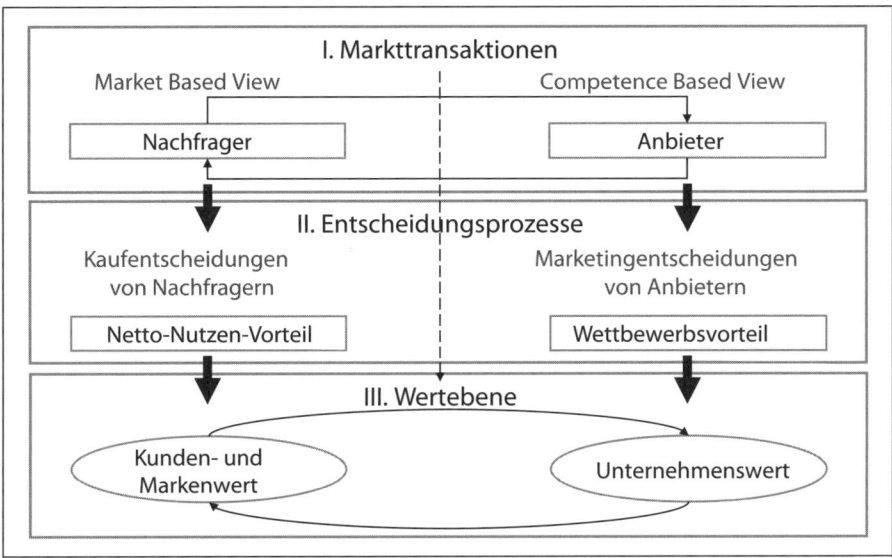

Abbildung 8.5: Markt, Entscheidung, Wertschöpfung

orientierte Ausrichtung der Angebotspalette logistischer Dienstleister. *Customer Intimacy* versus *Customer Intelligence* ermöglicht im interaktiven Austausch die Optimierung der Produktgestaltung mit dem Kunden. *Innovation Management* versus *Product Leadership* bezieht sich auf eine strategische Produktentwicklung auf der Basis neuerer Technologieapplikationen oder Zusatzleistungen.

Unabhängig von der spezifischen Ausprägung eines Logistikmarketings kommen im Bereich der Vermarktung logistischer Dienstleistungen drei große **Marketingparadigmen** zum Einsatz: Mit dem *Paradigma einer marktorientierten Unternehmensführung* liegt der Fokus auf Planung, Koordination und Kontrolle aller auf die aktuellen und potenziellen Märkte ausgerichteten Unternehmensaktivitäten. Im Mittelpunkt stehen die Marktsituation sowie eine Orientierung an Kunden und den Mitbewerbern. Mit dem *Paradigma eines Customer-Relationship-Marketings* wird es zur Unternehmensaufgabe den Aufbau, die Aufrechterhaltung und Verstärkung der Beziehungen zum Kunden, anderen Partnern (Stakeholdern) und gesellschaftlichen Anspruchsgruppen zu gestalten. Mit der Sicherung der Unternehmensziele sollen insbesondere die Bedürfnisse der beteiligten Gruppen befriedigt werden. Mit dem *Paradigma einer ganzheitlichen Führungsphilosophie* entsteht die Konzeption eines Unternehmens zu strategischer Planung und Handlung auf globalisierten Märkten mit einer unternehmensexternen und einer unternehmensinternen Facette. Marketing umfasst dabei die Konzeption und Durchführung marktbezogener Aktivitäten (externes Marketing) und die Schaffung der Voraussetzungen im Unternehmen für eine effektive und effiziente Durchführung dieser marktbezogenen Aktivitäten (internes Marketing). Ein Paradigmenwechsel, d.h. eine Veränderung der dominanten Sichtweise auf das Marketing, findet gegenwärtig in vielen Branchen und Marketingbereichen statt, mit der Folge, dass eine Ausrichtung auf die sogenannten 4Ps (product, price, promotion, place) durch die 3Rs (recruitment, retention, recovery) zu beobachten ist.

Für ein Logistikmarketing als spezifisches Dienstleistungsmarketing ist es sinnvoll drei Dimensionen der **Erstellung von Dienstleistungen** nach folgenden drei Bestandteilen zu unterscheiden:

(1) *Leistungspotenziale* dienen im Rahmen der Erstellung einer Logistikleistung der Sicherstellung der logistischen Leistungsbereitschaft, dabei werden sowohl logistische Kompetenzfaktoren des Unternehmens als auch des Kunden bei der Leistungserstellung integriert. Maßgrößen für logistische Leistungspotenziale sind z. B. die Bereitstellung von Kapazitäten eines bestimmten Umfangs bei der periodenbezogenen Kapazitätsplanung.

(2) *Leistungsprozesse* steuern die Logistikleistung als sich vollziehender Prozess. Dabei handelt es sich um die Komplexität eines spezifischen Leistungserstellungsprozesses, der von einem Logistikdienstleister erbracht wird. Maßgrößen für logistische Leistungsprozesse sind z. B. gefahrene Kilometer beim Transportmitteleinsatz eines Verkehrsträgers.

(3) *Leistungsergebnisse* beziehen sich auf eine spezifische Dienstleistung als vollzogene Raum- und Zeitveränderungen. Maßgrößen für logistische Leistungsergebnisse sind z. B. objektmengenbezogene Lagertage bei der Tourenplanung im Bedarfsverkehr.

**Servicedenken** als adäquate Produktionsorientierung bei der Erstellung einer Logistikleistung führt zu einem erweiterten Dienstleistungsmarketingverständnis durch die Ausprägung eines Servicemanagements als zentraler Rahmenbedingung jeder Logistikleistung. Durch steigenden Wettbewerb, oligopolistische Marktstrukturen und mass customication in Zeiten fortgeschrittener Globalisierung steht eine explizite Ausrichtung der logistischen Dienstleistung an Kundenorientierung, Kundengewinnung und Kundenbeziehung im Vordergrund von Marketingaktivitäten. Im Bereich umfassender logistischer Serviceleistungen lassen sich folgende Leistungskategorien unterscheiden: *Primärleistungen* besitzen entscheidende Servicekomponenten im Bereich des Lieferservices von Logistikdienstleistern, wie z. B. Lieferzeit (Auftragsperiode), Lieferzuverlässigkeit (Liefertreue, Termintreue), Lieferungsbeschaffenheit (Liefergenauigkeit, Zustand der Lieferung) und Lieferflexibilität (Auftragsmodalität, Liefermodalitäten, Information des Kunden). *Sekundärleistungen*, die gegenwärtig an Bedeutung gewinnen, lassen sich als Value-Added-Service oder Beschwerdemanagement/Kunden-Feedback unterscheiden, avancieren auch in der Logistikbranche zu profilierten Zusatzleistungen, welche die logistische Servicekette eines Unternehmens im Wettbewerb gegenüber anderen herausstellt (USP).

Zur Unterscheidung von **Value-Added-Services** können sogenannte Muss-, Soll- und Kann-Leistungen differenziert werden:

- *Muss-Leistungen* können als logistische Dienstleistungen beschrieben werden, die unbedingt erbracht werden müssen, damit ein Logistikprodukt genutzt werden kann (z. B. Transport von A nach B, etc.).

- *Soll-Leistungen* entsprechen marktüblichen Standards oder Erwartungshaltungen von Kunden und werden von einer Vielzahl von Anbietern erbracht (z. B. Sendeverfolgungspaket, etc.).

- *Kann-Leistungen* sind zwar nicht explizit gefordert, werden jedoch in spezifischen Bereichen zu einer erhöhten Bedürfnisbefriedigung der Kunden führen (z. B. Transportversicherung, etc.).

Ein wichtiges Ziel im Bereich des Servicemanagements von Logistikdienstleistern ist die Steigerung der Kundenzufriedenheit, Kundenbindung bzw. die Qualitätssicherung im Rahmen der Produktpolitik. Häufig wird diesbezüglich das System eines Beschwerdemanagements eingesetzt, mit dem die Zahl der ,stillen Dulder', der ,Rufzerstörer' und der ,Abwanderer' verringert werden soll. Mit der Installierung eines Beschwerdemanagements soll insbesondere die Kundenzufriedenheit bei Beschwerdeführern erreicht werden und die Nutzung der Beschwerden als Information zur Verbesserung der Leistungsqualität dienen.

## 8.2.2 Strategisches Marketingmanagement

**Märkte** für logistische Dienstleistungen lassen sich nach mehreren Kriterien segmentieren, so z. B. nach Güterarten, Auftraggeber, Branchen- bzw. Kundentypen, Verkehrsnetzstrukturen und Logistikfunktionen. Zu den Besonderheiten der Logistikmärkte zählen auf der Nachfrageseite meist die derivative, d. h.

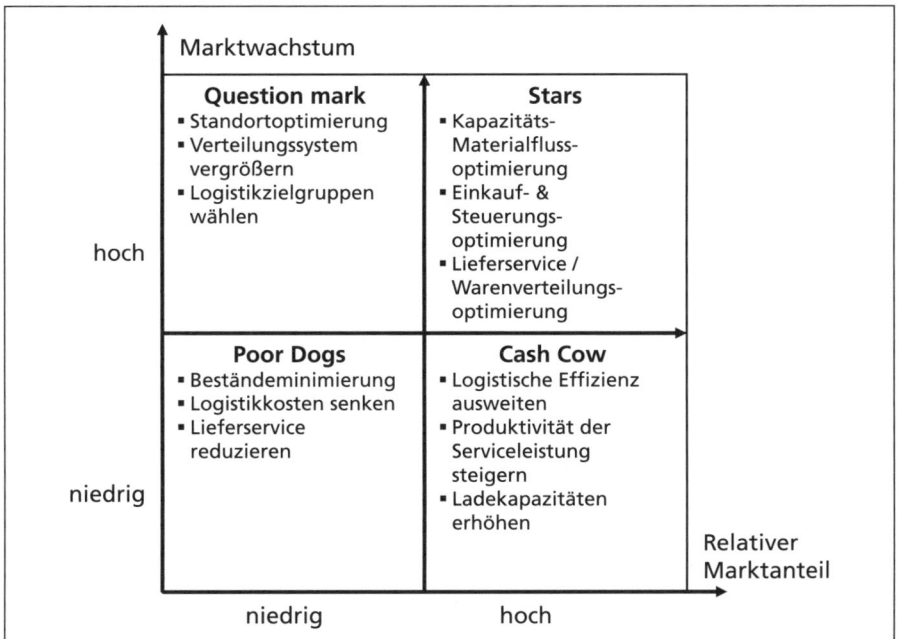

Abbildung 8.6: Portfolioanalyse in der Logistik

abgeleitete Nachfrage, die z. B. von der allgemeinen Wirtschaftsentwicklung abhängt, eine Unpaarigkeit der Verkehrsströme bei logistischen Transportleistungen, d. h. eine ungleiche Auslastung der Kapazitäten bei Hin- und Rückfahrt sowie ein hoher Individualisierungsgrad der Nachfrage, der einen hohen Differenzierungsgrad bei der Erstellung logistischer Produkte erfordert. Zu den Besonderheiten auf der Angebotsseite der Logistikmärkte zählen die Unteilbarkeit einiger Logistikleistungen (z. B. Kapazität der Transportleistungen, Kuppelprodukte, Serviceketten, etc.), die in ihrer Komplexität als Produktpaket gelten (z. B. Abfertigungsservice in der globalen Logistik, etc.) sowie die Auftragsfertigung, d. h. mangelnde Lagerfähigkeit der logistischen Leistungserstellung (z. B. Fehlen von Ausgleichsmöglichkeiten bei Nachfragerückgängen, etc.).

Strategisches Marketingmanagement in der Logistik orientiert sich zunächst an einem prozessorientierten **Innovationsmanagement** bestehend aus vier Schritten, die von der logistischen Prozessanalyse zu entsprechenden logistischen Geschäftsfeldern führt. Ausgangspunkt hierfür ist ein Leistungsbegriff, der sich durch abgrenzbare Eigenschaften auszeichnet (Definiertheit), eine standardisiert-individualisierte Leistungserstellung aufnimmt (Reproduzierbarkeit), einen messbaren Kundennutzen berücksichtigt (Messbarkeit) und modulare Leistungsbestandteile ausweist (Modularisierbarkeit). Ausgehend von *Produktideen*, die wertschöpfende, logistische Tätigkeitsbereiche mit innovativem Charakter aufnehmen, werden *Produkte* mit inhaltlich definierten Kompetenzbereichen entwickelt und durch einen Prozesskettenabgleich integriert. Logistische *Leistungsfelder* entstehen dann durch die Clusterung von logistischen Produkten, die in ihrem Gesamtprofil die Logistikkompetenz verdeutlichen, schließlich werden strategische *Geschäftsfelder* gebildet, die als marktfähige Branchenlösungen überdauernden Charakter besitzen.

Logistikmärkte als Dienstleistungsmärkte lassen sich in verschiedene Segmente einteilen, die sich durch charakteristische **Leistungsprofile** unterscheiden:

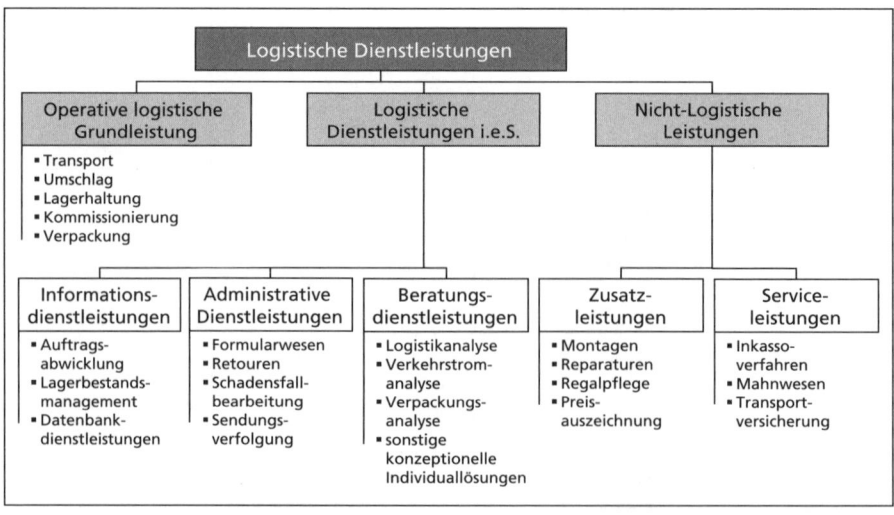

Abbildung 8.7: Logistische Dienstleistungen

In einem logistischen *Basis-Segment* werden deutlich profilierte Leistungen mit attraktiven Preis-Leistungs-Verhältnissen angeboten mit Fokus auf Basisleistungen, wie z. B. Transport, Lagerhaltung, Umschlag, etc. Vermarktet werden hier logistische Dienstleistungen für Neukunden mit dem Vorteil eines hohen Nachfragepotenzials aus unterschiedlichen Branchen und Kundengruppen zu relativ niedrigen Preisen. In einem logistischen *Standard-Segment* werden standardisierte Dienstleistungsprodukte der Logistik angeboten für eine breite Masse an Nachfragern zu einem ausgewogenen Preis-Leistungs-Verhältnis, wobei logistische Leistungen hier auch in Kombination oder mit Teilkomponenten verfügbar sind. Vorteile ergeben sich hier durch ein hohes Marktvolumen, Nachteile durch eine begrenzte Profilierung des Logistikprodukts. In einem logistischen *Nischen-Segment* werden spezielle Anforderungen von Kunden berücksichtigt, die dann einen Teilsektor für logistische Leistungen bilden. Spezielle Versorgungslogistiken für Zielgruppen ausgewählter Branchen kennzeichnen hier deutlich definierte Kundengruppen, allerdings auch begrenzte Wachstumspotenziale dieses Spezialmarkts.

## 8.2.3 Operatives Marketingmanagement

**Logistisches Produktmanagement** lässt sich zunächst auf eine Palette von Leistungsangeboten in fünf Gruppen einteilen: (1) *Allround-Unternehmen* bieten eine ganze Palette speditioneller Dienstleistungen an, ergänzt um spezifische Serviceleistungen mit entsprechenden Kompetenzprofilen. Systemanbieter fokussieren ihr Produktmanagement dabei zunehmend auf logistische Gesamtproblemlösungen, die sie teilweise vollständig in Eigenleistung oder in Kombination mit Fremdleistungen erbringen. (2) *Teilmarkt-Unternehmen* spezialisieren sich in der Regel auf bestimmte Verkehrs- oder Güterarten, wie z. B. Sammel- und Verteilungsverkehre, etc., in bestimmten Regionen oder mit Bezug zu bestimmten Branchen. (3) *Teilleistung-Unternehmen* spezialisieren sich auf bestimmte Einzelleistungen in der logistischen Prozesskette, wie z. B. Sammel- und Verteilungstransporte im Sammel- oder Nahverkehr. Als Komponentenanbieter erbringen sie spezielle Transport-, Lager-, Umschlags- und Verpackungsleistungen. Das Angebot besteht hier ebenfalls aus einer spezialisierten Logistikleistung. (4) *Kooperation-Unternehmen* zeichnen sich dadurch aus, dass sie aus Kundenanforderungen abgeleitet komplexe logistische Leistungen anbieten und diese auf mehrere Unternehmen verteilen. Vorteile daraus bestehen in einer Optimierung der Kapazitätsauslastung, in der Rationalisierung von Abläufen und einer Erstellung flächendeckender Leistungsangebote. Nachteile ergeben sich durch kooperative Abhängigkeiten, mangelnde Profilierung eigener Firmenidentität sowie Koordinationsbedarf im Planungs- und Steuerungsbereich. (5) Neue Leistungsangebote in Verbindung mit *Supply Chain* und *Efficient Consumer Response Management* (SCM bzw. ECR) dienen in ganzheitlicher Betrachtung einer forcierten Kundenorientierung, einer Wettbewerbsdifferenzierung sowie einer Steigerung der Wertschöpfung.

**Logistisches Preismanagement** lässt sich anhand von folgenden Unterscheidungsmerkmalen darstellen: Preisbildung, Preisformen und Preisdifferenzierung. Eine *kostenorientierte Preisbildung*, die überwiegend modifiziert praktiziert wird, kalkuliert auf der Basis von Vollkosten (Selbstkosten oder Zuschlagskalkulation) oder auf der Basis von Teilkosten (Deckungsbeitragsrechnung, Target Costing) Preiskorridore, die als Preisuntergrenzen ermittelt werden können. Mit der Idee des Target Pricings gelangt man dabei über eine marktorientierte Zielkostenrechnung zur Bestimmung des am Markt erzielbaren Preises für eine Logistikleistung. *Nachfrageorientierte Preisbildung* richtet sich an der Struktur der Nachfrageseite aus und berücksichtigt die Zahlungsbereitschaften von potenziellen Kunden bei der Produktwahl. Zahlungsbereitschaften können über Kaufdaten, Präferenzdaten oder Kaufangebote ermittelt werden, die dem Logistikunternehmen Erfahrungswerte über Preisvorstellungen der Kunden geben. *Konkurrenzorientierte Preisbildung* erfolgt bei Logistikdienstleistern in Orientierung an den Leistungsentgelten der Mitbewerber. Verschiedene Formen der Preisführerschaft können hier für die Preisermittlung maßgeblich sein. In der Logistikbranche unterscheidet man häufig drei verschiedene Preisformen: Pauschal-, Standard- und Sonderpreise. (1) *Pauschalpreise* werden meist individuell kalkuliert und enthalten die über eine logistische Kernleistung hinausgehenden Entgelte für bestimmte, erbrachte Logistikaufgaben. (2) *Standardpreise* werden für regelmäßig am Markt angebotene, gleichartige Leistungen veröffentlicht und pro Einheit und Rabattmöglichkeiten ergänzt. (3) *Sonderpreise* werden oft zeitlich begrenzt aus bestimmtem Anlass aufgerufen, wie z. B. bei der Einführung einer neuen Logistikleistung, bei Erweiterungsstrategien in eigenen oder fremden Märkten sowie als Ausgleich für saisonale Schwankungen. *Preisdifferenzierung* dient der Ausschöpfung von Marktpotenzialen, berücksichtigt unterschiedliche Zahlungsbereitschaften und profiliert logistische Unternehmen im Wettbewerb. In der Logistik kommen räumliche, zeitliche, zielgruppenorientierte oder mengenmäßige Preisdifferenzierungen einzeln oder in Kombination vor. Eine spezielle Form des differenzierenden Preismanagements im Bereich von Logistikdienstleistungen stellt das sogenannte *Yieldmanagement* dar, das als integrierter Ansatz zur systematischen Planung und Steuerung von Preisen und Kapazitäten z. B. bei Transportleistungen relevant wird. Mit dem Ziel, die Verfügbarkeit von Preis-Produkt-Kombinationen so zu gestalten, dass für ein Logistikunternehmen eine ertrags- bzw. gewinnmaximale Kapazitätsnutzung entsteht, können gleichzeitig Beförderungskapazitäten optimal genutzt und Zahlungsbereitschaften bestens berücksichtigt werden.

**Logistisches Kommunikationsmanagement** fokussiert im Wesentlichen eine Auswahl kommunikationspolitischer Instrumente wie ein *Corporate Identity-Konzept*, einschließlich Mission-/Vision-Ausprägung, Corporate Design, Corporate Communication, klassische Werbung, Verkaufsförderung (z. B. Messebeteiligungen, Verkaufsaktionen, etc.), Öffentlichkeitsarbeit (Broschüren) sowie Direktmarketing (z. B. Mailings, Internetaktionen, etc.). Ein *logistisches Werbekonzept* kann folgenden Gestaltungsrahmen nutzen: Kennzeichnungen von Fahrzeugen, Gebäuden, spezifischen Werbeflächen, Anzeigen in Fachzeitschriften werden direkt über eine unternehmensspezifische Zielsetzung bestimmt oder indirekt über ein Kommunikationsbudget festgelegt. Ein *Public Relations-Konzept* (Öffentlichkeitsarbeit) in Logistikunternehmen erfasst für den externen Bereich, die Ausgestaltung von Geschäftsberichten, Kundeninformationsveranstaltungen, Pressekonferenzen und Pressemitteilungen.

**Logistisches Vertriebsmanagement** orientiert sich zunächst an allgemeinen für logistische Dienstleister charakteristischen Vertriebsstrategien. Mit dem Kriterium der Verfügbarkeit nimmt das Vertriebsmanagement entweder Bezug auf das *Push-Prinzip*, wenn Produkte prinzipiell ohne konkrete Nachfrage auf dem Markt als Angebot zur Verfügung gestellt werden (Konsumgüterbereich) oder auf das *Pull-Prinzip*, wenn der Endabnehmer bzw. Kunde einen Bedarf anmeldet und damit Nachfrage ausgelöst wird (Investitionsgüterbereich). Mit den *Vertriebsstrategien* eines kundenorientierten Leistungszuschnitts oder einer kundenorientierten Leistungsbündelung werden im Vertriebsmanagement logistische Systemlösungen angeboten, die über eine entsprechende *Vertriebsstruktur*, d. h. ein integriertes Salesmanagement zugeführt werden. Die auf den Vertrieb bezogene Organisation eines Logistikunternehmens kann an unterschiedlichsten Verkaufsfunktionen ausgerichtet werden. Während im Key Account-Management sogenannte A-Kunden bzw. Großabnehmer betreut werden, erhalten B- und C-Kunden von Vertriebsleitern beziehungsweise Mitarbeitern von Vertriebsabteilungen oder Vertriebsaussendienstmitarbeitern betreuende Unterstützung. Logistisches Vertriebsmanagement wird mit geeigneten Vertriebsinformationssystemen (VIS) unterstützt, durch Databased Marketing-Systeme (DBM), zur Verwaltung von Kundendaten mit Product Information-Systemen (PIS), wie z. B. elektronische Kataloge, zur Effizienzsteigerung und Qualitätssicherung bei der Angebotserstellung mit Offer Preparation-Systemen (OPS) sowie zur Planung und Steuerung der Vertriebsaktivitäten mit Customer Support-Systemen (CSS).

Online-Marketing und Vertrieb stellen gegenwärtig wettbewerbsstrategische Komponenten mit hohen Synergieeffekten für ein logistisches Vertriebsmanagement dar. Logistischer **Online-Vertrieb** ermöglicht dabei die simultane Entwicklung der Bereiche Vorbereitung, Abwicklung und Nachbereitung von Verkaufsprozessen sowie eine optimale Betreuung der Kunden unter Berücksichtigung von individualisierten, logistischen Produktprofilen. In der strategischen Ausrichtung von Online-Marketing und -Vertrieb ergeben sich gleichzeitig hohe Synergieeffekte für die Entwicklung einer gezielten E-Logistik. Wesentliche Kategorien für die Entwicklung von logistischen Kommunikationsplattformen im Internet sind *Funktionalität und Nutzerfreundlichkeit/Usability*, *logistischer Informationsgehalt/Content* sowie *multimediale und funktionale Website-Elemente*. Logistisches **Internetmarketing** ist sowohl im Bereich von Business-to-Consumer als auch im Bereich Business-to-Business praktikabel. Im Content-Bereich von Websites werden Informationen über logistische Leistungsangebote platziert, im Commerce-Bereich werden Zahlungsmodalitäten verfügbar, im Context- und Connection-Bereich werden Suchanfragen bearbeitet und Verlinkungen angeboten. Eine dominante Einsatzmöglichkeit des Internetmarketings liegt im Bereich der Kommunikation logistischer Dienstleistungen. Durch die gezielte Nutzung von Onlinewerbung und Massenkommunikation (one-to-many-communication) sowie Suchmaschinenmarketing, einschließlich Direktmarketingaktionen mittels E-mail-Marketing, werden Interaktionsbeziehungen zwischen

Anbietern von Logistikdienstleistungen und Kunden systematisch intensiviert (Integrierte Marketingkommunikation).

## 8.3 Controlling in der Logistik

### 8.3.1 Aufgaben und Systematisierung des Logistikcontrollings

Die **Idee des Controllings** als Unternehmensführungsaufgabe verbindet für den Bereich der Logistik drei Kernziele: (1) Mit der *Strategieorientierung* wird die Anpassung an zukünftige Entwicklungen im Technologiebereich auf Märkten, bezüglich des Käuferverhaltens, sowie die langfristige Sicherung des Unternehmens anvisiert. (2) Mit der *Prozessorientierung* wird die Steuerung und Optimierung der bestehenden und geplanten Geschäftsprozesse und logistischer Abläufe übernommen. (3) Mit der *Wertorientierung* kommt die langfristige Steigerung des Unternehmenswertes aus Teilbereichen des Unternehmens, wie z. B. dem Subsystem der Logistik, in Betracht.

Folgende **Aufgaben des Controllings** werden im Allgemeinen übernommen: (a) *Planungsaufgaben* zur Ermittlung von Kennzahlen, Festlegung von Planungsmaßnahmen und Planungsaktionen, (b) *Kontrollaufgaben* zur Ermittlung der Leistungs- und Prozessergebnisse, der Festlegung des Kontrollumfangs, der Kontrollträger und der Kontrollzeitpunkte, (c) *Informationsaufgaben* mit der Festlegung von Datenbanken, Datennetzen und der Datenverwaltung sowie

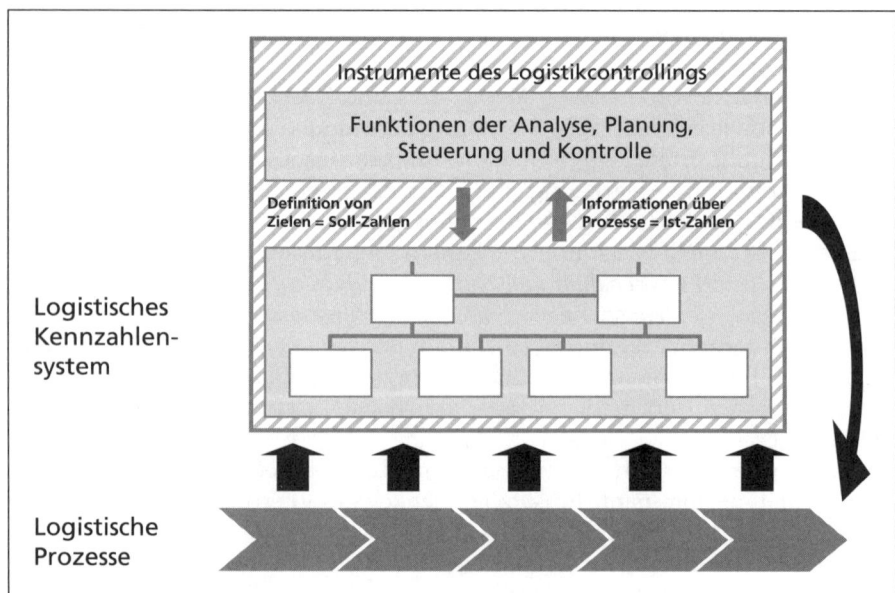

Abbildung 8.8: Zusammenhänge im Logistikcontrolling

(d) *Koordinationsaufgaben* bezüglich einer inner- und überbetrieblichen Koordination einer Supply Chain- und Netzwerkkoordination.

**Ziele eines Logistikcontrollings**, das mit den komplexen *Controllingaufgaben* im Logistikbereich eines Unternehmens betraut ist, dient der Planung, Analyse, Steuerung und Kontrolle der Produktivität, Wirtschaftlichkeit, Rentabilität und Qualitätssicherung in der Logistik.

Mit der zunehmenden Bedeutung der Logistik als Wettbewerbsfaktor wird Logistik als Instrument zur Wahrnehmung einer gezielten Planung, Steuerung und Kontrolle von Logistikleistungen unabdingbar. Logistikcontrolling stellt dabei ein Subsystem der Logistik an sich dar, das als Teilsystem des gesamten Unternehmenscontrollings die Gewährleistung einer systematischen Logistikplanung, -steuerung und -kontrolle ermöglicht. Unter einem **Logistikcontrolling** versteht man die Wahrnehmung und Gestaltung von Controllingaufgaben im Logistikbereich eines Unternehmens oder eines Logistikdienstleisters. Logistische Controllingaufgaben zeichnen sich, wie andere Bereiche in der Logistik auch, durch eine hohe Komplexität von Logistiksystemen aus, wodurch eine Notwendigkeit nach gezielter Planung, Steuerung, Koordination und Kontrolle der Teilbereiche einer Logistik entstehen. Soll ein logistisches Controllingsystem gleichzeitig auch ein effektives und effizientes Managementsystem darstellen, muss es folgende Mitwirkungsfunktionen erfüllen. Für den Logistikbereich und das Aufgabengebiet eines Logistikcontrollers, bedeutet dies konkret:

- *Mitwirkung bei der Logistikplanung* in Form von einer Gewährleistung eines einheitlichen, formalisierten Systems der Logistikplanung, einer Aufbereitung von Analyseergebnissen für logistische Ziele, Erarbeitung dieser Ziele, Koordination des entsprechenden Zielbildungsprozesses, Ermittlung eines optimalen Logistikplaners sowie die Weiterentwicklung von logistischen Planungsmethoden.

- *Mitwirkung an der Logistiksteuerung* durch die Ermittlung von Soll-Ist-Größen, durch die Feststellung von Zielerreichungsgraden mit unternehmensinternen und unternehmensexternen Vergleichen, Abweichungsanalysen sowie der Erarbeitung von Korrekturmaßnahmen.

- *Mitwirkung an einem Logistik-Informationsmanagement* durch die Entwicklung eines Logistikinformationssystems, durch Analyse und Interpretation gegebener Daten im Hinblick auf logistische Ziele, mit Koordination von Informationsbedarf und Informationsverwendung in der Logistik, schließlich durch eine informationsbezogene Service- und Innovationsfunktion, d.h. die Zur-Verfügung-Stellung von Daten zur Entwicklung von Potenzialen.

Unter pragmatischem Gesichtspunkt und mit Bezug zu logistischer Praxis, wird als Ziel eines Logistikcontrollings häufig eine *Optimierung* in folgenden Bereichen angegeben: Bestands- und Transportoptimierung, Durchlaufzeitenverkürzung, Transparenz logistischer Leistungen und Kosten, Minimierung logistischer Kosten, Erhaltung der Lieferbereitschaft. Ein **Logistikcontrolling-System** kann zentral oder dezentral aufgebaut sein. Im *Zentral-Controlling* werden strategische und Koordinationsaufgaben erfüllt sowie die Budgetierung vorgenommen. Im *Bereichs-Controlling*, das meist fachlich und disziplinarisch dem Zentral-Controlling untergeordnet ist, betreuen Bereichscontroller dezentral kaufmännische und technische Bereiche des Subsystems Logistik.

**Logistikleistungen** stellen einerseits logistische *Führungsaktivitäten* dar, die sich einerseits an den Vorstellungen, Aufgaben und Lösungsansätzen eines Logistikmanagements orientieren, andererseits werden mit Logistikleistungen physische *Transformationsprozesse* verbunden, die in Anlehnung an Dienstleistungen potenzial-, prozess- und ergebnisorientierte Ausprägung haben. **Logistikkosten** umfassen den wertmäßigen Verbrauch und Gebrauch, der für die Erstellung einer Logistikleistung eingesetzten Produktionsfaktoren. Während mit dem *kalkulatorischen Kostenbegriff* umfassende Kostenrechnungssysteme, wie z. B. Vollkostenrechnung, etc., entwickelt werden können, wird mit dem *pagatorischen Kostenbegriff* z. B. auf Einzelkosten, Deckungsbeitragsrechnung, etc. abgestellt. Logistische Kosten- und Leistungsrechnung besteht infolgedessen in der Erfassung, Speicherung und Verarbeitung von Daten logistischer Leistung und Kosten, welche die Basis für Produktivitäts-, Wirtschaftlichkeits- und Rentabilitätsbewertungen ermöglichen. Die Erfassung von Logistikkosten erfolgt zunächst über eine Systematik der *Kostenarten* (Welche Logistikkosten sind angefallen?), schließlich in einer Systematik der *Kostenstellen* (Wo sind welche Logistikkosten angefallen?), endlich in den Kategorien der *Kostenträger* (Wie erfolgt die Zurechnung der Logistikkosten auf Produkte?). Ein weiteres Instrument zur Planung, Analyse und Steuerung logistischer Leistung und Kosten ist die **Budgetierung**, die im Logistikcontrolling eingesetzt wird. Dabei werden Ressourcen wie Finanzmittel, Personal und anderes den verbrauchenden Bereichen zugewiesen. Mit der Erstellung eines Budgets wird eine Vorgabe gemacht, die dann in bestimmen Zeitintervallen mit den Ist-Daten verglichen wird. Entsprechende Abweichungen ziehen dann Korrekturmaßnahmen nach sich.

Ergänzend zum Logistikcontrolling-System wird aufgrund aktueller Rechtslage und einer Notwendigkeit von Corporate Governance Systemen die Implementierung von **Risikomanagement** in der Logistik bedeutsam. Logistikketten sind grundsätzlich externen und internen Risiken ausgesetzt, wobei sich Risikobereiche im Hinblick auf *Markt und Kunden*, wie z. B. bei Umsatz- und Ergebniseinbußen durch Belieferungsstörungen, durch Imageschäden oder Produktionsstörungen, etc., ergeben können. Die *Beschaffungs- und Produktionsversorgung* birgt Risiken eines Produktionsstillstandes aufgrund nicht termingerechter Versorgung oder Störungen im Güterumschlag in sich. Risiken der *Umwelt* ergeben sich insofern, als Verstöße gegen gesetzliche Umweltvorschriften vorliegen können, die im Bereich von Transport, Umschlag oder Lagerung verursacht werden. Schließlich ergeben sich Risiken im Außenwirtschaftsbereich, etwa bei Verletzungen der Bestimmungen des Außenwirtschaftsrechts, die zu Verboten im Handel oder zu Sanktionen mit Imageverlusten führen können. Der *Risikomanagementprozess* beinhaltet im Wesentlichen folgende Elemente: Konzeption einer Risikostrategie, Risikoidentifikation, Risikobewertung, Risikosteuerung sowie Risikodokumentation.

# 8.3.2 Strategisches Logistikcontrolling

Strategisches Logistikcontrolling zeichnet sich insbesondere dadurch aus, dass es maßgeblich zur Optimierung des Erfolgspotenzials der Logistik beiträgt und einer Verbesserung des Prozesses der strategischen Entscheidungsfindung dient oder einen Zielbeitrag zur Verbesserung der Entscheidungsumsetzung leistet. Infolgedessen stellen die meisten Instrumente des strategischen Logistikcontrollings Erweiterungen von Kosten- und Leistungsrechnung oder innovative Instrumente der Unternehmenssteuerung durch Controllinginstrumente dar. Strategisches Logistikcontrolling umfasst demnach Prozesskostenrechnung, Target-Costing, Balanced Score Card und Benchmarking, die im Folgenden dargestellt werden:

Die Entwicklung einer **Prozesskostenrechnung** und ihrer Anwendung als strategisches Controllinginstrument in der Logistik ist zurückzuführen auf die zunehmende Automatisierung der Produktions- und Logistikprozesse und dem damit verbundenen, deutlichen Anstieg der fixen Gemeinkosten bei gleichzeitigem Rückgang der variablen Einzelkosten. *Grundidee* der Prozesskostenrechnung ist die in den Kostenstellen der indirekten Leistungsbereiche ablaufenden Tätigkeiten zu analysieren und aufzuteilen in kostenstellenbezogene Teilprozesse und kostenstellenübergreifende Hauptprozesse. Als Prozesse können dabei Vorgänge, wie z. B. Waren einlagern, Lagerzugänge erfassen oder Verzinsung von Lagerbeständen definiert werden. Prozesskostenrechnung folgt so gesehen dem in der Logistik vorherrschenden Materialfluss und Prozesskettendenken unter der Voraussetzung, dass überwiegend sich wiederholende Tätigkeiten mit geringem Entscheidungsspielraum vorliegen. Damit hat Prozesskostenrechnung im Wesentlichen zwei **Ursachen**:

(1) Eine *Veränderung der Kostenstrukturen* ergibt sich zunächst aus dem immer stärker ansteigenden Anteil der Gemeinkosten an den Gesamtkosten und dem immer höheren Anteil der Fixkosten an den Gesamtkosten. So verursachte etwa die Automatisierung oder die zunehmende Ausweitung einer Dienstleistungserstellung auch in der Logistik eine Verlagerung von produktiven zu administrativen Kosten.

(2) Aus der Notwendigkeit einer *Vermeidung strategischer Fehlsteuerungen* durch die Zunahme von Vielfalt und Komplexität in Produktionsprozessen sowie der Notwendigkeit einer Kostenfestlegung bei Produktentwicklung, wenn der Systemgedanke aufgegriffen wird und logistische Aktivitäten und Prozesse kostenstellenübergreifend ablaufen.

Mit der Prozesskostenrechnung werden in der Logistik folgende **Ziele** verbunden: Unter dem Aspekt von *Kalkulationszielen* wird eine adäquate Verrechnung interner Dienstleistungen, die Kalkulation von Produkt- und Verfahrensänderungen, eine Optimierung des Produktions- bzw. Absatzprogramms und eine Unterstützung der Preispolitik erreicht. Unter dem Aspekt von *Planungs- und Kontrollzielen* wird eine Wirtschaftlichkeitskontrolle im Hinblick auf Stelle, Prozesse und Verhaltensweisen erreicht, eine Optimierung von Ressourcenverbrauch und Kapazitätsauslastung gewährleistet, die Aufdeckung von Rationalisierungspotenzialen, eine Harmonisierung von Schnittstellen

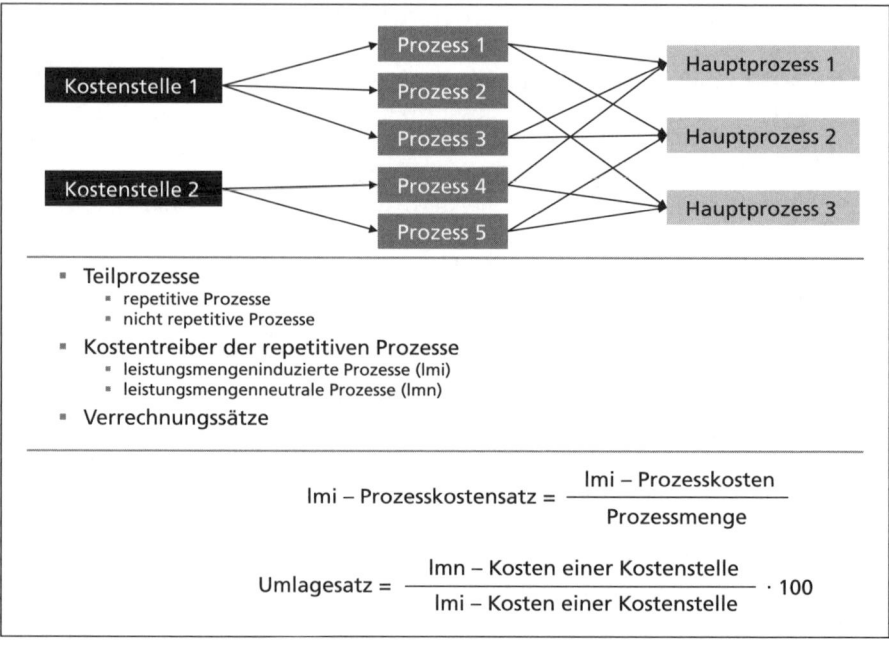

**Abbildung 8.9:** Idee der Prozesskostenrechnung

sowie die Analyse kostenbezogener Wettbewerbsituationen betrieben. Eine Prozesskostenrechnung besitzt folgenden **Aufbau:** (a) Tätigkeitsanalyse zur Identifizierung von Prozessen, (b) Wahl geeigneter Maßgrößen, (c) Festlegung der Planprozessmengen, (d) Bestimmung der Prozesskosten, (e) Ermittlung der Prozesskostensätze, (f) Erstellung einer Kostenträgerstückrechnung (Prozesskostenkalkulation) und (g) Erstellung einer Kostenträgerzeitrechnung. Zentrale *Einsatzmöglichkeiten* der Prozesskostenrechnung in der Logistik sind ein Gemeinkostenmanagement, die strategische Produktkalkulation bei der Erstellung logistischer Dienstleistungen sowie eine Kundenprofitabilitätsanalyse.

**Target-Costing** ist ein weiteres Instrument des strategischen Controllings, das auch als *Zielkostenmanagement* bezeichnet werden kann, weil systematische Kostenplanungsprozesse, Kostensteuerungsprozesse und Kostenkontrollprozesse in das Kostenrechnungssystem integriert sind. Mit der *Idee* des Target-Costings versucht man in Abkehr von einer ausschließlich unternehmensbezogenen Kalkulation über eine marktorientierte Zielkostenrechnung, eine möglichst direkte, marktorientierte Steuerung des Unternehmens und seiner Teilbereiche zu betreiben. Im Zentrum des Target-Costings steht daher die Frage, *was bestimmte Produkte kosten dürfen.* **Zielsetzung** des Target-Costings ist es daher, eine verstärkte *Marktorientierung* des Unternehmens zu betreiben, mit dem Fokus auf Kunden-, Konkurrenz- und Lieferantenorientierung. Weiterhin steht Target-Costing für einen strategischen Einsatz des Kostenmanagements im Allgemeinen in frühen Entwicklungsphasen der Produktentwicklung sowie für eine *Dynamisierung* des Kostenmanagements durch permanente Überprüfung der vom Markt vorgegebenen Kostenziele.

Beim *Target-Pricing* nimmt man eine Bestimmung des am Markt erzielbaren Preises vor. Von diesem Preis (Target-Price) erhält man, unter Abzug des erwarteten Gewinns, Zielkostenkategorien, wie z. B. Ziel-Herstellkosten, Ziel-Entwicklungskosten, Zielverwaltungs- und Zielvertriebskosten, etc., die von Unternehmen als Leistungsersteller aufgrund von Wettbewerbsbedingungen eingehalten werden müssen. Folgende **Ansätze** eines Target-Costings sollen gleichzeitig auch *Target-Pricing-Strategien* realisiert werden: (a) *Market into Company* ermittelt die maximal zulässigen Selbstkosten, die über den Marktpreis ermittelt werden unter Berücksichtigung des zu erwartenden Gewinns. (b) *Out of Company* untersucht inwieweit bei einem gegebenen Marktpreis und erwartetem Gewinn die eigene Kostensituation, den zulässigen Selbstkosten entspricht und inwieweit diese Kosten aufgrund vorhandener Kapazitäten und Produktionstechniken gegebenenfalls reduziert, aber realisiert werden können. (c) *Out of Compeditor* prüft, ob und wie gegebenenfalls die Kostenstrukturen der Mitbewerber erreicht werden können, beziehungsweise mit Hilfe des Einsatzes von Benchmarking-Methoden, Kostenstrukturen des Wettbewerbs implementiert werden können.

Die **Balanced Score Card** stellt ein weiteres Instrument des strategischen Logistikcontrollings dar, das mit Hilfe eines ausgewogenen (balanced) Kennzahlensystems Umsetzungen von Strategien in konkrete Aktionen (Strategieimplementierung) ermöglicht. Damit sollen Defizite traditioneller Kennzahlensysteme mit ihrer einseitigen Finanz- und Vergangenheitsorientierung und ihrer begrenzten Entwicklungsperspektive für Managementaufgaben überwunden werden. Ein Balanced-Score-Card-System stellt mit vier **Perspektiven** ein ausgewogenes Controllinginstrument für die Logistik dar. Daraus lassen sich für die Logistik strategische Teilziele auf der Basis logistischer Kennzahlen ableiten:

(1) Mit der *Finanzperspektive* wird auf der Basis finanzwirtschaftlicher Kennzahlen eine umfassende Strategie implementiert, die zur Optimierung unternehmerischer Ergebnisse führen soll, wie z. B. Gesamtkapitalrendite, Kennzahlen des Unternehmenswertes, etc. Daraus abgeleitete *strategische Teilziele* der Logistik sind etwa eine Kostenreduktion und Reduktion des gebundenen Kapitals, die über *logistische Kennzahlen*, wie Auftragsbearbeitungskosten und Umschlagshäufigkeit, etc. erfasst werden.

(2) Mit der *Kundenperspektive* wird versucht, eine strategische Ausrichtung des Unternehmens bezüglich von Kunden- und Marktsegmenten darzustellen und eine Kundenzufriedenheit zu erreichen, wie z. B. über Kundenwertkennzahlen, Kundenbindungsanalyse, etc. *Strategische Teilziele* der Logistik sind hier die Erhöhung der Kundenzufriedenheit, des Marktanteils und der Lieferflexibilität. Entsprechende *logistische Kennzahlen* sind z. B. die Beschwerdequote, der Marktanteil und die Dauer einer Flexibilisierung für Kundenaufträge, etc.

(3) Mit der (internen) *Prozessperspektive* sollen jene Prozesse abgebildet werden, die als wesentlich für die Erreichung der finanziellen und kundenbezogenen Ziele angesehen werden. *Strategische Teilziele* der Logistik sind hier etwa eine Abweichungsreduzierung bei Lieferfähigkeit, Erhöhung der Lieferzuverlässigkeit, Senkung der Durchlaufzeiten, Erhöhung der Leistungs- und

Kostentransparenz. *Logistische Kennzahlen* sind z. B. Durchlaufzeiten, die durchschnittliche Dauer der Auftragsabwicklung, diverse Logistikprozesskosten, etc.

(4) Mit der *Lern- und Entwicklungsperspektive* werden Strategien zur Förderung einer Organisationsentwicklung für Innovations- und Wissensmanagement implementiert. *Strategische Teilziele* der Logistik sind hier etwa die Implementierung eines Customer-Intelligence-Konzepts, eines Customer-Relationship-Managements, etc. Hierbei finden *logistische Kennzahlen* wie Kennzahlen für die Dauer der Produktentwicklung, Arbeitsbewertungsmethoden, Zufriedenheitsindizes, etc. Anwendung.

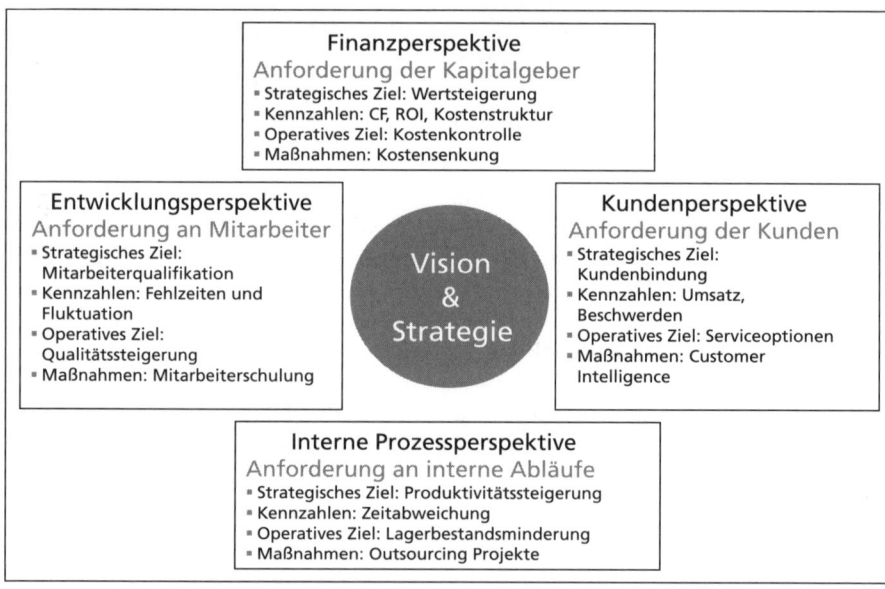

Abbildung 8.10: Balanced Score Card in der Logistik

Die Balanced Score Card eignet sich in besonderem Maße als Instrument eines strategischen Logistikmanagements zur Analyse im Wertsteigerungs- und Shareholder Value Management.

**Benchmarking** stellt ein Instrument für umfassende Wettbewerbsanalysen in der Logistik dar. Durch objektiviert vergleichende Bewertungen von z. B. Prozessen, organisatorischen Strukturen, Kosten oder Technologien, etc., auf der Basis von Indikatoren oder mit Daten aus dem eigenen, aus konkurrierenden oder branchenfremden Unternehmen, lassen sich dann entsprechende *Positionierungen* der eigenen, logistischen *Kompetenzen* ermitteln. Ziel eines kontinuierlichen Vergleichs auf der Basis von Benchmarking ist es, Leistungslücken (gaps) zu Branchenbesten bzw. erhobenen Bestwerten (benchmarks) zu schließen. Um eine umfassende Wettbewerbsanalyse des Benchmarkings zu gewährleisten und Ursachen von Wettbewerbsvorsprüngen zu ermitteln, werden verschiedene **Arten des Benchmarkings** unterschieden:

(a) *Internes Benchmarking* bezieht sich auf den Vergleich einzelner Unternehmensbereiche zur Ermittlung des internen best practice bezüglich von Sparten, Werken, Distributionslagern, etc.

(b) *Externes Benchmarking* fokussiert den Vergleich von Unternehmen, die in der Regel aus der gleichen Branchenstruktur kommen, oder es werden systematische Vergleiche unterschiedlicher Branchen mit ähnlichen Problemen analysiert.

(c) *Wettbewerbsorientiertes Benchmarking* dient dem Vergleich zwischen direkten Mitbewerbern, die für hervorragende Leistungen bekannt und infolgedessen gut vergleichbar sind, insbesondere hinsichtlich von Prozessen, Produkten oder Kosten.

(d) *Branchenorientiertes Benchmarking* national und international wird mit dem Ziel verfolgt best practices innerhalb oder zwischen Branchen national oder weltweit zu ermitteln. Ausgewählt werden hierbei in der Regel bestimmte Faktoren oder Prozesse, die unmittelbar konkurrenzrelevant sind, wie z. B. allgemeine Dienstleistungen, Kundenservice, etc.

Der Ablauf eines Benchmarkings erfolgt dann meist durch die Identifizierung eines Kernproblems, das Sammeln interner und externer Daten, einer entsprechenden Analyse und schließlich einer Implementierung von Veränderungen.

## 8.3.3 Operatives Logistikcontrolling

Ein **operatives Logistikcontrolling** ist ein aus dem strategischen Logistikcontrolling abgeleitetes Subsystem, das sich durch die Instrumente der Kosten- und Leistungsrechnung, des Erlöscontrolling, Finanzcontrolling und Kostencontrolling für logistische Aufgaben und Prozesse zusammensetzt. Auf der Basis der vom operativen Logistikcontrolling zur Verfügung gestellten Information werden dann Entscheidungen des operativen Logistikmanagements getroffen. Ziel des operativen Logistikcontrollings ist es ausführende Planungs- und Kontrollprozesse zu erfassen, zu steuern und zu kontrollieren.

Kostencontrolling stellt eine erste Dimension und einen Bereich des operativen Logistikcontrollings dar. Einen Schwerpunkt, welcher in der Logistik häufig am Anfang eines Controlling-Konzepts steht, bilden hierbei die Nutzung der Informationen aus Kosten- und Leistungsrechnung sowie die systematische Verwendung von Kennzahlen und Kennzahlensystemen. *Instrumente* des operativen Logistikcontrollings dienen der Entscheidungsfindung und Entscheidungsunterstützung und erfordern eine genauere Erfassung logistischer Daten, weshalb auch logistische Funktionen und Aufgaben klar abgegrenzt werden müssen. Folgende **Aufgaben** der Logistik-Kosten-Leistungsrechnung lassen sich unterscheiden:

- *Kostenstellenkontrolle* ermittelt welche Logistik-Kosten und Logistik-Leistungen wo anfallen, beschreibt und analysiert infolgedessen Soll- und Ist-Differenzen auf der Basis von Beschäftigungs-, Verfahrens- oder Verbrauchsabweichungen.

- *Kalkulationen* von Logistik-Leistungen werden mit allgemeinen Kalkulationsschemata vorgenommen und beinhalten Produktvor- und Produktnachkalkulationen sowie die allgemeine Kalkulation von Logistikdienstleistungen.

- *Verfahrensentscheidungen* ermitteln alternative Kapazitäten und die Auswahl geeigneter Transportmittel, Lagerplätze, Eigen- oder Fremdleistungen sowie Distributionsformen.

- *Investitionsentscheidungen* führen dann im Rahmen veränderter Kapazitäten und Bedarfsstrukturen zur Ermittlung des Umfangs von Lagers- und Transportsystemen.

Eine **Logistik-Kosten-Leistungsrechnung** ermöglicht die Erfassung der Entwicklungsphasen, Funktionen und Prozesse der Logistik und erfüllt damit einen hohen Informationsversorgungs-Service über die logistische Leistungserstellung an sich. Die Struktur einer Logistik-Kosten-Leistungsrechnung orientiert sich an allgemeinen Kosten- und Leistungsrechnungssystemen und wird lediglich um logistische Bedarfe ergänzt. Der **Aufbau** solcher Systeme erfolgt im Wesentlichen in drei Schritten:

(1) Die *Kostenartenrechnung* definiert und erfasst Logistik-Leistungen, Kostenbestimmungsfaktoren und Logistik-Kosten.

(2) Die *Kostenstellenrechnung* implementiert Logistik-Kostenstellen in den Betriebsabrechnungsbogen.

(3) Die *Kostenträgerrechnung* erfasst Logistik-Kosten und Logistik-Leistungen.

**Logistik-Kennzahlen-Systeme** (LKS) dienen der Erfassung logistischer Potenziale, Prozesse und Ergebnisse zur optimalen Erfüllung logistischer Aufgaben. Zur Übersicht des komplexen Logistik-Kennzahlen-Systems ist es notwendig,

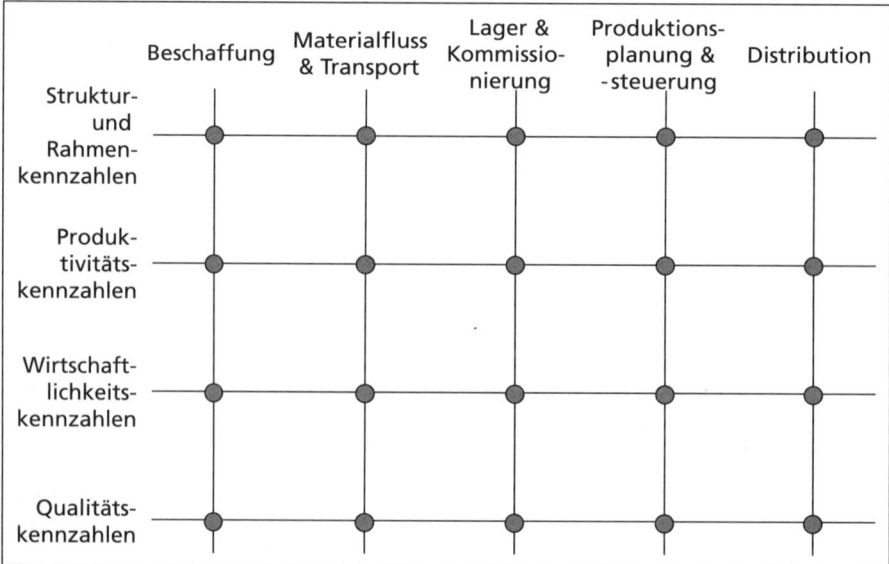

Abbildung 8.11: Struktur eines logistischen Kennzahlensystems

die Struktur von Rahmenkennzahlen zu erstellen, die sich sowohl auf den zu erfüllenden Aufgabenumfang (Leistungsvolumen und Leistungsstruktur), die Anzahl und Kapazität der Aufgabenträger (Mitarbeiter und Sachmittelkapazität), als auch auf die im Betrachtungszeitraum anfallenden Kosten beziehen. Das verfügbare Datenmaterial wird dann im Wesentlichen zu folgenden Kennzahlen-Kategorien und zur Steuerung der Logistik verwendet. Erfasst werden damit sowohl die Anzahl, auch die Kapazität von Aufgabenträgern und die im Betrachtungszeitraum anfallenden Leistungs- und Kostenstrukturen. Im Wesentlichen unterscheidet man vier **Gruppen von Kennzahlen**:

(1) *Struktur- und Rahmenkennzahlen*, weisen die quantitative und qualitative Bewertungsform aus und erfassen einen allgemeinen Zusammenhang zwischen Leistung, Kapazität und Kosten.

(2) *Produktivitätskennzahlen* erfassen die Produktivität von logistischen Potenzialen wie Mitarbeitern oder technischen Einrichtungen zur Erstellung der logistischen Leistung, die als Input-Output-Relation die Produktivität wiedergeben.

(3) *Wirtschaftlichkeitskennzahlen* setzen definierte Logistikkosten zu bestimmten Leistungseinheiten ins Verhältnis und ermöglichen dadurch die Bestimmung minimaler Kostenstrukturen (Minimalprinzip) oder/bzw. maximaler Leistungsstrukturen (Maximalprinzip).

(4) *Qualitätskennzahlen* dienen der Bewertung eines Zielerreichungsgrades als Maßstab für die qualitative Erfüllung einer logistischen Leistung, wie z. B. Servicegrad, etc.

In der Logistik finden sowohl allgemeine, standardisierte Kennzahlensysteme Anwendung als auch individuell entwickelte und auf spezielle Logistiksachverhalte ausgerichtete Kennzahlensysteme. Im Berichtswesen des Controllings unterscheidet man verschiedene **Berichtsarten**, die sich jeweils durch eine charakteristische Form des Reportings auszeichnen: (a) *Starre Berichtssysteme* stellen Standardberichte dar, wie z. B. Routineauswertungen oder Tagesberichte, etc., (b) *Melde- und Warnsysteme* hingegen Abweichungsberichte, wie z. B. in Form von Frühwarnberichten oder Sonderberichten, etc., (c) *Abruf- und Auskunftssysteme* schließlich beinhalten Bedarfsberichte, wie z. B. Prognose- und Themenberichte, etc. Die Bildung von **Kennzahlen** für das Reporting erfolgt über: *Absolute Kennzahlen*, wie Einzelwerte, z. B. Umsatz, etc., Summenwerte, wie z. B. Bilanzsumme, etc., Differenzwerte, z. B. Betriebsergebnis, etc. und Mittelwerte, wie z. B. durchschnittliches Anlagevermögen, etc. *Verhältniszahlen* in Form von Gliederungszahlen, wie z. B. Verschuldungsgrad, etc., Beziehungszahlen, wie z. B. EK-Rentabilität, etc., und Indexzahlen, wie z. B. Preisindex, etc.

Für einzelne Subsysteme der Logistik lassen sich im Logistik-Kennzahlen-System folgende **Strukturmerkmale** angeben: Zunächst bestehen Kennzahlengruppen für einzelne logistische Funktionsbereiche wie Beschaffung, Materialfluss und Transport, Lager und Kommissionierung, Produktionsplanung und -steuerung sowie Distribution. Diesen einzelnen Subsystemen werden dann jeweils die verschiedene Gruppen von Kennzahlen zugeordnet.

- **Kennzahlen der Beschaffung:**

  *Struktur und Rahmenkennzahlen* der Beschaffungslogistik stellen z. B. die Anzahl der Einkaufszeile, das Materialeinkaufsvolumen, Bestellpositionen pro Monat, und ähnliches dar. *Produktivitätskennzahlen* sind Anzahl abgewickelter Sendungen pro Personalstunde, Warenannahmezeit pro eingehender Sendung, Auslastungsgrad der Entladeeinrichtungen, etc. *Wirtschaftlichkeitskennzahlen* betreffen z. B. die Warenannahmekosten je eingehender Sendung, die Beschaffungskosten je Bestellung, die Beschaffungskosten in Prozent des Einkaufsvolumens, etc. *Qualitätskennzahlen* messen die durchschnittliche Verweilzeit im Wareneingang, Quote der Fehllieferungen, Beanstandungsquote, durchschnittliche Wiederbeschaffungszeit, etc.

- **Kennzahlen für Materialfluss und Transport:**

  *Struktur und Rahmenkennzahlen* zu Materialfluss und Transport sind z. B. mengenmäßiges Transportvolumen, Transportaufträge pro Transport, zurückgelegte Transportstrecken, etc. *Produktivitätskennzahlen* ermitteln z. B. Transportzeit pro Transportauftrag, Auslastungsgrad der Transportmittel, Transportleistung, zurückgelegte Strecke pro Transportmittel, etc. *Wirtschaftlichkeitskennzahlen* betreffen z. B. Transportkosten je Transportauftrag, durchschnittliche Transportkosten je Gewichtseinheit, Kosten je Tonnenkilometer, durchschnittliche Transportkosten eines Fördermittels, etc. *Qualitätskennzahlen* messen z. B. den Servicegrad, die Termintreue, Unfall- und Schadenshäufigkeit, etc.

- **Kennzahlen von Lager und Kommissionierung:**

  *Struktur und Rahmenkennzahlen* zu Lager und Kommissionierung sind z. B. Anzahl der bevorrateten Artikel, Anzahl unterschiedlicher Verpackungseinheiten, durchschnittliche Menge gelagerter Teile, Anzahl der Ein- oder Auslagerungen, etc. *Produktivitätskennzahlen* ist z. B. der Flächennutzungsgrad, der Raumnutzungsgrad, Kapazitätsauslastung der Lagermittel, Kommissionierzeit je Auftrag, etc. *Wirtschaftlichkeitskennzahlen* betreffen z. B. die durchschnittlichen Lagerplatzkosten, Kosten pro Lagerbewegung, Lagerkosteneinsatz, Lagerhaltungskostensatz, Kommissionierkosten pro Auftrag, etc. *Qualitätskennzahlen* messen z. B. die Fehlerquote, den Ausfallgrad, die Termintreue, Lager-Servicegrad, etc.

- **Kennzahlen für Produktionsplanung und -steuerung:**

  *Struktur und Rahmenkennzahlen* zu Produktionsplanung und -steuerung sind z. B. Anzahl der zu disponierenden Materialien, Gesamtzahl der Auftragspapiere, Anzahl der Auftragseingänge, etc. *Produktivitätskennzahlen* sind z. B. mittlere Anzahl von Eingangs-Auftrags-Positionen je Mitarbeiter, Auftragsabwicklungszeit pro Auftrag, mittlere Anzahl der Bestandskonten pro Mitarbeiter in der Disposition, etc. *Wirtschaftlichkeitskennzahlen* sind z. B. Bearbeitungskosten einer Auftragseingangsposition, Kosten je Dispositionsvorgang, Bearbeitungskosten je Fertigungsauftrag, etc. *Qualitätskennzahlen* messen z. B. die Vorratsintensität, den Anteil des Vorratsvermögens an der Bilanzsumme, dispositionsbedingte Beanstandungs- bzw. Fehllieferungsquoten, den Anteil dispositionsbedingter Produktionsstörungen, etc.

- **Kennzahlen der Distribution:**

  *Struktur und Rahmenkennzahlen* der Distributionslogistik sind z. B. Anzahl der Kunden, durchschnittlicher Umsatz je Kunde, Anzahl der Auslieferungen pro Zeiteinheit, Anzahl der Lagerstandorte, Kosten der Kundenauftragsabwicklung, etc. *Produktivitätskennzahlen* messen die Produktivität der Auftragsabwicklung, Transportzeit je Transportauftrag, etc. *Wirtschaftlichkeitskennzahlen* betreffen die durchschnittlichen Kosten der Kundenauftragsabwicklung, die Distributionskosten je Auftrag, die Versandkostenquote, das Verhältnis von Eigentransportkosten zu Fremdtransportkosten, etc. *Qualitätskennzahlen* betreffen die durchschnittliche Lieferzeit, die Lieferbereitschaft, Fehllieferungsquote, Liefertreue, Verzugsquote, etc.

Die **Entwicklung eines individuellen Kennzahlensystems** der Logistik für einzelne Unternehmen entspricht oft der Notwendigkeit gezielte *Informationspotenziale* aus maßgeschneiderten Kennzahlen zu gewinnen, um dadurch die *Entscheidungsqualität* für Logistikbereiche im Unternehmen zu verbessern. Für die Gestaltung eines individuellen Kennzahlensystems ist es deshalb nötig, im Einzelnen eine Festlegung und Gewichtung logistischer Ziele zu fixieren, eine Auswahl der Kennzahlen für ein Logistikcontrolling zu treffen, Kennzahlenempfänger und Informationsquellen zu bestimmen sowie die Darstellung der Kennzahlenergebnisse zu gestalten.

Obgleich logistische Kennzahlensysteme wichtige Instrumente zur Gestaltung des Logistikmanagements darstellen, gibt es offensichtliche **Grenzen der Anwendung von Kennzahlensystemen**. Der unbestrittene *Vorteil* von Kennzahlen als wichtige Planungs- und Entscheidungsgrundlage für Logistikbereiche in Unternehmen ist gleichzeitig mit einer Reihe von Problemen behaftet, welche die Aussagefähigkeit von Kennzahlensystemen erheblich einschränken können. Dabei lassen sich folgende *Probleme* durch Kennzahlensysteme sich benennen: Durch die Verwendung zu vieler Kennzahlen wird eine *Kennzahleninflation* erzeugt, die letztendlich die Verwendung und den Erstellungsaufwand dieser Kennzahlen in Frage stellt. Durch Fehler bei der *Kennzahlenaufstellung*, unter anderem von Basisdaten, die nicht ausreichend standardisiert oder objektiviert sind, entsteht eine mangelnde Konsistenz dieser Kennzahlen, woraus Widersprüche entstehen können. Probleme bei der *Kennzahlenkontrolle* können dadurch entstehen, dass Werte als Kennzahlen verwendet werden, die zu wenig eine zu beobachtende Abweichungen erfassen können.

## 8.4 Trends, Aufgaben und Literatur

### 8.4.1 Trends

Die gestiegene Bedeutung der Logistik für Unternehmen zeigt sich insbesondere auch im Bereich von Supportsystemen wie Logistik-IT, Logistikmarketing und -controlling. Jeder einzelne dieser Bereiche zeichnet sich durch eine spezifische Trendentwicklung aus.

> → **Optimierungsalgorithmen** werden erweitert und in Grenzen verbessert, **Simulationsmöglichkeiten** werden verstärkt anwendungsorientiert angeboten, damit ein Vergleich zwischen verschiedenen Planungsszenarien einfach und schnell erfolgen.
>
> → **Innovative Anwendungsszenarien,** wie die Nutzung des Internets, neuer Applikationen und Tools werden deutlich zunehmen. Ebenso wird **RFID als Identifikationssystem** herkömmliche Verfahren ersetzen.
>
> → Optimierungspotenziale werden im strategischen Logistikmarketing in Form von ganzheitlichen **Servicekomponenten** weiter ausdifferenziert werden und mit interaktiven Nutzungstools ausgestattet (Kundendialogmanagement).
>
> → Eine Professionalisierung des gesamten logistischen Online- und Internetmarketings wird sowohl in **B2C- und B2B-Geschäftsbeziehungen** stattfinden.
>
> → Eine stärkere **Ausdifferenzierung** von Controllingapplikationen wird die logistischen Planungs- und Steuerungsprozesse durch **individualisierte Anpassungslogiken** prägen (Logistik-Cockpit).
>
> → Prozessorientiertes Risikomanagement wird verstärkt erforderlich durch individualisierte Produktanforderungen und Komplexe, Produktionsprozesse, die zu Logistikrisiken erhöhten führen.

**Trends**

Bestehende Konzepte und Anwendungstools im Bereich der Logistik-IT, des Logistikmarketings und des Logistikcontrollings werden sich in Zukunft anwendungsorientiert weiter ausdifferenzieren.

### 8.4.2 Aufgaben

Für die Bearbeitung der Aufgaben sollten zunächst grundlegende Aspekte logistischer Supportsysteme aufgezeigt werden. Im Anschluss daran sollten spezifische Aspekte des Supports für strategische und operative Bereiche einer Logistik-IT, eines Logistikmarketings und -controllings sowie deren Umsetzung aufgezeigt werden.

<table>
<tr><td rowspan="1">**Aufgaben**</td><td>

▶ **[1]** Stellen Sie die Bedeutung der Identifikationsebene innerhalb der Logistik-IT dar und vergleichen Sie die Anwendung von Barcodes mit RFID.

▶ **[2]** Skizzieren Sie die Struktur eines SCM-IT-Systems unter Bezug auf das Paket SAP SCM der SAP AG und zeigen Sie dabei die Bedeutung einzelner Elemente auf.

▶ **[3]** Kennzeichnen Sie die drei Dimensionen der Erstellung einer Dienstleistung und erläutern Sie die Unterscheidung von Value-Added-Services für die Produktion logistischer Dienstleistungen.

▶ **[4]** Diskutieren Sie sinnvolle Möglichkeiten für die Entwicklung von logistischen Kommunikationsplattformen im Internet und deren Bedeutung für ein logistisches Internetmarketing.

▶ **[5]** Charakterisieren Sie wesentliche Aufgaben des Controllings im Allgemeinen sowie die Bedeutung eines Logistikcontrollings im Besonderen bei der Mitwirkung von Planungs- und Steuerungsaufgaben im Unternehmen.

▶ **[6]** Beschreiben Sie kurz die Aufgaben und Ausprägungen sowie die Struktur von vier Gruppen von Kennzahlen eines Logistikkennzahlensystems (LKS).

</td></tr>
</table>

Stichworte zu konkreten Lösungshinweisen für die Aufgaben von Kapitel 8 finden Sie auf Seite 236/237.

## 8.4.3 Literatur

Zur Vor- und Nachbereitung der Inhalte von Kapitel 8 können ergänzend folgende Lehrwerke und Internetadressen als Quellen herangezogen werden:

▱ Schulte, Christof (2009): Logistik. Wege zur Optimierung der Supply Chain, Kapitel 3: Informations- und Kommunikationssysteme in der Logistik, Seiten 65–147

▱ Piontek, Jochem (2009): Bausteine des Logistikmanagements. Supply Chain Management, E-Logistics, Logistikcontrolling, Kapitel 7: E-Logistics, Seiten 171–205

▱ Päbst, Lothar M. u.a. (Hrsg.) (2003): Marketing in der Logistik. Beiträge für Grundlagen, Konzepte und Methoden, Seiten 115–220

▱ Czenskowsky, Torsten u.a. (2007): Logistikcontrolling. Marktorientiertes Controlling der Logistik und der Supply Chain, Kapitel 7: Kennzahlen und Kennzahlensysteme im Logistikcontrolling, Seiten 212–241

▱ Czenskowsky, Torsten (2004): Marketing für Speditionen und logistische Dienstleister, Kapitel 4: Marketing-Mix von Speditionen und logistischen Dienstleistern, Seiten 126–170

▱ Weber, Jürgen u.a. (2010): Kapitel 7: Berichtswesen, Seiten 235–272, Kapitel 8: Controlling für das Supply Chain Management, Seiten 273–354

Folgende Internetadressen stellen ergänzende Informationsquellen dar:

@ www.gs1-germany.de

@ www.jahrbuchlogistik.de

@ www.bvl.de

Weitere Hinweise zur Literatur und zur vertiefenden Lektüre finden Sie im Literaturverzeichnis.

# 9 Nationales und internationales Verkehrsträgermanagement

## 9.1 Transport, Verkehr und Verkehrsträgerlogistik

### 9.1.1 Transportmanagement und Transportsysteme

Transport- und Fördersysteme werden eingesetzt, um Güter im Sinne von Material und Waren an unterschiedliche Orte zu befördern (örtliche Transformation), um damit räumliche Distanzen zu überwinden und logistische Leistungen zu erbringen. **Ziel von Transportsystemen** stellen folgende Größen dar: (a) Einen hohen auftragsbezogenen *Servicegrad*, wie z. B. kurze Wartezeiten, niedrige Transportzeiten, schnelle Reaktion auf eilige oder spezielle Transporte, (b) eine optimale *Nutzung* der Transportsysteme, wie z. B. minimale Transportkosten oder eine hohe funktionale und zeitliche Auslastung, (c) eine hohe *Flexibilität*, wie z. B. ein breites Transportspektrum für verschiedene Güter oder leichte Anpassung an betriebliche Umstellungen sowie (d) *Transparenz* und *Controlling* in Form von Tracking & Tracing Systemen durch Informationen über die aktuelle Situation, wie Verfügbarkeit, Örtlichkeit, durchgeführte Aufträge, Kennzahlenerzeugung, wie durchschnittliche Transportzeiten, sowie Informationen über vor- und nachgelagerte Bereiche durch Datensammlung und Auswertung von Daten.

**Transportsysteme** bestehen aus Elementen wie *Transportgut* (Transportobjekt), *Transportmittel* (Verkehrsträger), *Transportprozess* (Transportkette) mit dem Ergebnis einer *Transportleistung*. Nach logistischen Kriterien werden *Transportarten* unterschieden und zwar als Systeme zum kontinuierlichen Transport (z. B. Rohrleitungssysteme, etc.) und als Systeme zum diskontinuierlichen Transport (z. B. Transportsysteme, bei denen das Transportgut mit oder ohne Ladungsträger auf einem angetriebenem Transportnetz befördert wird oder Fahrzeugsysteme, bei denen das Transportgut in Transporteinheiten mit eigenem Antrieb

**Lernziele**

- ○ **Überblick** über wesentliche Grundbegriffe zu *Transportsystemen*, Verkehr und Verkehrsträgerlogistik sowie über die Teilbereiche *Land-, Wasser- und Luftverkehrsmanagement*.

- ○ **Verständnis** des Systems der *Verkehrsträgerlogistik* mit den Subsystemen des Land-, Wasser- und Luftverkehrs, einschließlich der beteiligten *Managementfunktion*.

- ○ **Einsicht** in strukturelle Analogien zwischen einzelnen *Verkehrsträgersubsystemen* und deren Elemente, wie Marktentwicklungen, Unternehmen, Organisationen, spezifische Verkehrspolitik sowie Leistungs- und Kostenstrukturen.

Lernziele Kapitel 9

auf einem antriebslosen Transportnetz befördert wird, etc.). Ein *Transportauftrag* spezifiziert dann die Frachtbeschaffenheit entweder als (a) Massengutfracht, bestehend aus unabgepackten, festen, flüssigen oder gasförmigen Stoffen oder (b) als Stückgutfracht, bestehend aus diskreten Ladeeinheiten, wie Behälter, Paletten, Pakete oder ISO-Containern mit bestimmten Maßen, Volumen oder Gewicht.

Die *Lösung eines Transportproblems* besteht letztendlich in der *Organisation eines Transportprozesses, d. h.* im Aufbau einer Transportkette, die als logistisches Subsystem aufgefasst werden kann. Nach DIN-Norm 30781 versteht man unter einer **Transportkette** eine Folge von technischen und organisatorisch miteinander verknüpften Vorgängen, bei denen Personen oder Güter von einer Quelle zu einer Senke, einem Ziel bewegt werden. Transportketten können dabei eingliedrig oder mehrgliedrig sein. In einer *eingliedrigen Transportkette* sind Liefer- und Empfangspunkt, also Quelle und Senke in einem ungebrochenen Verkehr (Direktverkehr), ohne Wechsel des Transportmittels, miteinander verbunden. In einer *mehrgliedrigen Transportkette* findet dagegen ein Wechsel des Transportmittels zwischen Quelle und Senke statt. Man unterscheidet diesbezüglich weiterhin zwischen gebrochenem Verkehr mit Wechsel des Transportgefäßes und kombiniertem Verkehr ohne Wechsel des Transportgefäßes, wobei im Falle des letzteren zwischen Huckepackverkehr, bei dem ganze Verkehrsmittel oder Teile davon verladen werden (z. B. Roll-on-Roll-off-Verkehr, Swim-on-Swim-off-Verkehr, bimodaler Sattelanhänger, etc.) oder Behälterverkehr, d. h. wenn Transportgefäße verladen werden (z. B. Großbehälterverkehr, Container und Kleinbehälterverkehr, Collico, etc.).

**Transportstrategien** sind Instrumente, mit denen sich Transportleistungen optimiert durchführen lassen und insbesondere die Prozesse an den Stationen bzw. Transportknoten zur Erreichung der logistischen Ziele, wie Leistungssteigerung, Qualitätssicherung und Kostensenkung erreichen lassen. Durch

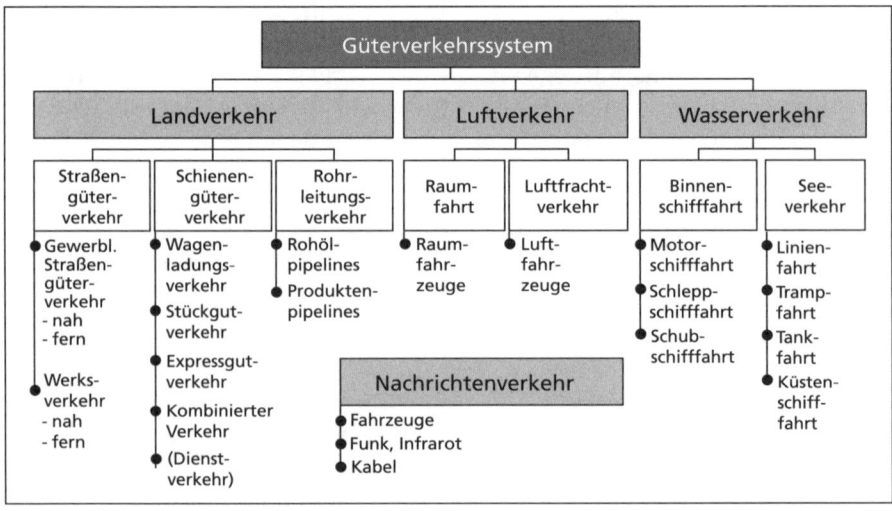

Abbildung 9.1: Verkehrsträgermanagement im Überblick

die gezielte Anwendung von Transportstrategien lassen sich Lösungen einer Transportaufgabe mit optimaler Transportnetzwahl erzielen, Verbesserungen des Transportleistungsvermögens im bestehenden Transportsystem erreichen sowie die Anzahl der benötigten Verkehrsmittel senken und die Funktions- oder Verkehrssicherheit erhöhen. Als Transportstrategien werden z. B. Fahr-Weg-Strategien und Stationsstrategien unterschieden: (a) *Fahr-Weg-Strategien* legen die Reihenfolge fest, in der die Bestimmungsorte der Ladung angefahren werden und zwar als Strategien minimaler Fahrwege mit kürzester Weglänge, Fahrzeit oder Fahrkosten und Strategien maximaler Kapazitätsauslastung, sodass die Transportmittel in ihrer Kapazität maximal genutzt werden sowie Fahrplanstrategien, bei denen minimale Fahrwege mit maximaler Kapazitäts- auslastung kombiniert werden. (b) *Stationsstrategien* regeln die Abfertigung der Aufträge an den Stationen, z. B. nach fester Abfertigungsreihenfolge (First-Come-First-Served FCFS), nach freier Abfertigungsreihenfolge (Ladungsbün- delung), zielreine oder zielgemischte Beladung sowie Fahrten mit und ohne Zuladen.

## 9.1.2 Außerbetriebliche Transportsysteme und Verkehrsträgerlogistik

Das außerbetriebliche Transportsystem setzt sich zusammen aus Elementen, den Verkehrsträgern, also der Gesamtheit der Unternehmen, die Verkehrsleis- tungen anbieten, der Verkehrsinfrastruktur, die alle ortsfesten Anlagen eines Verkehrssystems, insbesondere die Verkehrswege und Verkehrsknoten bzw. Stationen umfasst, schließlich die Verkehrsmedien Land, Wasser und Luft sowie die Rahmenbedingungen, die durch natürlich Bedingungen bestimmt sind und damit die wesentlichen Eigenschaften eines Verkehrssystems ausma- chen. Im **System der Verkehrswirtschaft** können entsprechend der Einteilung der *Verkehrsmedien* in Land, Wasser und Luft, *Verkehrsträger* in Straßenverkehr, Schienenverkehr, Binnenschifffahrts- und Hochseeschifffahrtsverkehr sowie Luft- und Rohrleitungsverkehr mit ihren verkehrsträgerbezogenen Logistikleis- tungen und spezifischen Transportprodukten unterschieden werden. Einzelne **Eigenschaften** dieser Verkehrsträger stellen dabei relativ *unveränderliche Merk- male* dar, wie z. B. Kapazität, Verfügbarkeit oder Flexibilität eines Verkehrsträ- gers, etc. Andere Eigenschaften beziehen sich stärker auf einen *technologischen Stand der Entwicklung*, wie z. B. Transportweiten, Sicherheiten, Kosten, etc. Beur- teilungskriterien für Transportsysteme und Verkehrsträgerlogistik bestehen aus *rechtlichen Kriterien*, wie z. B. Gesetzen und Verordnungen im Straßenverkehr, Umweltschutzbedingungen, Gefahrgutvorschriften, etc., aus *infrastrukturellen Kriterien*, wie z. B. Straßen- und Schienennetzen, Flughäfen und Wasserwegen, etc., aus *leistungsbezogenen Kriterien*, wie z. B. Zuverlässigkeit, technischer Eig- nung, Vernetzungsfähigkeit, etc. sowie aus *kostenbezogenen Kriterien*, wie z. B. Fracht- und Transportnebenkosten, Handlingkosten und sonstigen Logistik- kosten. Für die **Beurteilung** von Verkehrsträgern und Transportmodalitäten wird auf *Verkehrswertigkeit* zur Festlegung von Qualitätsmerkmalen von Ver- kehrsträgern zurückgegriffen sowie auf *Verkehrsaffinität*, welche die Anforderungen durch Transportnachfrager erfasst, darunter Massenleistungsfähigkeit, Schnelligkeit, Netzbildungsfähigkeit, Berechenbarkeit, zeitliche und räumliche Flexibilität, Sicherheit, Umweltverträglichkeit, etc. Für außerbetriebliche Transportsysteme werden im Folgenden drei Verkehrsträgerbereiche mit entsprechenden Managementfunktionen unterschieden: Landverkehrsmanagement mit den Verkehrsträgern des Straßen- und Schienenverkehrs, Wasserverkehrsmanagement mit den Verkehrsträgern des Binnenschiffs- und Hochseeschiffsverkehrs sowie Luftverkehrsmanagement. Erstmals wird auch unter rechtlichen Gesichtspunkten seit dem 1. Juli 1998 mit dem Gesetz zur Neuregelung des Fracht-, Speditions- und Lagerrechts mit dem **Transportrechtsreformgesetz** der innerdeutsche Gütertransport einheitlich für die Verkehrsträger Straße, Schiene, Wasser und Luft geregelt.

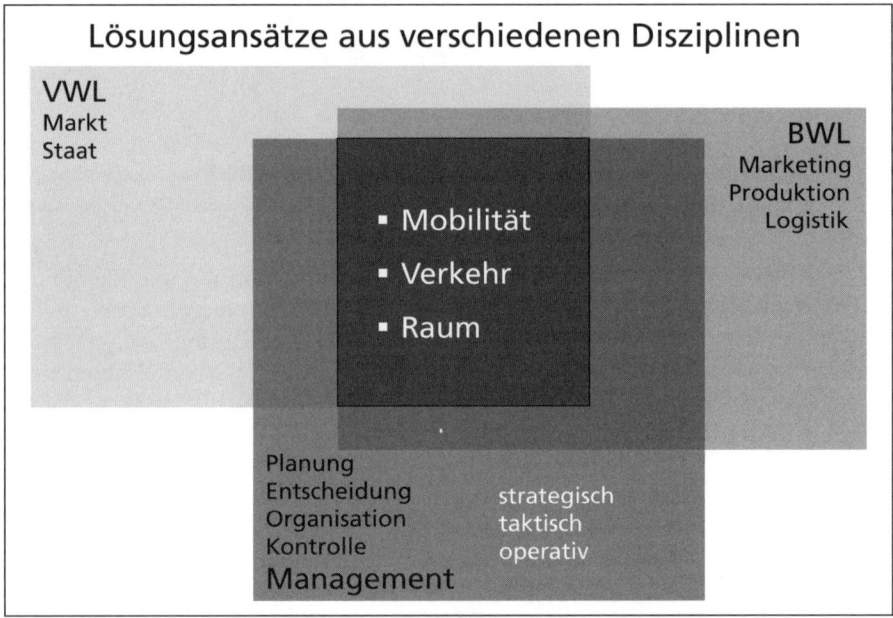

Abbildung 9.2: Interdisziplinarität des Verkehrsträgermanagements

Mobilität und Verkehr stehen im außerbetrieblichen Transportsystem in einem engen Zusammenhang, wobei **Mobilität** den Wechsel von Personen und Gütern zwischen den Teilmengen eines Verkehrssystems bezeichnet. Mobilität lässt sich durch verschiedene Kennzahlen ausdrücken, z. B. die Mobilitätsrate, das Mobilitätsstreckenbudget, das Mobilitätszeitbudget, etc. Verkehr stellt dabei eine Teilmenge von Mobilität dar. Unter **Verkehr** versteht man die Ortsveränderungen von Personen (Personenverkehr), Gütern (Güterverkehr) und Nachrichten (Nachrichtentechnik). Im *Personenverkehr* werden folgende Anforderungen an die Verkehrsträger gestellt: Sicherheit, Fahrzeit bzw. Fahrgeschwindigkeit, Fahrkosten, Fahrgenuss, Verfügbarkeit, Ungebrochenheit sowie die Erfordernisse von Zertifikaten (z. B. Zulassungsbescheinigungen, etc.). Im *Güterverkehr* werden demgegenüber folgende Anforderungen an die Verkehrsträger gestellt:

Frachtkosten, Fahrzeit, Berechenbarkeit sowie die Anpassungsfähigkeit an Transportaufgaben. **Transport** bezeichnet die geplant herbeigeführte Ortsveränderung von Personen, Gütern und Nachrichten von einem Punkt A zu einem Punkt B. Das Problem der Distanzüberwindung im **Raum** erfolgt anhand technischer und organisatorischer Einrichtungen, wie z. B. Verkehrsmitteln, Verkehrswegen, Verkehrsstationen, Verkehrsanlagen, etc. Auswahlkriterien für außerbetriebliche Transportsysteme lassen sich für jedes Verkehrsmittel anhand einer Gegenüberstellung von Kosten, wie z. B. Frachtkosten, Transportnebenkosten, etc. und Leistung, wie z. B. Transportzeit, Transportfrequenz, Flexibilität, etc., beurteilen.

Um Verkehr statistisch erfassen und beschreiben zu können sind eine Reihe grundlegender **Messgrößen in der Verkehrswirtschaft** entwickelt worden:

(a) Zu den *verkehrsinfrastrukturbezogenen Messgrößen* gehören die *Verkehrsmenge*, d. h. die Summe der Verkehrsobjekte (Personen, Güter, Nachrichten), die in einem Zeitintervall in einem Gebiet oder einer Verkehrsinfrastruktur örtlich verändert wird, wie z. B. die Anzahl der beförderten Personen, etc., sowie die *Verkehrsdichte*, welche die Anzahl der Verkehrsmittel pro Zeitpunkt und Streckenabschnitt angibt.

(b) Zu den *verkehrsmittelbezogenen Messgrößen*, gehört die *Verkehrsfrequenz*, welche die Anzahl der Verkehrsvorgänge in einem Zeitraum angibt und die Verbindungsqualität zwischen zwei Orten beschreibt sowie die *Fahrleistung*, welche die zurückgelegte Entfernung eines Verkehrsmittels angibt.

(c) Zu den *transportobjektbezogenen Messgrößen* gehört das *Verkehrsaufkommen*, d. h. die Summe der Transportobjekte als Nachfragemenge, die in einem festgelegten Zeitraum örtlich verändert wird. Die *Verkehrsweite* bezeichnet die Transportentfernung, über die ein Verkehrsobjekt örtlich verändert wird.

Die *Verkehrsleistung* wird durch Multiplikation des Verkehrsaufkommens mit der Verkehrsweite errechnet. Daraus ergeben sich z. B. Personen- oder Tonnenkilometer. Die Zuordnung des Verkehrsaufkommens bzw. der Verkehrsleistung zu einzelnen Verkehrsträgern wird als Verkehrsteilung oder Modal Split bezeichnet.

Weitere Klassifizierungsmerkmale von **Verkehrsleistungen**, die auch zur Einteilung von Verkehrsmärkten herangezogen werden, sind gegeben durch *Eigenverkehre*, bei denen die Verkehrsleistung von einem Wirtschaftssubjekt mit eigenen Produktionsmitteln erstellt wird, wie z. B. Werksverkehre, etc. *Fremdverkehre* stellen demgegenüber Verkehrsleistungen dar, die für Dritte meist gegen Entgelt erbracht werden, wie z. B. Berufsverkehre, Urlaubsverkehre, etc. Je nach Regelmäßigkeit bzw. Planbarkeit eines Verkehrs wird zwischen *Linienverkehr*, d. h. einer Beförderung von Personen und Gütern nach Fahrplan, und *Gelegenheitsverkehr*, d. h. einer Verkehrsleistung, bei der jeder Transport einzeln festgelegt wird, unterschieden. *Öffentlicher Verkehr* liegt immer dann vor, wenn unter bestimmten Voraussetzungen der Transport für jedermann zugänglich ist oder das Transportunternehmen durch öffentliche Betreiber oder staatliche Beteiligung organisiert wird. *Privater Verkehr* ist hingegen nicht für jedermann zugänglich, sondern wird nur für bestimmte Personen oder Unternehmen erbracht (Ausschlussprinzip; dedicated transport). *Nah- und Fernverkehre* werden in Abhängigkeit der Transportentfernung unterschieden. Mit der Erstellung einer Verkehrsleistung besteht häufig ein enger Zusammenhang zwischen dem **Produkt der Verkehrsleistung** und der Produktionsform: *Direktverkehre* entstehen immer dann, wenn zwischen dem Ausgangspunkt und dem Endpunkt eines Transports kein Umweg oder Wechsel des Verkehrsmittels erfolgt, wie z. B. bei Individualverkehr, Komplettladungen, etc. *Tourenverkehre* beinhalten eine Reihenfolge von Be- und Entladepunkten, die auf einer Gesamtstrecke bedient werden, wie z. B. Linienverkehre, Sammelverkehre, etc. *Systemverkehre* bezeichnen eine Bündelung von Transportleistungen im Rahmen von Verkehrsnetzen und regelmäßigen Diensten, wie z. B. Nutzung von Hubs, Kurier- und Expressdienste, etc. *Binnenverkehre* bezeichnen Transporte, bei denen Quelle und Senke in einem Staat liegen, *internationale Verkehre* bezeichnen Transporte, deren Quelle und Senke in zwei Staaten liegen. Befindet sich weder Quelle, noch Senke in einem Staat, in dem der Transport erfolgt, spricht man von *Transitverkehr*. Als *Kabotage* bezeichnet man eine Verkehrsleistung, bei der Quelle und Senke in einem Staat liegen, die Verkehrsleistung jedoch von dem Unternehmen eines Drittstaates erbracht wird.

**Verkehrsarten** bezeichnen den Beförderungsvorgang genauer. *Transportketten* sind definiert als Folge von technisch und organisatorisch verknüpften Beförderungsvorgängen, bei denen entweder Personen oder Güter bewegt werden. Man unterscheidet weiterhin *eingliedrige Verkehre*, bei denen nur ein Verkehrsmittel benutzt und der Transport nicht durch einen Umschlag unterbrochen wird und *mehrgliedrige Verkehre*, bei denen eine Unterbrechung des Verkehrs oder Transports durch Umschlagsprozesse erfolgt. Wird eine Verkehrsart nur durch einen

Abbildung 9.3: Dimensionen der Verkehrspolitik

Verkehrsträger durchgeführt, so bezeichnet man diese als *unimodalen Verkehr*, wird hingegen ein Verkehr durch zwei oder mehrere verschiedene Verkehrsträger durchgeführt, spricht man von *multimodalem Verkehr*. Von einem *intermodalen Verkehr* spricht man, wenn ein Transport von Personen oder Gütern in ein und derselben Transporteinheit (Intermodal Transport Unit/ITU) mit verschiedenen Verkehrsträgern erfolgt. Ist bei einem Transport nur ein Verkehrsträger beteiligt, z. B. mehrere Straßentransportunternehmen, spricht man von *intramodal kombiniertem Verkehr*, bei Beteiligung mehrerer Verkehrsträger hingegen von *intermodal kombiniertem Verkehr*.

**Verkehrspolitik** umfasst alle Maßnahmen des Staates zur Gestaltung und Beeinflussung des Verkehrssystems. Grundsätzlich bewegen sich verkehrspolitische Eingriffe zwischen den Extremen einer marktkonformen bzw. staatlich orientierten Einflussnahme, die wiederum von den Extremen Marktversagen bzw. Staatsversagen begleitet werden. Unter *Regulierung* versteht man in diesem Sinne insgesamt jeden staatlichen Eingriff in wirtschaftliche Handlungen oder Prozesse, der sich auf den Marktzutritt, die Produktionskapazitäten, Preise, Qualität oder Kontrahierungsfreiheit auswirkt bzw. der Festlegung von Kontingenten dient. Umgekehrt besteht in vielen Bereichen des Verkehrssektors *Deregulierung* als Antwort auf mangelnden Wettbewerb und als Folge partiellen Staatsversagens. Verkehrspolitische Gestaltung erfolgt über drei verschiedene Teilbereiche der Verkehrspolitik: (1) Mit der *Verkehrsordnungspolitik* (Regulierung/Zulassungen versus Deregulierung/freier Marktzugang) geht es um die Schaffung eines Ordnungsrahmens für die Marktstruktur bzw. den Marktzugang für einzelne Verkehrsteilnehmer und unternehmerische Aktivitäten im Verkehr. (2) Mit der *Verkehrsinfrastrukturpolitik* (staatliche Verkehrswegeplanung, private Infrastrukturinvestitionen) werden Rahmenbedingungen für Planung Bau, Finanzierung und Unterhalt der Infrastruktur des Verkehrs geschaffen, um damit entsprechende Verkehrs-, Mobilitäts- und Raumeffekte zu schaffen. (3) Mit der *Verkehrsprozesspolitik* (Verkehrsvorschriften, Koordination der Verkehrsträger) geht es um eine verkehrspolitische Einflussnahme auf Verkehrs-, Transport- und Logistikaktivitäten mit dem Ziel, über Verkehrssteuerung eine Verkehrseffizienz für einzelne Verkehrsprozesse zu schaffen.

## 9.2 Landverkehrsmanagement

### 9.2.1 Bereiche des Landverkehrs

**Landverkehr** als Verkehrsträgersystem unterteilt sich in zwei Subsysteme, nämlich Straßenverkehr und Schienenverkehr. **Landverkehrsmanagement** behandelt alle Probleme, Aufgaben und Lösungsansätze, die sich im Zusammenhang mit Märkten und Unternehmen in den Subsystemen des Landverkehrs ergeben. Daraus abgeleitet sind weitere Teilbereiche des Landverkehrsmanagements wie Managementfunktionen des Straßenverkehrs (z. B. Flotten- oder Fuhrparkmanagement, etc.) und des Schienenverkehrs (z. B. Stationsmanagement, etc.).

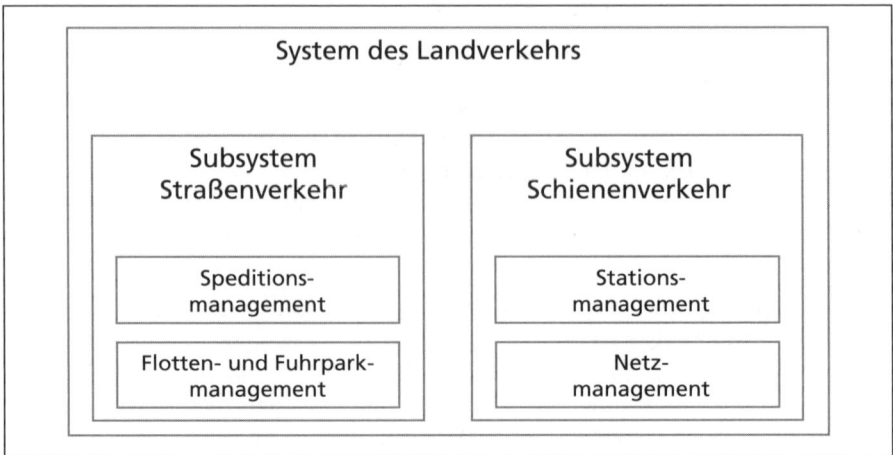

Abbildung 9.4: System des Landverkehrs

**Straßenverkehr** bezeichnet dabei zunächst denjenigen Bereich der Verkehrswirtschaft, der Verkehre auf der Straße durchführt, die in der Regel mit Kraftfahrzeugen bzw. Lastkraftwagen geleistet werden. *Vorteile* des Straßenverkehrs bestehen in einem gut ausgebauten Straßennetz, der Erstellung individueller Leistungen unabhängig von Stationen durch spezialisierte und nicht spezialisierte Fahrzeuge, einer stetigen Einsatzbereitschaft und Flexibilität sowie hohe Auslastungsgrade durch gezielte Disposition. *Nachteile* bestehen demgegenüber in einer begrenzten Ladefähigkeit für Massentransporte, einer starken Abhängigkeit von Straßenverhältnissen (klimatische Bedingungen) und der Verkehrslage, politischen und rechtlichen Restriktionen (Fahrverbote) sowie einer erhöhten Unfallgefahr und besonderen Sicherheitsrisiken durch hohes Verkehrsaufkommen.

- Das **infrastrukturbezogene Straßenverkehrssystem** wird überwiegend von Bund, Ländern und Kommunen zur Verfügung gestellt, welche die Grundlage für die Abwicklung des Straßengüterverkehrs durch ein effizient geführtes *Straßennetz* ermöglichen. Kraftverkehrsstraßen stellen die Infrastruktur des Verkehrsträgers Straßenverkehr dar und umfassen die Gesamtheit der öffentlich zugänglichen Straßen. Je nach der Güte des Straßennetzes lassen sich drei Kategorien unterscheiden: *Primäres Straßennetz* (z. B. Autobahnen, Schnellstraßen, etc.), *sekundäres Straßennetz* (z. B. Bundesstraßen, Landstraßen, etc.) und *tertiäres Straßennetz* (z. B. Kreisstraßen, Gemeindestraßen, etc.). Zum Straßenverkehr gehören insbesondere Personen- und Güterverkehr, motorisierter und nicht motorisierter Verkehr, öffentlicher und privater Verkehr, gewerblicher Verkehr und Werkverkehr, Nah- und Fernverkehr sowie Linien- und Gelegenheitsverkehr.

- Das **transportmittelbezogene Straßenverkehrssystem** bezieht sich auf verfügbare *Fahrzeugtypen* des Straßenverkehrs. Diese gliedern sich für den Güterverkehr in Güterkraftfahrzeuge oder Lastkraftwagen (Lkw) in: (a) *Leichte Güterkraftfahrzeuge* für Verteil- und Werkverkehre mit zulässigem Gesamtgewicht (zGG) von bis zu 3,5 t (b) *mittelschwere Güterkraftfahrzeuge* für Verteilverkehre (Stückgut), Baustellen und Versorgungsverkehre (Müllabfuhr) sowie Werkverkehre (Handwerk) jeweils mit 3,5 t–12 t zGG und (c) *schwere Güterkraftfahrzeuge* für Hauptläufe, Langstreckenverkehre sowie schwere und lange Güter ab einem zGG von 12 t–60 t.

Zu den Einrichtungen, Ämtern bzw. **Organisationen des Straßenverkehrs** zählen das Bundesministerium für Verkehr, Bau und Stadtentwicklung (BMVBS) in Berlin/Bonn, das Kraftfahrt-Bundesamt in Flensburg, das Bundesamt für Güterverkehr in Köln, die Bundesanstalt für Straßenwesen in Bergisch-Gladbach, der Verband Deutscher Verkehrsunternehmen in Köln sowie der Verband der Automobilindustrie in Frankfurt am Main. Wichtigste Rechtsgrundlage für den Straßengüterverkehr ist das Güterkraftverkehrsgesetz (GüKG). Für den grenzüberschreitenden Straßenverkehr gelten Gemeinschaftslizenzen (EU-Lizenzen bzw. Community Authorizations), CEMT-Genehmigungen (Conférence Européenne des Ministres de Transports) sowie bilaterale oder Drittstaaten-Genehmigungen (Bilateral Road Haulage Permits)

Eine spezifische **Verkehrspolitik des Straßenverkehrs** erfolgt als Verkehrsprozesspolitik in Form einer *Verkehrssteuerung* auf dem Straßennetz überwiegend dezentral, teilweise auch zentral, wenn es darum geht, den Verkehrsfluss zu koordinieren und die Leistungsfähigkeit der Infrastruktur zu erhöhen (Kapazitätserweiterung in Ballungsgebieten/Agglomerationseffekte), Begradigungsbauvorhaben in der Trassenführung auf Überlandsstrecken. Durch *technische Erweiterungen* werden durch Telematik-Anwendungen, Routenempfehlungen oder Parkleitsysteme effiziente Verkehrsführungsmaßnahmen erzeugt. Aufgrund der Kapazitätsentwicklung im Straßenverkehr, haben sich neue *Regulierungsmechanismen* durchgesetzt, wie diese durch ein Verkehrsleitsystem (Telematik) oder eine Maut (Straßennutzungsgebühr) gegeben ist.

- *Telematik* stellt einen Systemverbund von Telekommunikation und Informatik dar und ermöglicht einen direkten Datenaustausch zwischen beliebiger Informationstechnik, mobiler Kommunikation und auf digitaler Basis. In Verbindung mit Internetplattformen bieten Telematiksysteme in der Logistik erhebliche Kostensenkungspotenziale bei Aufgabenerfüllung im Bereich von Ortung- und Routenplanung, Kosten- und Leistungsvergleichen, Kommunikation mit Kunden und Kooperationspartnern sowie im Rahmen von Verkehrsleitsystemen. Telematiksysteme ermöglichen eine Integration sämtlicher Verkehrsdaten in den Logistikprozess, die dann systemgerecht beobachtet, analysiert und verwendet werden können.

- Unter einer *Maut* versteht man in der Regel ein Entgelt für die Nutzung von Straßen, wobei erhebungstechnisch zwei Formen auftreten: Maut kann entweder berechnet werden für einen bestimmten Zeitraum (Vignette) oder für die gefahrenen Kilometer (Péage). Mit der Erhebung einer (fahrleistungsabhängigen) Maut, werden im Wesentlichen folgende Ziele verfolgt: Verursachungsgerechte Anlastung von Wegekosten und damit indirekt die Finanzierung der Infrastruktur, Verkehrsverlagerung auf umweltfreundlichere Verkehrsmittel und Entlastung von überlasteten Straßen, wie z. B. Autobahnen, etc., Generierung von Einnahmen, im Allgemeinen für die

Finanzierung des Ausbaus der Infrastruktur, sowie die Förderung neuer Technologien durch automatisierte Erhebungstechniken.

**Schienenverkehr** bezeichnet innerhalb des Bereichs der Verkehrswirtschaft jene Verkehre, die auf der Schiene mit Schienenfahrzeugen durchgeführt werden. *Vorteile* des Schienenverkehrs sind die Eignung für hohe Massenleistungen und damit niedrige Einzelkosten des Transports, die besondere Eignung bei Fernverkehr im Landtransport, hohe Termintreue und Sicherheit durch Fahrplan- und Fahrtrassenverbindung, die Eignung zur Automation, Schnelligkeit bei Ganz- und Direktzügen sowie der umweltfreundliche Transport. *Nachteile* bestehen in der begrenzten Netzdichte, dem Terminal-zu-Terminal-Verkehr, den sich daraus ergebenden kosten- und zeitintensiven Umschlag- und Umladeleistungen, in der Bindung an Fahrpläne und Zuglänge sowie in der teilweise niedrigen Beförderungsgeschwindigkeit.

- Das **infrastrukturbezogene Schienenverkehrssystem** bzw. *Schienenwegenetz* umfasst sämtliche, dem öffentlichen Verkehr dienende Gleisanlagen. Streckenkategorien lassen sich diesbezüglich nach Spurweite, Streckenklasse, d. h. maximale Belastbarkeit, Kurvenradien, der Ausstattung mit Zugsicherungssystemen sowie die Anzahl der Streckengleise unterscheiden. Der Verkehrsträger Schiene ist zunächst stark von einer Konkurrenzbeziehung zum Straßenverkehr, zum Wasserverkehr und auch zum Luftverkehr geprägt.

- Das **transportmittelbezogene Schienenverkehrssysteme** bezieht sich auf *Schienenfahrzeugtypen* bzw. *Schienenfahrzeuge*, welche in Rad-Schiene-System-Fahrzeuge, wie z. B. Vollbahnen, Kleinbahnen, Straßen- oder Stadtbahnen, etc., und in sonstige spurgebundene Fahrzeuge, wie z. B. Einschienen-, Schwebe-, Magnetschwebe- und Seilschwebebahnen, Zweiwegefahrzeuge, etc., unterteilt werden.

**Organisationen des Schienenverkehrs** für den öffentlichen Bereich sind z. B. das *Bundeseisenbahnvermögen (BEV)*, das die Schulden- und Personalverwaltung, einschließlich ausgegliederter Vermögenswerte der Bahn, betreut, und das *Eisenbahnbundesamt (E-BA)*, das hoheitliche Aufgaben für Aufsicht und Zulassungen aller Eisenbahnen übernimmt. Die Koordination des grenzüberschreitenden Schienengüterverkehrs in Europa übernimmt die *Europäische Eisenbahnagentur (European Railway Agency)* für technische und sicherheitsrelevante Aspekte ist das *Euorpäische Eisenbahnverkehrsleitsystem (European Rail Traffic Management System/ERTMS)* zuständig sowie *RailNetEurope*.

Im Zusammenhang mit einer spezifischen **Verkehrspolitik des Schienenverkehrs** stehen zahlreiche Reformbestrebungen, Deregulierungsmaßnahmen und einer Modernisierung von Schienenfahrzeugbetreibern (Eisenbahngesellschaften) sowie der Streckennetze (Netzstrategie 21). Dabei steht grundsätzlich eine Trennung von Fahrweg (Vorhaltung und Betrieb) und Eisenbahntransportbetrieb (Personen- und Güterverkehr) zur Disposition. Mögliche Formen einer Trennung von Fahrweg und Eisenbahntransportbetrieb bestehen in einer rechnerischen, organisatorischen oder faktischen (institutionellen) Trennung.

## 9.2.2 Märkte und Betriebsformen im Landverkehr

Expertenunternehmen, die den Güterverkehr organisieren und im Sinne einer logistischen Dienstleistung eine reibungslose Abwicklung des Gütertransportes sicherstellen, werden als **Spediteure** bzw. **Speditionen** bezeichnet. In diesem Zusammenhang wird insbesondere eine sowohl wirtschaftliche, als auch rechtliche Unterscheidung zwischen Spediteur, Frachtführer und Lagerhalter relevant. Spediteur, Frachtführer und Lagerhalter können in einem Unternehmen vereint sein, müssen es aber nicht. Rechtliche Regelungen hierzu finden sich im Handelsrecht, das ebenfalls zwischen Frachtgeschäft (§§ 407–452d HGB) dem Speditionsgeschäft (§§ 453–466 HGB) und dem Lagergeschäft (§§ 467–475 h HGB) unterscheidet:

- Das *Speditionsgeschäft* übernimmt primär die Organisation der Transporte unter Einbezug der Bestimmung des Beförderungsmittels und des Beförderungswegs, die Auswahl ausführender Unternehmer, den Abschluss, der für die Versendung erforderlichen Fracht-, Lager- und Speditionsverträge sowie die Erteilung von Informationen und Unterweisungen an die ausführenden Unternehmer, schließlich die Sicherung von Schadensersatzansprüchen des Versenders.

- Das *Frachtgeschäft* betrifft die Ausführung des Transports und die Beförderung der Güter. Frachtführer, die von Versendern beauftragt werden gewerbsmäßig den Transport oder die Güterbeförderung durchzuführen, verpflichten sich durch den Frachtvertrag ein Gut zum Bestimmungsort zu befördern und dort an den Empfänger abzuliefern. Bei Frachtführern handelt es sich um Transportunternehmen des Güterkraftverkehrs, um Eisenbahnengesellschaften, Reedereien oder Fluggesellschaften.

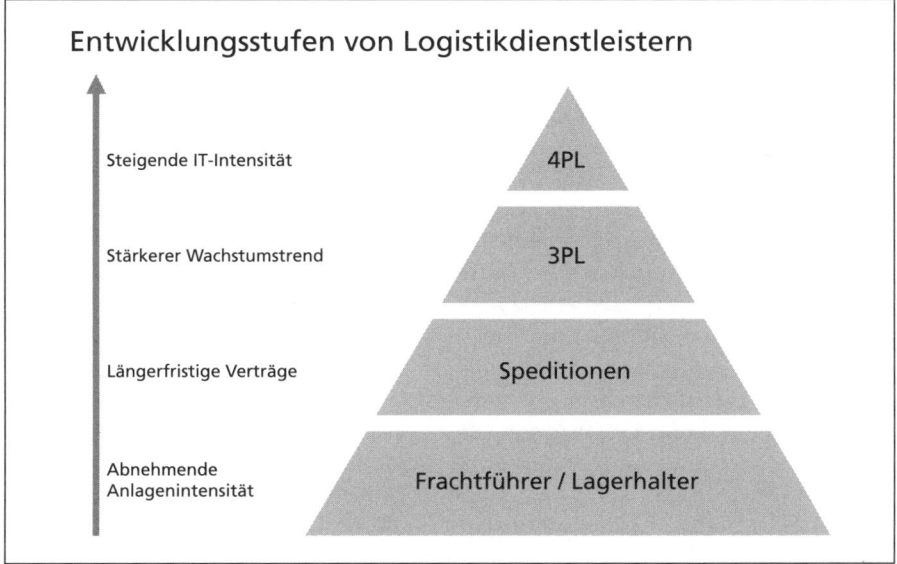

Abbildung 9.5: Entwicklungsstufen von Logistikdienstleistern

● Das *Lagergeschäft* beinhaltet die Lagerung von Gütern bzw. lagernahe Logistikfunktionen, die mit diesem in Zusammenhang stehen.

Im Hinblick auf die **Strukturierung des Leistungsspektrums** von Dienstleistern (Speditionsmanagement) lassen sich unter dem Aspekt der Integration von Logistikleistungen Einzeldienstleister (Transporteure), Spediteure, Systemdienstleister (3PL), Netzwerkintegratoren (4PL), Logistik-IT-Dienstleister und Logistikberater unterscheiden. Während der *Einzeldienstleister* klassische Transport-, Umschlag- und Lageraufgaben erbringt, disponieren *Spediteure* als Verbunddienstleister Güterbeförderung und organisieren nationale und internationale Transporte, teilweise mit eigenen Fahrzeugen, Lager- und Umschlagflächen. *Systemdienstleister* (third party logistics provider/3PL) bieten Komplettangebote logistischer Leistungsumfänge (value added services) und die Übernahme der Koordination dieser Leistungen durch Kontraktlogistik an. *Netzwerkintegratoren* (Fourth Party Logistics Provider/4PL) stellt eine Weiterentwicklung des Leistungsspektrums der Systemdienstleister dar, die umfassende Supply-Chain-Aufgaben übernehmen. *Logistik-IT-Dienstleister* fungieren als Anbieter von Logistiksoftware und Konnektoren im Logistiknetzwerk. *Logistikberater* unterstützen die Akteure der Logistik in allen Bereichen des Logistikmanagements. Speditionen bzw. Logistikdienstleister lassen sich durch verschiedene **Merkmale** unterscheiden: Durch *Verkehrsträger/Speditionszweige* in Kraftwagenspedition, Bahnspedition, Binnenschifffahrtspedition, Seeschifffahrtspedition und Luftfrachtspedition, durch *Güterarten/Fachsparten* in Möbelspedition, Kühlgutspedition, Gefahrgutspedition, etc., durch *Zielorte* in nationale und internationale Spedition, durch ein *logistisches Leistungsspektrum* in Transporteure, Spediteure, 3PL und 4PL sowie durch eine *Stellung des Leistungsangebots* in der logistischen Kette in Beschaffungslogistik, Distributionslogistik, Entsorgungslogistik, etc.

Der **Markt für logistische Dienstleistungen** hat sich in kurzer Zeit rasch entwickelt, wobei zu den klassischen Logistikdienstleistungen eine neue Palette von Produkt- und Leistungsfeldern hinzugekommen ist: Leistungsspektren beziehen sich dabei entweder auf bestimmte Leistungsprozesse, wie z. B. Transport, Lagerhaltung und Kommissionierung oder auf strategische wie operative Aufgaben sowie spezielle Logistikbereiche, wie z. B. Schwerlastlogistik, Baulogistik oder Gefahrgutlogistik, etc. Der Markt für Logistikdienstleistungen in Europa kann mittlerweile in drei Segmente für Ladungsverkehre (full truck loads/FTL), Stückgutverkehre und Kontraktlogistik eingeteilt werden. Im Rahmen einer explizit marken- und qualitätsbezogenen Ausrichtung werden **KEP-Dienste** (Kurier-, Express- und Paketdienste) angeboten. Die Leistung der *Kurierdienste* umfasst im Wesentlichen einen Transport von Dokumenten und Kleinsendungen mit niedrigem Durchschnittsgewicht in geringen Zeitnischen und hoher Zuverlässigkeit. Beim Leistungsangebot der *Expressdienste* handelt es sich um Verkehrsbetriebe, die Sendungen ohne Gewichts- und Maßbeschränkung mit einer garantierten Laufzeit von Ausgangsort zum Zielort befördern. Das Leistungsspektrum der *Paketdienste* umfasst im Wesentlichen die Beförderung und Auslieferung von Kleingütern bis 31,5 kg in einem standardisiertem System mit gestaffeltem Zeitzustellungsservice (8-, 16-, 24- oder 48-Stunden-Service). Unter

**Güterverkehrszentren** versteht man logistische Verkehrsknotenpunkte bzw. verkehrsgünstig gelegene Gebiete, in denen standortbezogen Verkehrs-, Logistikund Dienstleistungsunternehmen zusammengeführt werden. Güterverkehrszentren sind gekennzeichnet durch *Multimodalität*, d. h. mehrere Verkehrsträger treffen aufeinander bzw. ergänzen sich, *Multifunktionalität*, d. h. eine Vielzahl von logistikbezogenen Dienstleistungen wird erbracht, durch *Überregionalität*, d. h. Umschlagknoten für Nah- und Fernverkehr werden gebildet. **City-Logistik** bezeichnet alle Tätigkeiten, die sich auf eine bedarfsgerichtete, nach Art, Menge, Zeit, Raum und Umweltfaktoren abgestimmte, effiziente *Bereitstellung* und Entsorgung von Gütern in einer Stadt beziehen. Wichtigstes Merkmal einer City-Logistik ist die *Bündelung* von Auslieferungstouren und zwar sowohl unter dem Aspekt einer Bündelung der Lieferungen von verschiedenen Lieferanten als auch der Bündelung der Lieferverkehre für benachbarte Empfänger. **Logistikzentren** stellen eine Vielzahl von Knotenpunktsystemen in Transportketten dar, die sich gleichzeitig als Wirtschaftszentrum bzw. Verkehrsknotenbereich gestalten. Ausprägungsformen von Logistikzentren sind *Frachtzentren*, die als Anlagen zur zentralen Gütersammlung und Güterverteilung dienen. *Transportgewerbegebiete* beruhen meist auf einer gezielten Ansiedlung von Logistikunternehmen mit dem Schwerpunkt einen Knotenpunkt zwischen Nah- und Fernverkehr zu bilden, die kooperative Leistungsangebote bzw. Nutzungen darstellen, obwohl keine zentrale Koordination durch eine Leitstelle stattfindet. *Güterverteilzentren (GVtZ)* oder Warenverteilzentren dienen der Verteilung von Gütern und der Erstellung von Distributionsleistungen, häufig auch als Anlage eines Spediteurs mit logistischen Hauptfunktionen. *Logistikparks* stellen eine Ansammlung von Warenverteilzentren logistischer Dienstleistungsunternehmen dar, die oft in der Nähe eines KEP-Dienstzentrums errichtet werden, um einen standortbezogenen Lieferservice zu verbessern. *Industrieparks* stellen abnehmernahe, gemeinschaftliche Ansiedelungen von mehreren Zulieferern eines

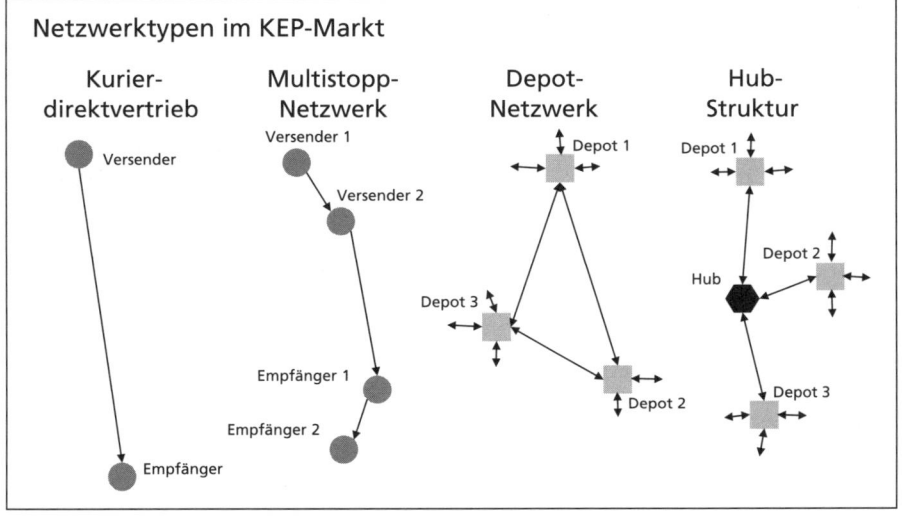

Abbildung 9.6: Netzwerktypen im KEP-Markt

Abnehmers oder eines eingeschalteten Dienstleisters dar, dabei werden gemeinschaftliche Gebäude, Flächen und Infrastruktureinrichtungen bereitgestellt.

Das **Fuhrpark- oder Flottenmanagement** eines Straßenverkehrsunternehmens dient in erster Linie dazu, ein Distributionssystem aufzubauen, Transportressourcen effizient und effektiv einzusetzen und das eigentliche Produkt des Logistikunternehmens (Transportkompetenz) zu vermarkten. Darüber hinaus wird durch die Installierung eines Fuhrparks die *Transportdurchführung* ganz oder teilweise mit eigenen Fahrzeugen gesteuert. Daraus resultiert eine strategische, taktische und operative Nutzung einer Anzahl von Fahrzeugen zur Abwicklung von Transportleistungen zwischen verschiedenen Standorten unter Inanspruchnahme gemeinsamer Disposition und Administration. *Ziele eines Fuhrparkmanagements* sind die kontinuierliche Optimierung der Leistungsstrukturen und Kostenminimierung. *Vorteile* eines eigenen Flottenmanagements liegen in der besseren operativen Kontrolle des Einsatzes der Fahrzeuge nach eigenen Standards, in einer gleich bleibenden Qualität und kurzen Reaktionszeiten. *Nachteile* können sich aus einem hohen Kapitalbedarf für die Anschaffung der Fahrzeuge durch IT- und Personalaufwand ergeben. Zu den *Funktionen eines Fuhrparkmanagements* gehören die Fahrzeugbeschaffung, Fahrzeugfinanzierung, der Fahrzeugeinsatz, Wartung und Reparatur sowie Kostenkontrolle und Kostensteuerung. Für die Auswahl des Fahrzeugeinsatzes kommen folgende Fahrzeugtypen in Betracht. Lkw mit zulässigem Gesamtgewicht (zGG) 2,8 t (Transporter) und bis 7,5 t (leichte Lkw): Silo- und Kippfahrzeuge, Kühl-, Tank-, Koffer- und Behältertransporter, Sattelschlepper, Großraum- und Schwerlasttransporter. Unter Einsatz von spezifischen Informationsinstrumenten, wie Bordcomputer in Lkws, lassen sich die Prozessketten bei der Ausführung von Transportleistungen optimieren und entsprechende Daten wie Kundenlisten, Lieferscheine, Tourenlisten, usw. entsprechend auswerten. Durch die Integration von Telematikanwendungen zur Steuerung von Fahrzeugrouten und Aufzeichnungen von Fahrtinformationen, können Fahrzeuge geortet und entsprechend über Global Positioning System (GPS) gesteuert werden. Das Leistungsspektrum von Truck-Telematik-Systemen umfasst vier Leistungsstufen, die reine Fahrzeugüberwachung, das erweiterte, technische Fuhrparkmanagement, das elektronische Auftragsmanagement und die Online-Transportsteuerung.

Im Rahmen eines noch nicht umfassend entwickelten **Stationsmanagements** im Schienenverkehr, d.h. in Bezug auf *Bahnhöfe*, welche die Verkehrsknotenpunkte des Schienenverkehrs darstellen, ist zunächst zu unterscheiden zwischen Typen mit spezifischen Netz- oder Knotenpunkteigenschaften, d.h. die als Zugangstellen im Schienenverkehr fungieren und einer erweiterten Funktion von Bahnhöfen, die als moderne Dienstleistungszentren Wertschöpfungsfunktionen eines Non-Railway-Business aufnehmen. Darüber hinaus unterscheidet man zwischen Zugangsstellen im Schienengüterverkehr und Knotenpunkte, die keinen Zugang zum Netz ermöglichen, wie Verschiebe- oder Rangierbahnhöfe. *Zugangsstellen* zum Eisenbahngüterverkehr lassen sich nach folgender Klassifikation unterscheiden:

(a) *Anschlussgleise* und *Ladegleise* dienen der Erschließung von Grundstücken oder Gebäuden durch Schienenverkehr.

(b) *Güterbahnhöfe* sind Bahnanlagen, auf denen Güter umgeschlagen werden oder ein Güterwagentransfer stattfindet.

(c) *Industrie- und Werkbahnhöfe* stellen Schnittstellen zwischen großen Industrieunternehmen und dem Verkehrsträger Schiene dar.

(d) *Hafenbahnhöfe* schließlich sind Schnittstellen zwischen verschiedenen Verkehrsträgern in Binnen- oder Seehäfen.

(e) *Umschlagsterminals* im kombinierten Ladungsverkehr stellen eine Schnittstelle zwischen dem Straßen-, Eisenbahn- oder Schiffsgüterverkehr dar und dienen insbesondere dem Umschlag von Transporteinheiten wie Container oder Wechselbehälter.

Im *Facilitymanagement* für Bahnhöfe stellen z. B. Endbahnhöfe, Zwischen- oder Anschlussbahnhöfe sowie Trennungs- und Kreuzungsbahnhöfe, etc. alternative Bahnhofsformen dar, die sich dann durch unterschiedliche Abfertigungsquantitäten und Abfertigungsqualitäten auszeichnen. Durch eine explizite Managementorientierung und die Begründung eines innovativen Stations- oder Bahnhofsmanagements über strategische Geschäftseinheiten, wird einerseits eine Ausrichtung an modernen Dienstleistungszentren gefördert, andererseits die Voraussetzung geschaffen, effiziente Produktstrukturen anzubieten, z. B. die Automatisierung des Verkaufs von Transportprodukten, Immobilienmanagement und logistisches Transfermanagement (z. B. Streckenführungsoptimierung).

## 9.2.3 Leistungs- und Kostenstrukturen im Landverkehr

Die **Leistungserstellung im Straßenverkehr** stellt eine zweifache Verbundproduktion: Die *fahrzeugbezogene Verbundproduktion* bezieht sich auf die gleichzeitige Erstellung unterschiedlicher Transportprodukte (Sendungen) mit Hilfe eines Fahrzeuges, wie z. B. Teilladungs- oder Sammelgutverkehre, etc. Die *infrastrukturbezogene Verbundproduktion* bezieht sich demgegenüber auf die Inanspruchnahme unterschiedlicher Verkehrsinfrastrukturkapazitäten für Personen- und Güterverkehre, wie z. B. Verkehrswege, Stationen oder Umschlaganlagen, etc. In Zusammenhang mit dem **Leistungsangebot** von Logistikdienstleistern verwendet man *Frachtbörsen*, die sich auf die Anbahnung von Geschäften zwischen Verladern und Frachtführern spezialisieren, jedoch selbst nicht beteiligte eines Speditions- oder Frachtvertrages sind. Neue entsprechende Marktplätze im Internet (E-Logistics) dienen der Vermittlung von Ladungen bzw. Laderaum mit dem Ziel die virtuelle Transparenz in Frachtmärkten zu steigern und zugleich effizientere Abwicklungen der Frachtvermittlung zu ermöglichen. Diesbezüglich stellen *Sammelladungsverkehre* Bündelungen von Sendungen durch einen Spediteur dar, die dann einem Frachtführer zur geschlossenen Beförderung in einer Sammelladung übergeben werden. Sammelladungsverkehre sind in der Regel zweimal gebrochen durch die Zusammensetzung aus Teilstrecken, Vorlauf, Hauptlauf und Nachlauf sowie den Umschlagvorgängen beim Versandspediteur und beim Empfangsspediteur. Ein Transport der Güter zum Liefer- oder Sammelpunkt wird als Vorlauf bezeichnet, der Hauptlauf betrifft dann den Verkehr vom Sammelpunkt zum Auflösepunkt, im Nachlauf werden die Güter dann vom Auflösepunkt an die Empfangspunkte verteilt. *Outsourcing von Logistikdienstleistungen* sind charakteristisch für die Transportbranche und als Option zwischen der Erstellung einer Transportleistung über eine eigene Flotte (Flottenmanagement) oder durch ein Management zu Partnern des Sub-Contractings im Sinne einer Kontraktlogistik (relational contracting). Eigenerstellungen (employment relationship) von Transportleistung sind in der Regel nur dann sinnvoll, wenn kontinuierlich hohe Auslastungen der Kapazitäten für Transportleistungen sichergestellt oder diese über Frachtbörsen veräußert werden können. Werden hingegen umfassende logistische Dienstleistungen als Fremdbezug variabel angeboten, d. h. über den Markt koordiniert (spot contracting), stellt ein Outsourcing von Transportleistungen an Fremdunternehmen die kostengünstigere Alternative dar.

*Tracking & Tracing* stellen Sendeverfolgungssysteme in der Transportlogistik dar, die eine effektive Bewältigung des Aufkommens von Gütertransporten ermöglichen. Logistikunternehmen stehen vor der Herausforderung einen kontinuierlichen Materialfluss zu optimieren, lokale Überbestände zu lokalisieren und Engpässe zu vermeiden. Voraussetzung dafür sind sogenannte Tracking & Tracing Systeme, die jederzeit Auskunft über Standort, Weg und Transportalternativen geben können und einen Materialfluss zu Land, zu Wasser oder in der Luft optimieren können. Tracking & Tracing bieten im Wesentlichen folgende Vorteile: Vollständige Transparenz in der Transportkette sowie frühzeitiges Erkennen von Lieferengpässen, hohe Planungssicherheit durch permanente Aktualisierung und Verfügbarkeit von Informationen, Steigerung der Kundenzufriedenheit sowie Langzeitbetrachtungen und statistische Auswertungen zur kontinuierlichen Optimierung des logistischen Prozesses und zum Erhalt der Wettbewerbsfähigkeit. Neben der reinen Sendeverfolgungsabsicht und der Dokumentation derselben, lassen sich mit Tracking & Tracing Systemen zahlreiche Service-, Informations- und Dienstleistungsfunktionen verbinden, wie beispielsweise Vergleichsstatistiken und Kundenzufriedenheitsindizes, die insbesondere unter dem Aspekt eines Kundenbeziehungsmanagements hohe Bedeutung besitzen.

Wesentliche **Kosteneinflussgrößen im Straßenverkehr** sind gegeben durch die Wahl der Verkehrsart in Verbindung mit Fahrleistung, Versicherung und Personal, den Aufbau des Fuhrparks, durch Anschaffungsmodalitäten und Spezialisierungsgrad der Fahrzeuge, die Fahrzeugauslastung, Steuern, Maut, Gebühren und Reparaturen. Darüber hinaus lassen sich, wenn auch nicht unproblematisch, Wegekosten durch eine sogenannte Verkehrswegerechnung über den Ansatz von Wegebenutzungsentgelten und Wegekostendeckungen ermitteln. Zu den Kostenstrukturen im Straßengüterverkehr zählen zeitabhängige, d. h. beschäftigungsunabhängige Periodeneinzelkosten mit Bezug auf einzelne Fahrzeuge wie z. B. Abschreibungen, kalkulatorische Zinsen, Kfz-Steuer, Versicherungen, Fuhrparkverwaltung, etc. Zu den beschäftigungsabhängigen Periodeneinzelkosten zählen, wie z. B. Reparaturen, Wartung, Kraftstoff, etc.

Die **Leistungserstellung im Schienenverkehr** wird einerseits durch eine charakteristische Marktstruktur, bestehend aus Infrastrukturanbietern (Eisen-

---

## Kostenstruktur im Straßengüterfernverkehr

**Kosteneinflussgrößen**

- Verkehrsart (z.B. Nah- oder Fernverkehr)
  - Einfluss auf Fahrleistungen, Versicherungskosten, Personalkosten, etc.
- Alter des Fuhrparks
- Betriebsart (Solo- oder Zugbetrieb)
- Fahrzeugauslastung
- Anschaffungsmodalitäten der Fahrzeuge
- Transportgüter

**Beispielhafte Kostenstruktur**

- beschäftigungs**unab**hängige Kosten
  - u.a. Abschreibungen, Steuern, Verwaltung, etc.
- beschäftigungs**ab**hängige Kosten
  - u.a. Reparaturen, Wartung, Kraftstoff, Reifen, etc.
- Fahrpersonalkosten

**ca. 30 %**

- Maut

**ca. 25 %**
**ca. 30 %**
ca. 15 %

Abbildung 9.7: Kostenstruktur im Straßengüterfernverkehr

bahninfrastrukturunternehmen/Staatsbahnen/nicht staatseigene Bahnen), Eisenbahnverkehrsunternehmen (Bahnbetriebe), Operateure (z. B. Transportorganisationsunternehmen, Kombiverkehre, Autozüge, Trailerverkehre, Umschlagterminals, etc.), Agenten/Spediteure (Vermittler von Transporten für Verlader) und Verlader selbst bestimmt. Andererseits wird die Leistungsfähigkeit durch spezifische Produkte im Eisenbahngüterverkehr bestimmt, wie z. B. durch Ganzzugprodukte, Wagengruppen, Einzelwagen, kombiniertem Verkehr, spezifischen Organisationseinheiten, etc. **Kostenstrukturen im Schienenverkehr** zeichnen sich durch Personalaufwand, Materialaufwand sowie Zinsaufwendungen dar. Während die Grenzkosten und die beschäftigungsabhängigen Kosten tendenziell eher niedrig sind, stellt der Anteil der Gemeinkosten an den Gesamtkosten wegen der Verbundproduktion und hoher Overhead im Vergleich zu anderen Verkehrsträgern einen erheblichen Kostenfaktor dar.

## 9.3 Wasserverkehrsmanagement

### 9.3.1 Bereiche des Wasserverkehrs

**Wasserverkehr** als Verkehrsträgersystem unterteilt sich in zwei Subsysteme, nämlich Binnenschifffahrt und Hochseeschifffahrt. **Wasserverkehrsmanagement** behandelt alle Probleme, Aufgaben und Lösungsansätze, die sich im Zusammenhang mit Märkten und Unternehmen des Wasserverkehrs ergeben. Daraus abgeleitet sind weitere Teilbereiche des Wasserverkehrsmanagements wie das Management der *Binnenschifffahrt* (z. B. Binnenhafenmanagement, etc.) und das Management der *Hochseeschifffahrt* (z. B. Hochseehafenmanagement, etc.).

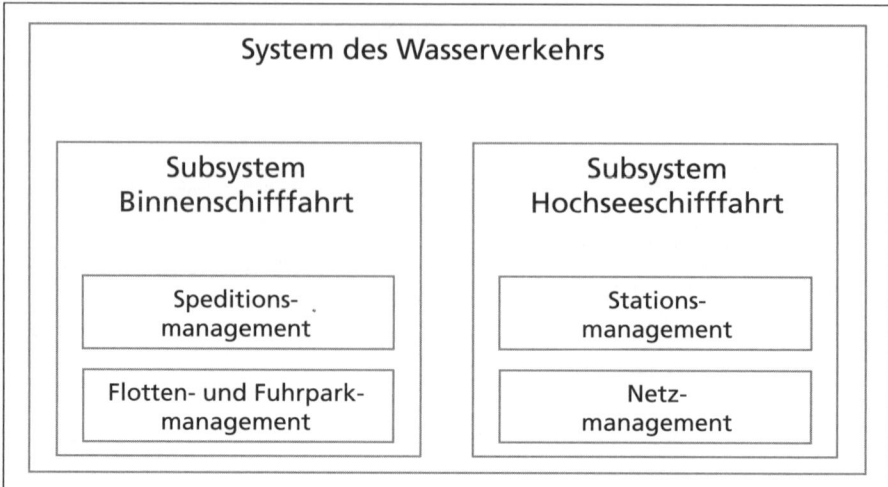

Abbildung 9.8: System des Wasserverkehrs

Unter **Binnenschifffahrt** versteht man die gewerbliche Beförderung von Personen und Gütern auf Binnengewässern. Binnenschifffahrt zeichnet sich in erster Linie durch eine Beförderung von transportkostenempfindlichen Massengütern aus, die eine geringe Eilbedürftigkeit besitzen oder sie dient einer vor- und nachgelagerten Zulieferung für die Hochseeschifffahrt. Starke Konkurrenzbeziehungen bestehen insbesondere zwischen Binnenschifffahrt und Schienenverkehr. *Vorteile* der Binnenschifffahrt stellen die hohe Massenleistungsfähigkeit, die geringen Beförderungskosten (Umweltfreundlichkeit durch sparsamen Energieverbrauch), 24-Stunden-Fahrten durch Radareinsatz, Terminal-zu-Terminal-Verkehr sowie hohe Sicherheit und Zuverlässigkeit auch bei witterungsbedingten Einflüssen im Vergleich zu anderen Verkehrsträgern dar. *Nachteile* liegen im eingeschränkten Streckennetz, der teilweise großen Umwegeverkehre sowie der relativ langen Laufzeiten der Güter, verbunden mit langen Lade- und Löschzeiten. Insgesamt bestimmen die wasserbautechnischen Merkmale von natürlichen und künstlichen Wasserstraßen die Leistungsfähigkeit der Binnenschifffahrt, wie z. B. Wasserspiegelbreite, Tauchtiefe, Dimensionen von Schleusenbauwerken, Krümmungsradien von Flüssen, etc.

- Das **infrastrukturbezogene Binnenschifffahrtssystem** umfasst ein *Wassernetzsystem* mit folgenden Komponenten. Als *Binnenwasserstraßen* gelten Seen, Flüsse und Kanäle. Die verkehrsmittelbezogene Verbundproduktion ist hier relativ gering, was auf den häufigen Einproduktcharakter bei der Leistungserstellung von Binnenschiffen zurückzuführen ist. Binnenwasserstraßen, Häfen, Verkehrsmittel und Umschlageinrichtungen sind stark ausgebaut und verbessert worden, sodass die Binnenschifffahrt sich im Rahmen ihrer Möglichkeit als zeitgerechter, wettbewerbsfähiger Verkehrsträger behaupten kann.

- Das **transportmittelbezogene Binnenschifffahrtssystem** bezieht sich auf *Binnenschiffstypen*, die sich nach Wasserfahrzeugen mit und ohne Antrieb klassifizieren lassen. Zu den *Wasserfahrzeugen ohne Antrieb* zählen Schleppkahn und Schubleichter. Zu den *Wasserfahrzeugen mit Antrieb* (dt. Schiffe, engl. vessel) zählen Schiffe ohne Laderaum, wie z. B. Schlepper, Schubschiffe, etc., und Schiffe mit Laderaum, wie z. B. Schleppverband, Schubverband, Motorschiff, etc. Als weitere Unterscheidung gilt die Klassifikation der Frachtschiffe für den Hochseebereich, wie z. B. Containerschiffe, Massengutschiffe, etc.

Zu den **Organisationen der Binnenschifffahrt**, welche die Belange der Schifffahrt regeln und gestalten, gehört in oberster Instanz das *Bundesministerium für Verkehr* sowie *Wasser- und Schifffahrtsdirektionen*, die für die Bereiche einzelner Stromgebiete zuständig sind, ergänzend *Wasserstraßenämter* mit weiteren administrativen Aufgaben. Eine **Verkehrspolitik der Binnenschifffahrt** richtet sich, bei zu vermutendem Umschlagswachstum von 10 % pro Jahr in den kommenden Jahren, an den entsprechenden *Ausbau einer Infrastruktur*, d. h. an eine durchgängige Befahrbarkeit der Binnenwasserstraßen sowie an die *Entwicklung von Funktionen* von Binnenhäfen und Umschlagseinrichtungen, welche bedeutsam sind.

Derjenige Bereich des Wasserverkehrsmanagements, der sich mit der **Hochseeschifffahrt** im weitesten Sinne beschäftigt, wird als *Seeverkehrswirtschaft* bezeichnet. *Vorteile* des Hochseeverkehrs sind der Transport großer Gütermengen, die besondere Eignung für lange, interkontinentale Transportwege und jede Güterart durch Spezialschiffe, relativ günstige Transportkosten und hohe Transportsicherheit. *Nachteile* ergeben sich aus der relativ geringen Transportgeschwindigkeit und dem damit einhergehenden hohen Zeitbedarf, der Beschränkung auf bestimmte Handelsstationen (Seehäfen) und der Abhängigkeit von festen Routen auf internationalen Wasserstraßen. Die Seeverkehrswirtschaft ist ein Wirtschaftsbereich zur Produktion von *Seetransporten* und *Hafenleistungen* im Rahmen der Ortsveränderung von Gütern und Personen im Hochseeverkehr. Weltseeverkehrswirtschaft bezeichnet demgegenüber die Gesamtheit der Welthandelsflotte und der Seehäfen sowie die mit ihrer Tätigkeit verbundenen Organisationen. Weltwirtschaft, d. h. Welthandelsströme, und Weltseehandel bedingen sich gegenseitig bzw. sind von jeher eng miteinander verbunden. Diese Verbindung kommt im Weltseeverkehr als Gesamtheit der Welthandelsflotte und der Seehäfen zum Ausdruck, wobei die Welthandelsflotte die Gesamtheit aller der für kommerzielle Zwecke eingesetzten, seegehenden Schiffe bezeichnet.

- Das **infrastrukturbezogene Hochseeverkehrssystem** umfasst sowohl die Seerouten, als auch die Seehäfen, die insgesamt das *Hochseeschifffahrtsnetz* bilden, d. h. zunächst *Wasserstraßen* der Hochseeschifffahrt, dazu gehören die offene See (Weltmeere) sowie ferner Meeresengen, Flussmündungen und Kanäle (z. B. Suez-Kanal, Panama-Kanal, etc.) sowie die für die Hochseeschifffahrt geeigneten Hafenanlagen als Verkehrsstationen. Seeverkehr zeichnet sich durch kostengünstigen Transport von Massengütern auf langen Strecken aus und tritt damit bezüglich anderer Güterarten in Konkurrenz zum Luftverkehr, teilweise zum kontinentalen Eisenbahnverkehr.

- Das **transportmittelbezogene Hochseeverkehrssystem** bezieht sich auf verfügbare *Hochseeschiffstypen*, welche sich grundsätzlich unter dem Aspekt des

Seetransportes mit Laderaumkapazitäten in drei Kategorien einteilen lassen: (1) *Passagierschiffe*, wie z. B. Kreuzfahrt- und Ausflugschiffe, Passagierfähren, etc. (2) *Kombinierte Passagier- und Frachtschiffe*, wie z. B. RoPax Schiff (Auto- und Eisenbahnfähre u. a.), LoPax Schiff, etc. (3) *Frachtschiffe*, wie z. B. Containerschiffe, Massengutschiffe (bulkcarrier, minibulker, Handy-size-Schiffe und Panmax-Schiffe, d. h. Massengutschiffe für trockene Ladungen, Tankschiffe, very-large-cruide-carrier/VLCC, Ultra-Large-Cruide-Carrier/ULCC), Mehrzweckschiffe (combined-carrier/CC, ore-bulk-oil-carrier/OBOC) und Spezialschiffe (car-carrier, Schwergutfrachter, Kühlschiffe und Roll-on-Rolloff-Schiffe/RoRo-Schiffe).

Aufgrund des Regelungsbedarfs und den internationalen Verflechtungsbeziehungen im Weltseehandel gibt es zahlreiche internationale **Organisationen des Hochseeverkehrs**, die mit unterschiedlichsten Koordinierungsfunktionen für den Weltseeverkehr agieren. Das *UNCTAD-Schifffahrtskomitee* beschäftigt sich mit der Entwicklung von Handelsflotten und Häfen, mit Frachtraten und Schifffahrtskonferenzen. Die *Internationale Schifffahrtsorganisation/International Maritime Organisation (IMO)* als Spezialorganisation der UN mit weiteren Unterausschüssen regelt allgemeine Schifffahrtsfragen, Meeresumweltschutz-, Sicherheits- und Verhaltensstandards im Rahmen des UN-Seerechtsübereinkommens. Das *Internationale Schifffahrtskomitee/Comité Maritime International (CMI)* ist eine Dachorganisation nationaler Seerechtsgesellschaften mit dem Ziel der Vereinheitlichung des Seezivilrechts und der Förderung von Weltschifffahrtsabkommen. Die *International Shipping Federation (ISF)* und die *Balitc and International Maritime Commission (BIMCO)* sind nicht staatliche internationale Organisationen von Reedern, Maklern, Schifffahrtsvereinigungen und Fachverbänden der Hochseeschifffahrt mit zahlreichen Koordinierungsfunktionen. Überwiegend tragen oben genannte *internationale Organisationen* die globale **Verkehrspolitik der Hochseeschifffahrt**, *nationale Einrichtungen und Unternehmen*, die mit den Aufgaben und Abwicklungen des Seeverkehrs betraut sind, übernehmen demgegenüber Aufgaben wie den Ausbau der Infrastruktur, z. B. eines Hafens als wesentlichem Standortfaktor für Seefrachtverkehr, etc.

Bedeutsame Trends und **Entwicklungstendenzen der Hochseeschifffahrt** in der internationalen Hochseeschifffahrt haben in den letzten Jahren zu einem grundsätzlichen Wandel im Hochseeverkehr geführt:

(1) Unter *Ausflaggung* versteht man die Gründung von Tochterunternehmen, von Reedereien in sogenannten Flaggenstaaten mit vergleichsweise niedrigen Gebühren (Eintragung ins Schiffsregister), Besteuerungsvorteile oder niedrige Personalkosten. Der Wettbewerbsvorteil für Reedereien oder Touristikgesellschaften kann sich sowohl auf den Seefrachtverkehr, als auch auf den Passagierverkehr (Kreuzfahrten) beziehen.

(2) Unter *globaler Arbeitsmarkt* versteht man die Nutzung von Wettbewerbsvorteilen, bei der Festlegung von Arbeitskonditionen für Seeleute, die üblicherweise zwischen Reedereien, Gewerkschaften und Regierungsinstanzen ausgehandelt werden. Kontrollinspektoren der *Internationalen Transportarbeiter Gewerkschaft/International Transport Workers' Federation (ITF)* veranlassen die

Überprüfung von Mindeststandards, die zu einer Angleichung der Verträge zwischen Reedereien und Arbeitskräften führen.

(3) Unter *Containerisierung* versteht man die Normierung von Containern, Containertechnologie und Anlagen der Hafenwirtschaft mit der Folge einer rasanten Zunahme des weltweiten Containerumschlags mit Auswirkung auf alle Verkehrsträger. Ein Standard-Container wird mit Twenty Foot Equivalent Unit (TEU) angegeben, die insbesondere intermodale Transportstrukturen ermöglichen und auch beschleunigen.

(4) Unter *Sicherheitsstandards* werden insbesondere die neuen Sicherheitsanforderungen verstanden, die von der International Maritime Organization (IMO) verabschiedet wurden und als International Ship and Port Facility Security Code (ISPS Code) vielfältige Wirkungen zeigen, darunter Verpflichtungen zur Durchführung einer Risiko- und Anfälligkeitsanalyse, zur Erstellung eines Sicherheitsplans und zur Bestellung eines Sicherheitsbeauftragten.

*Allgemeine globale Bestimmungsfaktoren* prägen die Hochseeschifffahrt als Verkehrsträger, darunter die weltwirtschaftliche Entwicklung, der technische Fortschritt oder geographische Faktoren.

## 9.3.2 Märkte und Betriebsformen im Wasserverkehr

Eine systematische Betrachtung von Problemen, Aufgaben und Lösungsansätzen eines spezifischen Wasserverkehrsmanagements der Binnenschifffahrt, existiert gegenwärtig nur in Ansätzen. Eigenständige Managementaufgaben, wie sie etwa in anderen Verkehrsträgerbereichen differenziert werden, sind für die Binnenschifffahrt noch nicht entwickelt worden. Als **Betriebsformen der Binnenschifffahrt** (Verkehrsformen), die zur Transportdurchführung zur Verfügung stehen, lassen sich Eigenverkehr (Werkverkehr) und Fremdverkehr (gewerblicher Verkehr) unterscheiden. Unter *Eigenverkehre* der Binnenschifffahrt versteht man die Güterbeförderung durch Wirtschaftsunternehmen (Industrie- und Handelsbetriebe) für unternehmenseigene Zwecke mit unternehmenseigenen Binnenschiffen, die auch als Werkverkehr oder Werkschifffahrt bezeichnet werden. Unter *Fremdverkehre* der Binnenschifffahrt versteht man die Güterbeförderung durch Frachtführer für Dritte gegen Entgelt, wobei hier als Unterteilung zwei Grundformen der gewerblichen Binnenschifffahrt in Frage kommen: (1) *Partikuliere*, die als Einzelschiffer oder Kleinunternehmen, entweder in Genossenschaften zusammengeschlossen sind oder sich vertraglich an Reedereien binden. (2) *Reedereien*, die als Schifffahrtsunternehmen die gewerbsmäßige Ausführung von Transporten des Wasserverkehrs durch eigenen oder fremden Schiffsraum und unter Einsatz eigener oder fremder Schiffe vornehmen. Als *Befrachter* werden diejenigen Anbieter in der Binnenschifffahrt bezeichnet, die über keinen eigenen Schiffsraum verfügen, sondern lediglich Schiffstransporte für Verlader vermitteln.

Die Hochseeschifffahrt besitzt eine herausragende Bedeutung beim Import und Export für Industrie- und Handelsunternehmen im Kontext weltwirtschaftlicher Verflechtung und des Welthandels. **Betriebsformen der Hochseeschifffahrt** sind zunächst mit Bezug zum Seefrachtenmarkt der Linienfrachtenmarkt (Linienverkehr) und der Chartermarkt (Bedarfsverkehr). Im *Linienverkehr* wird unterschieden zwischen konventionellem Liniendienst (Linienfrachtenmarkt, Stückgut, RoRo-Ladungen), Containerliniendienst (Containermarkt) und anderen Liniendiensten. Im *Gelegenheits- oder Bedarfsverkehr* wird unterschieden zwischen Spezialschiffsmarkt (Massengut, Massenstückgut, Tankladungen) und dem Trampschifffahrtsmarkt und dem Kontraktschifffahrtsmarkt (Konsekutivfahrt). Kooperationen in der Hochseeschifffahrt ergeben sich wegen der zunehmenden Containerisierung, spezialisierter Schiffe und zahlreichen Unternehmensfusionen, von denen die Grand Alliance, die New World Alliance und die CKYH-Alliance die Bedeutendsten sind.

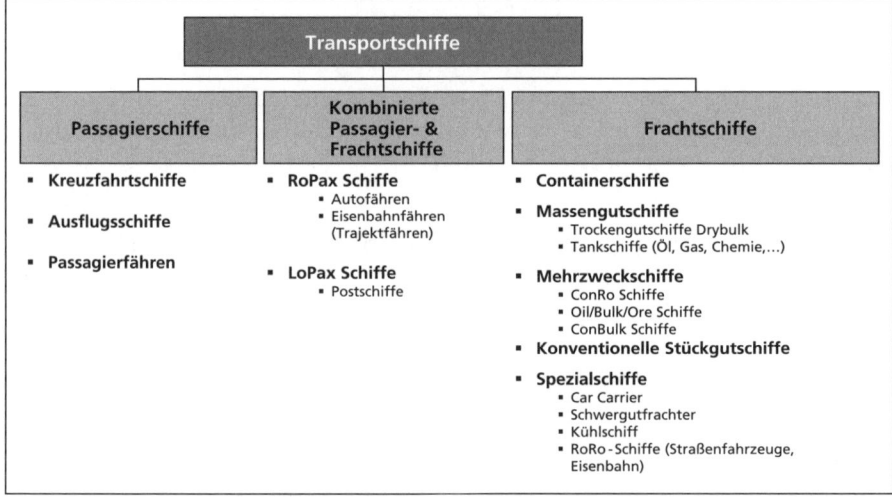

Abbildung 9.9: Transportschiffarten

Unter dem Aspekt von Verstaatlichung und Privatisierung lassen sich folgende **Betriebsformen der Hafenwirtschaft** als Hafentypologien unterscheiden.

(1) Der *Service Port* als Eigenbetrieb des öffentlichen Sektors kennzeichnet eine geringe Flexibilität, wie auch eine häufig unwirtschaftliche Hafenverwaltung nach dem Bedarfsdeckungsprinzip.

(2) Der *Tool Port/autonome Hafen* besitzt gegenüber staatlichen Häfen mehr Eigenständigkeit, gegebenenfalls durch eine private Rechtsform, mit einheitlicher Investitionsstruktur.

(3) Der *Landlord Port* oder *Gewerbegebietshafen* mit einer Trennung von Infra- und Suprastruktur mit einer gemischten öffentlich/privaten Eigentumsform, eröffnet Perspektiven für langfristige Privatisierung und Strukturwandel.

(4) Der *Private Service Port* oder *privater Hafen* kennzeichnet privates Eigentum und privatwirtschaftliche Rechtsformen mit maximaler Flexibilität, Immobilienmanagement und Wirtschaftlichkeit.

Durch die Ausweitung der Verwendung von Containern (Containerisierung) als standardisiertes Normtransportprodukt lassen sich unter technischen Aspekten Hafentypen als Containerterminals unterscheiden. So etwa das Reach Stacker System (Zugmaschinen mit Trailern zur Umfuhr/Mobilkrane), das Reines Straddle Carrier System oder Van Carrier System (mit Portalstaplern), schließlich Gantry Cranes (Portalkrane) als Rubber Tired Gantry System (Zugmaschinen mit Trailern zur Umfuhr) oder als Rail Mounted Gantry Crane System (Straddle Carrier zur Umfuhr).

Hafenmanagement kann sich sowohl auf Binnenhäfen also auch auf Hochseehäfen beziehen. **Binnenhafenmanagement** bezeichnet jenes Aufgabenfeld, das sowohl wasserverkehrsspezifische Funktionen, als auch neue Bereiche eines Non-Water-Business betrifft. In diesem Zusammenhang nehmen die Aufgaben und die Bedeutung von *Binnenhäfen* zu. Zu unterscheiden sind hier Privat- bzw. Werkhäfen, größere Industrieunternehmen und öffentliche Binnenhäfen. Mit dem Ausbau der Binnenhäfen zu Logistikleistungszentren und multifunktionalen Wirtschaftsknotenpunkten steigt auch die Bedeutung der mit einem Binnenhafen verbundenen Anlagen: Schifffahrtsseitige Anlagen und Einrichtungen sind Wasserflächen, Uferanlagen und Umschlageinrichtungen, landseitige Anlagen sind Lagerhallen, Freilager sowie technische Anlagen für Umschlag und Transport von Massengütern, Containerterminals und Tanklager (Gefahrgutlager), die insgesamt auch als Hafenhinterland bezeichnet werden. **Hochseehafenmanagement** und allgemeine Hafenwirtschaft unterliegen gegenwärtig gravierenden Entwicklungen und einem Strukturwandel, bedingt durch tiefgreifende Transformationsprozesse in der Hochseeschifffahrt, der Wettbewerb zwischen einzelnen Seehäfen nimmt tendenziell zu und Informationstechnologien sowie die weltweite Vernetzung der Logistikdienstleistungen ermöglichen eine effiziente Integration von Transportketten. Damit sinkt die Standortbindung von *Hafenunternehmen* und das Risiko, Kunden an andere Häfen zu verlieren steigt. Quasi als Gegengewicht zum Einfluss der großen Reedereien bildeten sich private Hafenkonzerne (Global Stevedoeres) mit Netzwerken von Häfen an strategisch wichtigen Standorten. Vergleichbar mit anderen Verkehrsträgersystemen, werden Stationsanlagen, hier Häfen, in Kooperation mit Reedereien und Speditionen zu logistischen Dienstleistungszentren entwickelt, um so sämtliche Wettbewerbsvorteile eines Hafenmanagements nutzen zu können. Die Leistungsfähigkeit der gesamten Hochseeschifffahrt wird damit wesentlich durch die Qualität der *Hochseehafenfaszilitäten* bestimmt. Darunter vor allem die Modernität und technisch-ökonomische Leistungsfähigkeit der Umschlaganlagen, die Qualität des seewertigen Hafenzugangs, etwa die Fahrwasserverhältnisse, verfügbare Lagerflächen, Containerstellplätze und Containerbrücken sowie die interne Erschließungsqualität des Hafens durch Straßen und Eisenbahnanbindungen, wodurch die Qualität der Hinterlandanbindungen und die Schnelligkeit der administrativen Abwicklung steigt. Zur Klassifikation von *Wettbewerbsdeterminanten* von Häfen lassen sich folgende Komponenten näher bestimmen: Zu den hinterlandbezogenen Komponenten gehören die geographische Erreichbarkeit, die Qualität der Hinterlandverbindungen, etc. Hafenbezogen bedeutsam ist die Produktivität von Hafen- und Verkehrsbetrieben, Hafenkosten, Kapazitätsauslastung, etc. Wasserseitig relevante Komponenten sind die Erreichbarkeit, die geostrategische Bedeutung bzw. Positionierung im Welthandelsgefüge, etc.

### 9.3.3 Leistungs- und Kostenstrukturen im Wasserverkehr

Produktmärkte und damit **Leistungsstrukturen der Binnenschifffahrt** ergeben sich einerseits aus dem für die Binnenschifffahrt geeigneten Massen- und Großgütertransporten, andererseits aus den dafür zur Verfügung gestellten Schiffstypen: *Flüssigstoffe* werden dabei durch die Tankschifffahrt transportiert, wie z. B. Mineralölerzeugnisse, Gas, Mineralien, etc. *Feststoffe* werden durch Trockengüterschifffahrt für Stückgüter, wie z. B. Stahl-/Eisenerzeugnisse, Paletten, etc. und für Schüttgüter, wie z. B. Baustoffe (Kies, Sand), Rohstoffe (Kohle, Erz), etc. transportiert. Für Feststoffe kommen weiterhin die Containerschifffahrt und die Combi-/RoRo-Schifffahrt in Frage. Durch die Containerisierung gilt der Containerverkehr in der Binnenschifffahrt als besonderes Entwicklungspotenzial. Im Zusammenhang mit **Kostenstrukturen der Binnenschifffahrt** lassen sich vor allem die durch hohe Massenleistungsfähigkeit bedingten geringen Kosten bei großen Gütermengen und Entfernungen anführen sowie der geringe Energieverbrauch je Transporteinheit.

Seehandelsgeschäfte sind besondere Formen des Außenhandelsgeschäfts, die über vertragliche Vereinbarungen zwischen einem Exporteur und einem Importeur erfolgen. Zur Unterscheidung der **Leistungsmärkte der Hochseeschifffahrt** können zwei allgemeine Gruppen herangezogen werden: (1) Die *Massengutschifffahrt* (bulk shipping) kann als Produktbereich gekennzeichnet werden, der Seetransport von Gütern mit homogenen physikalischen Eigenschaften auszeichnet oder sich an ökonomischen Kriterien wie Komplettladungen orientiert. (2) Die *Stückgutschifffahrt* (general cargo shipping) stellt einen Produktbereich des Seetransportes dar, der hochwertige Rohstoffe, Halbfertig- und Fertigwaren als Schiffsteilladungen transportiert. Unter dem Aspekt der **Kostenstrukturen der Hochseeschifffahrt** lassen sich im Sea-Air-Verkehr Transportprodukte mit Schiff und Flugzeug kombinieren, wobei der Hauptlauf sowohl von Flugzeugen als auch von Schiffen übernommen wird. Alternierende Entscheidungskriterien sind dabei sowohl Kosten- (Seetransport) als auch Zeitfaktoren (Lufttransport). Gewichtige Einflussfaktoren für die Entscheidungen liegen in Luftfrachttarifen und Ölpreisen.

**International Commercial Terms (INCOTERMS)**, dt. Internationale Handelsklauseln, sind eine Reihe internationaler Regeln zur Interpretation spezifizierter Handelsbedingungen im Auslandsgeschäft. Sie dienen der Vereinfachung der Lieferklauseln in Außenhandelskaufverträgen und der Geschäftstätigkeit über unterschiedliche meist international agierende Verkehrsträger. Die Incoterms wurden von der Internationalen Handelskammer (International Chamber of Commerce, ICC) aufgestellt, um eine gemeinsame Basis für den internationalen Handel zu schaffen. Sie regeln die Art und Weise der Lieferung von Gütern und legen Bedingungen fest, welche Transportkosten vom Verkäufer und welche vom Käufer zu tragen sind sowie die Parteien, von denen bestimmte Risiken übernommen werden müssen. Der Stand der INCOTERMS wird durch die

Angabe der Jahreszahl gekennzeichnet, aktuell INCOTERMS 2000 (6. Revision). Die dreizehn Regeln werden im Rechtsverkehr von Geschäftsleuten, Regierungen und Gerichten anerkannt. INCOTERMS werden in vier Gruppen unterteilt:

(1) *E-Klausel*, Abholklausel; Transportkosten und Risiken werden vom Käufer getragen:

EXW (ex works) = ab Werk

(2) *F-Klauseln*; Haupttransportkosten und Risiken werden vom Käufer getragen:

FCA (free carrier) = frei Frachtführer

FAS (free alongside ship)) frei Längsseite Schiff

FOB (free on board) = frei an Bord

(3) *C-Klauseln*; Haupttransportkosten sind vom Verkäufer, Risiken vom Käufer zu tragen:

CFR (cost and freight) = Kosten und Fracht

CIF (cost, insurance, freight) = Kosten, Versicherung, Fracht

CPT (carriage paid to…) = frachtfrei

CIP (carriage and insurance paid to…) = frachtfrei versichert

(4) *D-Klasueln*, Ankunftsklauseln; Transportkosten und Risiken werden vom Verkäufer getragen:

DAF (delivered at frontier) = geliefert Grenze

DES (delivered ex ship) = geliefert ab Schiff

DEQ (delivered ex quay) = geliefert ab Kai

DDU (delivered duty unpaid) = geliefert unverzollt

DDP (delivered duty paid) = geliefert verzollt

INCOTERMS werden auch in verschiedenen Statistiken verwendet und sind die Grundlage für die Ermittlung des Zollwertes.

# 9.4 Luftverkehrsmanagement

## 9.4.1 Bereiche des Luftverkehrs

**Luftverkehr** als Verkehrsträgersystem unterteilt sich in weitere Subsysteme, nämlich den *Luftverkehr*, d. h. alle Vorgänge, die der Ortsveränderung von Personen, Fracht und Post auf dem Luftweg dienen, die *Luftfahrtindustrie*, d. h. alle Einrichtungen, die zur Produktion und Bereitstellung von Flugzeugen und Infrastruktur des Luftverkehrs dienen (z. B. Flughäfen, Flugsicherung, etc.) sowie die *Luftfahrtorganisation*, die alle Institutionen umfasst, die u. a. die rechtlichen Rahmenbedingungen für die Durchführung des Luftverkehrs bestimmen. **Luftverkehrsmanagement** behandelt alle Probleme, Aufgaben und Lösungsansätze, die sich im Zusammenhang mit Märkten und Unternehmen in den Subsystemen des Luftverkehrs ergeben. Daraus abgeleitet sind die Teilbereiche

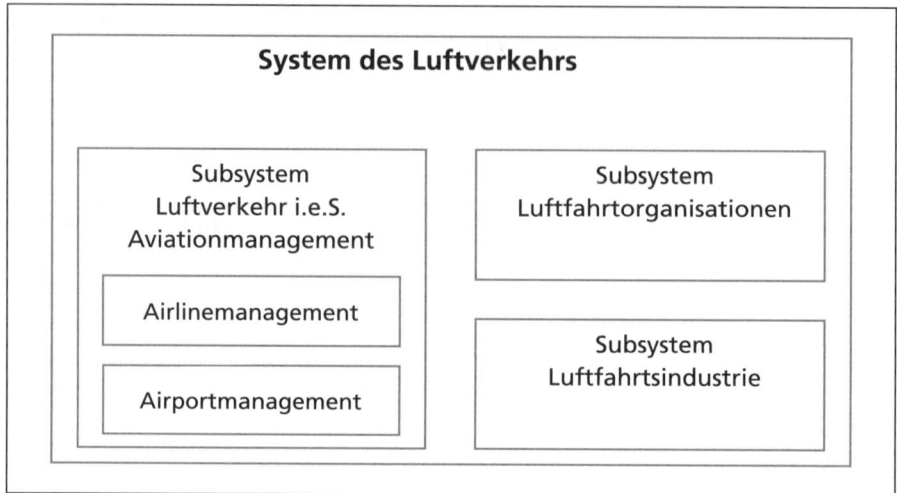

Abbildung 9.10: System des Luftverkehrs

*Airlinemanagement* mit weiteren Managementfunktionen des Slotmanagements, Yieldmanagements und des Netz- oder Hubmanagements etc. sowie *Airportmanagement* mit den Managementfunktionen der Bodenverkehrsdienste (ground handling), des Facilitymanagements und des Non-Aviation Business.

**Luftverkehr** lässt sich in vielfältiger Weise segmentieren, etwa nach der *Zweckbestimmung*, z. B. militärisch oder ziviler Luftverkehr. Innerhalb des zivilen Luftverkehrs unterscheidet man zwischen gewerblichen und nicht-gewerblichen Luftverkehr. Weiterhin wird zwischen öffentlichem und nicht-öffentlichem (privatem) Luftverkehr differenziert. Nicht-gewerblicher Luftverkehr setzt sich zusammen aus Werkverkehr durch Unternehmen, Flugverkehr privater Haushalte und hoheitlichem Luftverkehr durch den Staat. Unterschieden wird nach dem Flugreiseanlass zwischen Geschäfts- oder Privatreiseverkehr, nach dem Transportobjekt in Personenverkehr, Frachtverkehr und Postverkehr, nach der Streckenlänge in Kurz-, Mittel-, Langstreckenverkehr, nach den Verkehrsgebieten, in Verkehrsart bzw. Regelmäßigkeit in Linienluft- bzw. Charterverkehr. Luftverkehr bietet als *Vorteile* eine hohe Transportgeschwindigkeit und damit kurze Transportzeiten und eignet sich infolgedessen besonders für zeitkritische oder hochwertige Güter und lange Distanzen (interkontinentaler Transport). Im Kurz- und Mittelstreckenbereich ergeben sich deutliche Konkurrenzbeziehungen zum Straßen- und Schienenverkehr, ebenso zur Binnenschifffahrt. Die Vorteile der Luftfracht gegenüber anderen Verkehrsträgern liegen in den kurzen Transportzeiten, der hohen Pünktlichkeit, in der Regel bei niedrigen Kosten für die Verpackung sowie geringen Transportrisiken. Als zukunftsweisend gilt der Luftverkehr insbesondere unter dem Aspekt von regionalen und internationalen Wachstumseffekten und Wachstumsimpulsen durch seinen Beitrag zum Außenhandel und unter dem Aspekt der Sicherung von Mobilität bei Geschäfts- und Privatreisen. Problemlagen bzw. *Nachteile* ergeben sich geringe Transportkapazitäten im Vergleich zu anderen Verkehrsträgern, geringe

Netzdichte durch die Bindung an Flughäfen, Abhängigkeit der Starts und Landungen von Witterungsverhältnissen. Aus den ökologischen Disfunktionen des Luftverkehrs, wie den Schadstoffemissionen, der Lärmbelästigung und dem Energie- und Landverbrauch durch Kapazitätsausweitungen an Flughäfen resultieren weitere Problemlagen.

- Das **infrastrukturbezogene Luftverkehrssystem** wird teilweise vom Staat, teilweise von privaten Anbietern zur Verfügung gestellt wird. In ihrer Gesamtheit besteht sie aus den Luftverkehrswegen (Luftraum) und den Infrastrukturträgern. Eine Einteilung des Luftraums erfolgt nach oberem und unterem Luftraum sowie nach kontrolliertem und nicht kontrolliertem Luftraum. Die *Luftverkehrswege* bzw. die *Luftstraßen* und die Flugsicherung sind nach festen Regeln organisiert. *Infrastrukturträger* im Luftverkehr sind neben Flughäfen Bodenabfertigungsdienste, Kommunikationseinrichtungen, Flugsicherungseinrichtungen sowie Flugtechnologieanlagen.

- Das **transportmittelbezogene Luftverkehrssystem** bezieht sich auf *Flugzeugtypen*, die in Propellerflugzeuge, wie z. B. Kolbenmotor- und Turbopropflugzeuge sowie Passagier-, Fracht- und Kombiflugzeuge, etc., und Strahltriebwerkflugzeuge (Jets), wie z. B. Narrowbody-Flugzeuge (Boeing 737-300) Widebody-Flugzeuge (Airbus A380 F), Passagier-, Fracht- und Kombiflugzeuge sowie Kurz-, Mittel- und Langstreckenflugzeuge, unterschieden werden.

**Organisationen des Luftverkehrs** lassen sich unterscheiden in nationale Institutionen und internationale Institutionen. Wichtige nationale Institutionen des Luftverkehrs in der Bundesrepublik Deutschland sind: Das *Bundesministerium für Verkehr, Bau und Stadtentwicklung (BMVBS)* in Berlin als oberste Bundesbehörde der Verkehrsverwaltung und oberste Luftfahrtbehörde für zivile Luftfahrtangelegenheiten. Das *Luftfahrt-Bundesamt (LBA)* in Braunschweig mit wesentlichen Zulassungs-, Prüf- und Kontrollaufgaben im Bereich der Luftfahrtunternehmen und Luftfahrttechnischen Betriebe, die *Deutsche Flugsicherung GmbH (DFS)* in Langen, die vorwiegend für die Verkehrslenkung und Verkehrsdokumentation im Luftraum und Beratungsfunktionen für den Luftraum zuständig ist. Der *Deutsche Wetterdienst (DWD)* in Offenbach am Main mit der Zuständigkeit der meteorologischen Sicherheit im Luftverkehr sowie der *Flughafenkoordinator (ehemals Flugplankoordinator) der Bundesrepublik Deutschland* in Frankfurt am Main, der die Koordination der Airport-Slots bzw. die Überwachung des veröffentlichten Flugplans der Airlines (Slot-Monitoring) betreibt, schließlich die *Bundesstelle für Flugunfalluntersuchung (BFU)* in Braunschweig, die mit der Aufklärung von Unfällen und Störungen im Luftverkehr der Verbesserung der Flugsicherheit und der Vermeidung von Unfällen betraut ist. Wichtige internationale Institutionen des Luftverkehrs sind: Die Internationale Zivilluftfahrtorganisation *International Civil Aviation Organisation (ICAO)* in Montreal mit der Aufgabe Probleme des internationalen Luftverkehrs möglichst umfassend und standardisiert zu lösen. Weiterhin die *International Air Transport Association (IATA)* mit Sitz in Montreal und Genf, die im Wesentlichen die Grundlagen für eine wirtschaftliche, sichere und standardisierte Durchführung des internationalen, kommerziellen Luftverkehrs zur Aufgabe hat. In Europa stellen die *European Civil Aviation Conference (ECAC)* mit Sitz bei Paris zur Angleichung allgemeiner Bedingungen des europäischen Luftverkehrs und die *EUROCONTROL* in Brüssel als europäische Organisation zur Sicherung der Luftfahrt zwei wichtige Institutionen dar.

Spezifische **Verkehrspolitik des Luftverkehrs** zeichnet sich insgesamt durch Deregulierungs- und Liberalisierungsprozesse aus, die sowohl die Flugmärkte, als auch Fluggesellschaften und Flughäfen betreffen. Ausgehend von den USA setzte seit ungefähr 1980 eine *Deregulierungswelle* ein, die sich auch auf europäischen Flugmärkten fortsetzte, die Einführung günstiger Flugtarife, eine Abkehr von festgelegten Kapazitätsverhältnissen bei Fluggesellschaften sowie die Aufhebung sämtlicher Beschränkungen bei Strecken und Kapazitäten, führten insbesondere seit 1990 zu einer grundlegend veränderten Struktur im Flugverkehr. *Deregulierungsprozesse* setzten schließlich auch im Bereich der Bodenabfertigungsdienste und im Bereich der Infrastruktureinrichtungen fort. Mit der Privatisierung von Flughäfen schließlich geht ein Funktionswandel von Airports, von öffentlichen Infrastrukturträgern und funktionalen Verkehrsanlagen zu multifunktionalen Dienstleistungszentren, einher.

## 9.4.2 Märkte und Betriebsformen im Luftverkehr

**Luftverkehrsmärkte** weisen angebots- und nachfrageseitig spezifische Strukturen des Verkehrsträgers auf:

- Auf der *Angebotsseite* des Luftverkehrsmarkts sind zu nennen: Produkte, Fluggesellschaften, Flugplätze und die Luftfahrtindustrie. *Produkte* stellen die Passage, d. h. Flugbeförderung von Personen mit Komponenten der Servicekette und ausgewiesenem Qualitätsmerkmal, Luftfrachtleistungen und Postbeförderung dar. *Fluggesellschaften* entwickeln spezifische Geschäftsmodelle, wie Full Service Network Carrier, Low Cost Carrier, Leisure Carrier und Regional Carrier, und betreiben Kooperationen über operative Beziehung und Code Sharing oder strategische Allianzen. *Flugplätze* lassen sich nach Typen durch Strukturmerkmale und über spezifische Managementaufgaben näher bestimmen. Die *Luftfahrtindustrie* besteht aus Flugzeug- und Triebwerkherstellern sowie aus Finanzierungsinstitutionen, die überwiegend Leasingunternehmen darstellen.

- Auf der *Nachfrageseite* des Luftverkehrsmarktes sind zu nennen: Spezifische Marktsegmente und Marktstrukturen. *Marktsegmente* stehen für Flugreisen, wie Geschäftsreisen und Privatreisen. *Marktstrukturen* treten auf in Form von unterschiedlichen Streckennetztypen, wie Point-to-Point- und Hub-and-Spoke-Systemen, die über Direktverbindungsflüge und Zubringersysteme von einzelnen Geschäftsmodellen der Fluggesellschaften aufgenommen werden.

**Airlines** bzw. Fluggesellschaften stellen eine erste Betriebsform des Luftverkehrs dar und lassen sich aufgrund ihrer spezifischen Geschäftsmodelle und Kooperationsformen sowie deren Produkte (Passage, Cargo), Streckennetze, Preis- und Ertragsstruktur, Flugbetrieb und Vertriebsformen näher bestimmen. Folgende vier **Geschäftsmodelle** lassen sich unterscheiden:

## Geschäftsmodelle im Luftverkehr

| | Network Carrier | Regional Carrier | Leisure Carrier | Low Cost Carrier |
|---|---|---|---|---|
| Haupt-merkmale | Linienverkehr im Hub & Spoke-System zu zentralen Orten | Linienverkehr im Point-to-Point-System zw. dezentralen Orten und als Hub-Zu- & -Abbringer | Gelegenheitsverkehr zu Feriendestinationen | Preisgünstiger Linienverkehr auf aufkommensstarken Strecken im Point-to-Point-System |
| Aktions-raum | Domestic, Kontinental, Interkontinental | Domestic, Kontinental | Primär Kontinental, gelegentlich auch Interkontinental | Kontinental, gelegentlich auch Domestic |
| Flotte | Heterogen, Airbus-, Boing-Jets 130-800 PAX | Eher heterogen, Embraer-Bombardier-Jets und Turboprobs 19-120 PAX | Heterogen, kl. bis mittelgr. Jets, selten Großraumflugzeuge 150-250 PAX | Homogen, meist Airbus 320 bzw. Boing 737 150-250 PAX |
| Strecken-typ | Hub-and-Spoke | Point-to-Point, Zu- & Abbringer in Hub- & Spoke-Systemen | Point-to-Point | Point-to-Point |
| Flughäfen | Überw. internationale Großflughäfen, mittelgroße Flughäfen | Mittelgr., kl. Flughäfen, Hubs im Zu- & Abbringerdienst | Mittelgr., kl. Flughäfen in Ferienregionen, gelegentlich auch Großlughäfen | Mittelgr., kl. Flughäfen in der Nähe von Metropolregionen |
| Zielgruppe | Geschäfts- und Privatreisende | Überwiegend Geschäftsreisende | Privatreisende | Überwiegend Privat-gelegentl. auch Geschäftsreisende |

Abbildung 9.11: Geschäftsmodelle im Luftverkehr

(1) *Network Carrier* oder internationale Passage Airlines stellen die größte Gruppe unter den Fluggesellschaften dar. Als Merkmale von Network Carriern lassen sich angeben ein international bekannter Markenname mit globaler Marktpräsenz, mit einem netzorientierten System festgelegter Strecken, Flugzeiten und Tarifen mit mehreren Beförderungsklassen und einem Flottenmix aus Kurz-, Mittel- und Langstreckenflugzeugen. Kennzeichen sind weiterhin Produkt- und Preisdifferenzierung, Ticketverkauf über verschiedene Vertriebskanäle, eine starke Präsenz im Heimatmarkt sowie Kooperationen mit Regionalfluggesellschaften und weiteren Fluggesellschaften einer strategischen Allianz.

(2) *Low Cost Carrier*, die auch als No Frill Airline oder Billigflieger bezeichnet werden, verfolgen eigene Strategiekonzepte mit niedrigen Tarifen. Als Merkmale eines Low Cost Carriers lassen sich angeben Direktvertrieb, häufig über Internet mit Discount-Preisen in Verbindung mit elektronischem Ticketing, Boarding als Walk-in-Product (Selbsteinsteigeverfahren), Preisaufschläge bei Übergepäck und Inflight Service, Kurz- und Mittelstrecken mit Point-to-Point-Verbindung, Nutzung von Flughäfen mit niedrigen Gebühren und freien Kapazitäten, keine Netzbildung mit Zu- und Abbringerflügen, einheitliche Flugzeugflotten mit hoher Sitzplatzkapazität und -dichte.

(3) *Leisure Carrier*, die auch als Touristikfluggesellschaften oder auch als Ferienflieger bzw. Charterfluggesellschaft bezeichnet werden, zeichnen sich durch ein Angebot für Urlauber als Pauschalreise oder Einzelpatzverkauf über verschiedene Vertriebskanäle aus. Die Beförderung erfolgt entweder im Bedarfsluftverkehr (Charter) oder im Linienflugverkehr mit Sommer- und Winterflugplan mit meist einer Beförderungsklasse (economy). Destinationen sind überwiegend Urlaubsziele mit auslastungssicherem Point-to-Point-

Verkehr. Tendenziell beschränkter Flottentyp mit hoher Kapazitätsauslastung.

(4) *Regional Carrier* oder Regionalfluggesellschaften bieten Linienverkehre zwischen dezentralen Orten mit geringem Verkehrsaufkommen im Point-to-Point-System an mit dem Einsatz von Flugzeugen mit Sitzplatzkapazität von unter hundert Sitzen, die oft als Zubringerdienste organisiert sind. Der Aktionsraum ist somit inländisch und kontinental. Regional-Carrier-Flotten bestehen aus wenigen kleineren Flugzeugtypen, die insbesondere für mittelgroße und kleine Flughäfen ausgerichtet sind. Zielgruppen sind überwiegend Geschäftsreisende für ein Beförderungskonzept, das auf zwei Beförderungsklassen (business, economy) ausgerichtet ist. Insgesamt lässt sich bezüglich der Entwicklung der einzelnen Geschäftsmodelle eine Konvergenz über alle Modelle hinweg erkennen, die mit weiteren Differenzierungen das Zukunftsszenario des Airlinegeschäfts charakterisiert.

**Kooperationen** von Fluggesellschaften ergeben sich als operative Beziehungen hinsichtlich technischer Zusammenarbeit, Vertriebsabkommen oder Poolabkommen mit Leistungsaustausch. Mit *Code Sharing* wird ein Marketingabkommen zwischen Fluggesellschaften bezeichnet mit der Fluggesellschaften Flüge unter einer gemeinsamen Flugnummer (code) zum Verkauf anbieten und durchführen. *Strategische Allianzen* schließlich haben einen langfristigen Charakter und sollen sowohl Wettbewerbsvorteile ausbauen als auch zukünftige Wettbewerbspositionen sichern. Mit strategischen Allianzen werden weiterhin Synergiepotenziale und Vorteile einer höheren Auslastung der Flugzeuge, eines gemeinsamen Marketings, der Ausweitung des Streckennetzes sowie einer Kooperation von Service- oder Wartungselementen verbunden. Die drei großen Allianzsysteme im Luftverkehr sind Star Alliance, Skyteam und Oneworld.

Zu den zentralen Management-Funktionen von Fluggesellschaften gehören das Slotmanagement, das Yieldmanagement sowie das Netz- und Hubmanagement:

- Beim **Slotmanagement** stellt die Notwendigkeit einer systematischen Zuweisung von Zeitnischen zum Start und zur Landung auf Flughäfen die zentrale Funktion dar. Der Begriff ‚Slot' bezeichnet ein Zeitfenster oder allgemein einen Zeitraum, indem ein Flugzeug eine Flugbewegung vollzieht. Slots können Start-, Lande-, Einflug- oder Überflugzeiten sein. Die Notwendigkeit zu einer Slot-Zuteilung (slot allocation) entstand durch die Wachstumsschübe im Luftverkehr und den Engpässen der Kapazitäten an Flughäfen und bei der Flugsicherung. Man unterscheidet folgende Arten von Slots:

  (a) *Airport-Slots* werden als Start- bzw. Landezeiten über die Flughafenkoordinatoren im Voraus den Fluggesellschaften zugeteilt und dienen als Planungswerte für die nächste Flugperiode.

  (b) *Airway-Slots* bezeichnen Zeitfenster für einen Flug (Start, Überflug, Landung), die aufgrund der aktuellen Wetter- und Verkehrssituation am Flugtag zugeteilt werden. Sie sind also tagesaktuelle Werte. Die Verteilung von Slots ist zum Einen in umfassenden Regelwerken festgelegt, wie z. B. Worldwide Scheduling Guidelines der IATA, etc., sowie wird nach einer Primär- und Sekundärverteilung oder in Form von Slot-Tausch (slotswap) oder im Slot-Handel vergeben.

*Ziele* des Slotmanagements einer Fluggesellschaft sind eine optimale Verwendung des gegebenen Slot-Portfolios, sowie die Sicherung des slot-seitigen Wachstumspotenzials. Daraus abgeleitet werden strategische und operative Management-Aufgaben. Ein *strategisches Slotmanagement* dient der langfristigen Sicherung der Lande- und Startkapazitäten an slot-kritischen Flughäfen, der Gestaltung zukünftiger Flugpläne bezüglich der Slot-Vergabe sowie der Beobachtung und Entwicklung von Wettbewerbsaktivitäten zu deren Optimierung. Zum *operativen Slotmanagement* gehören das Slothandling, die Bewertung von slot-seitigen Realisierungsmöglichkeiten bei Flugänderungen, Slotexchange, die Abstimmung von Tauschprozessen mit Kooperationspartnern oder anderen Fluggesellschaften sowie das Slotmonitoring einsclhießlich Sicherung und Überwachung der Slot-Nutzung.

- **Yieldmanagement**, d. h. Buchungssteuerung oder Revenue Management, ist ein Instrument zur Ertragsoptimierung bei gegebenen Kapazitäten durch eine dynamische Preissteuerung mit Integration eines computergestützten Informationssystems. Yieldmanagement verbessert über ein Buchungssteuerungssystem die Verfügbarkeit der Flugleistung für den Kunden mit der höchsten Zahlungsbereitschaft, unter der Prämisse, dass unterschiedliche Nachfrager (Geschäfts- oder Privatreisende) eine Flugreise zu verschiedenen Zeitpunkten unterschiedlich bewerten – Geschäftsreisende mit hoher Zahlungsbereitschaft buchen spät, Privatreisende mit niedriger Zahlungsbereitschaft buchen früh. Yieldmanagement ist dadurch dynamische Preispolitik und Kapazitätssteuerung gleichermaßen, weil die Flugleistung im Zeitablauf zu unterschiedlichen Preisen verkauft wird. Unterscheidbare Funktionen von Yieldmanagement sind:

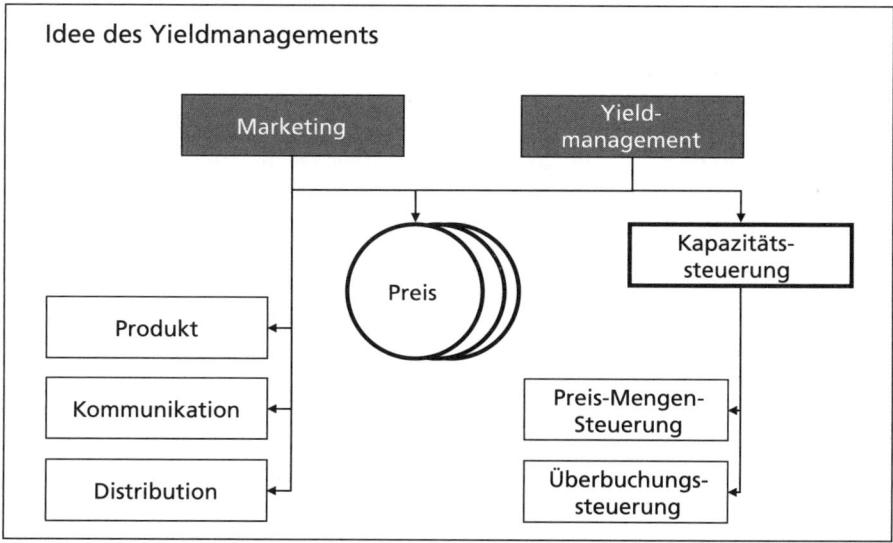

Abbildung 9.12: Idee des Yieldmanagements

(a) *Preis-/Mengensteuerung* (fare and seat mix management) legt für jede Buchungsklasse einen Preis und ein Sitzplatzkontingent fest. Die Größe einer Buchungsklasse wird aufgrund von Nachfrageprognosen und der Wahrscheinlichkeit des Sitzplatzverkaufs für jede Buchungsklasse ermittelt. Yieldmanagement-Systeme steuern die Buchungsverläufe für Flüge dann automatisch, wie z. B. durch das Seat-Nesting-Verfahren, das verhindert, dass ein höherwertiger Tarif nicht gebucht werden kann und gleichzeitig und günstigerer Tarif verkauft wird oder durch das Bid-Pricing-Verfahren, bei dem eine Netz-Ertragswertigkeit des Kunden berücksichtigt und damit eine verkehrsstrombezogene Buchungssteuerung ermöglicht wird.

(b) *Überbuchungssteuerung* (overbooking management) bezeichnet ein Buchungsmanagement, bei dem nach Überschreiten der Kapazitätsgrenze für einen Flug weitere Buchungen akzeptiert werden, weil Fluggäste (z. B. durch Stornierungen, Umbuchung, Noshows, etc.) nicht-genutzte Sitzplatzkapazitäten erzeugen. Overbooking Management soll deshalb ein optimales Überbuchungslevel pro Buchungsklasse schaffen. Aus betriebswirtschaftlicher Sicht liegt die optimale Überbuchungsrate dort, wo das Maximum der Nettoertragskurve, d. h. der Ertrag aus zusätzlich verkauften Reservierungen (Überbuchung) abzüglich der prognostizierten Fehlmengenkosten (Abweisungsrate) erreicht wird.

(c) *Kapazitätsanpassungsmanagement* erfolgt zusätzlich entweder über Fluggerätwechsel (Dynamic Fleet Management), flexible Passagierkabine (Movable Class Dividers/MCD, Convertable Seats/CVS), Upgradings oder Downgradings oder Flight Checks. Vereinfacht lässt sich Yieldmanagement zusammenfassen: Wird für einen Flug eine hohe Passagiernachfrage prognostiziert, werden günstige Buchungsklassen geschlossen, um möglichst viele Plätze an teueren Buchungsklassen verkaufen zu können.

- Eine weitere wichtige Managementfunktion für Fluggesellschaften stellt das **Netz- und Hubmanagement** dar. Ziele eines Netz- und Hubmanagements sind es zu befliegende Märkte festzulegen, Drehkreuze (hubs) mit Umsteigeverbindungen oder ein dezentrales Flugnetz (Nonstop-Verbindung) aufzubauen, die Festlegung von Flugfrequenzen, Flugzeuggrößen und Startzeiten, einschließlich der dafür erforderlichen Flottenplanung. Im *Hubmanagement* wird über die Zusammenführung der Passagierströme in einem Hub das Flugplanangebot effizient gestaltet und damit eine steigende Anzahl von Verbindungsmöglichkeiten angeboten. Im Zusammenhang mit Hub-Verkehr unterscheidet man Hub-Arten nach verschiedenen Kriterien wie geographischer Lage (z. B. Hourglass-Hub vs. Hinterland-Hub), Netzstrategie (z. B. Foundation-Hub vs. Reliever-Hub), Produkt (z. B. Fracht-Hub vs. Passage-Hub), strukturelle Gestaltung (z. B. Random-Hub vs. Complex-Hub) und Wellenstruktur (Peaked-Hub vs. Depeaked Hub-/Rolling-Hub). Neben dem Flugplanangebot wird die Qualität eines Hubs maßgeblich beeinflusst durch Pünktlichkeit, Frequenzdichte, Lounges, Non-Aviation-Business, Infrastruktur, Sicherheitsmanagement, etc. Teilprozesse im *Netzmanagement* sind Netzentwicklung mit Netzstrategie, Flottenoptimierung und Kapazitätsplanung,

Netzplanung mit Flugroutengestaltung, Kapazitätsoptimierung, etc. sowie die Netzsteuerung mit kurzfristiger Kapazitäts- und Tarifanpassung, Yieldmanagement, etc.

**Airports** stellen eine weitere Betriebsform des Luftverkehrs dar, Airportmanagement umfasst demnach die Betrachtung von Managementaufgaben im Luftverkehr, d. h. Märkte und Betriebstypen von Flughäfen, deren Geschäftsfelder sowie Leistungs- und Kostenstrukturen. Flughäfen bezeichnen zunächst Knotenpunkte für inter- und intramodale Verkehrsströme, wobei die Kernfunktion eines Flughafens die *Wegesicherungsfunktion* ist, d. h. die Bereitstellung von Flächen und Anlagen für Starts und Landungen von Verkehrsflugzeugen. Mit der *Abfertigungsfunktion* werden alle Leistungen bezeichnet, die zur Erbringung von Luftverkehrsdienstleistungen erforderlich sind, insbesondere die Abfertigung der Fluggeräte, der Passagiere sowie der Fracht. **Airport-Betriebstypen** lassen sich nach folgenden vier Kriterien einteilen:

(1) Nach dem *Luftverkehrsgesetz* (§ 6 Abs. 1 *LuftVG*) werden Flugplätze unterscheiden nach *Flughäfen*, wie z. B. Verkehrsflughäfen, Sonderflughäfen, etc., *Landeplätzen*, wie z. B. Verkehrslandeplätzen, Sonderlandeplätzen, etc., einschließlich Hubschrauberlandeplätzen sowie *Segelfluggeländen*.

(2) Nach der *Airports Council International (ACI)* werden Flughäfen nach jährlichen Passagierzahlen in vier Gruppen eingeteilt. *Gruppe 1:* > 25 Mill. Passagiere pro Jahr (z. B. Atlanta, Chicago, Frankfurt/M, etc.); *Gruppe 2:* 10–25 Mill. Passagiere pro Jahr (z. B. Barcelona, Wien, Zürich, Düsseldorf, etc.), *Gruppe 3:* 5–10 Mill. Passagiere pro Jahr (z. B. Genf, Hannover, Köln/Bonn, Stuttgart, etc.), *Gruppe 4:* < 5 Mill. Passagiere pro Jahr (z. B. Nürnberg, Salzburg, Frankfurt/Hahn, etc.).

(3) Nach der *Arbeitsgemeinschaft Deutscher Verkehrsflughäfen (ADV)* werden internationale Verkehrsflughäfen (> 500.000 Paxe pro Jahr) und regionale Verkehrsflughäfen (< 500.000 Paxe pro Jahr) sowie weitere Flughäfen (z. B. Werksflughäfen, etc.) unterschieden.

(4) Nach sonstigen Kriterien können Airports eingeteilt werden nach technischen Einrichtungen, z. B. Startbahnlänge, mögliche Betriebsstufen des Instrumenten-Lande-Systems oder nach Kriterien der *Air Traffic Control (ATC)* in kontrollierte und unkontrollierte Flugplätze, weiterhin nach deren Funktion im Luftverkehrsnetz als Megahubs (Großdrehkreuz) oder nach der Einteilung durch Slot-Koordination in nicht-koordinierte, flugplanvermittelte und koordinierte Flughäfen.

Als **Strategiekonzepte** für die Entwicklung von Flughäfen lassen sich unterscheiden *Hub-Flughafenstrategie* (z. B. Frankfurt/M, etc.), *Hybridmodelle* ohne eindeutige Spezialisierung (z. B. Köln/Bonn, etc.), *Spezialisierung* auf Billigfluggesellschaften (z. B. Frankfurt/Hahn, etc.), *Frachtflughäfen* (z. B. Leipzig/Halle, etc.) und *kooperative Flughafensysteme* (z. B. Fraport, etc.). **Geschäftsfelder** eines Flughafens lassen sich durch folgende abgrenzbare Bereiche näher bestimmen: (a) *Aviation*, d. h. Einrichtungen und Dienstleistungen, die direkt mit dem Flugbetrieb in Verbindung stehen, (b) *Bodenverkehrsdienste/Ground-Handling*, d. h. Einrichtungen und Dienstleistungen zur Abfertigung von Passagieren, Gepäck und Fracht, (c) *Non-Aviation*, d.h. Einrichtungen und Dienstleistungen, die nicht unmittelbar mit dem Flugbetrieb in Verbindung stehen. **Entwicklungen** zeichnen sich einerseits durch Privatisierung von Fughäfen aus, andererseits durch eine Deregulierung der Bodenverkehrsdienste, schließlich verzeichnen Flughäfen einen grundsätzlichen Funktionswandel mit der Entwicklung von neuen Geschäftsfeldern, wie etwa *Facility-Management, IT-Management* und *Verkehrs- und Terminalmanagement*. Entwicklungspotenziale von Flughäfen werden in der Regel der Flughafenstruktur zur Leistungserstellung zugeordnet, d.h. landseitigen Komponenten, Terminalkomponenten und luftseitigen Komponenten.

Mit dem Ausbau von **Airportlogistikzentren** in geographischer Nähe zu unternationalen Verkehrsflughäfen werden Distritubutionszentren geschaffen, die insbesondere Vor- und Nachlauf von Luftfahrttransporten mit Value Addit Services ausstatten. Dabei unterscheidet man zwei Betriebsformen von Distributionszentren: (1) *Inbound-Logistikzentren*, die Waren des Luftverkehrs regional oder länderüberrgreifend verteilen. (2) *Outbound-Logistikzentren*, deren Schwerpunkt eine weltweite Versorgung darstellt, die im Global-Sourcing-Prozess eine bedeutsame Rolle spielt.

### 9.4.3 Leistungs- und Kostenstrukturen im Luftverkehr

**Luftfracht** stellt das spezifische Logistik- oder Cargoprodukt des Luftverkehrs dar, das von Fluggesellschaften in weltweiten Netzwerken von geplanten Linienflügen angeboten wird. Durch Kooperationen können die Kapazitäten einzelner Fluggesellschaften in Bezug auf Cargoprodukte kombiniert und damit optimiert werden. Teilweise wird Luftfracht in Passagierflugzeugen transportiert, Fluggesellschaften, die in der Luftfracht ein eigenes Geschäftsfeld entwickelt haben (Cargo), nutzen darüber hinaus reine Frachtflugzeuge. Besondere *Merkmale* von sogenannten Aircargo-Produkten sind kleine Kundengruppen (z.B. Industrieunternehmen, Spediteure, etc.), die Imparität der Verkehrsströme (z.B. One-Way-Product, etc.) und die Heterogenität von Luftfrachtgütern. In den Netzwerken der Luftfracht spielt der Umschlag auf Hubs eine zentrale Rolle mit der Folge einer Multiplikatorwirkung von Hubsystemen sowie einer Konzentration von Cargoverkehren. Anbieter von Cargo-Produkten bzw. deren Voraussetzungen lassen sich wie folgt segmentieren: (a) *Infrastructure Providers* stellen eine immobile Infrastruktur für logistische Dienstleitungen dar, z.B. Flughäfen, (b) *Capacity Providers* stellen eine mobile Infrastruktur für logistische Dienstleister dar, z.B. Luftfrachtgesellschaften, (c) *Freight Forwarders* handeln mit Kapazitäten mobiler Infrastruktur-Dienstleister, z.B. Luftfrachtspediteure, schließlich (d) *Integrators*, die ein weltweit integriertes Transportnetz mit verkehrsträgerübergreifender Transportkette bereitstellen.

Zur Messung der **Leistungsstrukturen von Fluggesellschaften**, lassen sich qualitative und quantitative Kennzahlen unterscheiden:

- *Qualitative Leistungskriterien* von Fluggesellschaften wie Kundenzufriedenheit, Servicequalität, etc., lassen sich über komplexe Kennzahlen ermitteln.

---

Quantitative Verkehrskennzahlen für Fluggesellschaften

- **SKO** seat kilometers offered
  Sitzkilometer
- **PKT** passenger kilmeters transported
  verkaufte Sitzkilometer
- **SLF** seat load factor
  Sitzladefaktor
- **TKO** tonne kilometers offered
  angebotene Tonnenkilometer
- **TKT** tonne kilometers transported
  bezahlte Tonnenkilometer
- **NLF** weight load factor
  Nutzladefaktor

---

Abbildung 9.13: Quantitative Verkehrskennzahlen von Fluggesellschaften

- *Quantitative Leistungskriterien* werden über Sitz- und Nutz- bzw. Fracht-ladefaktoren bestimmt. Der Sitzladefaktor (SLF) ist ein Quotient aus PKT (Passenger Kilometers Transported/beförderte Passagiere x Entfernung in Kilometer) und SKO (Seat Kilometers Offered/angebotene Sitz x Entfernung in Kilometer). Der Nutz- bzw. Frachtladefaktor (NLF) ist ein Quotient aus TKT (Tonne Kilometers Transported/Gesamtladung in Tonne x Entfernung in Kilometer) und TKO (Tonne Kilometers Offered/Payload (Nutzlast) in Tonne x Entfernung in Kilometer).

**Kostenstrukturen von Fluggesellschaften** lassen sich über eine Systematisierung der *Kostenarten* einer Airline (Total Operating Costs/TOC) unter Bezug zu Flug-geräten nach Einzelkosten (Direct Operating Costs/DOC) und Gemeinkosten (Indirect Operating Costs/IOC) unterscheiden; weiterhin beschäftigungsabhän-gig fixe und variable Kosten. Der wirtschaftliche Erfolg einer Fluggesellschaft im Netz- und Hubmanagement wird durch die Strecken- bzw. Netzergebnis-rechnung abgebildet, die Kostenträgerstück- und Kostenträgerzeitrechnungen darstellen mit dem Zweck, den einzelnen Kostenträgern Kosten und Erlöse eines Fluges möglichst ursachengerecht zuzuordnen. Die *Streckenergebnisrechnung (SER)* legt den Fokus auf das Ergebnis einer einzelnen Flugstrecke unter Be-rücksichtigung der Erlöse/Onboardgesamterlöse, abzüglich der direkten, vari-ablen Kosten, d. h. beförderungsabhängige und flugabhängige Kosten/Onboard Deckungsbeitrag I, abzüglich der direkten Fixkosten, d.h. Flugzeugmuster-und Stationsfixkosten/Onboard Deckungsbeitrag II, abzüglich der indirekten Fixkosten, d.h. Verwaltungskosten/Overhead, ergibt das Onboard-Ergebnis/ Streckenergebnis. Die *Netzergebnisrechnung (NER)* stellt im Kern eine Kosten-trägerzeitrechnung dar, wobei der Kostenträger die Flugnummer eines Kalen-dertages ist, die Netzergebnisrechnung wird dann als mehrstufige Deckungs-beitragsrechnung bezüglich einzelner Teilstrecken oder Teilnetze dargstellt.

**Leistungsstrukturen von Flughäfen** können über eine Klassifizierung des viel-fältigen Leistungsangebots und Aufgaben eines Airports in *zwei Segmente*, Aviation und Non-Aviation, unterschieden werden:

- Innerhalb des Segments *Aviation* geht es primär um die Bereitstellung der Infrastruktur und um Airportmanagement, d. h. die Rahmenbedingungen zur Durchführung des Flugbetriebs (Teilsegment Airport) sowie um die Voraussetzungen zur Abfertigung des Flugbetriebs sowie aller Dienstleistungen für die boden- und luftseitige Abfertigung (Teilsegment Handling).

- Das Segment *Non-Aviation* umfasst Dienstleistungen, die nicht unmittelbar dem Flugbetrieb zuzuordnen sind, z. B. Gastronomie, Hotellerie, Kongresszentren, landseitige Verkehrsanbindung, etc. Insgesamt stellen diese Entwicklungen neue wirtschaftliche und strategische Anforderungen an ein Airportmanagement. Denkbare Entwicklungsgestaltungen von Flughafenbetreibern bestehen darin, Kapitalverflechtungen, Allianzbildung und Kooperationen zwischen verschiedenen Flughäfen herzustellen.

Zur Messung der **Leistungsstrukturen von Flughäfen** werden Passagierzahlen, Flugbewegungen, die durchschnittliche Anzahl von Sitzen pro Flug, das Höchstabfluggewicht (Maximum Take-Off Weight/MTOW), Frachtaufkommen und Serviceleistungen unterschieden.

**Kostenstrukturen von Flughäfen** können über Entgeltsysteme für Flughafeneinrichtungen und Flughafendienstleistungen erfasst werden, die für deren Benutzer die Kostenstrukturen darstellen. *Flughafenerlöse* lassen sich einteilen nach Verkehrseinnahmen, d. h. Erlösen aus dem Aviationsbereich und den Bodenverkehrsdiensten, und kommerziellen Einnahmen, d. h. Einnahmen aus dem Non-Aviation-Bereich. Im Aviationsbereich fallen z. B. Lande- und Passagierentgelte an, Abstellentgelte sowie Emission und Lärmentgelte. Im Zusammenhang mit Bodenverkehrsdiensten werden Vorfeldabfertigungsentgelte und Verkehrsabfertigungsentgelte veranschlagt.

## 9.5 Trends, Aufgaben und Literatur

### 9.5.1 Trends

Folgende allgemeine Trends lassen sich für das nationale und internationale Verkehrsträgermanagement beziehungsweise für außerbetriebliche Transportsysteme in der Logistik angeben:

↑ **Trends**

→ In der Verkehrsträgerlogistik werden die einzelnen Subsysteme Landverkehr, Wasserverkehr und Luftverkehr zunehmend als **Netzwerk** und als **Konkurrenzbeziehungsgefüge** mit vergleichbaren Strukturen sowie spezifischen Managementfunktionen wahrgenommen, da zur Sicherung der Mobilität **intermodale Verkehrskonzepte** angeboten werden.

→ Verkehrsträgersysteme des Land-, Wasser- und Luftverkehrs zeichnen sich zunehmend durch **Kapazitätsanpassungsentwicklungen** aus. Dies betrifft sowohl die **infrastrukturbezogenen Systeme** (Vergleiche Straßen-, Schienen- und Luftverkehrswegeausweitung; effiziente Streckenführungen, Erweiterungsinvestitionen und Maßnahmen der effektiven Zusammenführung der Infrastruktur/Telematik) als auch **transportmit-**

> **telbezogene Systeme** (Kapazitätsentwicklungen, wie EuroCombi/GigaLiner, Hochgeschwindigkeitszüge, Schiffsgrößenentwicklung, Großraumflugzeuge/A380).
>
> → **Innovationsentwicklungen** betreffen sowohl die Transportstreckenführung (Vergleiche Begradigungsmaßnahmen, Stationsmanagement in der Trassenführung/Netz21; Innovationstechnologien; Automatische Kupplung/TRANSPACT, modulare Zugkonzepte, Transrapid).

Im Hinblick auf die vorbezeichneten Trends zeichnen sich weiterhin integrierte und ganzheitliche Sichtweisen ab, die eine vernetzte Optimierung von nationalen und internationalen Verkehrsträgersystemen als komplexes System ermöglichen.

## 9.5.2 Aufgaben

Zur Bearbeitung der Aufgaben ist es sinnvoll, einen *Problem-Lösungs-Ansatz* zu formulieren sowie die Entwicklungspotenziale für den jeweiligen Bereich der Verkehrsträgerlogistik zu berücksichtigen:

▶ **[1]** Charakterisieren Sie Problemlagen, Zielsetzungen und Lösungsansätze von außerbetrieblichen Transportsystemen unter Berücksichtigung von verkehrswirtschaftlichen Aspekten.

▶ **[2]** Erläutern Sie vergleichend die spezifischen Systemeigenschaften von Straßen- und Schienenverkehr sowie charakteristische Managementfunktionen von Unternehmen dieser beiden Bereiche des Landverkehrs.

▶ **[3]** Diskutieren Sie die Problematiken neuerer Entwicklungstendenzen der Hochseeschifffahrt, wie Ausflaggung, globaler Arbeitsmarkt, Containerisierung und Sicherheitsstandards.

▶ **[4]** Unter dem Gesichtspunkt eines zunehmenden Wettbewerbs im Luftverkehr, gewinnt die Bedeutung effizienter Strukturen von Fluggesellschaften im Airlinemanagement ein grundsätzliches Gewicht: Vergleichen Sie, ausgehend von dieser allgemeinen Wirtschaftlichkeitsüberlegung, Geschäftsmodelle sogenannter ‚Network Carrier' mit der Version ‚Low Cost Carrier'. Leiten Sie daraus Anpassungsprozesse für ein zukünftiges Airline- und Cargomanagement ab.

▶ **[5]** Beschreiben Sie kurz das klassische Leistungsspektrum eines Logistikdienstleisters unter Berücksichtigung folgender Aspekte: Entwicklungsstufen der Logistikdienstleistung, Arten von Logistikunternehmen, Transport- versus Speditionsorientierung, Berücksichtigung von Verkehrsmärkten sowie Kooperationen im Speditionsbereich.

Stichworte zu konkreten Lösungshinweisen für die Aufgaben von Kapitel 9 finden Sie auf Seite 237/238.

### 9.5.3 Literatur

Zur Vor- und Nachbereitung der Inhalte von Kapitel 9 können ergänzend folgende Lehrwerke und Internetadressen als Quellen herangezogen werden:

📚 Kummer, Sebastian (2010): Einführung in die Verkehrswirtschaft, Kapitel 3: Verkehrsmedien und -träger, Kapitel 4: Verkehrsinfrastruktur und Kapitel 5: Verkehrsobjekte, Seiten 83–214

📚 Aberle, Gerd (2009): Transportwirtschaft, Einzelwirtschaftliche und gesamtwirtschaftliche Grundlagen, Kapitel III: Leistungsstrukturen, Kostenstrukturen und Preisbildung in der Verkehrswirtschaft, Seiten 230–317

📚 Biebig, Peter u.a. (2008): Seeverkehrswirtschaft, Kompendium. Kapitel 2: Märkte und Preise, Seiten 111–247

📚 Sterzenbach, Rüdiger u.a. (2009): Luftverkehr, Betriebswirtschaftliches Lehr- und Handbuch, Kapitel VIII: Flughäfen, Kapitel X: Strategien und Geschäftsmodelle, Seiten 159–201, 221–270

Folgende Internetadressen stellen ergänzende Informationsquellen dar:

@ www.deutschebahn.com

@ www.nordcapital.com

@ www.dnjv.org

@ www.konzern.lufthansa.com

Weitere Hinweise zur Literatur und zur vertiefenden Lektüre finden Sie im Literaturverzeichnis.

# Lösungshinweise zu den Aufgaben

## 1. Einführung in die Logistik

### Aufgabe 1

S. Abschnitt 1.1.2.; Eingangsobjekte: Portionierte Teigstücke für Brötchen, gebackene Brote und Kuchen, alles unverkauft; System-Ressourcen: Z. B. Verkaufsraum, Verkäufer, Regale, Backofen, Kasse, etc.; Systemorganisation: Z. B. Anordnung der Ressourcen, Reihenfolge der Abwicklungen, etc.; Prozesse: Z. B. Austausch der Waren am Morgen, Nachversorgung mit gebackenen Brötchen, Verkauf du Abrechnung; Ausgangsobjekte: Verkaufte und gebackene Ware, Retoure der unverkauften Ware.

### Aufgabe 2

S. Abschnitt 1.1.2.; Beispiele für Leistungskennzahlen: Anzahl verkaufter Brote pro Tag, Anzahl verkaufter Brötchen (vorgebacken) pro Tag, Anzahl Betriebskosten, etc.; Beispiele für Qualitätskennzahlen: Anzahl Kundenbeschwerde pro Tag, Anzahl nicht verkaufsfähiger selbstgebackener Brötchen, etc.

### Aufgabe 3

S. Abschnitt 1.2.2.; Sicherstellen der logistischen Qualität; wichtig für das Unternehmen, weil der Markt logistische Leistungen als Teil des Angebots versteht. Maximierung der logistischen Effizienz bei vorgegebener Qualität; wichtig für das Unternehmen, weil die Logistik einen großen Teil der Unternehmenskosten beeinflussen kann. Sicherstellung der Anpassungsfähigkeit der logistischen Prozesse und Systeme; wichtig für das Unternehmen, weil das Systemumfeld sich schnell wandelt und die Erreichung der Ziele 1 und 2 ansonsten gefährdet wäre.

### Aufgabe 4

S. Abschnitt 1.3.3.; Voraussetzungen: Z. B. Logistikanteil an der Wertschöpfung genügend hoch, keine Dominanz eines Kernbereiches, etc.; Vorteile: Z. B. bessere Synchronisierung, stärkere Orientierung am Kundennutzen, Bestandssenkungen, Synergieeffekte.

## 2. Bereichsübergreifende Prozesse der Unternehmenslogistik

### Aufgabe 1

S. Abschnitt 2.1.2.; Lösung = 59,4.

### Aufgabe 2

S. Abschnitt 2.1.2.; Bilden der Differenzfolge ($A_i - A^P_i$), Berechnen der Standardabweichung $\sigma$, 97,72 % Lieferbereitschaft werden bei einem Sicherheitsbestand von $2\sigma$ erreicht.

### Aufgabe 3

S. Abschnitt 2.3.2.; Der Bestellpunkt s = Absatz in der Wiederbeschaffungszeit (Monat) + Sicherheitsbestand muss berechnet werden. Weiterhin ist die Bestellmenge, z. B. die optimale Bestellmenge, zu bestimmen.

### Aufgabe 4

S. Abschnitt 2.5.2.; Durchführen einer ABC-Analyse nach Zugriffshäufigkeit, A-Teile direkt bei der Warenausgangszone lagern, B-Teile in der Mitte, C-Teile weiter hinten. Flankierend kann überprüft werden, ob bei einer starken Konzentration der A-Teile (z. B. 90 % der Zugriffe gelten A-Teile) eine zweistufige Kommissionierung sinnvoll ist.

## 3. Beschaffungslogistik

### Aufgabe 1

S. Abschnitt 3.1.1.; logistische Beschaffungsobjekte: Produktionsmaterial, Hilfsstoffe, Betriebsstoffe, Zulieferteile, Handelswaren, etc.; vier Objektklassen mit Bezug zu Beschaffungsrisiko und Erfolgspotenzial eines Unternehmens: Strategische Beschaffungsobjekte, Engpass- und Hebelbeschaffungsobjekte, unkritische Beschaffungsobjekte; Beschaffung: Beschaffungsmarktpolitik, Beschaffungsstrategien, Lieferantenmanagement; Einkauf: Aufgabenbündel 1 – Bedarfsmeldung, Bedarfsbündel, Anfragen, Aufgabenbündel 2 – Angebotsbearbeitung, Vergabeverhandlung, Festlegung einer Verhandlungskonzeption, Aufgabenbündel 3 – Bestellung, Auftragsbestätigung, Lieferungskontrolle.

## Aufgabe 2

S. Abschnitt 3.1.2.; Zentrale Beschaffung: Eine einzige Organisationseinheit (eher A- und B-Teile), Vorteile – Verhandlungsmacht, Bestandsoptimierung, Einkaufs-Know-how, Nachteile – Flexibilität, Problemorientierung, Schnelligkeit; dezentrale Beschaffung: Mehrere Organisationseinheiten (eher C-Teile), Vorteile – Flexibilität, Problemorientierung, Schnelligkeit, technisches Know-how, Nachteile – ineffiziente Aufgabenerfüllung, schlechtere Einkaufskonditionen, starke Spezialisierung; Mischformen: Optimierung von zentraler vs. dezentraler Beschaffung – Lead-Buyer-Konzepte, Spezialeinkäufer, etc.

## Aufgabe 3

S. Abschnitt 3.2.1.; Grundsatzentscheidungen: Beschaffungsprogramm-, Lieferanten-, Kontraktpolitik; Beschaffungsmarktforschung: Beobachtung des Marktes, Versorgung der Entscheidungsträger, Erschließung neuer Beschaffungsquellen, Analyse von Märkten und Preisen; Beschaffungsmarktinformation: Betriebsexterne und -interne Quellen.

## Aufgabe 4

S. Abschnitt 3.2.2., 3.2.3., 3.3.2. und 3.3.3.; strategisches Lieferantenmanagement: Lieferantenpolitik, -scouting, -auswahl, -bewertung, -potenzialentwicklung, -integration; strategische E-Beschaffungslogistik: E-Procurement, E-Procurement-Plattformen, Desktop-Purchasing-Systeme; operatives Einkaufsmanagement: S. Aufgabe 1; operative E-Beschaffungslogistik: Online-Auktionen, -Ausschreibungen, elektronische Katalog- und Bestellsysteme.

## 4. Produktionslogistik

## Aufgabe 1

S. Abschnitt 4.1.1., 4.2.1. und 4.3.1.; Bedeutung der Produktionslogistik: Eingangs- und Ausgangsobjekte im Produktions-, Herstellungs- und Entwicklungsprozess; strategische Aufgaben: Beratende Mitarbeit, Entwicklung neuer Produkte, etc.; operative Aufgaben: Produktionsplanung und -steuerung (PPS), Materialversorgung der Produktion, etc.

## Aufgabe 2

S. Abschnitt 4.2.2.; betriebliche Standortplanung: Geografische Orte, Beurteilungsfaktoren, etc.; innerbetriebliche Standortplanung: Layoutplanung, Maschinenanordnung, etc.; Standortplanung versus Fabrikplanung.

## Aufgabe 3

S. Abschnitt 4.3.1. und 4.3.2.; operative Produktionsplanung und Produktions-steuerung mit verschiedenen Zielen.

## Aufgabe 4

S. Abschnitt 4.3.3.; Kanban-Konzept mit Pull-Prinzip, Harmonisierung der Kapazitäten, Fertigung mehrer Produkte durch eine Einheit, Etablierung eines Qualitätsmanagements, qualifizierte und motivierte Mitarbeiter.

# 5. Distributionslogistik

## Aufgabe 1

S. Abschnitt 5.1.1.; Bedeutung der Distributionslogistik: Eingangs- und Aus-gangsobjekte im Umfeld von Transport-, Umschlag- und Lagerungsprozessen; strategische Aufgaben: Planung und Gestaltung des Distributionssystems; operative Aufgaben: Planung und Steuerung von Distributionsaufträgen.

## Aufgabe 2

S. Abschnitt 5.1.2. und 5.2.2.; Grundstrukturen von Speditionsnetzen: Direkt-verkehrsnetze, Hub-and-Spoke-Netze; logistisches Outsourcing: Identifikation möglicher Outsourcingprozesse, Auswahlverfahren für Dienstleistungsange-bote, Auswahl und Integration externer Dienstleister.

## Aufgabe 3

S. Abschnitt 5.2.1.; Lagernetzplanung mit horizontaler und vertikaler Struktur; Zentralisierungsgrad des Distributionsnetzes bedingt durch Bestands-, Lager-haus- und Transportkosten.

## Aufgabe 4

S. Abschnitt 5.3.1.; Abwicklung der Distributionsaufträge: Bestands- und Nach-schubprozesse, Auftragsbearbeitung, Lagerabwicklung, Transport.

# 6. Entsorgungslogistik

## Aufgabe 1

S. Abschnitt 6.1.1. und 6.1.2.; Problemlagen: Prioritätsregel der Entsorgungslogistik, Vermeidung vor Verwendung vor Verwertung vor Beseitigung; Zielsetzungen: Entscheidung über Formen der Entsorgung, ob Produkt oder Rückstand bzw. Wertstoff oder Abfall; Lösungsansätze: Rechtliche Auflagen der Umweltpolitik, Prinzipien wie Vorsorge-, Verursacher-, Nachhaltigkeit- oder Subsidiaritätsprinzip, Recyclingtypologie und -formen.

## Aufgabe 2

S. Abschnitt 6.1.2.; Recyclingtypologie: Recyclingproduktgebrauch, Produktionsrücklaufrecycling und Altstoffrecycling; Recyclingformen: Vermeidung, Reduzierung, Verwendung, Verwertung, Beseitigung.

## Aufgabe 3

S. Abschnitt 6.2.1.; Verursacherprinzip: Produzenten werden verpflichtet umweltschädigende Reststoffe und Abfälle aus der gesamten Wertschöpfungskette sachgerecht zu entsorgen; ökologische Konzepte: Nachhaltigkeitsprinzip, Öko-Effizienz-Analyse, Corporate Social Responsibility; Grüne Logistik: Logistikparadigma, dominante Umwelt- und Ressourcenschutzorientierung, Zukunftsszenario.

## Aufgabe 4

S. Abschnitt 6.3.1. und 6.3.2.; innerbetriebliche Entsorgungslogistik: Lager-, Transport, Umschlagprozesse mit spezifischen Formen von Fördermitteln; außerbetriebliche Entsorgungslogistik: Sammel-, Nah-, Ferntransporte mit spezifischen Verkehrsmitteln der Verkehrsträgerlogistik.

## Aufgabe 5

S. Abschnitt 6.3.2.; duales System: Systemkonfiguration der Entsorgungslogistik unter der Prämisse einer Wiederverwertung von Materialien, Rückführung in den Recyclingkreislauf; Mehrwegsysteme: Einsatz von Mehrwegbehältern, Einsparpotenziale an Verpackungen, Pendel- und Pool-Systeme.

## 7. Supply Chain Management

### Aufgabe 1

S. Abschnitt 7.1.1. und 7.1.2.; Bedingungen: Bestandserhöhungen, Qualitäts-
und Kommunikationsprobleme; Problemfelder: Kooperationsfähigkeit, Prozessorientierung, Kommunikations- und Planungsfähigkeit; Erfolgsfaktoren: Verbesserung von logistischer Qualität und Entwicklungsfähigkeit des Systems,
Verringerung der Kosten.

### Aufgabe 2

S. Abschnitt 7.1.1.; Aufschaukeln von Nachfrageverzerrung entlang der Wertschöpfungskette, Gründe: Zeitverzögerungen, Defizite der Bedarfsprognose,
etc.; grafische Darstellung, vgl. Abb. 7.2.

### Aufgabe 3

S. Abschnitt 7.2.1.; Bausteine des SCOR-Modells: Plan, Source, Make, Deliver,
Return; Analyse und Bewertung der Prozesse auf vier Ebenen des Modells:
Prozess, Prozesskategorie, Prozesselemente, Implementierung.

### Aufgabe 4

S. Abschnitt 7.2.2.; ECR: Effiziente Warenversorgung und Warengruppenmanagement mit jeweils drei weiteren Bausteinen des ECR-Konzepts.

## 8. Logistische Supportsysteme

### Aufgabe 1

S. Abschnitt 8.1.2.; Kopplung von physischem und informatorischem Geschehen, Vereinheitlichung über Barcodes für Identifikationsnummern und Verarbeitung von Druckern und Lesegeräten sowie über RFID mit aktiven und
passiven Transpondern (TAK) sowie EPC und GPS.

### Aufgabe 2

S. Abschnitt 8.1.3.; Struktur eines SCM-IT-Systems: Konfigurator, Planung,
Controlling, Kommunikation; Schlüsselfunktionen des SAP SCM: Network
Design, Supply Chain Analytics, Supply Network Planning, Demand Planning,
PP/DS, Transportation Planning and Vehicle Scheduling, Available to Promise,
Anwendungsübergreifende SAP Programme.

## Aufgabe 3

S. Abschnitt 8.2.1.; Erstellung von Dienstleistungen über Leistungspotenziale, Leistungsprozesse, Leistungsergebnisse; Komponenten von Value-Added-Services: Muss-, Soll- und Kann-Leistungen mit Beispielen.

## Aufgabe 4

S. Abschnitt 8.2.3.; wesentliche Kategorien: Funktionalität und Nutzerfreundlichkeit/Usability, logistischer Informationsgehalt/Content, multimediale und funktionale Website-Elemente.

## Aufgabe 5

S. Abschnitt 8.3.1.; Aufgaben des Controllings: Planungs-, Kontroll-, Informations- und Koordinationsaufgaben; Aufgaben des Logistikcontrollings: Mitwirkung bei der Logistikplanung, Logistiksteuerung und beim Logistikinformationsmanagement.

## Aufgabe 6

S. Abschnitt 8.3.3.; Aufgaben der Logistik-Kosten-Leistungsrechnung: Kostenstellenkontrolle, Kalkulationen, Verfahrens- und Investitionsentscheidungen; Gruppen von Kennzahlen: Struktur- und Rahmenkennzahlen, Produktivitäts-, Wirtschaftlichkeits- und Qualitätskennzahlen.

## 9. Nationales und Internationales Verkehrsträgermanagement

## Aufgabe 1

S. Abschnitt 9.1.1. und 9.1.2.: Problemlagen: Örtliche Transformation; Überwindung räumlicher Distanzen, Erbringung effizienter logistischer Leistung; Zielsetzungen: Optimale Nutzung, hoher Servicegrad/Flexibilität, etc.; Lösungsansätze: Aufbau von Transportprozessen und -ketten und -strategien; Verkehrswirtschaftliche Aspekte: Verkehrsmediennutzung unterschiedlicher Verkehrsmedien und Verkehrsträger.

## Aufgabe 2

S. Abschnitt 9.2.1., 9.2.2. und 9.2.3.; Erläuterung allgemeiner Vor- und Nachteile von Straßen- und Schienenverkehr sowie infrastruktur- und transportmittelbezogene Aspekte des Straßen- und Schienenverkehrs.; Managementfunktionen im Straßen-/Schienenverkehr: Fuhrpark- und Flottenmanagement/Stations-management.

## Aufgabe 3

S. Abschnitt 9.3.1.; Ausflaggung: Gründung von Tochterunternehmen mit relativ niedrigen Gebühren, Besteuerungsvorteile; globaler Arbeitsmarkt: Überprüfung von Mindeststandards, Angleichung von Verträgen, Kontrollinspektoren; Containerisierung: Normierung von Containern und Containertechnologie, Nutzung von Standard-Containern; Sicherheitsstandards: Risiko- und Anfälligkeitsanalyse, etc.

## Aufgabe 4

S. Abschnitt 9.4.2.; Kriterien zum Vergleich von Airline-Geschäftsmodelle: Produkte, Streckennetze, Preis- und Ertragsstruktur, Flugbetrieb, Vertriebsformen, etc.; Konvergenzentwicklung durch Kooperationen bei Cargoprodukten, im Streckennetz, im Kapazitätsbereich, etc.

## Aufgabe 5

S. Abschnitt 9.5.2.; wirtschaftlich-rechtliche Unterscheidung: Speditions-, Fracht- und Lagergeschäft; Leistungsspektrum-Strukturierung: Einzeldienstleister, Spediteure, Systemdienstleister, Netzwerkintegratoren (1-4PL). Transport-/Speditionsorientierung: Einzel- vs. Integrationsleistung: Verkehrsträgerspezifische Speditionen: Bahn-/Luftfrachtspedition, etc.; Kooperationen im Speditionsbereich: Spot-Märkte, Kontraktlogistik, Erweiterung des Leistungsangebots, etc.

# Literaturverzeichnis

*Aberle, Gerd:* Transportwirtschaft. Einzelwirtschaftliche und gesamtwirtschaftliche Grundlagen, 5., überarbeitete und ergänzte Auflage, München u. a. 2009

*Arnold, Dieter/Isermann, Heinz/Kuhn, Axel/Tempelmeier, Horst/Furmans, Kai (Hrsg.):* Handbuch Logistik, 3., neu bearbeitete Auflage, Berlin u. a. 2008

*Arnolds, Hans/Heege, Franz/Röh, Carsten/Tussing, Werner:* Materialwirtschaft und Einkauf. Grundlagen – Spezialthemen – Übungen, 11., vollständig überarbeitete Auflage, Wiesbaden 2010

*Barth, Klaus/Hartmann, Michaela/Schröder, Hendrik:* Betriebswirtschaftslehre des Handels, 6., überarbeitete Auflage, Wiesbaden 2007

*Baumgarten, Helmut (Hrsg.):* Das Beste der Logistik. Innovationen, Strategien, Umsetzungen, 1. Auflage, Berlin u. a. 2008

*Biebig, Peter/Althof, Wolfgang/Wagener, Norbert:* Seeverkehrswirtschaft, Kompendium. 4., bearbeitete und aktualisierte Auflage, München 2008.

*Bundesverband Materialwirtschaft, Einkauf und Logistik (Hrsg.):* Best Practice in Einkauf und Logistik, 2., völlig neue und erweiterte Auflage, Wiesbaden 2008

*Busch, Axel/Dangelmaier Wilhelm (Hrsg.):* Integriertes Supply Chain Management. Theorie und Praxis effektiver unternehmensübergreifender Geschäftsprozesse, 2. Auflage, Wiesbaden 2004

*Czenskowsky, Torsten:* Marketing für Speditionen und logistische Dienstleister, Gernsbach 2004

*Czenskowsky, Torsten/Piontek, Jochem (Hrsg.):* Logistikcontrolling. Marktorientiertes Controlling der Logistik und der Supply Chain, 1. Auflage, Gernsbach 2007

*Eckey, Hans-Friedrich/Stock, Wilfried:* Verkehrsökonomie. Eine empirisch orientierte Einführung in die Verkehrswissenschaften, Wiesbaden 2000

*Ehrmann, Harald:* Logistik. Kompendium der praktischen Betriebswirtschaft, 6., überarbeitete und aktualisierte Auflage, Ludwigshafen (Rhein) 2008

*Ehrmann, Harald:* Kompakt-Training Logistik, 3., überarbeitete und aktualisierte Auflage, Ludwigshafen am Rhein 2006

*Fandel, Günter/Giese, Anke/Raubenheimer, Heike:* Supply Chain Management. Strategien – Planungsansätze – Controlling, 1. Auflage, Berlin u. a. 2009

*Fandel, Günter/Fistek, Allegra/Stütz, Sebastian:* Produktionsmanagement, 2., überarbeitete und erweiterte Auflage, Berlin u. a. 2011

*Froschmayer, Andreas/Göpfert, Ingrid:* Logistik-Bilanz. Erfolgsmessung neuer Strategien, Konzepte und Maßnahmen, 2., überarbeitete und erweiterte Auflage, Wiesbaden 2010

*Gleißner, Harald/Femmerling, J. Christian:* Logistik. Grundlagen – Übungen – Fallbeispiele, 1. Auflage, Wiesbaden 2008

*Göpfert, Ingrid:* Logistik Führungskonzeption. Gegenstand, Aufgaben und Instrumente des Logistikmanagements und –controllings, 2., aktualisierte und erweiterte Auflage, München 2005

*Göpfert, Ingrid (Hrsg.):* Logistik der Zukunft – Logistics for the Future, 5., aktualisierte und überarbeitete Auflage, Wiesbaden 2009

*Gudehus, Timm:* Logistik 1. Grundlagen, Strategien, Anwendungen, 3., neu bearbeitete Auflage, Berlin u. a. 2006

*Gudehus, Timm:* Logistik 2. Netzwerke, Systeme, Lieferketten, 3., aktualisierte und erweiterte Auflage, Berlin u. a. 2007

*Gudehus, Timm:* Logistik. Grundlagen, Strategien, Anwendungen, 4., aktualisierte Auflage, Berlin u. a. 2010

*Herrmann, Frank:* Logik der Produktionslogistik, 1. Auflage, München 2009

*Heß, Gerhard:* Supply-Strategien in Einkauf und Beschaffung. Systematischer Ansatz und Praxisfälle, 1. Auflage, Wiesbaden 2008

*Hirschsteiner, Günter:* Materialwirtschaft und Logistikmanagement, Ludwigshafen (Rhein) 2006

*Hofbauer, Günther/Mashhour, Tarek/Fischer, Michael:* Lieferantenmanagement. Die wertorientierte Gestaltung der Lieferbeziehung, München u. a. 2009

*Krampe, Horst/Lucke, Hans-Joachim (Hrsg.):* Grundlagen der Logisitk. Theorie und Praxis logistischer Systeme, 3., völlig neu bearbeitete und wesentlich erweiterte Auflage, München 2006

*Kummer, Sebastian:* Einführung in die Verkehrswirtschaft, 2. Auflage, Wien u. a. 2009

*Kummer, Sebastian/Schramm, Hans-Joachim/Sudy, Irene:* Internationales Transport- und Logistikmanagement, 2. Auflage, Wien 2009

*Large, Rudolf:* Strategisches Beschaffungsmanagement. Eine praxisorientierte Einführung. Mit Fallstudien, 4., vollständig überarbeitete Auflage, Wiesbaden 2009

*Maurer, Peter:* Luftverkehrsmanagement. Basiswissen, 4., überarbeitete und erweiterte Auflage, München u. a. 2006

*Melzer-Ridinger, Ruth:* Materialwirtschaft und Einkauf. Band 1: Beschaffung und Supply Chain Management, 4., völlig überarbeitete und erweiterte Auflage, München u. a. 2004

*Müller, Stefanie/Roth, Angela/Schmidt, Norbert (Hrsg.):* Märkte, Anwendungsfelder und Technologien in der Logistik. Ergebnisse und Reflexion von 20 Jahren Logistikforschung, 1. Auflage, Wiesbaden 2009

*Nuhn, Helmut/Hesse, Markus:* Verkehrsgeographie, Paderborn 2006

*Päbst, Lothar M./Wipki, Bernd (Hrsg.):* Marketing in der Logistik. Beiträge für Grundlagen, Konzepte und Methoden, Hamburg 2003

*Pfohl, Hans-Christian:* Logistiksysteme. Betriebswirtschaftliche Grundlagen, 8., neu bearbeitete und aktualisierte Auflage, Berlin u. a. 2010

*Piontek, Jochem:* Bausteine des Logistikmanagements, 3., vollständig überarbeitete und erweiterte Auflage, Herne 2009

*Pompl, Wilhelm:* Luftverkehr. Eine ökonomische und politische Einführung, 5., überarbeitete Auflage, Berlin u. a. 2007

*Schiek, Arno:* Internationale Logistik. Objekte, Prozesse und Infrastrukturen grenzübergreifender Güterströme, 1. Auflage, München 2008

*Schmelzer, Hermann J./Sesselmann, Wolfgang:* Geschäftsprozessmanagement in der Praxis: Kunden zufrieden stellen – Produktivität steigern – Wert erhöhen, 7., überarbeitete und erweiterte Auflage, München u. a. 2010

*Schönberger, Robert/Elbert, Ralf (Hrsg.):* Dimensionen der Logistik. Funktionen, Institutionen und Handlungsebenen, 1. Auflage, Wiesbaden 2010

*Schönsleben, Paul:* Integrales Logistikmanagement. Operations und Supply Chain Management in umfassenden Wertschöpfungsnetzwerken, 5., bearbeitete und erweiterte Auflage, Berlin u. a. 2007

*Schulte, Christof:* Logistik. Wege zur Optimierung der Supply Chain, 5., überarbeitete und erweiterte Auflage, München u. a. 2009

*Schulte, Gerd:* Material- und Logistikmanagement, 2., wesentlich erweiterte und verbesserte Auflage, München 2001

*Schulz, Axel/Baumann, Susanne/Wiedenmann, Simone:* Flughafen Management, München u. a. 2010

*Sterzenbach, Rüdiger/Conrady, Roland/Fichert, Frank:* Luftverkehr. Betriebswirtschaftliches Lehr- und Handbuch, 4., grundlegend überarbeitete und erweiterte Auflage, München u. a. 2009

*Stölzle, Wolfgang:* Umweltschutz und Entsorgungslogistik. Theoretische Grundlagen mit ersten empirischen Ergebnissen zur innerbetrieblichen Entsorgungslogistik, 1. Auflage, Berlin 1993

*Stölzle, Wolfgang/Fagagnini, Hans Peter (Hrsg.):* Güterverkehrs kompakt, München u. a. 2010

*Vahrenkamp, Richard:* Logistik. Management und Strategien, 6., überarbeitete und erweiterte Auflage, München u. a. 2007

*Wannenwetsch, Helmut:* Integrierte Materialwirtschaft und Logistik. Beschaffung, Logistik, Materialwirtschaft und Produktion, 4., aktualisierte Auflage, Berlin u. a. 2010

*Weber, Jürgen/Wallenburg, Carl Marcus:* Logistik- und Supply Chain Controlling, 6., vollständig überarbeitete Auflage, Stuttgart 2010

*Werner, Hartmut:* Supply Chain Management. Grundlagen, Strategien, Instrumente und Controlling, 3., vollständig überarbeitete und erweiterte Auflage, Wiesbaden 2008

# Sachverzeichnis